制革专业概论

匡卫 编著

中国纺织出版社

内 容 提 要

本书侧重阐述制革工艺,兼顾材料和设备。本书主要内容包括:制革原料皮、制革蛋白质化学基础、制革酶化学、制革准备工段、制革鞣制工段、制革湿整理工段、制革干整理工段、制革涂饰等。本书内容丰富,结构合理,是一本值得学习研究的著作。可用作轻化工程专业皮革方向的教学参考用书,也可作为皮革工程技术人员和管理人员的参考用书。

图书在版编目(CIP)数据

制革专业概论 / 匡卫编著. -- 北京 :中国纺织出

版社,2017.3(2024.7 重印)

ISBN 978-7-5180-2016-4

Ⅰ.①制… Ⅱ.①匡… Ⅲ.①制革—生产工艺 Ⅳ.

①TS54

中国版本图书馆 CIP 数据核字(2015)第 229976 号

责任编辑:汤 浩　　　　　　　　　　　责任印制:储志伟

中国纺织出版社出版发行

地址:北京市朝阳区百子湾东里 A407 号楼　邮政编码:100124

销售电话:010—67004422　传真:010—87155801

http://www.c-textilep.com

E-mail:faxing@e-textilep.com

中国纺织出版社天猫旗舰店

官方微博 http://www.weibo.com/2119887771

北京虎彩文化传播有限公司　各地新华书店经销

2017 年 3 月第 1 版　2024 年 7 月第 7 次印刷

开本:710×1000　1/16　印张:18.25

字数:444 千字　定价:62.00 元

前　言

　　制革行业是我国皮革行业产业链的基础，为下游皮革制品企业提供最重要的基础材料——成品革，为皮革行业的完整产业链提供依托和支撑。

　　制革是指将生皮鞣制成革的过程。在加工过程中将原料皮除去毛和非胶原纤维等，使真皮层胶原纤维适度松散、固定和强化，再对其加以整饰（理）等一系列化学（包括生物化学）、机械处理使之成为可以作为商品的成品革。制革工艺过程通常分为准备、鞣制和整饰（理）三阶段。通常来讲，制革行业中工艺是主体，材料和设备是两翼，本书侧重阐述制革工艺，兼顾材料和设备。本书主要包括：制革原料皮、制革蛋白质化学基础、制革酶化学、制革准备工段、制革鞣制工段、制革湿整理工段、制革干整理工段、制革涂饰共 8 章内容，以上内容均由齐鲁工业大学皮革化学与工程系匡卫编著并统稿。

　　本书主要用作轻化工程专业皮革方向的教学及参考用书，也可作为皮革工程技术人员和管理人员的参考用书。

　　本书的写作过程中得到了山东省高等教育名校建设工程（山东特色名校工程）、山东省普通本科高校应用型人才培养专业（轻化工程）发展支持计划、山东省高等学校科技发展计划项目（J15LC02）和齐鲁工业大学的支持、鼓励和资助。在此深表感谢。

　　近年来，制革行业发展迅速，技术革新和产品更新换代日益精细化，本书内容若有不合适的地方，恳请读者不吝赐教，批评指正。

编　著

2015 年 8 月 31 日

于齐鲁工业大学皮革化学与工程系

目　　录

第一章 制革原料皮

在制革行业里,原料皮和生皮几乎是通用的。但严格地讲,两者是有区别的。因为并非所有的生皮都适合用于制革或制裘,例如,有的鱼类的皮就不适合制革,它们只能称为生皮,而不能称为原料皮。

生皮是从动物体上剥下,未经任何化学或物理方法加工的动物皮的总称,它包括鲜皮、盐湿皮、盐干皮等。例如,我们通常所见到的猪皮、黄牛皮、水牛皮、牦牛皮、山羊皮、绵羊皮、蛇皮、鳄鱼皮等,都是生皮。

制革工业的原料皮主要来源于哺乳动物纲中的有蹄目,以家畜动物牛、羊和猪为主,马、驴和骡等皮为辅。牛皮和羊皮是世界皮革业的主体,其他动物皮则很少,约为制革原料皮总数的 10%。

人们通常把刚刚从动物体上剥下来的皮,叫做鲜皮,俗称血皮。鲜皮的水分含量一般在 60%～75%。鲜皮可以直接用于制革,其优点是可以消除因采用盐腌法带来的氯化物的污染问题。但由于屠宰地与制革企业的分布不匹配,供需之间不均衡,无法全面推行鲜皮直接用于制革的工艺方法。

鲜皮经过去肉后再盐腌的皮,叫盐湿皮。现在牛皮(黄牛皮、水牛皮及牦牛皮)、猪皮以及羊皮(山羊板皮、绵羊皮)等多为盐湿皮。盐湿皮的特点是,防腐效果好,便于长途运输;生皮失水较少,浸水后容易恢复到鲜皮状态。其缺点是需要使用大量的食盐,造成氯化物的严重污染。

盐腌后的皮经过晾晒或较长时间的存放,皮中的水分大量蒸发,这种皮称作盐干皮。盐干皮较之盐湿皮而言,浸水时恢复到鲜皮状态要困难一些,但比下述的淡干皮(甜干皮)又要容易得多。

淡干皮(或称甜干皮)则是指未经盐腌而直接采用各种不同的方法干燥的皮。猪皮没有淡干皮,牛、羊皮可以有淡干皮。传统的牛皮多为淡干皮,一般都属于所谓撑板皮。撑板皮又可分为净撑(板)和毛撑(板)两种:净撑(板)是干燥前去肉仔细而干净的淡干皮;毛撑板则是干燥前去肉不仔细或未进行去肉的淡干皮。由于撑板皮的皮纤维经拉伸并在伸张状态下干燥,浸水时回软均匀,但制成的革弹性较差,且欠丰满。广撑板是黄牛或水牛淡干皮的一种撑板皮,一般多为净撑板。在广东、广西和浙江等地区,由于气候潮湿,一般都采用木架撑晾黄牛皮或水牛皮,用这种方式晾干的黄牛皮或水牛皮就叫广撑板或广撑皮。撑板皮(即撑干皮)是用框架或竹竿伸张干燥的一种淡干皮。在我国,水牛皮通常是采用传统的撑板干燥法,黄牛皮也偶有采用撑板干燥的。

在自由状态下经日晒或通风干燥的生皮,叫做缩干皮,又称缩板或缩板皮。我国的缩干皮较为普遍,如水牛皮、黄牛皮、骡马皮等的缩干皮就为数不少。牦牛皮绝大多数为缩干皮。山羊皮和绵羊皮由于皮板薄而宜于缩干保存。值得一提的是,鲜皮在自由状态下干燥后收缩,多皱褶,容易出现热损伤或干燥不匀而导致局部腐烂。应当注意,缩干皮在浸水时回软会不够均匀,但成革却显得较为丰满且有弹性。

1.1 制革原料皮的分类

1.1.1 黄牛皮

黄牛皮分布在全国各地,数量约1800万张,占牛皮总数的75%～80%。按地理分布区域划分可分为:中原黄牛、北方黄牛和南方黄牛三大类型28个品种。

(1)北牛:属蒙古牛种,典型品种有:内蒙古牛、延边牛、复州牛、哈萨克牛,产于内蒙古、东北三省、西北和华北地区。北牛皮毛被粗长,低绒多,张幅较小,板质薄,油性小,胶原纤维编制疏松,皮板伤残较多,虻害较严重。

(2)中部牛:属华北牛种,多产于黄河下游,长江中下游和淮河流域。典型品种有:秦川牛、南阳牛、鲁西牛、郏县红牛、渤海黑牛,主要分布在陕西关中地区、渭南、临潼、咸阳、礼泉等15个县市以及河南平顶山(红牛),山东惠民地区(黑牛)等,皮张特点是毛被短、细有光泽,红棕色和黄色毛较多。皮板肥壮,胶原纤维编制紧密,厚薄均匀,虻伤少,擦伤暗伤较多。

(3)南牛:属华南牛种,典型品种有:舟山牛、温岭高峰牛、皖南牛、雷琼牛,多产于云南、福建、广东、广西等省区。南牛皮胶原纤维编制紧密,板质细致,张幅小,皮板薄,虻叮等暗伤较多。

在三种类型中就皮的品质而言中原黄牛的品质最好,是我国制革最理想的原料皮,特别是鲁西黄牛、南阳黄牛和秦川黄牛。从这些良种牛所获得的黄牛皮在我国制革工业中占有重要地位。

黄牛皮组织结构见图1-1。

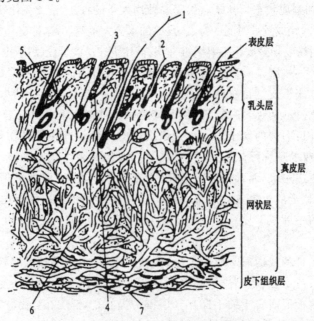

图 1-1 黄牛皮组织结构示意图(纵切面)
1—针毛;2—绒毛;3—脂腺;4—竖毛肌;
5—汗腺;6—胶原纤维束;7—脂肪细胞

黄牛皮的胶原纤维较粗壮,乳头层网状层分界明显。在同一部位,乳头层上层(即脂腺以上)的胶原纤维细小而编织致密,多呈水平走向,而乳头层下层(即脂腺以下),胶原纤维束逐渐变粗,愈接近网状层,胶原纤维束愈粗,织角也逐渐增大,但编织不及上层紧密;至网状层胶原纤维最粗,织角最高;到了网状层下层胶原纤维又逐渐变细,编织变得疏松起来。在臀、腹、颈三个部位中,以臀部纤维编织最为紧密,腹部较为疏松,颈部介于两者之间。黄牛皮的乳头层较薄,占真皮厚度的 20%～30%,而网状层较厚,纤维束又较粗壮,所以黄牛皮制成革后,强度较好。

黄牛皮的弹性纤维主要分布在乳头层和皮下组织层中,网状层中弹性纤维极少。乳头层上层,靠近粒面处弹性纤维较多,较细,呈树枝状;乳头层下层,接近网状层处弹性纤维变少、变粗;皮下组织中弹性纤维较多、较粗。在毛囊、血管、脂腺、汗腺、肌肉周围弹性纤维密集。毛囊周围的弹性纤维主要沿毛囊走向和包围毛囊方向,臀、腹、颈三个部位无多大差别。

黄牛皮脂肪组织不发达,在胶原纤维束之间,极少有游离脂细胞存在,仅在每根针毛及绒毛毛囊旁有脂腺分布。针毛脂腺呈八字形,长于毛囊的一侧;绒毛脂腺较针毛脂腺发达,呈八字形或圆弧形包围毛囊,绒毛脂腺腺体最大处较绒毛毛囊大 5～7 倍,但由于绒毛细,毛囊也较小,而且绒毛脂腺长入皮内又不深,一般在皮面下 0.25～0.40mm 处,故脂腺中的油脂在生产过程中较容易除去。就臀、腹、颈部位而言,颈部脂腺略大于腹部和臀部,长入皮内也要深些。黄牛皮中脂肪含量约为皮重(干重)的 0.5%～30%。

黄牛皮各部位之间的差别不及猪皮大。例如,从厚度上看,臀、腹、颈三个部位中,以臀部为最厚,腹部最薄,颈部厚度介于两者之间,臀部厚度为腹部厚度的 2 倍左右。从胶原纤维编织情况来看,以臀部最为紧密,织角较高,腹部较疏松,织角较低,颈部介于两者之间。尽管三个部位之间在厚度及胶原纤维编织紧密度方面均有差别,但总的来说差别不大。

黄牛皮的张幅较大,达 2～3m²(甚至可达 4～5m²),干皮重 2.0～9.0kg。

1.1.2　牦牛皮

牦牛是亚洲中部高原特有的牛种。牦牛属于高寒地区的特有牛种,草食性反刍家畜。牦牛是世界上生活在海拔最高处的哺乳动物。主要产于中国青藏高原海拔 3000 米以上地区。适应高寒生态条件,耐粗、耐劳、善走陡坡险路、雪山沼泽,能游渡江河激流,有"高原之舟"之称。牦牛全身都是宝。藏族人民衣、食、住、行、烧、耕都离不开它。人们喝牦牛奶,吃牦牛肉,烧牦牛粪。它的毛可做衣服或帐篷,皮是制革的好材料。它既可用于农耕,又可在高原作运输工具。牦牛还有识途的本领,善走险路和沼泽地,并能避开陷阱择路而行,可作旅游者的前导。

中国是世界牦牛的发源地,全世界 90% 的牦牛生活在中国青藏高原及毗邻的 6 个省区。牦牛主要分布于青海、西藏、四川、甘肃、新疆和云南。其中,2011 年 4 月青海省有牦牛 478.69 万头,占全国牦牛总数的 36%,是牦牛第一大省,也是牦牛资源最集中的地区之一。

牦牛皮的组织结构特征与黄牛皮相似,其组织结构示意图如图 1-2 所示。

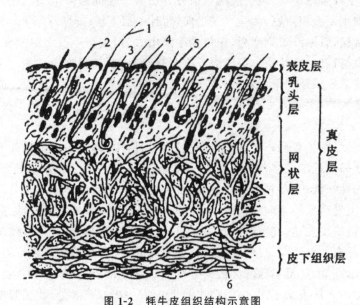

图 1-2 牦牛皮组织结构示意图
1—针毛;2—绒毛;3—脂腺;4—汗腺;5—竖毛肌;6—胶原纤维束

因为牦牛是高原耐寒动物,所以与黄牛皮相比,牦牛皮上的毛密度更大,西藏那曲牦牛的皮面毛密度最高可达 4000 根/cm^2,且各部位 80% 以上是绒毛。毛尤以颈部最密,臀部次之,腹部稍稀。牦牛皮上的毛很细,绒毛直径 0.01~0.015mm,细针毛(占针毛 90%)直径 0.04~0.05mm,粗针毛 0.07~0.08mm。牦牛皮上的针毛及绒毛在皮面均呈不规则的点状分布。一个针毛毛囊中只有一根针毛,绒毛则有的单根生长,有的数根长在同一毛囊中。由于牦牛皮毛孔小而密,乳突稍高于黄牛皮,所以粒面较细致。

牦牛皮的毛球有的呈钩形,有的呈钳形,各个部位都有这两种形状的毛球,但颈部以钩形毛球为最多。钩形毛球使得脱毛困难,加之牦牛皮毛密,如脱毛不好而在皮中残留大量的毛根,则会影响成革的柔软度。此外,还有些毛根的下段呈平卧状,它们的存在削弱了乳头层与网状层交界处的联系。如处理不当,则易产生松面现象。

牦牛皮以针毛毛囊底部为界划分乳头层和网状层。皮的产地不同,乳头层占真皮层的厚度比例略有差异。一般来说,颈部乳头层厚度占真皮层厚度 15%~20%,臀部为 18%~24%,腹部为 30%~35%。在乳头层的上层,胶原纤维束细小,编织紧密。

1.1.3 水牛皮

全世界的水牛可以分为河流型和沼泽型,我国的水牛属于沼泽型。

我国是农业大国,水牛是我国南方水稻生产地区的主要役畜。据不完全统计,2009 年,根据联合国粮食与农业组织统计,我国水牛存栏数为 2370 万头,屠宰数为 309.1 万头。

水牛的体型比黄牛肥大,长达 2.5m 以上。角较长大面扁,上有很多工发纹,颈短,腰腹隆凸。四肢较短,蹄较大。皮厚无汗腺,毛粗而短,体前部较密,后背及胸腹各部较疏。体色大多为灰黑色,但亦有黄褐色或白色的。

我国的水牛皮主要产自淮河流域以南,主要产地有:广东、广西、海南、四川、重庆、湖南、湖北、浙江、江苏、安徽以及上海等省市。

水牛皮是制革原料之一。按传统,水牛皮绝大多数都加工成淡干皮(甜干皮)。近些年来,水牛皮逐渐由原来加工成淡干皮而转向加工成盐湿皮或盐干皮,淡干皮越来越没有市场了。

很长一段时期,水牛皮被用做重革的原料,产品主要是底革和带革。近些年来,由于制革科技的发展,水牛皮的使用价值也大大提高,已经开发出了大量的轻革新产品,如水牛沙发革、水牛软鞋面革、水牛汽车坐垫革等。

水牛皮的质量是影响水牛皮利用价值的关键因素,也是影响其成革的档次和质量的重要因素。同黄牛皮一样,生产季节对水牛皮的质量有明显影响。冬皮和春皮板质枯瘦,癣癞严重,质量大大下降,油疯皮(皮垢较多的皮)较多。春皮俗称"麦黄皮",皮板枯瘦,癣癞较多,是一年中质量最差的。夏皮俗称"浅青皮",因到了夏季,水牛吃青草,又常下水,癣癞消失,换上了新毛,皮板质量好转,其质量优于冬皮和春皮,虫伤亦有减少,晚夏皮则更佳。秋皮俗称"青毛青板",是一年中水牛皮质量最好的时期。因此,水牛皮的质量以晚秋皮为最佳。

水牛皮组织结构如图 1-3 所示,其组织结构特征如下。

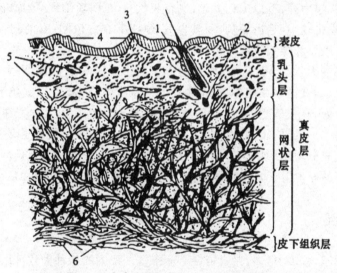

图 1-3　水牛皮组织结构示意图(纵切面)
1—脂腺;2—汗腺;3—乳突;4—沟纹;5—微血管;6—脂肪细胞

水牛皮的乳头层和网状层在组织构造上差别很大。乳头层约占全皮厚度的 4%～12%,网状层则占 80% 以上。乳头层的纤维束细小,但编织非常紧密,此层纤维束愈近粒面越纤细。就部位而言,腹部的乳头层最厚,臀部最薄,颈、脊部则介入前两者之间。

水牛皮网状层几乎全部由胶原纤维组成,且纤维束粗大,但编织较为疏松。纤维束的主要走向为"头尾走向",这使得在生产过程中机械作用大时,水牛皮皮形易变长,也易产生纵向皱纹,其纵向抗张强度往往大于横向抗张强度。

水牛皮脂腺较黄牛皮发达,每根针毛毛囊旁长有一对较大的呈八字形排列的脂腺,绒毛旁也有较发达的脂腺,有的脂腺几乎把整个毛囊包围住。其脂腺腺体最大处截面积为毛囊截面大小的 8~10 倍。水牛皮细针毛和绒毛的脂腺长在皮面下 0.3~0.4mm 处,粗针毛的脂腺在 0.4~0.5mm 或更深处。一般情况下,水牛皮内长得较深的脂腺内的油脂是较难除净的。虽然脂腺发达,但纤维束间却几乎没有游离脂细胞,仅极少量存在于皮下组织和网状层中较粗大的血管旁。水牛皮总的脂肪含量为皮重的 3%~5%(以皮干重计)。

水牛皮的血管非常发达,大小血管遍布真皮层和皮下组织层中。乳头层中主要为毛细血管,不但数量多,且呈网状分布。水牛皮微血管的特点是它由较厚的内外层构成。外层主要由胶原纤维构成,内层则由表皮成分组成,在生产过程中外层是除不掉的,只能使之松软变形,而内层则要尽量破坏除净,否则可能影响成革的柔软度。网状层中较粗大的血管主要由非横纹肌、胶原纤维和弹性纤维组成。加工时应注意使其松软变形。水牛皮中众多的大小血管是造成水牛皮成革肉面"血筋"甚多的原因。所以,在制造轻革的过程中,要注意破坏和除去遍布乳头层的微血管内层,并松软其外层。

水牛皮的弹性纤维较细,主要分布在毛囊、血管、脂腺周围及竖毛肌上,网状层内极少。就部位而言,颈、腹部的弹性纤维较多,臀部最少,脊部介于颈、臀之间。

水牛皮的张幅可达 3~5m²,干皮重为 7.5~18kg。

大型水牛皮:张幅大而厚,毛粗而稀疏,且多呈褐色,胶原纤维编织较疏松,粒面较粗糙。

中型水牛皮:张幅中等,毛以黑色为主,也有灰色的,粒面较细致,胶原纤维编织较紧密。

小型水牛皮:皮张较小,毛以深灰、浅黑为主,颈项下有白色圈,有的胸腹下有白毛或浅黄色毛,皮板较薄,但胶原纤维编织较紧密,粒面较细致。

水牛皮不但张幅大,也特别厚,一般平均厚度约 9~10mm,但厚薄很不均匀,最厚处达 13mm,最薄处 3mm。我国水牛皮中,公水牛皮厚于母水牛皮,阉水牛皮介于二者之间。在水牛皮背脊线的一半处,有一条宽约 24cm 的浅沟,称"脊沟",这是水牛皮特殊结构之一,造成水牛皮厚薄很不均匀。剖层时,超过脊沟厚度剖下的是一些厚度不同、面积不大的剖层皮,故严重地影响剖层皮的充分利用。厚度部位差方面,公水牛皮表现为腹部与颈部的厚度差,母水牛皮则为腹部与臀部的厚度差。水牛皮厚度差约为腹:臀=1:(2.2-2.9)。

1.1.4 猪皮

我国是农业大国,粮多、猪多,猪皮资源十分丰富。我国的猪种大致可以分为 6 个类型、48 个品种,这 48 个品种一般称为地方品种。此外,还培育了新猪种 12 个。

与其他家畜动物皮相比,生产季节对猪皮质量的影响要小一些,但也可以分为冬皮、春皮、夏皮和秋皮。

(1)冬皮:立冬至立春期间的皮称为"冬皮",其质量最好,张幅和皮重也最大。

(2)春皮:立春至立夏期间的皮称"春皮",其质量较冬皮差,皮重较冬皮轻。

(3)夏皮:立夏至立秋期间的皮称为"夏皮"。夏皮的明显特点是毛被稀疏,板质薄,癣癫多,皮重轻,面积小,质量较春皮还差。

(4)秋皮:立秋至立冬所产猪皮为"秋皮",其质量较好,皮重和面积都大,毛短而尖挺,有光泽。

我国是世界上猪皮资源最丰富的国家,猪皮是我国制革工业重要的原料皮。不同猪种之间,猪皮的组织结构略有差异,但基本特征相同,总的看来,猪皮有如图 1-4 所示的组织结构特征。

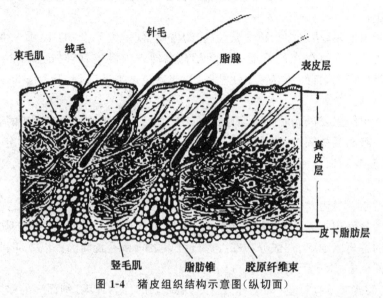

图 1-4　猪皮组织结构示意图(纵切面)

　　猪皮的真皮层由于针毛长得较深,特别是腹部和颈部针毛往往贯穿整个真皮层,故猪皮乳头层和网状层不以毛囊底部的水平面来划分,而是根据皮中胶原纤维束的粗细和编织的紧密度来划分。真皮层上层胶原纤维束较细小的部位(绒毛毛囊以上区域)为乳头层,真皮层中下层胶原纤维较粗壮的部位为网状层,因此猪皮乳头层与网状层分界不明显。

　　猪皮的乳头层胶原纤维束较细小且编织疏松,多呈水平走向,但往上接近粒面时,编织变得致密起来,直至粒面形成非常致密的编织。猪皮表面由于乳突高大、毛孔大,故皮面显得较粗糙。

　　猪皮网状层胶原纤维总的特点是纤维束比较粗壮,互相交织很密实,织角高,因此猪革的强度很高。但是由于猪毛长得较深,往往贯穿整个真皮层,加上毛根底部还有"油窝",使得胶原纤维束在真皮内编织过程中还需绕过许许多多的毛囊和油窝,而不能很好地连续成一整片。当毛和油窝内的脂肪在生产中除去之后,肉面留下许多大小不一的空洞,越到真皮下层空洞越大。靠近猪皮肉面的剖层皮,往往像一张渔网,必然要影响成革的强度。

　　猪皮纤维束的编织形式和紧密程度也不是整张皮完全一样,而是随皮的部位不同而变化。通过纵向切片观察发现,臀、腹、颈三个部位的胶原纤维束均无一定的织形,编织的紧、疏程度各不相同,臀部最紧,腹部最松,颈部介于两者之间。从水平切片观察,各部位真皮层上层的胶原纤维束仍无一定织形,而下层特别是靠近脂肪锥的地方纤维织形有较明显的规律。如臀部及皮心部位胶原纤维束粗壮、笔直、呈十字交织、编织十分紧密。所以这些部位强度大,耐磨性高而延伸性小。腹部纤维束较细小、弯曲,呈波浪形编织,且编织疏松,故腹部强度低而延伸性好,制革过程中较易变形。颈部胶原纤维束的粗细和编织的紧密度都介于前两者之间,呈斜交形编织,尾根部纤维束的粗细度和紧密度稍次于臀部,但交织复杂,属不规则编织,是猪绒面革较难起绒的部位,但占整张皮比例较小。

　　猪皮的部位差除各部位纤维束织形和编织紧密度不同外,各部位的厚度也有明显的差别。

以四川猪皮为例，臀部最厚，腹部最薄，臀部：腹部可达 1∶4 或 1∶5。如此大的厚度差，必然给生产带来困难。所以，猪革生产工艺一开始就应注意消除或减小部位差，以制造出整张软硬程度一致的猪革。

需要特别指出的是，猪皮中脂肪含量较高，约占皮重(干组分重)的 10%～30%，猪皮属多脂皮。皮层中脂肪的大量存在严重地影响化学药品向皮内渗透，同时也影响半成品的涂饰。所以在猪皮制革生产中，自始至终都要注意脱脂，在制革的准备工段，应尽量除去皮中的脂肪组织。

猪皮的脂肪组织主要以脂肪锥和脂腺的形式存在，另外，纤维间还有游离的脂肪细胞。脂肪锥位于三根一组的毛根底下，锥体部分在皮内、锥的下部与皮下脂肪组织相连。当锥内的脂肪细胞除去后，猪皮的肉面便出现许多凹洞，俗称"油窝"。此外，脂肪锥内还长有汗腺、血管和神经。

猪皮颈部的脂腺最为发达，在鬃毛的毛囊周围往往长有几个巨大的脂腺，这些腺体之间有胶原纤维组成的分隔层把它们分隔开。当脱脂把脂腺腺体破坏之后，这些分隔层仍然存在。猪皮中也存在的游离脂细胞，一般分布在胶原纤维束之间和毛囊周围。以颈部和腹部较多，臀部极少。同一部位中，真皮上层最少，下层较多。

另外，猪皮毛被非常有特色，皮上有两种毛，粗而长的称为针毛，细而短的称为绒毛。针毛一般多以三根一组呈品字形排列，但也有两根一组或单根的。品字形排列的三根毛集中长在一个脂肪锥内。三根毛位于脂肪锥中的深浅不一样，中间的毛毛根长得最深，且较倾斜，毛也最粗。在腹部这根毛甚至伸出脂肪锥达皮下脂肪层，而旁边的两根毛一般都长在脂肪锥顶上。

猪颈部的猪毛特别粗而长，硬度也较大，称为"猪鬃"或"鬃毛"。猪鬃的经济价值较高，通常在屠宰场拔下。猪毛在皮面的出口处呈喇叭形，俗称"毛眼"。毛眼一边圆一边稍尖。毛眼的深浅、大小、疏密都关系到粒面的粗细。颈部的毛眼特别大，所以制成革后，颈部较其他部位粗糙。

猪毛毛根鞘厚度很不均匀，在毛根鞘下段(即脂腺以下)内毛根鞘特别厚，制革生产中如不将它除去，在成革的肉面会有"糙手"的硬刺和"麻粒"。另外，由于毛袋的胶原纤维束细小，与相邻粗壮的网状层胶原纤维束差异较大，生产绒面革时，胶原纤维分散不好或磨面深度控制不好，绒面上便会显现"毛眼"。

1.1.5　山羊皮

世界山羊板皮主要产于亚非两洲，亚洲山羊皮占世界山羊板皮的 60% 以上，非洲约占30%，而排名第三位的拉丁美洲仅占 4%。世界山羊主要饲养国为中国、印度、巴基斯坦及尼日利亚等国家。

用于制革的山羊皮，就叫山羊板皮。山羊板皮大体上可以分为 5 大路分，即四川路、汉口路、济宁路、华北路和云贵路。在每个大路分中又分为若干个小路分。

1.1.5.1　四川路

四川路主要产于四川省及贵州省的镇远、都匀、铜仁、遵义地区。四川路山羊板皮的生产地区较广,又分为成都分路、重庆分路和万州分路3个小路分。习惯上认为四川路山羊板皮的质量为最佳。

(1)成都分路主要产于川西平原和成都周围,俗称麻羊皮或铜羊皮,是四川路山羊板皮的代表,在国产山羊板皮中质量最佳。此分路山羊板皮的特征是:皮板较薄,厚度均匀,张幅较大,胶原纤维的编织紧密,弹性好;粒面细致,有油性。

(2)重庆分路主要产于重庆市周围和宜宾、内江、资阳、南充和川南及四川省与贵州省交界的部分地区。该分路山羊板皮的特征是:针毛较短,光泽好,绒毛少;张幅较大,皮板略薄,厚薄较为均匀;粒面细致,有油性;胶原纤维编织较为紧密,弹性较好,质量优良。

(3)万州分路主要产于重庆万州区、达州市和涪陵一带。该分路的山羊板皮的特征是:针毛粗而短,张幅较大,粒面细致,胶原纤维编织紧密,弹性较大。但带痘疤的皮较多。质量属于上中等。

1.1.5.2　汉口路

汉口路主要产于河南省、山东省、安徽省、江苏省、上海市、湖北省、湖南省、浙江省、江西省、广东省、福建省、海南省、广西壮族自治区及陕西省关中和南部、河北省南部。汉口路又分为9个小路分。

(1)河南分路主要产于河南省周口、漯河、驻马店等地。该分路山羊板皮的特征是:毛较为粗短,多为白色,张幅中等,皮板略薄,厚度均匀;粒面细致,有油性,呈蜡黄色而微发红。其质量为汉口路中最佳。

(2)安徽分路主要产于安徽宿州市、阜阳、蒙城、界首、太和、亳州、蚌埠等地区。该分路山羊板皮的特征是:毛短略粗,多为白色,张幅中等,皮板粒面细致,弹性好。质量较好。

(3)江苏分路主要产于江苏省南通、苏州、无锡、上海等地。该分路山羊板皮的特征是:张幅较大,皮板肥厚,胶原纤维编织紧密,质量好。

(4)湖北分路主要产于湖北省宜昌一带。该分路山羊板皮的特征是:张幅大,皮板较为肥厚,厚薄均匀;皮板粒面细致,有油性,弹性好。但后臀部带痘疤者偏多。质量良好。

(5)湖南、江西分路主要产于湖南省常德、津市一带和江西省。该分路山羊板皮的特征是:毛粗短,多为白色,张幅中等,厚度较为均匀,质量较好。

(6)福建分路主要产于福建省。该分路山羊板皮的特征是:毛色多为黑色,皮板稍薄,粒面较为细致,质量较好。

(7)浙江分路主要产于浙江省。该分路山羊板皮的特征是:毛粗短,毛色多为白色,张幅中等,皮板有油性,质量较好。

(8)两广分路主要产于广东省和广西壮族自治区省。该分路山羊板皮的特征是:毛粗短,毛色不一,张幅大小不均匀,皮板油性稍差,质量中等。

(9)陕西分路主要产于陕西省关中和汉中地区。该分路山羊板皮的特征是:毛略粗短,毛色多为白色,质量较差。其中汉中地区所产山羊板皮带痘疤较多。

1.1.5.3　济宁路

济宁路又称山东路,主要产于山东省济宁、菏泽地区和河南省东北部的商丘地区、江苏省北部的徐州地区和安徽省西北部的阜阳地区。济宁路山羊板皮没有分路。

济宁路山羊皮张幅小,皮板薄,毛密,绒毛多,毛很多为钩,粒面乳头突起明显,比汉口路山羊皮粒面稍粗。

1.1.5.4 华北路

华北路主要产于内蒙古自治区、黑龙江省、吉林省、辽宁省、河北省、北京市、天津市、山西省、甘肃省、青海省、新疆维吾尔自治区、西藏自治区和陕西省北部。此路分山羊板皮的总体特征是:张幅大,皮板厚,皮板粒面较为粗糙,油性较小。华北路又分为11个小路分。

(1)交城分路。主要产于山西省交城和晋南一带。该分路山羊板皮的特征是:毛为黑色,光泽好,皮板肥厚,厚度均匀,皮板粒面细致,弹性较好。

(2)哈达分路。主要产于内蒙古自治区赤峰市。该分路山羊板皮的特征是:毛粗长,多为白色,张幅大,皮板厚实,粒面较为粗糙,弹性好。

(3)榆林分路。主要产于陕西省榆林、绥德一带。该分路山羊板皮的特征是:毛较长,多为黑色,有光泽;皮板稍薄,粒面略显粗糙,弹性好。

(4)保府分路。也叫保定分路,主要产于河北省保定市和石家庄市一带。该分路山羊板皮的特征是:毛较长,为黑色,张幅较大,皮板较厚,有油性,粒面较为粗糙。

(5)顺德分路。主要产于河北省邢台市(古称顺德)、任县、南和、威县和沙河市等地。该分路山羊板皮的特征是:毛略粗短,多为青色,张幅大,皮板厚,粒面粗糙。

(6)绥远分路。主要产于内蒙古自治区乌兰察布盟、锡林浩特及呼和浩特一带。该分路的山羊板皮的特征是:针毛较粗而中短,底绒长且密,张幅大,皮板厚实,粒面较为粗糙。

(7)永平分路。主要产于辽宁省朝阳地区、阜新市以及辽西走廊的锦州、锦西等地区。该分路山羊板皮的特征是:张幅较大,皮板厚实,粒面稍显粗糙。

(8)博山分路。主要产于山东省泰安市一带。该分路山羊板皮的特征是:张幅较小,皮板薄但厚度均匀,部位差较小;皮纤维编织较为紧密,皮板有油性,弹性尚好。

(9)新疆分路主要产于新疆维吾尔自治区。该分路山羊板皮的特征是:毛粗长,毛色不一,张幅较大,皮板厚实,板面较粗糙。

(10)内蒙古分路主要产于内蒙古呼伦贝尔盟、兴安盟和哲里木盟一带。该分路山羊板皮的特征是:毛多为白色,张幅较大,皮板略薄,粒面细致,有油性。

(11)杂路产于吉林和黑龙江两省的山羊板皮,属于杂路皮。其主要特征是:毛略细,多为白色,有光泽,张幅中等,皮板略薄,粒面较为细致,有油性。产于辽宁省沈阳以东以及辽北、辽南等地的山羊板皮也属于杂路皮。其主要特征是:毛较细长,有光泽,毛色不一,张幅大,皮板厚实,但油性较差。

1.1.5.5 云贵路

云贵路山羊皮产于云南、贵州、广西西部、四川南部的凉山州,年产量200万~300万张,与上述各种路分相比,质量最次。主要表现在毛孔大,粒面粗糙,板薄,乳头层很厚(占真皮厚度的60%~65%),网状层薄,颈部特别厚而紧密,腹部扁薄,寄虫病害多。收购的原料皮大多为绷板皮,有暗伤,伤残多。即使精心加工,皮革在柔软度和丰满度方面远比四川路和汉口路山羊皮成革差。

整体来看,山羊皮的真皮层中,乳头层较厚,占真皮层厚度的50%～70%,这也是羊皮与猪皮、牛皮的显著区别之一。在不同部位或同一部位的不同层次,胶原纤维束的粗细程度及编织情况均不相同。总的来说,乳头层的胶原纤维束较细,其编织因毛囊、腺体的存在而显得疏松,但真皮的表面(粒面)胶原纤维束极细小,编织非常紧密,从而形成光滑的粒面。网状层胶原纤维束较乳头层粗大,纵横交错,编织较紧密,使山羊板皮比绵羊皮结实,但不及猪皮和牛皮。

山羊皮部位差较大,这包括胶原纤维束的粗细度及编织的不同。颈肩部的胶原纤维束粗壮,编织较紧密;腹部胶原纤维较细小,编织也较疏松。因此,在山羊皮加工过程中应使乳头层上层胶原纤维束适度松散,防止网状层过度松散,加强颈部处理。

山羊皮脂肪组织较牛皮发达。每根针毛都有脂腺,它们紧贴在毛囊旁呈八字形排列,并以一根导管与毛囊相通,纤维束间游离脂细胞极少。就三个部位而言,以颈部最为发达。总的来说,山羊皮油脂含量高于牛皮而低于猪皮,占皮重的5%～10%(干组分重)。由于脂腺位置较浅,在制革生产中较易除去。

山羊皮的汗腺较发达,其分泌部呈弯管状,位于毛根底部毛囊旁边,即乳头层和网状层的交界处,加上丰富的毛囊,占据了乳头层相当大的空间,使该部位胶原纤维稀疏。当制革加工中毛脱除后,该部位即形成较大的空隙,使乳头层和网状层之间的联系减弱,若处理不当易产生松面。山羊皮竖毛肌发达,特别是颈部"领鬃"部位。

山羊皮的毛也分针毛和绒毛两种毛,山羊皮的针毛较粗,在0.08～0.11mm之间,尤其在沿背脊线的领鬃(颈)部位,针毛最粗,其直径在0.09mm以上。山羊的绒毛则非常细,一般在0.015mm左右。山羊皮上针毛多以三根为一组呈一字形或品字形排列,它们上下交错,形若覆瓦,构成了山羊皮特有的花纹,但也有一些山羊品种如云南山羊、成都麻羊等,其针毛除三根一组外,也有部分单根、双根或4～7根为一组的排列方式。这些毛发的排列方式及在粒面上展现的花纹可以作为成品革品种的鉴定参考依据。

1.1.6 绵羊皮

绵羊皮一般用作制裘原料皮,制裘价值较低或没有制裘价值的绵羊皮才用作制革。我国制革用的绵羊皮主要来自粗毛绵羊品种,如蒙古羊、西藏羊、哈萨克羊、滩羊和湖羊等。其中蒙古羊主要产于内蒙古、新疆、青海、甘肃、宁夏、陕西和东北等省区;西藏羊主要产于西藏、青海、甘肃、四川等高原地区;哈萨克羊主要产于天山北麓、阿尔泰山南麓、新疆哈密等地;滩羊主要产于宁夏中部,与宁夏毗连的陕西、甘肃、内蒙古等地;湖羊主要产于浙江、江苏和上海等地。

需要注意的是,生产季节对绵羊板皮的质量有着重要影响,春毛剪过不久的皮(夏板),板瘦,厚薄不均匀,带剪伤,板面粗糙,制革价值低;中夏以后,剪伤痊愈,皮板稍好,制革价值稍高。秋毛剪过不久(秋板),毛短,皮板较肥厚,制革价值高,绵羊板皮大多是此时生产。

绵羊皮的乳头层和网状层,也是以毛囊底部所在水平面为界划分的。绵羊皮乳头层相当厚,占整个真皮厚度的50%～70%,甚至达到80%。乳头层上层胶原纤维束细小,编织相对较致密。乳头层中层及下层,由于其中有大量毛囊、汗腺、脂腺等组织,胶原纤维变得十分稀疏。

在制革加工中,这些毛囊和腺体一旦被除去,便在乳头层中留下许多空隙,使得绵羊革空松、柔软、延伸性大而抗张强度较低。在乳头层和网状层的连接处,胶原纤维极为稀疏,使得乳头层网状层的连接十分脆弱,随着向网状层下层过渡,胶原纤维束又逐渐变得较粗大和稠密,编织多呈水平走向。因而整张皮的强度由网状层下层决定。真皮层的厚度、胶原纤维的粗细、编织的疏密随部位不同而不同,顺序为臀部＞颈部＞腹部。臀部与腹部厚度之比约为 1.6∶1。

绵羊皮脂肪组织发达,脂肪存在的形式主要为两种:脂腺和游离脂肪细胞。初级毛囊大多有一对脂腺,少数有三四个,次级毛囊一般有一个脂腺,脂腺分布于毛囊一侧,与毛囊相通,分泌油脂润滑毛干。由于绵羊皮的毛囊密度大,所以脂腺密度也很高。在乳头层与网状层的交界处,还存在大量的游离脂细胞,堆积形成一条脂肪带,脂肪带在臀部和颈部比较厚,而腹部少见,因此,腹部的脂肪组织不如臀部和颈部发达。总的来说,绵羊皮油脂含量很高,占干皮质量的 10%～30%,制革时必须加强脱脂。并且由于乳一网两层交界处脂肪层的存在,在绵羊皮脱脂后,乳头层与网状层的联系更加脆弱,处理不当,易引起乳头层与网状层分层。

绵羊皮的毛被具有重要经济价值,毛被致密,分为初级毛和次级毛。毛密度平均 2500～7900 根/cm²,臀部颈部差异不大,而腹部毛比前者较为稀疏。毛的平均粗细为 0.015～0.025mm,毛的粗细因生长的部位不同而略有不同,其中以颈部最粗。因此绵羊皮毛孔小、乳突不明显,皮面极为细致。绵羊的毛囊在皮中是成簇分布的,形成所谓的毛囊群,在一个毛囊群中,包括 1～20 个初级毛囊,十几甚至二十几个次级毛囊。每一毛囊群外有胶原纤维包围,在整个乳头层中胶原纤维细而稀少。

除牛皮、羊皮、猪皮作为主要制革原料皮外,其他一些动物皮,包括哺乳类、爬行类、两栖类等动物皮也可作为制革原料,这里我们统称为杂皮。它们各自有不同的组织结构特征。如马皮部位差特别大,主要体现在马的前后身;狗皮脂肪含量高,几乎与绵羊皮脂含量相当;麂皮纤维束编织疏松;蛇皮粒面具有特殊的鳞状花纹和色素斑点;鸵鸟皮油脂含量高,粒面有特殊钉状花纹等。这些组织结构特征,使其成革后具有特殊的性能和用途。它们作为制革原料皮时,应针对其结构特征制定相应的工艺。

1.2　制革原料皮胶原纤维束的组织学结构

与皮革的化学结构相比,皮革组织结构更能直观地反映皮革的结构特征。皮革组织学是一门研究皮革组织结构的科学。皮革组织学是运用光学显微镜、电子显微镜和原子力显微镜来研究皮革组织结构的。

按照皮革组织学的观点,皮革是由许多粗细不一的胶原纤维束编织而成的三维立体网状结构。构成制革原料皮及成品革基本力学单位-胶原纤维束的密度(数量)、粗细、强度以及编织方式,都直接或间接地对皮革的力学性能、卫生性能乃至其他性能产生影响。将从以下几个方面来描述皮革胶原纤维束的组织结构。

1.2.1　胶原纤维束的编织角

胶原纤维束的编织角,简称织角,是指主要方向的胶原纤维束与皮或坯革的粒面所成的夹角。皮革的胶原纤维束的编织角一般在 0～90°。皮革的编织角的大小与部位有关,而与原料皮的种类无关。一般而言,臀背部位胶原纤维束的织角为 90°或接近 90°;颈肩部位胶原纤维束的织角往往比臀背部位低而高于其他部位;腹肷部位胶原纤维束的织角较低。皮革的织角与其力学性能密切相关。例如,织角高的成革的耐磨性能优于织角低的成革,而中等织角的成革的抗张强度和撕裂强度往往高于织角高的成革。制革工艺方法对成革的织角具有决定性的影响。裸皮在鞣前准备工段中膨胀程度较大,纤维经鞣制定型后,成革的织角较高。而坯革在进行诸如绷板干燥、平展、拉软等操作时,坯革的织角都会降低。

1.2.2　胶原纤维束编织的紧密度

生皮的种类、部位以及制革工艺方法,决定了成革的胶原纤维编织的紧密程度。动物皮的种类不同,胶原纤维束编织的紧密度不一样。例如,绵羊皮胶原纤维束编织的紧密程度就不如山羊皮和黄牛皮。不同种类的皮革,对于纤维束编织的紧密度的要求是不同的。就轻革而言,要想获得柔软、丰满、有弹性的成革,就要求纤维编织疏松一些,故除了选择适当的原料皮之外,还应在制革工艺方法上加以考虑。例如,在对坯革实施转鼓摔软、平展和拉软等作软工艺操作时,坯革在弯曲或拉伸的机械作用下,纤维的编织紧密度就会降低,纤维束变得疏松起来,使得坯革更加柔软、延伸性更大。反之,对坯革实施诸如熨平、辊压等工艺操作时,坯革在机械作用下,纤维的编织紧密程度就会提高,因而成革更加紧密、坚实。

1.2.3　胶原纤维束的分散度

研究表明,在制革过程中,虽然胶原纤维束本身始终保持具有三维立体网状结构,但经物理和化学处理后,胶原纤维束内的纤维得到分离和松散。胶原纤维束分离和松散的程度大小,对成革性能有着重要影响。以轻革制造为例,充分而适度地分离和松散胶原纤维,可以获得柔软、丰满而富有弹性的成革。例如,生产黄牛软鞋面革就应适当地加强物理和化学处理,使胶原纤维束能够得以充分的松散。但鞣前处理过于强烈,过度地分离和松散胶原纤维束,则会导致成革的物理机械性能下降,甚至成革还会出现松面、烂面等缺陷。对于耐磨性要求较高的皮革如底革,则其胶原纤维束不宜过度分散。

1.2.4　胶原纤维束的丰满性

胶原纤维束的丰满性决定了皮革的丰满性。皮革的丰满性与皮革的孔结构有关。所谓孔结构是指孔率和孔径。一般来说,皮革的孔率越大、孔径小而分布均匀,则皮革的丰满性就好。丰满性与皮革的胶原纤维的分散程度有着直接的联系。皮革胶原纤维分散度越高,胶原纤维束之间的空隙越小,皮革质地致密均匀,则皮革的丰满性就越好。影响胶原纤维束丰满性的因素主要有原料皮的种类、生皮的厚度、纤维束的分散度、纤维束吸收鞣质及其他材料(如加脂剂、填充剂等)。一般来说,裸皮或坯革的胶原纤维束所结合的鞣质或容纳的其他材料越多,则成革的胶原纤维束就越丰满。

1.2.5 胶原纤维束的伸展性

胶原纤维束的伸展性包括笔直度与弯曲度两个方面:胶原纤维束若是笔直的,则其弯曲度就低;反之,胶原纤维束处于弯曲状态,则其笔直度就差。此外,胶原纤维束的笔直度、弯曲度与抗张强度、延伸率和回弹性等性能之间,又有着密切的关联。胶原纤维束笔直度高,则胶原纤维束被直化,使得成革的抗张强度、延伸率下降,成革弹性变差;胶原纤维束弯曲度高,则胶原纤维束处于蜷缩状态,成革延伸率高,成型性差。

胶原纤维束的笔直度与弯曲度主要取决于皮革的生产过程,尤其是鞣前准备工段的酸、碱及酶的作用程度。鲜皮中的胶原纤维束是呈波浪形的,不是伸直的,也不是紧张的,且其伸展方向几乎可以认为是无规的。一般来说,生皮的胶原纤维束容易被弯曲,但当外力解除后,生皮没有恢复初始位置的倾向,可见生皮的弹性较差。在酸、碱的膨胀作用下,胶原纤维长度缩短、弯曲度变小,肽键间的电子斥力增加,分子的内聚力降低,削弱了原纤维之间的黏合作用,胶原纤维束被分散。胶原纤维束的分散程度与酸、碱作用程度的强弱有关。若酸、碱作用过于强烈,则胶原纤维束分散程度高,笔直度也高;反之,则分散度低,弯曲度高。鞣制是一个胶原纤维改性、纤维构型确定的过程。在鞣制过程中,胶原纤维的构型被固定下来,所得成革纤维束的笔直度较大,并具有很大的硬性和弹性。因此,成革较之鲜皮更具弯曲性和弹性。成革胶原纤维束的笔直度与其物理性质特别是弹性密切相关。成革纤维束的笔直度越高,则成革的伸长率越小,弹性越差。

1.3 制革原料皮的品质分级

原料皮是指符合皮革加工要求的制革、制裘和裘革两用动物皮的统称。传统上,原料皮简称生皮。实际上相当部分生皮在动物生存期、屠宰开剥和保存过程中已受到极大的伤害而不具有皮革加工价值,因此这类生皮不能用于制革,不能称为制革原料皮。

制革原料皮的品质,在皮革加工中起着关键作用,"好皮做好革,次皮精加工"就是原料皮在加工中对皮革产品的最终品质影响的真实写照。原料皮皮板品质和毛被的品质决定着皮的最终加工产品品质。制革加工对原料皮皮板品质要求高,从外观上观察,原料皮由皮板和覆盖在皮板上的毛被所构成。制革原料皮的皮板一般张幅较大,皮板较厚实,强度较高,品质好;但毛被品质较差,毛较多较粗,绒毛较少,如牛皮、猪皮等。

制革原料皮皮板的品质,简称板质,主要由构成皮板的主体成分胶原纤维束所决定,即由构成皮板胶原纤维束的粗细和在皮层中编织的紧密度、走向和织形等决定。除此之外,板质也包括了皮板中毛囊、脂腺、汗腺、肌肉和弹性纤维的发达程度及油脂含量的多少等内容。

对于制革而言,皮板的胶原纤维束愈发达,编织愈紧密,纤维编织愈丰厚,油润感愈强,该原料皮的板质愈好。品质愈高,皮板愈厚,其成革的强度愈高,利用率愈高,有利于一皮变多皮,被认为品质愈好。在判断原料皮品质的体系中,皮板厚度的均匀性也是考查板质好差的内容之一。同一原料皮,皮板的最厚处与最薄处的差值愈小,该原料皮的均匀性愈好、利用率愈好、等级率愈高、价值愈高,被认为品质愈好。原皮收购人员和制革工程技术人员常用纤维发达的程度、编织的紧密度、皮板厚薄的均一性等指标来鉴定皮板内在品质和感观品质。常用板质较好(肥厚)、板质较弱和板质瘦弱三个等级来区分、界定皮板品质的优劣。

在实际应用中,原料皮的面积也是皮板品质考查的重要内容之一。皮的面积仅与动物的种属有关,而与构成皮板的胶原纤维束发达与否、编织情况一般无关。一般对制革而言,皮板的面积愈大,该原料皮的品质被认为愈好,价值愈高。决定原料皮面积除动物在生活期的生活条件而外,动物的种属起着主要作用。

除此而外,原料皮的品质还由原料皮的缺陷和伤残情况所决定。缺陷、伤残愈多,伤残所占的面积愈大,缺陷、伤残愈在皮的主要部位,该原料皮的加工价值愈低,其板质愈差。原料皮的缺陷与伤残是由动物生活期的生活环境、饲养管理的好坏及动物屠宰时皮的开剥,保存以及防腐是否及时和防腐方法是否正确等因素所决定。

原料皮的皮板缺陷与伤残极大地影响着皮革的加工和成革的品质,这主要分成两类:一类是动物在生活期所形成的缺陷如蛇伤、咬伤、癣癞等;另一类是死后产生的缺陷如描刀伤、红斑和刀洞等。原料皮的缺陷和伤残严重地影响皮革加工产品的品质和等级,极大地增加了皮革工程技术人员的制革技术难度、增高了皮革的加工成本和延长了生产周期,加大了制革废弃物的处理负荷等。因此,皮革工程技术人员应该正确理解皮革加工技术与原料皮的关系,在努力提高皮革加工技术的同时,应高度重视原料皮的品质及其来源,达到好皮做好革,次皮精加工,上档次,出效益的皮革加工目的。

1.4 制革原料皮的防腐

从微生物角度观察,原料皮的防腐就是要在原料皮的内外造成一种使微生物不能正常生长繁殖、酶的活性受到抑制而同时又对原料皮的质量无副作用的环境条件,如采取降低环境温度,因为大部分霉菌和细菌生长繁殖的最适温度为$25\sim37℃$,而在$10℃$以下,$40℃$以上就难以生长。采用诸如除去或降低鲜皮中的水分、改变环境的 pH 以及利用防腐剂或用化学药品处理等一系列措施,都可杀灭细菌或抑制酶和细菌对生皮的作用,防止原料皮腐败。

生皮防腐的方法较多,常见的主要有干操法、盐腌法、低温冷藏法、杀菌剂防腐保藏法等。也有人研究采用冷冻法、辐射法、有机溶剂脱水法,还有人研究采用氯化钾代替食盐保藏原皮,以克服食盐污染重的缺点,但这些方法未在大规模生产中应用。制革原料皮最常见的防腐方法为盐腌法和干燥法,其次为低温保存法和浸酸法。其中盐腌法是目前各个国家原料皮保藏和防腐最为流行和普遍的方法。

1.4.1 盐腌法

盐腌防腐的基本原理是在皮内外创造一种高浓度的食盐溶液环境。一方面使细菌细胞膜内的渗透压增大,使细胞脱水收缩,失去生长繁殖和代谢能力;另一方面,使鲜皮大量脱水,皮内水分减少,使细菌和酶失去作用的水分条件。

一般根据腌制时采用的是固体食盐还是饱和食盐水,分为撒盐法和盐水浸泡法。

盐腌法适合于各类皮的防腐保藏,保藏期较长,保藏的皮质量较好,易浸水回软。最大的缺点是盐用量大,废盐对环境污染大。相对而言,盐水法比撒盐法可节约用盐约50%,污染较小。

1.4.2 少污染或无污染保藏法

目前,绝大多数原料皮都采用盐腌法和干燥法保藏,前者成本低且质量较好,但废盐对环境的污染严重。因此,探索无盐污染或少盐污染的原料皮保藏方法尤为重要。

(1)废盐循环利用。该法对细菌的除去率较高,而对其他杂质的除去率较低,而且消耗大量的热能,设备投资费用大。加入化学混凝剂净化的方法,是在废盐溶液中加入高分子混凝剂,使溶液中的分散颗粒聚集成团、析出,细菌极易附着在悬浮物上随之析出。蒸发的方法是收集废盐溶液,离心除去悬浮物、脂肪、蛋白质等,蒸发水分,将盐进行高温热处理灭菌,而后用于腌皮。该系统为封闭式系统,处理效率高,效果好,但设备投资费用较大。

(2)少盐保藏法。在原料皮的短期保藏方面,Hughes研究了采用4.5%硼酸与饱和氯化钠溶液结合使用的方法;Cordon等提出了采用杀藻铵(benzalkonium chloride)0.1%~0.4%和盐共同作用;Venkatachalsm探索了在牛皮的长期保藏中使用5%食盐和杀菌剂的情况等。这些方法尽管能达到防腐的目的,但是因操作困难或成本太高,不大可能在工厂中推广使用。而且这些方法要采用高效、低毒、专门的防腐剂,否则会对环境造成新的污染。

由于盐腌法主要是通过脱水作用来抑制微生物的生长及酶的活力,因此使用其他脱水剂也可以达到相应的目的。印度中央皮革研究所Kanagaraj等提出了用硅胶和少量食盐(用量为生皮重的5%)及0.1%的杀菌剂PCMC(对氯间甲酚)用于原料皮的短期保存,在室温(实验温度31℃)可以至少保藏2周,处理后原料皮的各种指标与传统的盐腌法接近。方法中的硅胶是一种绿色材料,对环境几乎没有任何污染,容易实现工业生产,成本也不太高。此法是一种可行的清洁化方法。

另一种少盐防腐工艺是把杀菌剂粉末涂于肉面后,折叠堆置,这是由南非Russell等人研制的LIRICURE工艺,杀菌剂是由25%EDTA钠盐、40%的氯化钠、35%的中粗锯末屑组成的。该法现已申请专利,并且已通过了工厂试验,证实是可行的,但是只适用于短期保存。

(3)无盐保藏方法。另一种既能代替食盐,在较长时间内保藏原料皮,又对环境无污染的方法是氯化钾防腐保藏法,这项技术最早是由加拿大化学家Joe Gosselin提出的。美国化学家Baley在用KCl代替常规盐腌法方面做了大量工作,指出KCl浓度至少要在4mol/L以上,这种工艺是完全可行的,操作方法与普通盐腌法基本相同。采用该法腌制的皮可保藏40天以上,而且腌制废液及制革浸水废液可单独回收,作为植物的肥料。这样既解决了原料皮腌制厂的食盐污染问题,也减少了制革厂的污水。

(4)干燥法。干燥过程要严格控制干燥的速度、干燥的均匀度及干燥温度。干燥太快,皮表面过干,内层水分难以除去,储藏过程中会引起腐烂;干燥若不均匀,易引起局部腐烂;干燥温度太高,会发生局部灼烧现象。为了使干燥过程易于控制,保证生皮质量,一般采用遮阳处风干、低温干燥室烘干的方法进行干燥。储藏时,为防止虫害,应在皮的表面喷洒杀虫剂,一般选用储藏粮食用的杀虫剂,用量为 $200\sim700mg/m^2$,如硫代磷酸酯。

干燥法适用于油脂含量低,小而薄的皮,如山羊皮。干燥法受气候条件影响较大,只适合于在干燥炎热地区采用。该方法简单,成本低,无污染,生皮重量轻,易运输。但皮板僵硬,易折裂,易受昆虫侵害,浸水回软比盐湿皮困难。

鲜皮经干燥后,重量减轻 $55\%\sim60\%$,厚度减少约 50%,面积缩小约 12%。

(5)低温冷藏法。冷藏法是一种清洁的保存方法,消除了食盐污染,且保存的生皮到 $-1℃$ 堆置保藏 3 周。一般的通冷气冷冻法常需要特殊的冷藏库和连续生产线,投资成本高,适用范围受限制。

为了增强防腐效果,也可在堆置前在皮上喷洒一些防腐剂,如硼酸、次氯酸盐等。冷却过程要控制温度,不要使皮中的水结冰,否则制革加工时脱脂较困难,也会使纤维受到损伤。

如果保藏期很短,可使用加冰法,即将皮与小冰块在容器中充分混合,可贮存 24h 而无需进一步处理,成本仅为盐腌法的 1/10。此方法在瑞士、德国、奥地利等国家已得到大规模使用,但由于保藏期太短,只适合少量加工。

新西兰学者还提出了最早的干冰冷藏技术,短时间内可将皮张的温度降到 $-35℃$,没有回湿和普通冰融化流水的问题,冷却均匀,可保存 48h。

(6)辐射法。材料表面使用一定能量的高速电子射线照射,可以杀死细菌,因此可以对原料皮进行灭菌处理,达到防腐目的,并能很好地保持鲜皮的特性。整个过程包括两个主要步骤:首先用一种专门的、可与辐射起协同效应的化学溶液浸泡;其次用 10MeV 的电子射线照射生皮,之后密封于 6 个月左右。该法效率高,是一种绿色技术,但是由于设备的特殊性,投资大,同时还需要灭菌包装或冷藏库,只适合规模较大的工厂使用。

(7)杀菌剂防腐保藏法。将剥下的鲜皮立即水洗降温,清除脏物,然后喷洒或浸泡防腐杀菌剂,或者将皮与防腐杀菌剂一起在转鼓中转动(效果较好),而后将皮堆置。这样一般在常温下可保藏 6~10 天。

可用的防腐剂种类较多,从防腐效果好、毒性小、对皮的性质影响小的角度来考虑,氯化苄烷胺、噻唑衍生物的性能较好;次氯酸盐、硼酸、氟硅酸钠也符合清洁工艺的要求;酚类,特别是无氯苯酚、三氯苯酚,毒性较大,应避免使用。

该法一般与其他方法配合使用,是一种短期防腐保藏法,只适用于短期内投产的原料皮,若不及时投产,可接着进行干燥或盐腌防腐。

我国生皮保存最常用的方式是盐腌,一般制革厂所购生皮多处于盐干皮和盐湿皮的中间状态,即皮革表面已经比较干燥,但皮心部分的含水量依然很大,而且生皮的表层与内层盐腌的程度不很一致,为了在制革的后工序中达到均匀的加工效果,生产上最好在浸水前重新进行盐腌,这样即可以促进生皮内部一些盐溶性蛋白质的溶解,松散皮纤维,同时又可以诱导皮内盐分的均匀分布,为后工序的生产打下基础。

1.5　制革原料皮的贮存

原料皮的保藏无论是对制革厂或原皮商均是不可少的,其保藏的好坏直接影响着革的品质及效益。因此,必须创造一个良好的仓库条件。原料皮仓库一般应建在地势高、通风好、交通方便、距居民区稍远的地方。仓库建筑应高大宽敞且严密、干燥、通风好,并保证采光好,但应避免阳光直射到原料皮上。房顶不宜用铁板或油毡纸,窗户面积不应超过仓库面积的 1/16,窗玻璃要涂上白粉,仓库地面应为水泥地面;墙壁应平整光滑而不可有沟沟缝缝,以免害虫滋生;应采取措施保证库房内不被雨水侵袭并注意防止返潮,仓库内应清洁卫生;应注意杜绝火点,以免发生火灾;仓库内应备足防火设备和器材,并确保完好;仓库内电源应安装安全设备。

在贮存期间,影响生皮质量变化的因素很多,其中最主要的因素就是空气的温度和湿度。生皮贮存环境的温度过高,易导致虫害发生;而湿度过大容易造成原料皮霉烂变质,湿度过小则会使皮板因过干而发脆、发硬。不同的防腐方法处理的生皮对温度和湿度的要求不尽相同。一般来说,甜干板皮适于贮存的仓库温度为 $10 \sim 20 ℃$,最高不超过 $30 ℃$,相对湿度 $50 \% \sim 60 \%$;盐腌皮贮存的仓库温度为 $5 \sim 20 ℃$,相对湿度 $65 \% \sim 75 \%$。

对于入库贮存的原料皮,要按品种、类型、路分、等级分别堆垛。同时,也要将淡干皮、盐干皮和盐湿皮分开贮存。

任何原料皮在入库前都必须进行检疫、消毒,未经检疫的原料皮一律不得入库。原料皮经检疫后,无毒的正常原料皮进入一般仓库贮存。带有病菌的、特别是带有炭疽杆菌的原料皮,应在全部进行消毒灭菌处理合格后才能进入仓库贮存。同时,应将已经受潮、掉毛、腐烂发臭以及虫蛀的皮张挑出来,或者及时投产,或者经过防腐杀虫等处理之后,再进入仓库贮存。

另外,原料皮贮存过程要注意虫害的预防。首先,要切断害虫的来源,严格消除害虫孳生的条件。在生皮入库之前,要对仓库进行彻底清扫,彻底捕杀害虫。对天棚、墙壁、地面等要先用扫帚清除脏物、灰尘,除去虫卵、幼虫、蛹及成虫。尤其要注意仓库内沟沟缝缝及死角,做到万无一失。其次,应对仓库内所有地方进行杀虫处理。可用硫黄、富乐马林或磷化铝、氯化苄等熏蒸杀虫;也可用 $240 \sim 400 mg$ 敌敌畏兑 50 倍水或 30% 的氟化钠水溶液或石灰水喷洒库内。再次,在库内除虫的同时,也应注意搞好库房外的环境卫生及杀虫工作,以免害虫从库外飞入或爬入。对原皮库库房每年要进行 $1 \sim 2$ 次的空库消毒,特别在每年的 $6 \sim 8$ 月要进行一次实仓消毒。

参考文献

[1]但卫华.制革化学及工艺学[M].中国轻工业出版社,2006.

[2]廖隆理.制革化学与工艺学[M].北京科学出版社,2005.

[3]成都科学技术大学,西北轻工业学院.制革化学及工艺学[M].中国轻工业出版社,1982.

[4]古舜起.呼吁着力破解皮革业发展的瓶颈[J].西部皮革,2014(14):12-13.

[5]王宏博,梁丽娜,高雅琴,等.制革原料皮组织结构特点的比较分析[J].中国皮革,2010(11):46-48.

[6]王宏博,梁丽娜,高雅琴,等.制革原料皮组织结构特点的比较分析(续)[J].中国皮革,2010(13):37-40.

[7]吴兴赤.削减原料皮重量,提高原料皮质量——制革最优化生产安排的探讨[J].西部皮革,2005(08):13-16.

[8]吴兴赤.削减原料皮重量,提高原料皮质量(续)——制革最优化生产安排的探讨[J].西部皮革,2005(10):8-11.

[9]范贵堂.论我国制革原料皮的现状及展望[J].中国皮革,1997(10):2-5.

[10]沈瑞林.原料皮是制革生产的第一要素[J].西部皮革,1995(02):30-32.

[11]曹蔼瑞.北美、大洋洲黄牛原料皮生产轻革湿加工工艺技术探讨[J].陕西科技大学学报,1988(03):95-100.

[12]张家正.美国的生皮资源[J].皮革科技,1986(12):37-38.

[13]刘子瑜.猪皮的特性对成革质量的影响[J].皮革科技,1984(09):39-43.

[14]马燮芳.改善我国猪皮制革经济效益的途径[J].皮革科技,1983(04):21-22.

[15]季仁.提高制革经济效益应从原料皮抓起[J].皮革科技,1982(12):1-6.

[16]温祖谋.制革原料皮[J].皮革科技,1981(01):38-40.

第二章　制革蛋白质化学基础

2.1　蛋白质的基本概念

蛋白质是一类与生命现象密切相关的化学物质。生物体的化学组成极其复杂，既有各种高分子物质和低分子物质，又有各种有机物和无机物，其中蛋白质起着非常重要的作用，各种生物功能及生命现象往往是通过蛋白质来体现的。生命的主要机能都与蛋白质有关，例如消化、排泄、运动、收缩及对刺激的反应和繁殖等，因此蛋白质具有重要的生物功能。从化学角度来说，蛋白质是一类天然高分子化合物，结构复杂，种类繁多。

蛋白质的基本组成单位是氨基酸，氨基酸通过脱水缩合形成肽链。蛋白质是由一条或多条多肽链组成的生物大分子，每条多肽链有 20 到数百个氨基酸残基，各种氨基酸残基按一定的顺序排列。仅由一条多肽链构成的蛋白质，如溶菌酶和肌红蛋白，被称为单体蛋白质。由两条或多条肽链通过非共价结合而成的蛋白质称为寡聚蛋白质，如血红蛋白有 4 条肽链（两条 α链和两条 β 链），每条肽链称为亚基或亚单位。许多蛋白质还包含非肽链结构的其他组成成分，这种成分称为配基或辅基。不同的蛋白质具有各种不同的生理功能。组成蛋白质的氨基酸有 20 种，氨基酸组成的种类、数量、排列顺序和空间结构不同，使蛋白质的结构、功能千差万别，从而形成了生命的多样性和复杂性。

蛋白质是生物功能的主要载体，可以被酸、碱或蛋白酶催化水解。在水解过程中，逐渐降解成相对分子质量越来越小的肽段，直到最后成为氨基酸的混合物。氨基酸是组成蛋白质的基本结构单位。通常情况下，氨基酸通过肽键彼此相连，并以氢键、静电相互作用和其他分子间作用力形成蛋白质分子，存在于各种生物体中。把参与肽键形成的氨基酸称为蛋白质氨基酸或多肽氨基酸；相应地，未参与肽键形成而单独存在的氨基酸则称为游离氨基酸。生物体及食物中，游离氨基酸所占的比例非常小，只占整个体系所含氨基酸的 1%～2%，但在蔬菜、水果、酱油和腐乳中，游离氨基酸的比例比较大，有的甚至占所有氨基酸的 20%～30%，并对各种食品的风味产生影响。

科技工作者已获得许多蛋白质晶体。对蛋白质进行元素分析发现，它们的元素组成与糖和脂质不同，除含有碳、氢、氧外，还含有氮和少量的硫。有些蛋白质还含有一些其他元素，如磷、铁、铜、碘、锌和钼等。所有的蛋白质中都含有氮，蛋白质是一种含氮的有机化合物，而且大多数蛋白质含氮量接近，平均为 16%，这成为蛋白质元素组成的一个重要特点。

2.2　蛋白质的分类

蛋白质的种类繁多,要对每种蛋白质有一个全面系统的认识,就必须有一个较好的分类方法。这种分类方法应该以蛋白质的化学组成、空间结构及性质为依据。目前,蛋白质的分类方法有按照化学组成分类、按照溶解度分类、按照结合成分分类、按照空间结构分类和按照生理功能分类等方法。

按照其化学组成,蛋白质可以分为简单和复合蛋白质两大类。简单蛋白质是指在其水解产物中只有氨基酸,而不含有其他有机和无机化合物的那一类蛋白质。复合蛋白质指在其水解产物中除了氨基酸还含有其他有机和无机化合物。后者被叫做辅基。按照辅基的不同,复合蛋白质指在其水解产物中被称为核蛋白(含核酸)、脂蛋白(含脂肪)和磷蛋白(含磷酸)等。若按照分子外形,蛋白质还可以分为球状蛋白质和纤维状蛋白质两大类。球状蛋白质,外形接近球状或椭球状,溶解度较好,能结晶,大多数蛋白质属于这一类。纤维状蛋白质,分子类似棒状或纤维状。它又可分成可溶性纤维状蛋白质,如血纤维蛋白原等和不溶性纤维状蛋白质,包括胶原、弹性蛋白、角蛋白以及丝心蛋白等。若依据其溶解度,又可分为可溶性蛋白、醇溶性蛋白和不溶性蛋白。近年来有些学者提出依据蛋白质的生物功能进行分类。把蛋白质分为酶、运输蛋白质、营养和储存蛋白质、收缩蛋白质或运动蛋白质、结构蛋白质和防御蛋白质。

2.3　蛋白质的分离纯化

随着分子生物学、结构生物学、基因组学等研究的不断深入,人们意识到仅依靠基因组的序列分析来阐明生命活动的现象和本质是远远不够的。只有从蛋白质组学的角度对所有蛋白质的总和进行研究,才能更科学地掌握生命现象和活动规律,更完善地揭示生命的本质。因此,许多学者将生命科学领域的研究焦点从基因转向蛋白质,使蛋白质成为揭示生命活动现象和分子生物学机理的重要研究对象。

研究蛋白质首要的步骤是将目的蛋白从复杂的大分子混合物中分离纯化出来,得到高纯度的具有生物学活性的目的物。因此,高效的分离纯化技术是蛋白质研究的重要基础和关键之一。

蛋白质分离纯化一般都要经过前处理、粗分级、细分级和结晶四步。

(1)前处理。分离提取某一蛋白质,首先要把蛋白质从原来的组织或细胞中以溶解状态释放出来,并保持原来的天然构象。为此,应根据不同的情况选择适当的方法对材料进行预处理及细胞破碎,然后选择适当的介质将所需要的蛋白质提取出来。

(2)粗分级。得到蛋白质混合物的提取液后,选用适当的纯化方法使目的蛋白与大量的杂蛋白分离,常用的方法有盐析法、等电点沉淀法、有机溶剂沉淀法。

(3)细分级。细分级是将样品进一步提纯的过程。常用的方法有层析、电泳及超速离心等。

(4)结晶。结晶是提纯蛋白质的最后步骤。蛋白质的结晶不仅是纯度的一个标志,也是判断蛋白质样品处于天然状态的有力指标。蛋白质的纯度越高、溶液越浓就越容易结晶。结晶的最佳条件是使溶液略处于过饱和状态,可借助于控制温度、加盐盐析、加有机溶剂或调节pH 等方法来达到结晶的目的。

纯化蛋白质通常是为了获得纯蛋白质以便深入研究其活性、结构、结构与功能之间的关系。首先,必须了解待纯化样品中目的蛋白及主要杂质的性质,尽可能多地收集有关蛋白质的来源、性质(分子大小、等电点)和稳定性(对温度、pH、蛋白酶、氧和金属离子等的耐受性)等信息,这有助于纯化蛋白质的设计。其次,纯化开始之前必须了解最终产品的用途,从而设计蛋白质的纯化过程;同时要综合考虑纯化产品的质量、数量和经济性三个方面的要求。最后,充分了解各个分离纯化技术操作单元的大量信息也很重要。

具体来说,分离纯化方法的选择和确定要根据不同蛋白质样品的性质和具体的研究目的来确定。主要基于蛋白质在溶解性、带电荷性、相对分子质量大小、吸附性质、亲和特异性等方面的差异来分离纯化蛋白质。蛋白质的主要分离纯化技术如下:

2.3.1 沉淀法

沉淀法也称溶解度法。其纯化生命大分子物质的基本原理是根据各种物质的结构差异性来改变溶液的某些性质,进而导致有效成分的溶解度发生变化。

(1)盐析法。盐析法的根据是蛋白质在稀盐溶液中,溶解度会随盐浓度的增高而上升,但当盐浓度增高到一定数值时,使水活度降低,进而导致蛋白质分子表面电荷逐渐被中和,水化膜逐渐被破坏,最终引起蛋白质分子间互相凝聚并从溶液中析出。

(2)有机溶剂沉淀法。有机溶剂能降低蛋白质溶解度的原因有二:其一、与盐溶液一样具有脱水作用;其二、有机溶剂的介电常数比水小,导致溶剂的极性减小。

(3)蛋白质沉淀剂。蛋白质沉淀剂仅对一类或一种蛋白质沉淀起作用,常见的有碱性蛋白质、凝集素和重金属等。

(4)聚乙二醇沉淀作用。聚乙二醇和右旋糖酐硫酸钠等水溶性非离子型聚合物可使蛋白质发生沉淀作用。

(5)选择性沉淀法。根据各种蛋白质在不同物理化学因子作用下稳定性不同的特点,用适当的选择性沉淀法,即可使杂蛋白变性沉淀,而欲分离的有效成分则存在于溶液中,从而达到纯化有效成分的目的。

2.3.2 吸附层析

(1)吸附柱层析。吸附柱层析是以固体吸附剂为固定相,以有机溶剂或缓冲液为流动相构成柱的一种层析方法。

(2)薄层层析。薄层层析是以涂布于玻板或涤纶片等载体上的基质为固定相,以液体为流动相的一种层析方法。这种层析方法是把吸附剂等物质涂布于载体上形成薄层,然后按纸层析操作进行展层。

(3)聚酰胺薄膜层析。聚酰胺对极性物质的吸附作用是由于它能和被分离物之间形成氢键。这种氢键的强弱就决定了被分离物与聚酰胺薄膜之间吸附能力的大小。层析时,展层剂与被分离物在聚酰胺膜表面竞争形成氢键。因此选择适当的展层剂使分离在聚酰胺膜表面发生吸附、解吸附、再吸附、再解吸附的连续过程,就能导致分离物质达到分离目的。

2.3.3 离子交换层析

离子交换层析是在以离子交换剂为固定相,液体为流动相的系统中进行的。离子交换剂是由基质、电荷基团和反离子构成的。离子交换剂与水溶液中离子或离子化合物的反应主要以离子交换方式进行,或借助离子交换剂上电荷基团对溶液中离子或离子化合物的吸附作用进行。

2.3.4 凝胶过滤色谱技术

凝胶过滤色谱(gel filtration chromatography,GFC)是利用具有多孔网状结构的凝胶颗粒的分子筛作用,根据被分离样品中各组分相对分子质量大小的差异进行洗脱分离的一项技术。Porath 等首次用一种多孔网状高聚物-交联葡聚糖凝胶作为固定相,在水系流动相中分离了不同相对分子质量的物质,被称为凝胶过滤色谱。

采用凝胶过滤色谱技术分离与纯化蛋白质,主要是根据蛋白质样品相对分子质量大小的差异这一物理特性。在凝胶的相对分子质量分离范围内,几种相对分子质量不同的蛋白质都能不同程度地进入凝胶网孔,但由于它们被排阻和扩散的程度不同,在凝胶柱中所经过的路程不同,最终造成被洗脱出柱子的时间也不同,从而可以达到分离的目的。当含有不同相对分子质量的混合蛋白质样品加入用凝胶颗粒填装而成的色谱柱上时,这些物质随洗脱液的流动而发生移动,在柱内存在垂直向下的因重力引起的移动和无规则的扩散两种运动方式。大分子蛋白质由于直径较大,不能进入凝胶颗粒内的微孔,只能在颗粒之间的空隙流动,因此在洗脱时下移速度较快,最先被洗脱出凝胶柱;小分子蛋白质除了可在凝胶颗粒间的空隙中扩散外,还可以渗透到凝胶内孔中,下移过程中在凝胶内部和颗粒间隙之间不断往复运动使其行程较长,最后被洗脱出柱;中等分子蛋白质流出的时间介于大小分子之间,分子越大越早流出,最终实现样品中不同分子大小的蛋白质彼此分离。

作为分离的核心,凝胶首先要具有三维多孔网状的分子筛结构特性,能使各种相对分子质量不同的蛋白质分子得以分离。凝胶介质要具备较大的外水体积和内水体积,亲水性好且具有一定的机械强度、化学惰性和良好的色谱稳定性。在凝胶过滤色谱固定相载体的选择中,得到广泛应用的主要有交联葡聚糖凝胶、琼脂糖凝胶、交联琼脂糖、聚丙烯酰胺凝胶及聚丙烯酰胺和琼脂糖的交联物等。近年来,许多厂家还开发出硅胶质的固定相载体,可实现高通量和高流速分离。

在蛋白质的分离中,凝胶过滤色谱是一种重要的分离手段,因为它是依据样品相对分子质量的不同来分离的,凝胶介质和蛋白质之间不发生任何作用,所以不改变样品的生物活性,而且含盐的水系缓冲液对蛋白质还起到一定的保护作用。一般来说,凝胶过滤色谱通常用在离子交换色谱和亲和色谱之后,以进一步纯化目的蛋白。有时,在存在同工酶,且含量低、相对分子质量很大或很小时,可以在纯化的初期先采用凝胶过滤色谱,以获得所需的酶蛋白,然后进一步纯化此酶蛋白,并分离纯化其他目的蛋白。

使用凝胶过滤色谱分离蛋白质最理想的情况是全排阻蛋白质而允许杂质渗入凝胶内部,或反之。通常情况下,蛋白质的相对分子质量相差两个数量级,需要使用适当的凝胶才能有效分离。

2.3.5 亲和层析

亲和层析的原理与众所周知的抗原-抗体、激素-受体和酶-底物等特异性反应的机理相类似,每对反应物之间都有一定的亲和力。正如在酶与底物的反应中,特异的底物(S)才能和一定的酶(E)结合,产生复合物(E-S)一样。在亲和层析中是特异的配体才能和一定的生命大分子之间具有亲和力,并产生复合物。而亲和层析与酶-底物反应不同的是,前者进行反应时,配体(类似底物)是固相存在;后者进行反应时,底物呈液相存在。实质上亲和层析是把具有识别能力的配体 L(对酶的配体可以是类似底物、抑制剂或辅基等)以共价键的方式固化到含有活化基团的基质 M(如活化琼脂糖等)上,制成亲和吸附剂 M-L,或者叫做固相载体。而固化后的配体仍保持束缚特异物质的能力。因此,当把固相载体装入小层析柱(几毫升到几十毫升床体积)后,让欲分离的样品液通过该柱。这时样品中对配体有亲和力的物质 S 就可借助静电引力、范德华力,以及结构互补效应等作用吸附到固相载体上,而无亲和力或非特异吸附的物质则被起始缓冲液洗涤出来,并形成了第一个层析峰。然后,恰当地改变起始缓冲液的 pH 值、或增加离子强度、或加入抑制剂等因子,即可把物质 S 从固相载体上解离下来,并形成了第 M 个层析峰。显然,通过这一操作程序就可把有效成分与杂质满意地分离开。如果样品液中存在两个以上的物质与固相载体具有亲和力(其大小有差异)时,采用选择性缓冲液进行洗脱,也可以将它们分离开。用过的固相载体经再生处理后,可以重复使用。上面介绍的亲和层析法亦称特异性配体亲和层析法。除此之外,还有一种亲和层析法叫通用性配体亲和层析法。这两种亲和层析法相比,前者的配体一般为复杂的生命大分子物质(如抗体、受体和酶的类似底物等),它具有较强的吸附选择性和较大的结合力。而后者的配体则一般为简单的小分子物质(如金属、染料、氨基酸等),它成本低廉、具有较高的吸附容量,通过改善吸附和脱附条件可提高层析的分辨率。

2.3.6 聚焦层析

聚焦层析也是一种柱层析。因此,它和另外的层析一样,照例具有流动相,其流动相为多缓冲剂,固定相为多缓冲交换剂。

聚焦层析原理可以从 pH 梯度溶液的形成、蛋白质的行为和聚焦效应三方面来阐述。

(1)pH 梯度溶液的形成。在离子交换层析中,pH 梯度溶液的形成是靠梯度混合仪实现的。例如,当使用阴离子交换剂进行层析时,制备 pH 由高到低呈线性变化的梯度溶液的方法是,在梯度仪的混合室中装高 pH 溶液,而在另一室装低 pH 极限溶液,然后打开层析柱的下端出口,让洗脱液连续不断地流过柱体。这时从柱的上部到下部溶液的 pH 值是由高到低变化的。而在聚焦层析中,当洗脱液流进多缓冲交换剂时,由于交换剂带具有缓冲能力的电荷基团,故 pH 梯度溶液可以自动形成。但随着淋洗的进行,pH 梯度会逐渐向下迁移,从底部流出液的 pH 逐渐降低,并最后恒定于此值,这时层析柱的 pH 梯度也就消失了。

(2)蛋白质的行为。蛋白质所带电荷取决于它的等电点(pI)和层析柱中的 pH 值。当柱中的 pH 低于蛋白质的 pI 时,蛋白质带正电荷,且不与阴离子交换剂结合。而随着洗脱剂向前移动,固定相中的 pH 值是随着淋洗时间延长而变化的。当蛋白质移动至环境 pH 高于其 pI 时,蛋白质由带正电行变为带负电荷,并与阴离子交换剂结合。由于洗脱剂的通过,蛋白质周围的环境 pH 再次低于 pI 时,它又带正电荷,并从交换剂解吸下来。随着洗脱液向柱底的迁移,上述过程将反复进行,于是各种蛋白质就在各自的等电点被洗下来,从而达到了分离的目的。不同蛋白质具有不同的等电点,它们在被离子交换剂结合以前,移动之距离是不同的,洗脱出来的先后次序是按等电点排列的。

(3)聚焦效应。蛋白质按其等电点在 pH 梯度环境中进行排列的过程叫做聚焦效应。pH 梯度的形成是聚焦效应的先决条件。如果一种蛋白质是加到已形成 pH 梯度的层析柱上时,由于洗脱液的连续流动,它将迅速地迁移到与它等电点相同的 pH 处。从此位置开始,其蛋白质将以缓慢的速度进行吸附、解吸附,直到在等电点 pH 时被洗出。若在此蛋白质样品被洗出前,再加入第二份同种蛋白质样品时,后者将在洗脱液的作用下以同样的速度向前移动,而不被固定相吸附,直到其迁移至近似本身等电点的环境处(即第一个作品的缓慢迁移处)。然后两份样品以同样的速度迁移,最后同时从柱底洗出。事实上,在聚焦层析过程中,一种样品分次加入时,只要先加入者尚未洗出,并且有一定的时间进行聚焦,剩余样品还可再加到柱上,其聚焦过程都能顺利完成,得到的结果也是满意的。

2.3.7　气相色谱

多种组分的混合样品进入色谱仪的汽化室汽化后呈气态。当载气流入时,汽化的物质被带入色谱柱内,在固定相和流动相中不断地进行分配.在理想状态下,溶质于气-液两相间的分配可用分配系数 K_g 描述。当分配系数小时,溶质在柱中就停留时间短,也即滞留因子(R_f)大,所以它将首先从色谱柱流出而进入鉴定器,经放大系统放大后,输出讯号便在记录仪中自动记录下来,这时呈现的图形为色谱图,亦称色谱峰;当分配系数大时,溶质在柱中停留时间就长,其色谱图在记录仪上后出现。由于不同物质有不同的分配系数,所以将一混合样品通过气-液色谱柱时,其所含组分就可得到分离。

2.3.8　高效液相色谱

高效液相色谱按其固定相的性质可分为高效凝胶色谱、疏水性高效液相色谱、反相高效液相色谱、高效离子交换液相色谱、高效亲和液相色谱以及高效聚焦液相色谱等类型。用不同类型的高效液相色谱分离或分析各种化合物的原理基本上与相对应的普通液相层析的原理相似。其不同之处是高效液相色谱灵敏、快速、分辨率高、重复性好,且须在色谱仪中进行。

高效液相色谱仪主要有进样系统、输液系统、分离系统、检测系统和数据处理系统,下面将分别叙述其各自的组成与特点。

(1)进样系统。一般采用隔膜注射进样器或高压进样器完成进样操作,进样量是恒定的。这对提高分析样品的重复性是有益的。

(2)输液系统。该系统包括高压泵、流动相贮存器和梯度仪三部分。高压泵的一般压强为 $1.47×10^7～4.4×10^7Pa$,流速可调且稳定,当高压流动相通过层析柱时,可降低样品在柱中的扩散效应,可加快其在柱中的移动速度,这对提高分辨率、回收样品、保持样品的生物活性等都是有利的。流动相贮存和梯度仪,可使流动相随固定相和样品的性质而改变,包括改变洗脱液的极性、离子强度、pH,或改用竞争性抑制剂或变性剂等。这就可使各种物质(即使仅有一个基团的差别或是同分异构体)都能获得有效分离。

(3)分离系统。该系统包括色谱柱、连接管和恒温器等。色谱柱一般长度为 $10～50cm$(需要两根连用时,可在二者之间加一连接管),内径为 $2～5mm$,由优质不锈钢或厚壁玻璃管或钛合金等材料制成,住内装有直径为 $5～10\mu m$ 粒度的固定相(由基质和固定液构成)。固定相中的基质是由机械强度高的树脂或硅胶构成,它们都有惰性(如硅胶表面的硅酸基团基本已除去)、多孔性和比表面积大的特点,加之其表面经过机械涂渍(与气相色谱中固定相的制备一样),或者用化学法偶联各种基团(如磷酸基、季铵基、羟甲基、苯基、氨基或各种长度碳链的烷基等)或配体的有机化合物。因此,这类固定相对结构不同的物质有良好的选择性。另外,固定相基质粒小,柱床极易达到均匀、致密状态,极易降低涡流扩散效应。基质粒度小,微孔浅,样品在微孔区内传质短。这些对缩小谱带宽度、提高分辨率是有益的。根据柱效理论分析,基质粒度小,塔板理论数 N 就越大。这也进一步证明基质粒度小,会提高分辨率的道理。再者,高效液相色谱的恒温器可使温度从室温调到 $60℃$,通过改善传质速度,缩短分析时间,就可增加层析柱的效率。

(4)检测系统。高效液相色谱常用的检测器有紫外检测器、示差折光检测器和荧光检测器三种。

①紫外检测器。该检测器适用于对紫外光(或可见光)有吸收性能样品的检测。其特点如下:使用面广(如蛋白质、核酸、氨基酸、核苷酸、多肽、激素等均可使用);灵敏度高;线性范围宽;对温度和流速变化不敏感;可检测梯度溶液洗脱的样品。

②示差折光检测器。凡具有与流动相折光率不同的样品组分,均可使用示差折光检测器检测。目前,糖类化合物的检测大多使用此检测系统。这一系统通用性强、操作简单,但灵敏度低,流动相的变化会引起折光率的变化,因此,它既不适用于痕量分析,也不适用于梯度洗脱样品的检测。

③荧光检测器。凡具有荧光的物质,在一定条件下,其发射光的荧光强度与物质的浓度成正比。因此,这一检测器只适用于具有荧光的有机化合物(如多环芳烃、氨基酸、胺类、维生素和某些蛋白质等)的测定,其灵敏度很高,痕量分析和梯度洗脱作品的检测均可采用。

(5)数据处理系统。该系统可对测试数据进行采集、贮存、显示、打印和处理等操作,使样品的分离、制备或鉴定工作能正确开展。

2.3.9　透析和超过滤

透析是利用蛋白质分子的大小对半透膜的不可透过性与其他小分子分离的方法。其方法是将待纯化的蛋白质溶液装在半透膜的透析袋里,放入透析液(蒸馏水或缓冲液)中进行。更换透析液,直到透析袋里没有无机盐等小分子物质为止。常用的半透膜有玻璃纸、火棉纸和动物膀胱等。

超过滤是根据高分子溶质之间或高分子与小分子溶质之间相对分子质量的差别进行分离的方法。利用压力或离心力,强行使水和其他小分子溶质通过半透膜,而蛋白质被截留在膜上,以达到浓缩和脱盐的目的。

2.3.10　密度梯度离心

蛋白质颗粒在超速离心场中的沉降不仅取决于它的大小,还取决于它的密度。如果蛋白质颗粒在具有密度梯度的介质中离心,质量和密度大的颗粒比质量和密度小的颗粒沉降得快,且每种蛋白质颗粒沉降到与自身密度相等的介质梯度时便停滞不前,最后各种蛋白质在离心管中被分离成各自独立的区带。在离心管中的分布在管底的密度最大,向上逐渐减小。常用的密度梯度有蔗糖梯度、聚蔗糖梯度及其他梯度。

2.4　蛋白质的结构

蛋白质是一种生物大分子,基本上是由 20 种氨基酸以肽键连接成肽链。每一种天然的蛋白质为实现其生物功能,都有自己特定的空间结构,这种空间结构通常称为蛋白质的构象。由于其大分子结构,天然蛋白质一般都有复杂的构象,对于这种复杂的构象,是按照不同层次进行描述的,即一级结构(primary structure)、二级结构(secondary structure)、三级结构(tertiary structure)和四级结构(quaternary structure)。

蛋白质的生物学功能在很大程度上取决于其空间结构,蛋白质构象的多样性导致了不同的生物学功能。蛋白质分子只有处于自己特定的三维空间结构,才能获得特定的生物活性;三维空间结构稍有破坏,就很可能会导致蛋白质生物活性的降低,甚至是丧失。这是因为特定的结构允许它们结合特定的配体分子。例如,血红蛋白和肌红蛋白与氧的结合、酶与其底物分子、激素与受体、抗体与抗原等。对于蛋白质空间结构的了解,将有助于对蛋白质功能的确定。同时,蛋白质是药物作用的靶标,联合运用基因密码知识和蛋白质结构信息,药物设计者可以设计出小分子化合物,抑制与疾病相关的蛋白质,达到治疗疾病的目的。一个特定的蛋白质,行使功能的能力通常由其三维结构决定。蛋白质的天然结构取决于三个因素:与溶剂分子(一般是水)的相互作用;溶剂的 pH 和离子组成;蛋白质的氨基酸序列。其中,蛋白质的氨基酸序列在决定它的二、三、四级结构及其生物功能方面起着重要作用。

2.4.1 蛋白质一级结构

每一种蛋白质分子都有自己特有的氨基酸的组成和排列顺序即一级结构,这种氨基酸排列顺序决定它的特定的空间结构,也就是蛋白质的一级结构决定了蛋白质的二级、三级等高级结构。一个蛋白质分子是由一条或多条肽链组成的。每条肽链是由组成的氨基酸按照一定顺序以肽键首尾相连而成。一个氨基酸的羧基与另一个氨基酸的氨基之间失水形成的酰胺键称为肽键,通过肽键连接起来的化合物称为肽。由两个氨基酸组成的肽称为二肽,由几个到几十个氨基酸组成的肽称为寡肽,由更多个氨基酸组成的肽则称为多肽。多肽氨基酸数量一般小于 100 个,超过这个界限的多肽就被称为蛋白质。蛋白质的氨基酸含量可以从一百到数千。最大的多肽对应的分子量为 10000Da,是可以透过天然半透膜的最大分子,所以,多肽是可以透过半透膜的,蛋白质则不可以。蛋白质测序的基本思路是先将蛋白质用化学法或酶法水解成肽段,再测定肽段的氨基酸序列。其中,化学法裂解的肽段一般较大,适用于自动序列分析仪测定。化学法常用的试剂有溴化氢、亚碘酰基苯甲酸、羟胺等。酶法中常用的酶有胰蛋白酶、胰凝乳蛋白酶、胃蛋白酶、嗜热菌蛋白酶等。酶法的优点是专一性强,降解后肽段易纯化,产率较高,副反应少。

蛋白质结构的研究可追溯到一个世纪以前,直到 1953 年,才由英国科学家 Sanger 第一个发表了胰岛素的全部氨基酸序列,Sanger 也因此获得了 1958 年诺贝尔化学奖。蛋白质分子中氨基酸的排列是十分严格的,每一种氨基酸的数目与其序列都是不能轻易变动的,否则就会改变整个蛋白质分子的性质与功能。蛋白质的一级结构由基因上遗传密码的排列顺序所决定,各种氨基酸按遗传密码的顺序通过肽键连接起来。蛋白质的生物活性不仅取决于蛋白质的一级结构,而且与其特定的空间结构密切相关。异常的蛋白质空间结构很可能导致其生物活性的降低、丧失,甚至会导致疾病,如疯牛病、阿尔茨海默病等都是由蛋白质折叠异常引起的疾病。

2.4.2 蛋白质二级结构

蛋白质的二级结构是指多肽链中主链原子在各局部空间的排列分布状况,而不涉及各 R 基侧链的空间排布。构成蛋白质二级结构(即主链构象)的基本单位是肽键平面或称酰胺平面。

天然蛋白质都有特定的构象。构象问题是蛋白质研究的一个核心问题。蛋白质是由按照特定顺序排列的氨基酸构成的长链,并且通过长链的弯曲、折叠形成一定的立体形状。这些特定的几何形状是蛋白质的功能所要求的,不同的功能要求蛋白质具有不同的几何形状。主要有 α-螺旋、β-折叠、无规卷曲、β-转角等几种形式,它们是构成蛋白质高级结构的基本要素。

2.4.2.1 α-螺旋构象

α-螺旋是一种典型的螺旋结构,由鲍里和科恩于 1951 年提出,是指多肽链的主链骨架围绕中心轴螺旋上升,形成类似螺旋管的结构。按照螺旋延伸的方向,分为左手螺旋和右手螺旋。

α-螺旋是典型的螺旋构象,其主要特征是:多肽链主链骨架围绕中心轴右旋上升,每旋转一圈为 3.6 个氨基酸残基,其中每个氨基酸残基升高 0.15nm,螺旋上升一圈的高度(即螺距)为 0.54nm(3.6nm×0.15nm)。天然 α-角蛋白属典型的 α-螺旋结构。α-螺旋在相邻螺圈之间形成链内氢键,即每一肽单位的 N—H 基氢原子与向 N 一端方向第三个肽单位(即第四个氨基酸残基)的 C=O 基上氧原子之间形成氢键。这种氢键大致与螺旋轴平行。一条多肽链呈 α-螺旋构象的推动力就是所有肽键上的酰胺氢和羰基氧之间形成的链内氢键。若氢键破坏,螺旋构象就会伸展开来。

2.4.2.2　β-折叠

将头发(由 α-角蛋白构成的纤维)浸到热水中用力拉伸,可以伸长一倍。显然,拉伸后的角蛋白不可能继续保持其 α-螺旋构象,而转变成更为伸展的构象,即 β-折叠构象。β-折叠构象是一种肽链主链较为伸展的另一种有规则的构象。其特点是相邻两个肽平面间折叠呈折扇状。主链骨架充分伸展呈锯齿形,主链不仅沿折叠平面上下折叠,而且也有一定程度的左右折叠。这种方式有利于在主链之间形成有效氢键,并避免相邻侧链基团的空间障碍。

β-折叠构象的稳定是借助于相邻肽链间的主链氢键,这一点不同于 α-螺旋。β-折叠允许所有的肽单位参与氢键形成,因此,β-折叠构象也是十分稳定的。在 β-折叠构象中,所有侧链基团均位于相邻肽单位折叠平面的交线上,并与之垂直,也就是说,它们交替地排列在折叠链的上下方。

2.4.2.3　无规卷曲

与 α-螺旋、β-折叠等有规律构象不同,某些多肽中的主链骨架中,常常存在一些无规则的构象形式,如无规线团、自由折叠、自由回转等。无规卷曲即由此得名。在有规则构象中,所有相邻肽单位的成对二面角的取值都在固定点上,而无规构象的二面角取值却散布于不同的点上,因此,在同一条肽链中产生许多不同的构象方式,形成无规卷曲。在一般的球蛋白分子中,除了含有螺旋和折叠构象,还存在大量无规卷曲肽段,无规卷曲连接各种有规则构象形成球形分子。

2.4.2.4　β-转角结构

β-转角结构,又称为 β-弯曲、U 形转折等。蛋白质分子多肽链在形成空间构象的时候,经常会出现 180° 的回折(转折),回折处的结构就称为转角结构,一般由四个连续的氨基酸组成。在构成这种结构的四个氨基酸中,第一个氨基酸的羧基和第四个氨基酸的氨基之间形成氢键。甘氨酸和脯氨酸容易出现在这种结构中。在某些蛋白质中也有三个连续氨基酸形成的 β-转角结构,第一个氨基酸的羰基氧和第三个氨基酸的亚氨基氢之间形成氢键。

另外,胶原螺旋则是胶原蛋白质特有的二级结构形式。对天然胶原和化学模拟胶原相似物的 X 射线晶体分析,确定胶原为三股螺旋构象。即由三条呈左手螺旋的肽链形成的右手复合螺旋。在这一构象中,所有肽单位的羰基 C=O 键均垂直于螺旋轴向外伸展,因此,不能在链内形成氢键。胶原螺旋依靠在肽链之间形成的氢键维系构象稳定。

在蛋白质分子中,特别是在球状蛋白质分子中,经常可以看到由若干相邻的二级结构单元(主要是 α-螺旋和 β-折叠)组合在一起,彼此相互作用,形成种类不多、有规则的二级结构组合或二级结构串,在多种蛋白质中充当三级结构的构件,这些结构称为超二级结构。

Wetlaufer 于 1973 年根据对蛋白质结构及折叠机制的研究结果提出了结构域的概念。结构域是介于二级和三级结构之间的另一种结构层次。所谓结构域是指蛋白质亚基结构中明显分开的紧密球状结构区域,又称为辖区。多肽链首先是在某些区域相邻的氨基酸残基形成有规则的二级结构,然后,又由相邻的二级结构片段集装在一起形成超二级结构,在此基础上多肽链折叠成近似于球状的三级结构。对于较大的蛋白质分子或亚基,多肽链往往由两个或多个在空间上可明显区分的、相对独立的区域性结构缔合而成三级结构,也即它们是多结构域,如免疫球蛋白的轻链含两个结构域,这种相对独立的区域性结构就称为结构域。对于较小的蛋白质分子或亚基来说,结构域和它的三级结构往往是一个意思,也就是说这些蛋白质或亚基是单结构域,如核糖核酸酶、肌红蛋白等。结构域自身是紧密装配的,但结构域与结构域之间关系松懈。结构域与结构域之间常常有一段长短不等的肽链相连,形成所谓铰链区。不同蛋白质分子中结构域的数目不同,同一蛋白质分子中的几个结构域彼此相似或很不相同。常见结构域的氨基酸残基数达 100~400 个,最小的结构域只有 40~50 个氨基酸残基,大的结构域可超过 400 个氨基酸残基。

在所有已测定的蛋白质结构中,都有广泛的二级结构存在,但在不同种类的蛋白质中,二级结构的分布和作用都很不一样。在纤维状蛋白质中,二级结构是分子的基本结构,并决定分子的一些基本特性;在球状蛋白质中,二级结构是分子三维折叠的基本要素,对分子的骨架形成具有重要作用,但整个分子错综复杂的三维特征更多地依赖于侧链的相互作用和除氢键以外的其他作用力。在大多数球状蛋白质分子中,兼有各种二级结构,彼此并无一定的比例。

2.4.3 蛋白质的三级结构

到目前为止,确定了三级结构的蛋白质并不多,可是已经给出了若干非常重要的信息,其原则可能适用于很多蛋白质。1958 年,英国著名的科学家 Kendwer 等用 X 射线结构分析法第一个搞清了鲸肌红蛋白的三级结构。在这种球状蛋白质中,多肽链不是简单地沿着某一个中心轴有规律地重复排列,而是沿多个方向卷曲、折叠,形成一个紧密的近似球形的结构。

蛋白质的三级结构是指多肽链在二级结构、超二级结构以及结构域的基础上,进一步卷曲折叠形成复杂的球状分子结构。三级结构包括多肽链中一切原子的空间排列方式。蛋白质多肽链如何折叠卷曲成特定的构象,是由它的一级结构即氨基酸排列顺序决定的,是蛋白质分子内各种侧链基团相互作用的结果。维持这种特定构象稳定的作用力主要是次级键,它们使多肽链在二级结构的基础上形成更复杂的构象。肽链中的二硫键可以使远离的两个肽链连在一起,所以对三级结构的稳定也起到重要作用。

虽然各种蛋白质都有自己特殊的折叠方式,但根据大量研究的结果发现,蛋白质的三级结构有以下共同特点:

(1)整个分子排列紧密,内部只有很小的或者完全没有可容纳水分子的空间。

(2)大多数疏水性氨基酸侧链都埋藏在分子内部,它们相互作用形成一个致密的疏水核,这对稳定蛋白质的构象有十分重要的作用,而且这些疏水区域常常是蛋白质分子的功能部位或活性中心。

(3)大多数亲水性氨基酸侧链都分布在分子的表面,它们与水接触并强烈水化,形成亲水的分子外壳,从而使球蛋白分子可溶于水。

蛋白质三级结构的稳定主要依靠一些所谓弱的相互作用或称为非共价键或次级键,包括氢键、疏水键、盐键(离子键)以及范德华力等。

近年来,也有人认为,蛋白质的三级结构是指在蛋白质分子主链折叠盘曲形成构象的基础上,分子中各个侧链所形成一定的构象。侧链构象主要是形成微区(或称结构域)。对球状蛋白质来说,形成疏水区和亲水区。亲水区多在蛋白质分子表面,由很多亲水侧链组成。疏水区多在分子内部,由疏水侧链集中构成,疏水区常形成一些"洞穴"或"口袋",某些辅基就镶嵌其中,成为活性部位。具备三级结构的蛋白质从其外形上看,有的细长(长轴比短轴大10倍以上),属于纤维状蛋白质,如丝心蛋白;有的长、短轴相差不多,基本上呈球形,属于球状蛋白质,如血浆清蛋白、球蛋白、肌红蛋白。球状蛋白质分子的80%～90%的疏水基被埋藏在分子内部,而亲水基则多分布在分子表面,因此球状蛋白质是水溶性的。更重要的是,多肽链经过如此盘曲后,可形成某些发挥生物学功能的特定区,如酶的活性中心等。所有具有重要生物功能的蛋白质都有严格、特定的三级结构。如果蛋白质分子仅由一条多肽链组成,三级结构就是它的最高结构的层次。

2.4.4　蛋白质的四级结构

四级结构是指在蛋白质结构中亚基与亚基之间通过疏水作用等次级键结合成为有序排列的特定的空间结构。具有四级结构的蛋白质中,每个球状蛋白质称为亚基,亚基通常由一条多肽链组成,有时也称单体,单独存在时一般没有生物活性。仅由一个亚基组成的并因此无四级结构的蛋白质如核糖核酸酶称为单体蛋白质,由两个亚基组成的称为二聚体蛋白,由四个亚基组成的称为四聚体蛋白。由两个或两个以上亚基组成的蛋白质统称为寡聚蛋白质、多聚蛋白质或多亚基蛋白质。多聚蛋白质可以是由单一类型的亚基组成,称为同多聚蛋白质。大多数具有四级结构的寡聚蛋白质分子都有对称结构的特征,并且大多数具有四级结构的蛋白质都有点群对称性。最简单的点群对称是环状对称,它存在于只含有一个旋转轴的寡聚蛋白质中。对称是有四级结构蛋白质的重要性质之一。

四级结构对于生物功能是非常重要的。对于具有四级结构的寡聚蛋白质来说,当某些变性因素(如酸、热或高浓度的尿素)作用时,其构象就发生变化。首先是亚基彼此解离,即四级结构遭到破坏,随后分开的各个亚基伸展成松散的肽链。但如果条件温和,处理得非常小心时,寡聚蛋白的几个亚基彼此解离开来,但不破坏其正常的三级结构。恢复原来的条件,分开的亚基又可以重新结合并恢复活性。但如果处理条件剧烈时,则分开后的亚基完全伸展成松散的多肽链。这种情况下要恢复原来的结构和活性就比只具三级结构的蛋白质要困难得多。

2.5 蛋白质的理化性质

2.5.1 蛋白质的基本性质

蛋白质分子由氨基酸组成,在蛋白质分子中保留着游离的末端 α-氨基和 α-羧基以及侧链上的各种官能团。因此,蛋白质的化学性质和物理化学性质有些与氨基酸相同,如侧链上官能团的化学反应、分子的两性等。

蛋白质也是一类两性电解质,能和酸或碱发生作用。在蛋白质分子中,可解离的基团主要来自侧链上的官能团,还有少数末端 a-氨基和末端 α-羧基,以及结合蛋白质辅基包含的可解离基团。蛋白质分子的可解离基团和游离氨基酸中的相应基团的 pKa 不完全相同,这是由蛋白质分子受到邻近电荷的影响造成的。

天然球状蛋白质的可解离基团大多可以对其进行滴定。可以把蛋白质分子看成是一个多价离子,所带电荷的性质和数量由蛋白质分子中可解离基团的种类、数目以及溶液的 pH 决定。对某一种蛋白质来说,在某一 pH 下,它所带的正电荷与负电荷恰好相等,即净电荷为零时,这一 pH 称为蛋白质的等电点(pI)。通常,蛋白质的等电点和它所含的酸性和碱性氨基酸残基的数目比例有关。测定 pI 时一定要在缓冲溶液中进行,原因是离子强度的改变可使 pI 改变。

蛋白质溶液是一种分散系统。在这个分散系统中,蛋白质分子颗粒是分散相,水是分散介质。就其分散程度来说,蛋白质溶液属于胶体系统。但是它的分散相质点是分子,它是由蛋白质分子与溶剂(水)构成的均相系统,从这个意义上来说,它又是一种真溶液。分散程度以分散相质点的直径来衡量。根据分散程度可以把分散系统分为三类:分散相质点小于 1nm(纳米)的为真溶液,大于 100nm 的为悬浊液,介于 1~100nm 的为胶体溶液。

蛋白质溶液是一种亲水性胶体。蛋白质分子表面的亲水基团,如—NH_2,—COOH、—OH 及—CO—NH—等,在水溶液中能与水分子起水化作用,使蛋白质分子表面形成一个水化层。每克蛋白质分子能结合 0.3~0.5g 水。蛋白质分子表面上的可解离基团,在适当的 pH 条件下,都带有相同的电荷,与其周围的反离子构成稳定的双电层。蛋白质溶液由于具有水化层与双电层两方面的作用,因此作为胶体系统相当稳定,如无外界因素的影响,就不至于相互凝集而沉淀。与一般的胶体系统一样,蛋白质溶液也具有丁达尔现象、布朗运动及不能通过半透膜等性质。

需要注意的是,蛋白质分子在溶液中是运动的,然而蛋白质溶液平衡时,虽然它的分子仍处于不断的热运动状态,但是分子在整个溶液中的分布在统计学上是均匀的。如果分子在蛋白质溶液中有浓度差,则蛋白质分子将从高浓度区向低浓度区迁移,直到达到平衡为止,这时,蛋白质将均匀地分布在整个溶剂系统中。由浓度差引起的这种溶质分子的净迁移称为平移扩散或扩散。扩散的热力学驱动力是熵的增加。蛋白质的扩散系数与分子大小、形状和溶剂的浓度有关。扩散系数随相对分子质量的增加而降低,但对相对分子质量的变化并不敏感。对于球形大分子来说,扩散系数与相对分子质量的立方根成反比。扩散过程受到蛋白质分子与溶剂之间的内摩擦阻力,阻力的大小不仅取决于蛋白质分子的质量,而且在很大程度上取决于它的颗粒形状。

另外,蛋白质在溶液中的稳定是有条件的、相对的。如果条件发生变化,破坏了蛋白质溶液的稳定性,蛋白质就会从溶液中沉淀出来。蛋白质溶液的稳定性与质点的大小、电荷和水化作用有关,任何影响这些条件的因素都会影响蛋白质溶液的稳定性。如向蛋白质溶液中加入脱水剂,除去它的水化层,或者改变溶液的 pH,达到蛋白质的等电点使质点失去携带的相同净电荷,或者加入电解质,都能破坏双电层,蛋白质分子就会凝聚成大的质点而沉淀。蛋白质的沉淀方法有以下五种:

(1)盐析法。向蛋白质溶液中加入大量的中性盐,如硫酸铵、硫酸钠或氯化钠等,使蛋白质脱去水化层而聚集沉淀。盐析一般不引起蛋白质的变性,一般将其分为两类,即 Ks 分段盐析法(改变离子强度)和 β 分段盐析法(改变 pH 和温度)。

(2)有机溶剂沉淀。该法的机理是降低水的介电常数,导致有表面水层的蛋白质相互聚集,最后析出。首选的有机溶剂是能和水混溶的甲醇、乙醇、丙酮等。

(3)重金属盐沉淀法。当溶液的 pH 大于等电点时,蛋白质颗粒带负电荷,容易与重金属离子(如 Cu^{2+}、Pb^{2+}、Ag^+、Hg^{2+} 等)结合成不溶性盐而沉淀。误服重金属盐的患者可口服大量牛乳或豆浆等蛋白质进行解救,就是因为蛋白质能与重金属离子形成不溶性盐,然后再服用催吐剂排出体外。

(4)生物碱试剂和某些酸沉淀法。生物碱试剂是指能引起生物碱沉淀的一类试剂,如鞣酸(或称单宁酸)、苦味酸、钨酸、碘化钾等,某些酸如三氯乙酸、磺基水杨酸、硝酸等。当溶液 pH 小于等电点时,蛋白质颗粒带正电荷,容易与生物碱试剂和酸类的酸根负离子发生反应生成不溶性盐而沉淀。

(5)加热变性沉淀法。几乎所有的蛋白质都会因加热变性而凝固。少量盐类可促进蛋白质加热凝固。当蛋白质处于等电点时,加热凝固最完全、最迅速。加热变性引起蛋白质凝固沉淀的原因可能是由于热变性时蛋白质的天然结构解体,疏水基外露,破坏了水化层。同时,由于蛋白质处于等电点也破坏了带电状态。

2.5.2　蛋白质相对分子质量的测定

蛋白质是相对分子量很大的生物分子。蛋白质的相对分子质量可以从几千直到百万以上,其分子质量变化范围从 6000～1000000Da 或更大一些。蛋白质的相对分子质量的上下限是人为规定的。下限一般认为从胰岛素开始,相对分子质量为 5700。有人认为应该从核糖核酸酶开始,因此下限相对分子质量是 12600。

蛋白质中的 20 种氨基酸的平均相对分子质量约为 138,但在多数蛋白质中较小的氨基酸占优势,因此其平均相对分子质量接近 128。由于每形成一个肽键将失去一分子水(相对分子质量 18),氨基酸残基的相对分子质量约为 128-18=110。因此,对于那些不含辅基的简单蛋白质来说,用 110 除它的相对分子质量即可估计其氨基酸残基的数目。

由前述可知,蛋白质的相对分子质量很大,且相对分子质量变化为 6000-1000000 或更

大。因此,测定其相对分子质量相当重要。蛋白质相对分子质量的原理和主要方法如下:

(1)根据化学组成测定其最低相对分子质量。用化学分析法测定出蛋白质中某一种微量元素,如铁的含量,并假设蛋白质分子中只有一个铁原子,则可由此计算出蛋白质的最低相对分子质量。例如,肌红蛋白含铁量为 0.335%,则其最低相对分子质量为:

$$最低相对分子质量=\frac{铁的相对分子质量}{铁的质量分数}\times 100$$

$$=\frac{55.8}{0.335}\times 100=16700$$

用其他物理化学方法测得的肌红蛋白的相对分子质量与此极为相近。可见,肌红蛋白分子中只含有一个铁原子。真实的相对分子质量是最低相对分子质量的 n 倍,这里的 n 是每个蛋白质分子中铁原子的数目。

有时,蛋白质分子中某一种氨基酸的含量特别少,应用同样的原理,由这种氨基酸含量分析的结果也可以计算蛋白质的最低相对分子质量。

(2)渗透压法测定蛋白质的相对分子质量。当用一种半透膜将蛋白质溶液与纯水隔开时,只有水分子能自由地通过半透膜进入蛋白质溶液,而蛋白质分子却不能透过它进入纯水中,这种溶剂分子由纯溶剂(或稀溶液)向溶液(或浓溶液)单方向的净移动现象称为渗透。由于渗透作用,溶液的体积增加,液面升高,直到达到一定的净水压力时维持平衡。这时的净水压力就是溶液在平衡浓度时的渗透压。渗透压是溶液的依数性质之一,它是单位体积内溶质质点的函数,而与溶质的性质和形状无关。在浓度不大时,高分子溶液的渗透压与溶质浓度的关系为

$$\pi=RT\left(\frac{c}{M_r}+Kc^2\right)$$

$$\frac{\pi}{c}=\frac{RT}{M_r}+Kc$$

$$M_r=\frac{RT}{\lim\limits_{c\to 0}\dfrac{\pi}{c}}$$

式中:π 为渗透压(N/m²);c 为溶质的浓度(g/m³);T 为热力学温度(K);R 为摩尔气体常量[8.314J/(K·mol)];M_r 为溶质的相对分子质量或摩尔质量(g/mol)。

因此,利用测定的渗透压来计算蛋白质的 M_r 时,实际上都是测定几个不同浓度的渗透压,以 $\frac{\pi}{c}$ 对 c 作图并外推到蛋白质浓度为 0 时所得的截距,以此代入上述公式,求出蛋白质的 M_r。对于相对分子质量为 10000~100000 的蛋白质,利用渗透压法估算其 M_r 可得到可靠的结果。

渗透压法测定蛋白质从的优点:所用实验装置简单,准确度不亚于其他方法,因为溶液的渗透压不依赖于蛋白质分子的形状和水化程度。但这个方法不能区别所测的蛋白质溶液中的蛋白质分子是否均一。如果蛋白质样品中含有其他蛋白质,那么由渗透压法测得的结果实际上是代表了几种蛋白质的平均分子量。

测定渗透压的困难是蛋白质的渗透压受 pH 的影响,只有当蛋白质分子处于等电点时,测定的渗透压才不受缓冲液中无机离子的影响。在离开等电点的情况下,带电荷的蛋白质分子需要一些相反电荷的无机离子来平衡它的电荷,这样会由于党南平衡造成半透膜两侧可渗透

的无机离子的不平衡分布,从而增加蛋白质溶液的渗透压。为避免这种情况的影响,在溶解度许可的范围内,尽量采用等电点或接近等电点的缓冲液作为膜内外的溶剂,并增加缓冲液中无机盐的浓度。

(3)凝胶过滤色谱法测定蛋白质的相对分子质量。利用凝胶过滤色谱法可以把蛋白质的混合物按分子的大小分离开来。蛋白质分子通过凝胶柱的速率(洗脱体积的大小)并不直接取决于分子的质量,而是它的斯托克半径。如果某种蛋白质与一理想化球体具有相同的过柱速率,即相同的洗脱体积,则认为这种蛋白质具有与此球体相同的半径,称为蛋白质分子的斯托克半径。因此,利用凝胶过滤色谱法测定蛋白质的相对分子质量时,标准蛋白质和待测蛋白质必须具有相同的分子形状(接近球体),否则不可能得到比较准确的 M_r。M_r 可通过如下公式计算出来:

$$\lg M_r = \frac{a}{b} - \frac{1}{b}\frac{V_e}{V_0}$$

式中:V_e 为洗脱体积;V_0 为外水体积;M_r 为相对分子质量;a 和 b 为常数
。只要测得几种蛋白质的相对分子质量标准物的 V_e,并以它们的相对分子质量的对数($\lg M_r$)对 V_e 作图得一直线,再测出待测样品的 V_e,即可从图中确定它的相对分子质量。

利用凝胶过滤层析法测定 M_r 时,待测样品可以是不纯的,只要它具有专一的生物活性,借助活性找出洗脱峰的位置,找出它的洗脱体积即可确定它的 M_r。需要特别指出的是,分子形状为线形的或与凝胶能发生吸附作用的蛋白质,则不能用此方法测定 M_r。

(4)SDS 聚丙烯酰胺凝胶电泳法测定蛋白质的相对分子质量。蛋白质颗粒在各种介质(包括聚丙烯酰胺凝胶)中电泳时,它的迁移率取决于它所带的净电荷以及分子大小和形状等因素。如果在聚丙烯酰胺凝胶系统中加入阴离子去污剂十二烷基磺酸钠(SDS)和少量巯基乙醇,则蛋白质分子的电泳迁移率主要取决于它的相对分子质量,而与原来所带的电荷和分子形状无关。

SDS 是一种有效的变性剂,它能破坏蛋白质分子中的氢键和疏水能力,而巯基乙醇能打开二硫键。因此,在有 SDS 和巯基乙醇的存在下,单体蛋白质或亚基的多肽链处于展开状态。此时 SDS 以其烃链与蛋白质分子的侧链结合成复合体。在一定条件下,SDS 与大多数蛋白质的结合比为 1.4g SDS/g 蛋白质,相当于每两个氨基酸残基结合一个 SDS 分子。由于不同蛋白质的 SDS 复合体具有几乎相同的荷质比,并具有相同的构象,因此它们的净电荷量 q 与摩擦系数 f 之比 q/f 都接近一个定值(具有相近的自由迁移率),即不受各种蛋白质原有的电荷、分子形状等因素的影响。在聚丙烯酰胺凝胶电泳中,电泳迁移率与多肽链相对分子质量之间有如下关系:

$$\lg M_r = K_1 - K_2 \mu_R$$

式中:M_r 为相对分子质量;K_1,K_2 都是常数;μ_R 为相对迁移率。

$$\mu_R = 样品迁移距离/前沿(染料)迁移距离$$

测定时,以几种相对分子质量标准的蛋白质的 M_r 的对数值对其 μ_R 作图,根据待测样品的 μ_R,从标准曲线上查出它的 M_r。

2.6 生皮蛋白质化学

新鲜生皮除水分外,最主要的成分是蛋白质(30%~35%),另外,还含有少量的糖类、脂类、矿物质等。讨论制革原料皮中蛋白质的组成、结构和性质,以及它们在制革加工过程中的物理化学变化,可更好地为学习制革工艺做好准备。

由前述的生皮组织结构可知,我们已知生皮包括毛被、表皮层、真皮层和皮下组织。在表皮与真皮的界面处还有一层极薄的称为基底膜的膜状物。毛和表皮层属于上皮组织,主要由角质化的细胞构成,角蛋白是细胞内的主要蛋白质。真皮层属于结缔组织。胶原、弹性蛋白、网硬蛋白等纤维蛋白是真皮层的主要组成成分。在纤维间隙中还充填着称为基质的物质,它是一种主要由白蛋白、球蛋白、黏蛋白和水等组成的胶状物。表皮与真皮的连接,可能是通过基底膜实现的。基底膜的组成较复杂,其中包括胶原、大量的非胶原蛋白质以及类黏蛋白等。此外,在生皮中还分布着神经、血管、脂腺、汗腺等管腺,它们的管壁大都由胶原和弹性蛋白构成。

2.6.1 生皮中的蛋白质成分

2.6.1.1 胶原

自然界可再生的资源有两类,一类是碳水化合物,其中包括纤维素、木质素、淀粉、胶质等;另外一类是蛋白质,其中最重要的就是胶原。胶原约占动物总蛋白质量的30%。结缔组织中,除含60%~70%的水分以外,胶原占20%~30%。因为有高含量的结构性胶原,结缔组织才具有一定的结构与机械力学性质,如强度、拉力、弹力等,以达到支撑、保护器官的功能。胶原是细胞外蛋白质,它是细胞外基质的主要成分之一。

在显微镜下观察发现,胶原约占真皮结缔组织的95%,由直径为$2\sim15\mu m$的胶原纤维组成,大都成束。胶原在乳头层内较细,排列疏松,在网状层内较粗。胶原束的排列无一定方向,互相交织呈网状。在切片中,因不同的切面,而使胶原束呈圆形、类圆形或条形。在电子显微镜下观察发现,胶原纤维由许多原纤维组成。原纤维直径约为100nm(70~140nm),横切面呈圆形,纵切面呈带形,有明暗相间的周期性横纹。原纤维平行排列,形成粗细不等的胶原纤维。

由前所述可知,胶原是构成动物皮肤的主要蛋白质,除此之外,动物的骨、齿、肌腔、韧带、软骨、血管等组织中都存在胶原。胶原是哺乳动物体内含量最多的蛋白质,占体内蛋白质总量的25%~30%,在真皮蛋白质中,胶原占80%~85%。

最初人类对于胶原的认识是基于动物结缔组织(如皮肤)的宏观物理性质,正因为如此,现在人们通常会把胶原与组织纤维联系在一起,有时认为胶原与明胶是同一种物质。事实上,胶原不一定就是以纤维的状态存在,且胶原与明胶在结构与性能上有本质的区别。然而由于胶原与动物皮的历史渊源,有关胶原的结构及性能表征的很多研究工作都是由制革和明胶工业领域的化学家完成的。

作为动物组织器官中存在的蛋白质,胶原在提取、分离时,根据提取的方法和条件的不同,可以产生胶原、明胶和水解胶原蛋白三种产物。能被称为胶原或胶原蛋白的,必须是其三股螺旋结构没有改变的那类蛋白质,它还保留其原有的生物活性。明胶则是胶原变性的产物,虽然氨基酸的化学组成相同,但是在制备过程中其胶原的三股螺旋结构大部分已被破坏。在向明胶转变的过程中,胶原规则的三股螺旋结构向无规卷曲转变,从而在性能上发生了巨大的变化:易于溶解、不耐酶解、许多生物性能丧失。明胶的结构和性能与胶原相比发生了明显的变化。

胶原的进一步水解产物便是胶原蛋白水解物(水解胶原蛋白或胶原水解物),胶原的三股螺旋结构彻底松开,成为三条自由的肽链,且降解成多分散的肽段,其中包括小肽。因此,胶原蛋白水解物是多肽的混合物,相对分子质量从几千到几万,相对分子质量分布较宽,没有生物活性,能溶于冷水,而且能被蛋白酶分解。从广义上说,明胶也属于胶原蛋白水解物,只是明胶的相对分子质量比胶原蛋白水解物高一些,而且明胶的肽链之间还有少量的氢键。胶原蛋白水解物的化学组分及氨基酸的组成与胶原和明胶无大的区别,但是相对分子质量一般比明胶小,不存在胶原原有的三股螺旋结构,极易溶于水,也没有明显的生物活性。

胶原保留其特有的天然螺旋结构和性质,使得胶原有着广泛的用途。胶原纤维是动物皮肤组织的主要纤维,具有特殊的立体网状结构。生皮经过一系列的物理和化学的处理,去除其他非胶原组分后,通过鞣制以提高其耐湿热稳定性和机械强度,使其变成革,再通过整理工序赋予革特殊的性质和风格,从而成为用途广泛的皮革产品。

(1)胶原的分类。胶原的研究历史可追溯到1940年,文献报道称,采用柠檬酸缓冲液(pH=3~4.5)可以从大鼠皮肤中溶解出一种不溶于水的蛋白质。通过70多年的研究,现已肯定胶原并不是具体某一种蛋白质的专有名词,而是既具有共同特征又存在结构差异性的一组蛋白质的统称。到目前为止,在脊椎动物体内已发现有28种蛋白质可归属于胶原的范畴。

按照胶原是否能成纤维进行分类,可将所有胶原分为成纤维胶原和非成纤维胶原两大类。不同的组织,可以由不同类型的胶原构成,同一组织中也可以含有几种不同类型的胶原。例如:肌膜主要由Ⅰ型胶原构成,软骨由Ⅱ型胶原构成,真皮中除Ⅰ型胶原外,还有少量Ⅲ型胶原。但人类研究较多、含量最丰富的胶原是Ⅰ型胶原、Ⅱ型胶原和Ⅲ型胶原。其中Ⅰ型和Ⅲ型胶原在各种不同的组织中发现,并常常共存。Ⅱ型胶原只在软骨中发现。这三种胶原都属于间质胶原。另外,Ⅴ型胶原在各种组织中含有,但含量都很低,Ⅴ型胶原也叫亲细胞胶原。Ⅳ型胶原是构成基膜的胶原,它的结构不同于介质和亲细胞胶原。

根据胶原结构的复杂多样性,可将其分为如下几种:纤维胶原、微纤维胶原、锚定胶原、六边网状胶原、非纤维胶原、跨膜胶原、基膜胶原和其他具有特殊作用的胶原。作为一种具有很强的抗拉性和热稳定性的蛋白,胶原家族的90%都是纤维胶原。

(2)胶原的提取。研究胶原首先要将胶原从组织中分离出来并进行纯化。人类制备和利用胶原的历史悠久。早在1929年,即有以磷酸溶解动物骨组织来提取胶原的专利技术。1961年,Peizo等以动物真皮组织提取胶原溶液。同年,Bloch等获得了纯化胶原的专利。商业化提取胶原的工艺于1962年由United Shoe Machinary公司开发成功。

不同类型的胶原在生物体组织中的分布存在较大差异,而且胶原常与多糖等结合在一起,在组织内以不溶性大分子的形式存在。因此选择富含所需胶原类型的原材料是至关重要的,而且针对不同原材料的结构性能采取相应的预处理方法,以除去原材料中的非胶原成分(如脂肪以及各种杂蛋白等)也十分关键。此外,需采用某种提取介质使胶原变成可溶性的大分子从组织中溶解出来,并通过一定手段对目标胶原进行分离和纯化。

胶原通常从富含胶原纤维的组织中提取,如皮肤、肌腔、骨骼等。由于胶原是由多条肽链组成的大分子,各分子之间通过共价键搭桥交联,形成稳定的三维网状结构,在水中的溶解度很低。总的来说,天然胶原在多种溶液中的溶解度都不高,如犊牛皮中可溶胶原为 7%,成年牛皮则只有 0.35%。来自组织中的可溶性胶原,根据所用溶剂不同,大体上分为中性可溶胶原及酸性可溶胶原,但无论何种操作,最好要在低于 10℃ 的条件下进行。

胶原的提取一般有两种方法:使用溶剂的化学法和使用酶的生物化学法。有一部分未能共价交联或者在体内未成熟的胶原可用中性盐或稀乙酸溶液溶解而提取出来,此部分胶原称为可溶性胶原,又称为中性盐溶性胶原或酸溶性胶原。而大部分胶原都以胶原纤维的形式存在,彼此互相交叉呈网状,称为难溶性胶原。对于难溶性胶原,可先用胃蛋白酶消化水解,去除末端的非螺旋形区域,再用稀乙酸溶液提取,所以难溶性胶原又称为胃蛋白酶促溶性胶原。

在化学法中,根据所用溶剂的不同又可以分为中性盐法和酸性法。胶原可从相关组织中提取,不同组织所用的提取方法不同;即使是相同的组织,有时也需要不同的方法。例如,同样是从牛皮中提取皮胶原,小牛皮容易提取,老牛皮则不易提取。在提取胶原时,还会发现胶原的提取率有一定的限度,这主要是因为胶原有可溶性胶原和不可溶性胶原之分。胶原的可溶性与不可溶性是相对的,与所采用的提取条件(如溶剂、温度、时间等)密切相关。用于提取胶原的中性盐常用 Tris·HCl 和 NaCl,在中性条件下,离子强度过低时,胶原不溶解,所以提取胶原时一般采用 0.15mol/L,0.45mol/L 及 1mol/L 的盐溶液。在无盐的酸性溶液中,胶原可以溶解,加入盐后,胶原逐渐沉淀出来。用于提取胶原的酸主要是 0.05~0.5mol/L 的乙酸(HAc)或 0.15mol/L 的柠檬酸缓冲液。

若在提取时用蛋白酶(如胃蛋白酶)进行适当处理,可增大胶原在酸中的溶解度。一般说来,组织中的新生胶原可用中性盐溶液提取,于组织中沉积时间较长的胶原则难溶于中性盐溶液,这时只能用酸溶液提取。经中性盐及酸溶液反复提取后的残渣,称为不溶性胶原。部分胶原不易溶解,是因为这些胶原与其细胞间质的相互作用紧密。在机体组织生长时,由于胶原与蛋白质多糖及糖蛋白具有特异亲和性,因而具有不溶性。另外,在胶原生长的过程中,在胶原分子间及其他成分之间形成了桥梁,这也在一定程度上增加了胶原溶解的难度。可以说,影响胶原可溶性的主要因素是胶原分子间的共价键交联和非胶原成分。胶原只能被胶原酶降解,而其他蛋白酶是不能切断胶原肽链的。由于胶原的共价键大多数位于胶原分子的 N 端和 C 端的非胶原性肽部分,因此,在中性条件下可以用木瓜蛋白酶处理,在酸性条件下用胃蛋白酶处理,被切除部分非胶原性的胶原分子就具有可溶性。

一般不可能只通过一次分离就得到纯的某一类型胶原。例如,在中性条件下,用 1.7mol/L NaCl 溶液沉淀分离Ⅲ型胶原时,会有 10% 的Ⅰ型胶原同时被沉淀出来。在酸性条件下,在没有盐存在时胶原也能溶解,当加入盐时胶原就会有沉淀析出。在中性条件下,需要有足够浓度的盐,才能溶解胶原。如果要获得不含糖蛋白的高纯度胶原,必须进一步用 EDTA-纤维素柱进行色谱分离。

提取得到的胶原溶液还必须进行分离和提纯。应用 NaCl 分别沉淀胶原的方法是制备各型天然胶原的最有力手段。该方法利用在 pH 及 NaCl 浓度等诸多条件下各型胶原具有不同的溶解度而进行分离提取,再利用其他方法进行进一步的纯化。

值得注意的是,不论用中性盐溶液提取,还是用酸溶液提取,在正式提取胶原之前,一般都应该先用 0.15mol/L 的 NaCl 溶液抽提以除去组织中的非胶原成分。否则,非胶原成分与胶原成分的同时溶出,会给以后的进一步分离纯化带来困难。

可以利用不同手段从不同组织中提取各种类型的胶原,举例如下:

①以猪皮Ⅰ型胶原的提取为例。从猪皮中提取Ⅰ型胶原时,首先要制备Ⅰ型胶原蛋白粗提液。从猪皮组织中分离出皮肤,去除毛发和表皮,脱脂,用绞肉机捣碎,在乙酸中进行胃蛋白酶水解。连续搅拌消化 48h,超速低温离心 30min。去除沉淀,在上清液中加入 NaCl 至最终浓度为 4.4mol/L,充分搅拌后再离心沉淀。将沉淀溶解在乙酸中后,继续加入 NaCl 至最终浓度为 1.7mol/L,离心后收集沉淀。将沉淀溶解在乙酸中,通过孔径为 $0.45\mu m$ 的滤膜过滤,在 4℃下对 0.001mol/L 乙酸溶液透析 24h。

Ⅰ型胶原蛋白粗提液制备好后要进行纯化。可用 RP-HPLC 半制备柱色谱进行纯化。粗样品经 $0.45\mu m$ 滤膜过滤后,取滤液上样进行色谱分离。色谱条件为:ZORBAX300SB-C18 半制备色谱柱,流动相,A 为水,B 为甲醇。水:甲醇=85:15(体积比),采用线性梯度洗脱,流速为 1mL/min;进样量为 $500\mu L$;检测波长为 220nm;柱温为室温。

②以牛软骨Ⅱ型胶原的提取为例。取新鲜牛软骨,剥去骨膜,在液氮冷冻下磨成粉,称量。用 10 倍体积 4mol/L 的盐酸胍与 0.05mmol/L Tris-HCl(pH 7.5)混合后,于 4℃下搅拌 24h。以 12000g 离心沉淀 20min,弃上清液。用 0.5mmol/L 乙酸充分洗涤。沉淀用 4 倍体积的 0.5mmol/L 乙酸(内含 1g/L 胃蛋白酶)混悬,4℃下搅拌 48h,以 20000g 离心沉淀 20min,取上清液。然后用 3mmol/L 的 NaCl 沉淀过夜。离心沉淀后,沉淀用 0.1mmol/L 乙酸溶解,此即为粗制的Ⅱ型胶原蛋白。AEDE-52 离子交换柱经 0.05mmol/L Tris-HCl—0.02mmol/L NaCl(pH 7.4)缓冲溶液平衡后,装入高度为 20cm、体积为 120mL 的交换柱内,缓缓加入经平衡液透析后的粗制Ⅱ型胶原蛋白。在核酸蛋白检测仪检测下(λ=280nm),调节流速约为 5mL/min,收集第一峰(Ⅱ型胶原)。然后用 3mmol/L NaCl 于 4℃下沉淀过夜。离心沉淀后,取沉淀用 0.5mmol/L 乙酸重新溶解,透析,此即为纯化的牛软骨Ⅱ型胶原。

③以牛皮Ⅲ型胶原的提取为例。从新鲜屠宰后的牛皮中获得皮肤中层,在肉研磨机中与冰混合,磨碎并用冰水淋洗。碎末用 5mol/L 乙酸钠处理并再次用水淋洗。酸溶性胶原用 10 倍体积 0.5mol/L 柠檬酸缓冲液(pH 3.7)提取两次,剩余部分冷冻储藏。融化后,皮肤碎末兑 0.1‰乙酸,在 4℃下渗析,去除柠檬酸缓冲溶液,用 1mol/L HCl 使悬浮物的 pH 降至 2.0(胶原浓度约为 2mg/mL)。加入胃蛋白酶(质量比为 10:0.5)至胶原溶液中,取悬浮物,25℃下搅拌 24h。此时,再次加入胃蛋白酶(质量比为 10:1)25℃下保温搅拌 24h。余下操作在 4℃下进行。加入 NaCl 至浓度为 0.9mol/L,使溶解的胶原沉淀。以 15000g 离心 1h,收集沉淀物。在 1.0mol/L NaCl—0.05mol/L Tris-HCl 缓冲液,pH 7.5 的溶液中重新溶解。保存 4 天使胃蛋白酶钝化,使用 1‰乙酸彻底渗析。以 35000g 离心 1h,上清液冷冻干燥。

用胃蛋白酶处理过的胶原样品溶解于 1.0mol/L NaCl 和 0.05mol/L Tris-HCl 缓冲液,pH 7.5 的溶液中至浓度为 3mg/mL,搅拌 2～3 天。缓慢加入 4.0mol/L NaCl 至浓度为

1.7mol/L。溶液搅拌过夜,以 35000g 离心 1h 后收集沉淀物。上清液用于回收 I 型胶原。沉淀物用 1.7mol/L NaCl—0.04mol/L Tris-HCl(pH 7.5)溶液淋洗 3 次,分散于 1%的乙酸中,并对 1%乙酸溶液渗析。包含 III 型胶原的上清液以 55000g 离心 2h 后,冷冻干燥。

另外,I 型胶原通过增加 NaCl 的浓度(1.7~2.5mol/L)沉淀下来,离心收集,对 1%的乙酸溶液渗析后冷冻干燥。可用羧甲基纤维素色谱进行分离:胶原样品溶于含 0.02mol/L 乙酸的 8mol/L 的尿素中至浓度为 15mg/mL。在 40℃下加热 5min,用 10 倍体积的初始缓冲液稀释,在 45℃下加热 15min 并过柱。

④从皮革废弃物中提取胶原水解物。从皮革废弃物中提取胶原通常都是将皮革废弃物通过酸、碱或酶等化学物质处理,从中提取胶原纤维。从皮革废弃物中提取胶原蛋白,国外有近百年的历史,但广泛深入地研究始于 20 世纪 90 年代,主要成果是采用不同的方法提取胶原蛋白,用作动物饲料、化肥和工业明胶等附加值比较低的产品。我国在这方面的研究起步较晚,20 世纪 80 年代后期才相继出现了一些研究报道。其基本工艺流程如下:

含铬废料—预处理—脱铬提胶—分离纯化—浓缩—干燥检测—成品包装

脱铬是胶原蛋白提取工艺中最关键、最重要的一步,脱铬效果的好坏对产品的质量起着决定性的作用。根据提胶时所采用的脱铬剂或处理剂的不同,处理方法可分为碱法脱铬、酸法脱铬、氧化脱铬和酶法脱铬。目前,在皮革工业含铬废料的各种脱铬方法主要存在问题是:处理工艺中胶原蛋白的功能性结构很容易被破坏,产品的含铬量和灰分含量达不到某些应用的特定要求,提胶率不够高,副产品或二次污染问题不能够得到很好的解决;另外,胶原蛋白的耐用性和抗原性有待改进,制备的成本有待降低等。要真正实现制革固体废弃物(特别是较难处理的铬革屑)中的胶原蛋白在卫生医药等领域的绿色化高值利用,还有待进一步地研究。

制革厂废铬革屑的主要成分是胶原蛋白,是丰富的蛋白质资源。印度每年产生 15 万吨的制革固体废弃物,美国每年仅产生的含铬废弃物就达 6 万吨之多,我国是制革大国,每年约产生 140 多万吨的皮革边角废料。对这些废料的传统处理方法一般是利用未鞣的生皮边制胶,利用鞣制后的废革屑制造再生革,价值极低。近年来有学者提出利用制革副废物制备胶原蛋白、多肽和氨基酸,实现生物质资源的高值转化,并取得了可喜的成绩。过去对动物胶原蛋白的降解一般采用化学法,是一个不适合工业生态化要求的生产过程,因而胶原蛋白的酶法降解成为近年来的研究热门。

一张天然皮加工成革,利用率只有 25%左右,其余的除少量做明胶外,大部分被作为废弃物处理掉,既浪费了资源又污染环境。而酶却能把这些废弃物经过分解、重组为高附加值、高科技含量的产品。利用酶把皮的边角余料经过水解等处理方法,制取出高纯度、高含量的胶原蛋白粉,产品可应用在食品、医药、化妆品、农业等领域;还有人尝试用酶将废弃物加工成动物饲料;将蓝皮屑水解回收铬等方法,充分开发利用资源。这些研究不仅符合我国可持续发展战略,对皮革工业的"二次创业"、产品结构的调整、环境污染的解决及就业渠道的扩展都具有重大意义。

铬革屑是削匀时从铬鞣湿革上削下来的废屑末,铬革屑中粗蛋白含量超过 70%,含胶原蛋白质 90%,含 Cr_2O_3 3%~6%(以干基计)。铬革屑是制革工业所大量产生的工业废料,它的主要成分是胶原蛋白、三价铬盐以及其他一些盐类和杂质。由于铬革屑中胶原蛋白的化学稳定性较高,同时由于三价铬盐毒性的原因,这种工业废料在以前一直没有得到很好的回收利用,而是采取了废弃或者是烧掉的办法,既造成污染,也是对资源浪费。世界范围内,每年产生的铬革屑超过 50 万吨,铬的污染不可忽视。大量的铬排放到环境中,会对地面水、水生动植物产生危害,进而影响到人和其他动物的食物链,对其呼吸系统、消化系统、皮肤和后代都产生不良影响。中国的铬资源比较少,加强对铬资源的回收利用就更为重要。

从含铬革屑中提取胶原蛋白并回收利用铬,是制革废屑最合理的处理途径,很多科技工作者对此都做了大量的工作。尤其是近年来,随着分子生物学的发展,人们对胶原的认识逐渐深入,制革废弃物的资源化也不再仅是利用废弃皮屑生产再生革等低附加值的产品,而是力求高值转化。胶原作为天然的生物质资源,因其良好的生物相容性和可降解性,在食品、医药、化妆品、饲料、肥料等领域有着广泛的应用。因此,铬革屑脱铬提取胶原蛋白,有着很好的经济效益和环境效益,具有重大的意义,应该在这方面做进一步深入细致的研究工作。

酶处理法因其专一性强,反应时间短,条件温和,不腐蚀设备,能耗低,收率高,对蛋白质的成分破坏较小,水解物也比较稳定,是高效、清洁、无污染回收胶原蛋白的较佳方法。需要指出的是使用一种酶水解程度往往有限,需要几种酶的协同作用才能达到较大的水解程度,此外酶法的作用时间也比较长,成本也较高。

比如使用碱性蛋白酶,在 55℃,pH10～11 的条件下水解革屑,得到水解胶原和铬饼,这两种产物都可回收利用。而使用中性蛋白酶水解法水解猪皮制备胶原多肽,得到水解的最适 pH 为 6.5,最适温度 45℃,水解时间 4h,水解度达到 12.94%。通过进一步试验发现,利用木瓜蛋白酶、复合蛋白酶酶液的水解作用,对皮革废料进行试验,发现两种酶的反应时间和加酶量对胶原蛋白水解的影响情况大致相同,都是随着反应时间和加酶量的延长或增加,水解度增大,产物相对分子质量变小。此外,对木瓜蛋白酶而言,反应 pH 为 5.0 时水解度最高,反应温在 40～60℃之间时刻将胶原水解产物的分子量控制在 6500～20000Da 之间。对于复合蛋白酶而言,虽然较高的 pH 有利于水解,但差异不明显,反应温度在 40～50℃之间水解效果较好。并且应用中性蛋白酶、碱性蛋白酶、纤维素蛋白酶的水解作用,对含铬羊皮下脚料和革屑进行了脱铬试验,发现纤维素蛋白酶对革屑的铬脱出效果最好,依次是中性蛋白酶和碱性蛋白酶。

(3)胶原的分离纯化及分析。由于皮胶原蛋白水解程度的不同,其中所含相对分子质量的大小、分布有所不同,但其中的主要组分是多肽、胶原等蛋白质类的复杂生物分子。只有通过对这些蛋白质分子进行分离和分析,才能对水解程度进行控制,得到含所需相对分子质量的胶原水解液,并且只有通过对这些蛋白质分子进行分离、纯化和制备,才能获得一定质量的纯品,满足结构、物性测定和应用的要求。因此对胶原水解产物进行分离,有着非常重要的意义。胶原的类型不同,其氨基酸组成存在差异,相对分子质量也不同。运用色谱技术和电泳技术,可以有效地对各类型胶原进行分离和纯化。

①色谱法。色谱被人们认为是迄今人类已掌握的对复杂混合物分离能力最高的技术。特别是在液相色谱条件下,大都在室温下操作,所用的流动相可以是与生理液相似的具有一定的 pH、含盐的缓冲水溶液,有时也使用某些能与水互溶的有机溶剂,所用填料的表面经过了各种相应的化学修饰和覆盖,这样就为生物大分子的分离提供了温和的条件和"软接触"的表面,所以用液相色谱作为胶原蛋白的分离手段具有广阔的前景。色谱技术不仅广泛地应用于分离纯化单一类型的胶原及其水解多肽,还可用于分离、分析胶原溴化氰断裂肽、交联氨基酸以及尿

羟脯氨酸肽等。

色谱法在胶原水解产物的分离中,所用方法大多数只能从水解胶原中分离出 α、β、γ 三个链组分或拆分出独立的 α 链,除溴化氰断肽外,至今少见对水解片段的进一步分离。显然这种分离远不够深入。用温和的接近生理组成的缓冲溶液作为流动相,结合多维色谱从组成极其复杂的水解胶原中分离并制备出具有特殊生物功能的胶原多肽,是今后研究的一个方向。

常用的色谱法有如下几种:

a.离子交换色谱法。离子交换色谱是在常压至中压条件下,分离纯化单一类型的胶原及其水解多肽的较好方法。离子交换色谱是利用蛋白质或多肽分子与离子交换剂的静电作用,以适当的溶剂作为洗脱液,使离子交换剂表面的可交换离子与带相同电荷的蛋白质或多肽分子交换,从而进行分离。离子交换剂是带有解离基团的惰性填料。目前,用于胶原分离的离子交换剂主要有二乙氨乙基纤维素(交换容量 0.8mmol/g)和羧甲基纤维素(交换容量 0.7mmol/g)两种。

当解离基团带负电荷时,则能结合阳离子,称为阳离子交换剂;当解离基团带正电荷时,则能结合阴离子,称为阴离子交换剂。胶原分子是两性聚电解质,在等电点处分子的净电荷为零,与交换剂之间没有电荷相互作用,当体系的 pH 在其等电点以上时分子带负电荷,可结合在阳离子交换剂上;当体系的 pH 在其等电点以下时,分子带正电荷,可结合在阴离子交换剂上。因为 pH 可改变胶原的带电量,盐浓度可对交换剂的吸附力产生影响以及离子强度对交换剂有较高的选择性,所以用 pH 梯度和盐梯度可把结合在交换剂上的蛋白质按它们各自不同的净电荷洗脱下来。

离子交换色谱可在近中性条件下,利用多肽带电性的不同进行分离纯化。与凝胶过滤色谱相比,分辨率更高,是分离胶原蛋白多肽的优良方法。其缺点是柱变化性大,不太稳定,谱峰间距不易控制。

b.凝胶过滤色谱法。凝胶过滤色谱法是体积排阻色谱法的一种。体积排阻色谱法的基本原理是根据多孔凝胶固定相对不同体积和不同形状的分子具有不同的排阻能力,从而实现对混合物的分离。通常,相对分子质量大的分子先流出,相对分子质量小的分子后流出;对于同样相对分子质量的分子,线形分子先流出,球形分子后流出。凝胶过滤色谱法常用来分析水溶性蛋白质的相对分子质量及其分布。对于水溶性的胶原蛋白,用此方法也可得到满意的结果。凝胶过滤色谱中,同样包含一个固定相和一个移动相。固定相是凝胶形成的物质,移动相是溶剂。分离胶原使用最多的固定相是琼脂糖凝胶和葡聚糖凝胶。胶原的溴化氰肽在 Bio-Gel A 或 Bio-Gel P 柱上可以得到满意的分离。

凝胶过滤色谱是级分蛋白质和测定蛋白质相对分子质量分布的良好方法,其缺点是色谱柱峰容量有限,分离度较低,不宜用于分子大小及组成相似或相差很小的组分的分离,通常只用于复杂混合物的初步分级。在适宜条件下溴化氰肽能定向剪切胶原蛋白,形成 α 链的有限片段,所以该法是分离胶原溴化氰肽和测定其相对分子质量分布的优良技术。

c.反相高效液相色谱。反相高效液相色谱是根据溶质极性流动相和非极性固定相表面间的疏水效应建立的一种色谱模式。一般蛋白质或多肽分子中非极性的疏水部分越大,保留值越高。利用反相高效液相色谱分离多肽,首先需要确定不同结构的多肽在柱上的保留情况。

在反相色谱分离蛋白质和多肽的过程中,离子对非常重要,流动相中离子对的存在能提高蛋白质和多肽在分离时的疏水性。反相色谱法分离胶原溴化氰肽时,通常的烷基键合硅胶反相色谱柱稳定性较高,柱效高,对胶原蛋白溴化氰肽的分离度比其他色谱技术都高,保留机理清楚。但改变流动相时柱平衡慢;梯度洗脱问题较多。显然,一次色谱法很难将胶原溴化氰肽进行完全分离,因此开展多维色谱在该领域中的应用研究势在必行。胶原蛋白作为新陈代谢研究的模型蛋白质,利用色谱技术分离分析其溴化氰断裂肽,对于判断其结构变化具有重要意义。

d. 亲和色谱法。与其他色谱分离纯化方法不同,亲和色谱法不是利用待分离化合物之间在物理化学性质方面的差异来实现分离的,而是利用高分子化合物可以与它们相对应的配基结合的可逆性来实现分离的。把相应的一对配基中的一个通过物理吸附或化学共价键作用固定在载体上使它变成固定相,然后装在色谱柱中来提取其相对应的配基。亲和色谱法是依据生物高分子化合物特异的生物学活性来进行分离的,而这种生物学活性是生物高分子特定的一级结构,特别是对于由空间结构所决定的特异性就更高了。在此基础上建立的分离方法选择性很强,提纯效率大大超过了根据物理化学性质的差别来分离提纯的方法。但亲和色谱法对柱的要求苛刻,故一般的实验室难以达到所需的要求。

② 电泳法。电泳法中主要使用的是聚丙烯酰胺凝胶电泳法。一方面人们用此法对胶原进行了分离,并测试了被分离组分的相对分子质量;另一方面人们采用此法分离胶原用于测其电荷构象。聚丙烯酰胺凝胶电泳法具有较高的分辨力和灵活性,因而被广泛用于蛋白质的分析。由于凝胶的孔径可以在较宽范围内变化以迎合不同的分离需要,改变凝胶或缓冲液的某些组成成分,就可以按照不同的分离机理进行分离,如分别根据蛋白质的电荷、大小或荷质比特性进行等电聚焦、SDS-PAGE 及酸性或碱性凝胶电泳等不同的分离分析方法。

a. 琼脂糖凝胶电泳法。制胶。取琼脂糖约 0.2g,加水 10mL,置水浴中加热使溶胀完全,加温热的醋酸-锂盐缓冲液(pH 3.0)10mL,混匀,趁热将胶液涂布于大小适宜(2.5cm×7.5cm 或 4cm×9cm)的玻板上,厚度约 3mm,静置,待凝胶结成无气泡的均匀薄层,即得。

点样与电泳。在电泳槽内加入醋酸-锂盐缓冲液(pH 3.0),将凝胶板置于电泳槽架上,经滤纸桥浸入缓冲液。于凝胶板负极端分别点样 1μL,立即接通电源,在电压梯度约 30V/cm、电流强度 1~2mA/cm 的条件下,电泳约 20min,关闭电源。

染色与脱色。取下凝胶板,用甲苯胺蓝溶液染色,用水洗去多余的染色液至背景无色为止。

b. 纸电泳法。电泳缓冲液配制取。柠檬酸($C_6H_8O_7 \cdot H_2O$)39.04g 与柠檬酸钠($C_6H_5Na_3O_7 \cdot 2H_2O$)4.12g,加水 4000mL,使溶解,测试溶液 pH 为 3.0。

滤纸准备。取色谱滤纸置 1mol/L 甲酸溶液中浸泡过夜,次日取出,用水漂洗至洗液的 pH 不低于 4,置 60℃烘箱烘干,备用。可按需要裁成长 27cm、宽 18cm 的滤纸,或根据电泳室的大小裁剪,并在距长度方向一端 5~8cm 处划一起始线,每隔 2.5~3cm 处做一记号备点样用。

点样。有湿点法和干点法。湿点法是将裁好的滤纸全部浸入枸橼酸盐缓冲液(pH 3.0)中,湿润后,取出,用滤纸吸干多余的缓冲液置电泳槽架上,使起始线靠近阴极端,将滤纸两端浸入缓冲液中,然后用微量注射器精密点加供试品溶液,每 10μL,共 3 点,并留 2 个空白位置;干点法是将供试品溶液点于滤纸上,吹干、再点,反复数次,直至点完规定量的供试品溶液,然后用喷雾器将滤纸喷湿,点样处最后喷湿,本法适用于稀的供试品溶液。

电泳。于电泳槽中加入适量电泳缓冲液,浸没铂电极,接通电泳仪稳压电源档,调整电压梯度为 18～20V/cm,电泳约 1 小时 45 分钟,取出,立即吹干,置紫外光灯(254nm)下检视,用铅笔划出紫色斑点的位置。

含量计算。剪下供试品斑点和与斑点位置面积相近的空白滤纸,剪成细条,分别置于试管中,试管加入 0.01mol/L 盐酸溶液 5mL,摇匀,放置 1h,用 3 号垂熔玻璃漏斗过滤,也可用自然沉降或离心法倾取上清液,按各药品项下的规定测定吸收度,并按吸收系数计算含量。

c.醋酸纤维素薄膜电泳法。醋酸纤维素薄膜准备。取醋酸纤维素薄膜,裁成 2cm×8cm 的膜条,将无光泽面向下,浸入巴比妥缓冲液(pH 8.6)中,待完全浸透,取出夹于滤纸中,轻轻吸去多余的缓冲液后,将膜条无光泽面向上,置电泳槽架上,经滤纸桥浸入巴比妥缓冲液(pH 8.6)中。

点样与电泳。于膜条上距负极端 2cm 处,条状滴加蛋白含量约 5% 的供试品溶液 2～3μL,在 10～12V/cm 电位梯度下电泳。电泳区带距离以 4～5cm 为宜。

染色。电泳完毕,将膜条取下浸于氨基黑染色液中,2～3min 后,用漂洗液浸洗数次,直至脱去底色为止。

透明。将洗净并完全干后的膜条浸于透明液中 10～15min,取出平铺于洁净的玻板上,干后即成透明薄膜,可于分光光度计上测定和作标本长期保存。

含量测定。未经透明处理的醋酸纤维素薄膜电泳图可按各药品项下规定的方法测定,一般采用洗脱法或扫描法,测定各蛋白质组分的相对含量(1%)。

d.聚丙烯酰胺凝胶电泳法。制胶。取溶液 A2mL,溶液 B5.4mL,加脲 2.9g 使溶解,再加水 4mL,混匀,抽气赶去溶液中气泡,加 0.56% 过硫酸铵溶液 2mL,混匀制成胶液,立即用装有长针头的注射器或细滴管将胶液沿管壁加至底端有橡皮塞的小玻璃管(10cm×0.5cm)中,使胶层高度达 6～7cm,然后徐徐滴加水少量,使覆盖胶面,管底气泡必须赶走,静置约 30 分钟,待出现明显界面时即聚合完毕,吸去水层。

电泳。将已制好的凝胶玻璃管装入圆盘电泳槽内,每管加供试品或标准品溶液 50～100μL,为防止扩散可加甘油或 40% 蔗糖溶液 1～2 滴及 0.04% 溴酚蓝指示液 1 滴,也可直接在上槽缓冲液中加 0.04% 溴酚蓝指示液数滴,玻璃管的上部用电极缓冲液充满,上端接负极、下端接正极。调节起始电流使每管为 1mA,数分钟后,加大电流使每管为 2～3mA,当溴酚蓝指示液移至距玻璃管底部 1cm 处,关闭电源。

染色和脱色。电泳完毕,用装有长针头并吸满水的注射器,自胶管底部沿胶管壁将水压入,胶条即从管内滑出,将胶条浸入稀染色液过夜或用染色液浸泡 10～30min,以水漂洗干净,再用脱色液脱色至无蛋白区带凝胶的底色透明为止。

结果判断。将胶条置灯下观察,根据供试品与标准品的色带位置和色泽深浅程度进行判断。将清晰的胶条置双波长薄层扫描仪或凝胶电泳扫描仪中扫描并积分,由各组分的峰面积计算含量(1%)。

e.SDS-聚丙烯酰胺凝胶电泳法。制胶。用 30% 丙烯酰胺溶液—分离胶缓冲液—20% 十二烷基硫酸钠溶液—10% 过硫酸铵溶液(新鲜配制)—四甲基乙二胺—水(5.0：1.5：0.08：

0.1：0.01：5.3)制成分离胶液,灌入模具内至一定高度(剩余体积留作制备浓缩胶用),用水封顶,聚合完毕,倾去水层。再用 30％丙烯酰胺溶液—浓缩胶缓冲液—20％十二烷基硫酸钠溶液—10％过硫酸铵溶液-四甲基乙二胺-水(0.8：1.3：0.025：0.05：0.005：2.4)制成浓缩胶液,灌在分离胶上,插入样品梳(如为圆盘电泳,用水封顶),待浓缩胶液聚合后,小心除去样品梳或水。

电泳。垂直板电泳:恒压电泳,初始电压为 80V,进入分离胶时调至 150～200V,当溴酚蓝迁移胶底处,停止电泳。用卡尺或用扫描定位法测量溴酚蓝指示剂和蛋白迁移距离(如为圆盘电泳还应测量染色前后胶条长度,垂直板电泳胶片厚度低于 1mm,染色前后胶片长度基本不变)。

(4)胶原的结构。由前述的蛋白质结构可知,蛋白质的空间结构是体现生物功能的基础,结构研究一直是研究的焦点。胶原占哺乳动物总蛋白量的 30％左右,不同类型的胶原具有不同的结构,与其生理学功能严格匹配,展示了结构与功能关系的多样性。例如,肌腱中的胶原是具有高度不对称结构的高强度蛋白,皮肤中的胶原则形成松软的纤维,牙和骨中硬质部分的胶原含有钙磷多聚物,眼角膜的胶原则水晶般的透明。通常认为,只有具有三级以上的结构,蛋白质才具有生理功能。

值得一提的是,胶原具有完整的四级空间结构。胶原是一类由 20 种氨基酸合成的蛋白质,但与其他蛋白质相比,在其一级结构中的重复序列模式、翻译后的修饰和特有的分子内交联等方面有显著的特征,比如羟脯氨酸和羟赖氨酸这两种氨基酸只存在于胶原中,在其他蛋白质中非常少见。这两种氨基酸均由酶促翻译后修饰而成。胶原的二级结构则全部都形成左手 α 螺旋结构,这种螺旋结构的形成主要是由 X 位置上的脯氨酸和 Y 位置上的 4-羟脯氨酸之间的静电排斥造成的,因此在很大程度上取决于脯氨酸羟基化的后翻译。肽链形成 α 螺旋后,侧链上的氨基酸残基全部向外,这些氨基酸残基可以在螺旋链内形成氢键,使胶原多肽链的螺旋结构保持稳定。胶原的三级结构是在二级结构的基础上,依靠分子中肽链之间次级键的作用进一步卷曲折叠构成的具有特定构象的蛋白质分子。胶原家族的分子结构变化多端,然而所有结构都存在共同的结构要素,这就是胶原的三股螺旋结构。胶原的三级结构是由 3 条左手螺旋多肽链相互缠绕形成一个右手三股螺旋或超螺旋,称为原胶原。胶原的分子结构单位是原胶原。原胶原为细长的棒状分子,由三条肽链构成。电镜下测得分子长 280nm,直径 1.5nrn,相对分子质量约 300000。每条肽链由 1000 以上个氨基酸残基构成。胶原的三股螺旋链已经相当伸展,不容易被拉长。三股这样的螺旋聚肽链相互纠缠形成右手超螺旋胶原单体。螺旋的稳定性依靠多肽链间的氢键维系。由于三股螺旋的旋转方向与构成它们的多肽链的旋转方向相反,因此不易发生旋解,使胶原具有极高的强度,这与胶原的生理学功能相匹配。

原胶原(tropocollagen)首尾相接,按规则平行排列成束,首尾错位 1/4,通过共价键搭接交联,形成稳定的胶原微纤维(microfibril),并进一步聚集成束,形成胶原纤维(fiber)。胶原分子通过分子内或分子间的交联形成不溶性的纤维。由于胶原分子的氨基酸组成中缺乏半胱氨酸,因此胶原不能像角蛋白那样以二硫键相连,而是通过组氨酸与赖氨酸之间发生共价交联,一般发生在胶原分子的 C 末端或 N 末端之间。三股螺旋分子间以一定间距、呈纵向对称交错排列形成原纤维。分子间交错距离为 64nm 或 67nm,纵向相邻分子间距为 40nm,如图 2-1 所示。

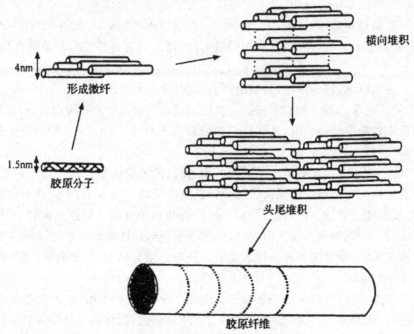

图 2-1 胶原纤维的形成示意图

不同类型的胶原纤维在不同组织中的排列方式不同,与其生理功能相关。胶原原纤维的结构功能和力学性能似乎与原纤维的直径、分子间的交联程度和特征、原纤维所组成的更高级有序结构以及原纤维与其他基质成分之间的相互作用有关。在皮肤中,原纤维直径较为均一(约 100nm),具有独特的三分子交联结构。在眼角膜中,胶原原纤维的直径分布较窄,且较小(约 44nm),以 90°的夹角交替堆积以形成层状结构。原纤维的直径以及堆积排列方式十分一致,呈交叉排布的光滑片层,使光的散射最小化,从而为产生该组织所需的透明性提供了必要的结构。在肌腱中,胶原纤维需要在一维方向上承受张力,肌原纤维的直径变化范围比较大(50~500nm),其高度交联并平行堆积形成纤维束,然后扭结成束。这些肌原纤维的特征使肌腱具有高抗张强度和不同的应力—应变曲线。这种具有方向性的胶原纤维的抗拉强度可高达 5~10kg/mm²,提供组织所需的力学强度。

(5)稳定胶原结构的作用力。胶原中稳定三股螺旋结构的次级键种类很多,主要包括氨基酸残基侧链的极性基团产生的离子键、氢键和范德华力以及非极性基团产生的疏水键等作用力。范德华力是分子之间普遍存在的吸引力。疏水键是多肽链上的某些氨基酸的疏水基团或疏水侧链(非极性侧链)由于避开水而造成相互接近、黏附聚集在一起而形成的相互作用,在维持蛋白质三级结构方面占有突出地位。而氢键和离子键对于稳定胶原的结构与性能也起着关键的作用。除了这些次级键外,胶原分子内和分子间还存在三种交联结构:醇醛缩合交联、醛胺缩合交联和醛醇组氨酸交联。三种交联把胶原的肽链牢固地连接起来,使胶原具有很高的拉伸强度。通过共价交联,胶原微纤维的张力加强,韧性增大,溶解度降低,最终形成不溶性的纤维,因而胶原属于不溶性硬蛋白。

a.氢键。胶原肽链中含有大量的氨基、羟基、羧基等基团,这些基团中的电负性大的原子

X共价结合的氢,与另外的电负性大的原子Y接近时易产生静电吸引作用,从而在X与Y之间以氢为媒介,生成X—H···Y形的键,即氢键。氢键对稳定胶原的三股螺旋结构具有重要的作用。

b.离子键。胶原分子链中含有大量的极性侧基,氨基酸残基中的碱性基团和酸性基团常以阴离子和阳离子的形式存在。当这些极性侧基相互靠近时,静电引力可以使阴离子和阳离子间形成作用力较强的离子键。通常带电荷的氨基酸残基分布在胶原的表面,受溶液中盐的影响极大。例如,若溶液中含有NaCl,则带正电荷的赖氨酸吸引邻近带负电荷谷氨酸的能力会大大削弱。这是由于Na^+及Cl^-具有极高的可移动性,且对于氨基酸残基来说其电荷密度极高,因此Na^+及Cl^-与胶原表面的带电荷的氨基酸残基产生竞争,削弱氨基酸残基之间的相互作用力,而这对胶原分子的稳定性影响极大。

c.疏水键。疏水键是由胶原侧链的疏水基团相互接近而形成的一种作用力。在熵的驱动下,胶原的非极性氨基酸侧链倾向于卷曲在胶原的螺旋结构的内部。研究发现,胶原分子的三股螺旋链内部全部都呈疏水性,几乎找不到极性氨基酸残基,但是螺旋链的表面既有极性基团又有非极性基团。这种疏水键对维持胶原的三级及四级结构起着重要的作用。

d.范德华力。范德华力是由中性原子之间通过瞬间静电相互作用产生的弱的分子之间吸引力。当两个原子之间的距离为它们范德华力半径之和时,范德华力最强。强范德华力的排斥作用可以防止原子之间相互靠近。单个范德华力键能较弱,但是数量众多的范德华力的加和作用使胶原蛋白质的结构保持稳定。

(6)胶原的性质。胶原在绝干状态下硬而脆,相对密度为1.4,天然胶原的等电点为7.5~7.8,略为偏碱性。

①酸、碱对胶原的作用。胶原肽链存在的酸碱性基团,在溶液中能和碱或酸结合,结合酸碱的量分别称为胶原的酸容量和碱容量。每克干胶原的酸容量为0.82~0.9mmol,碱容量为0.4~0.5mmol。碱或酸与胶原肽链上酸碱性基团结合后,胶原分子间及肽链间的氢键、交联键将被打开,引起胶原纤维的膨胀。强酸、强碱长时间处理,胶原会因分子间交联键的破坏、肽键水解而溶解,这种变化称为胶解。

②盐对胶原的作用。不同的盐对胶原的作用差别很大。有的可以使胶原膨胀,有的则使胶原脱水、沉淀。按照盐对胶原的不同作用,可以把盐分为以下三类:使胶原极度膨胀的盐类,如碘化物、钙盐、镁盐等,膨胀作用使纤维缩短、变粗并引起胶原蛋白的变性。低浓度时有轻微的膨胀作用,高浓度时引起脱水的盐类,NaCl是这类盐中的典型代表。这类盐对胶原蛋白的构象影响不大。使胶原脱水的盐,如硫酸盐、硫代硫酸盐、碳酸盐等。

盐对胶原的膨胀、脱水作用,机理比较复杂,至今仍未完全搞清楚。一般认为,不同的盐对维持胶原构象的氢键和离子键具有不同的影响。胶原分子的螺旋构象以及维持构象的各种分子间作用力赋予胶原纤维不溶的性质。任何使胶原膨胀的盐类都可能同时具有两种作用,即降低分子的内聚作用(削弱、破坏化学键)并增加其亲溶剂性。

中性盐对胶原的盐效应,在制革化学中具有重要意义。在浸水过程中加入硫化钠,可以促进生皮的充水。碱膨胀后用硫酸铵脱碱、消肿,利用的就是中性盐的脱水性;过量NaCl的加入,可以抑制浸酸过程中胶原纤维的剧烈膨胀以及由此而导致的过度水解。

③酶对胶原的作用。天然胶原对酶有很强的抵抗力,这主要是胶原紧密的三股螺旋构象

对肽链的保护作用。按照酶对胶原肽链的水解能力和方式,可以把酶分为以下四类:

a.动物胶原酶。这是从动物胰脏中分离出来的,可以水解天然胶原的蛋白酶。动物胶原酶对天然胶原的水解作用,仅发生在 α-链螺旋区的第 775～776 位的 Gly—Leu 之间,它可以从这里把 α-链切为两段。然后胶原自动变性,可为其他蛋白酶水解。

b.胰蛋白酶。胰蛋白酶主要来自动物胰脏。其对胶原的作用方式与动物胶原酶相似。水解部位也位于动物胶原酶的相邻处,即 780～781 位的 Arg—Gly 之间。不同的是它对天然胶原的水解能力要比动物胶原酶低得多。

c.作用于天然胶原非螺旋区段的蛋白酶。胃蛋白酶、木瓜蛋白酶、胰凝乳蛋白酶均可作用于天然胶原肽链的非螺旋区段,但对螺旋区一般无作用。上述酶因此被用于天然胶原的制备中,胃蛋白酶是酸性酶,在 pH＝1.5～2.0 时有最大活力。

d.细菌胶原酶。细菌胶原酶一般通过微生物发酵得到,它们对胶原肽链中所有 Gly—X—Y 三肽结构敏感,可以从肽链的两端开始,把肽链水解成小片段直至 Gly—X—Y 三肽,细菌胶原酶只能水解胶原而不水解非胶原蛋白质。细菌胶原酶作用的最适 pH 为中性,并要求一定的 Ca^{2+} 作激活剂。

④胶原的湿热稳定性。溶液态胶原的变性温度为 38～40℃,一旦变性,便形成明胶,黏度下降,并可溶于广泛范围 pH(1～13)的溶液中,这与普通蛋白质变性后凝固的性质正好相反。若为胶原纤维(不溶性胶原),其热变性温度则升高很多。当将皮胶原置于液体加热介质中进行升温时,某一温度下会发生突然的收缩变性(蜷曲),这种产生热变性的温度,称为收缩温度(T_s)。皮胶原热收缩温度随材料的来源而略有差异,一般为 60～65℃。部分动物皮的收缩温度见表 2-1。

表 2-1　部分动物皮的收缩温度

动物皮名称	收缩温度(℃)	动物皮名称	收缩温度(℃)
猪皮	66	兔皮(家兔、野兔)	59～60
牛皮	65～67	狗皮	60～62
犊牛皮	63～65	家猫皮	60～62
马皮	62～64	鳍鱼皮	44
山羊皮	64～66	盆鱼皮	40～42
绵羊皮	58～62	江猪皮	34～38
鹿皮	60～62		

胶原的热变性与氢键的破坏有关。对于胶原分子,维持构象稳定的作用力主要是链间氢键,而羟脯氨酸的羟基氢原子与主链上羰基氧原子之间形成的氢键具有重要意义。研究发现胶原中羟脯氨酸的含量与胶原纤维的热收缩变性温度存在对应关系,羟脯氨酸含量高的,热收缩变性温度也较高。

胶原分子间及链间的共价交联也能显著提高其湿热稳定性。制革鞣制可大大提高胶原的收缩温度,主要是由于在胶原纤维间引入了新的交联结构。收缩温度是制革过程中对胶原水解、变性程度和革的鞣制质量进行评价的重要指标。

(7)胶原及其胶原纤维的应用。

①皮革和裘皮制造。动物皮主要由胶原纤维编织而成,是胶原纤维最集中分布的组织。动物皮蛋白的 95％ 以上为胶原。胶原纤维具有很高的机械强度和热稳定性,耐化学试剂和微生物侵蚀。动物皮的粒面具有非常独特的天然纹路,有些动物还具有极丰富和美丽的毛被,这些都赋予它们良好的耐用性、保暖性和观赏性。由于这些原因,动物皮很早就被人类用于皮革和毛皮制造。19 世纪中叶铬鞣技术的出现标志着现代化制革工业的开始。随着化学工业、生物技术、机械制造等领域先进技术在皮革工业中的应用,制革工业的整体水平在不断提升。现在,皮革和毛皮已成为重要的工业产品,被广泛用于服装、鞋类、沙发、汽车坐垫、箱包等消费品的加工制造。

②制造明胶。明胶是部分降解的和松散的胶原。骨头和动物皮富含胶原蛋白,是制造明胶的主要原料。明胶是胶原纤维经过一定的预处理后,用热水提取制得。预处理的主要目的是削弱和破坏胶原纤维的交联结构,促进胶原在热水中的溶解和胶化。按照预处理方法的不同,制胶工艺分为酸法、碱法、盐法和酶法等。国内外普遍采用的是碱法生产。

明胶具有许多优良的物理及化学性质,如形成可逆性凝胶、黏结性、表面活性等。它是一种重要的工业品,按照用途,可分为食用明胶、照相明胶和工业明胶。食用明胶除了可以直接食用外,还被广泛的用作食品凝胶剂、稳定剂、增稠剂、发泡剂、黏合剂等。照相明胶是电影胶片、底片和相纸光学乳剂的重要组成材料。可以广泛降解(如长时间的加热)的明胶具有一定的黏性,这些降解的产物是生产动物胶水和黏合剂的基础。

③医学临床方面的应用。明胶具有重要的生物学性质-力学性能高、促进细胞生长、止血、生物相容性和生物降解性。明胶在医药工业、临床医学和临床治疗中有广泛的应用,就药物制剂而言,常常使用明胶制造胶囊、胶丸、"微囊",也可以在一些黏糊剂医学产品中作为增稠剂,另外,制药行业的栓剂、片剂、延效制剂等辅料亦常用明胶。因为它可以吸附本身质量 5～10 倍的水,因此在外科手术过程中可以用作海绵吸附血液。也可应用于创面修复材料、组织修复材料、止血材料、血液替代材料以及制备控缓释材料等。具体用途如下:

a.创面修复。创面修复是整个医学界所面临的最重要、最基本的问题之一,随着分子生物学的发展,创面修复的基础研究已深入到细胞、分子及基因水平。以明胶为基础制备或合成组织工程材料,特别是用壳聚糖与明胶进行复合是目前生物材料的研究热点之一。如尹玉姬等将体外扩增的角质形成细胞两次接种于人工真皮结构物上,经过空气界面培养,可在体外构建具有模拟真皮和表皮双层结构的真皮替代物。壳聚糖—明胶双层支架表层的小孔可防止下层成纤维细胞向上生长,也防止表层角质形成细胞落入成纤细胞层面。该支架的致密层虽然隔离了角质形成细胞与成纤维细胞,但同时又允许营养物质和生长因子及生物信便的传递。这说明将成纤维细胞在壳聚糖—明胶支架内培养一段时间后,形成细胞支架结构物,可作为人工真皮。Mao J S 等还证明了透明质酸和壳聚糖-明胶网络复合制成的双层支架也能用作人工皮肤支架。

b.组织修复。骨折和骨缺损是严重的健康问题,现有的骨修复或骨取代材料包括自体移植物、同种异体移植物和各种类型的人工合成材料移植均不甚理想。在骨和关节系统的系统复杂的应力条件下,不仅要求修复材料无毒副作用、有生物安全性,而且必须有足够的力学强度并能与原骨牢固地结合。皮质骨本身为脆性羟基磷灰石(HA)晶粒和柔性胶原原纤维的复合材料。大多数生物陶瓷的刚性比骨大得多,而断裂韧性较差。因此,只有将模量较高的陶瓷如 HA 与柔性的人工细胞外基质如聚乳酸、胶原、明胶等复合才能使合成材料的力学性能与骨相互匹配。

据此,尹玉姬等以水为致孔剂采用冷冻干燥法制备了 HA/壳聚糖—明胶网络复合支架和 β-磷酸三钙(β-TCP)/壳聚糖—明胶复合支架。结果表明,此类支架的生物相容性良好,可以作为骨修复或骨取代材料。

明胶不仅可应用于骨修复,而且还可应用于神经修复等。李晓光、杨朝阳等借助人工神经—胶原导管做载体,连接大鼠坐骨神经 10mm 缺陷,观察周围神经再生的规律,在手术后两个月后导管被分解吸收,缺损部位神经再生完成。结果表明,明胶是用来修复周围神经损伤的良好医用载体材料。

c. 止血材料。在组织表面使用止血材料的目的是使断裂的血管收缩闭合。止血机制通常是以物理的方式形成支架结构,直接促进凝血过程,主要用于广泛渗血创面,且渗血率不能过高。明胶海绵以及增凝明胶海绵是胶原蛋白止血材料中的两种。该类材料止血速度较慢,对血小板等血液成分的牵拉能力以及和创面组织附着力均差,容易破裂,因此,常与其他类创面止血材料如壳聚糖合用作为止血材料。

d. 制备控缓释材料。自从 1996 年国家自然基金招标指南中,把缓释与控释药物的研制开发列为我国"九五"期间医药上重点课题之一时,由于明胶独特的理化性质,在这一重点课题中的价值与作用受到了人们的充分重视。明胶作为缓释材料的作用主要是作为药物载体、赋型剂或缓释壳层。主要是利用明胶的独特的理化性能:明胶能形成凝胶,易于成型;明胶能与别的物质(如戊二醛)发生交联反应,形成缓释层;明胶能被酶降解,易于被人体吸收等。

近年来,靶向药物控制释放体系成为医学领域研究的热点,特别是利用药物的顺磁性,在服药后通过体外的强磁场控制制剂的行径,使药物微球浓集和停留在靶区,并产生栓塞,然后局部释放药物,可使欲治疗区药物浓度大为提高,而正常组织受药量极低,这样就降低了药物的毒副作用,提高了疗效,而且通过高分子包裹,可延长药物的生理活性,提高药物的稳定性,使药物的释放达到较为理想的效果。王彦卿,张朝平等选用具有良好生物相容性的明胶作为载体,以诺氟沙星为水溶性模型药物,Fe_3O_4 作为磁性内核,戊二醛作交联固化剂,采用反相悬液冷冻凝聚法,制备出了强磁性的诺氟沙星明胶微球。结果表明,明胶的浓度、戊二醛的用量、固化时间等均对微球的结构和性能产生影响,经优化条件得到了成球率、药物包裹率、体外释放效果都较好的载药微球。

e. 血液替代。自 20 世纪 50 年代以来明胶类代血浆经过不断改进,其胶体渗透压与人血浆白蛋白相近。但其扩容作用较右旋糖酐和羟乙基淀粉弱。近年来,临床常用的有脲联明胶和琥珀明胶两种溶液,琥珀酰明胶是目前广泛应用于临床的血浆代用品,现在新兴的明胶代血浆主要有聚明胶肽和多聚明胶肽。明胶作为血液替代品时,其优点是无特异抗原性、相对分子质量大、可以保持胶体的特性、在体内无蓄积、可参与体内代谢以及大量输入无毒性反应等。

④美容和保健方面的应用。胶原广泛存在于动物的皮肤、骨骼、肌腱以及其他结缔组织中,具有很强的生物活性和生物功能,能参与细胞的迁移,分化和增殖,使骨骼、肌腔、软骨和皮肤具有一定的机械强度。

富含胶原的组织表现出与年龄增长相关的一些生理变化,如动脉硬化、皮肤弹性变差、眼球晶体出现白内障、角膜透明度减小、骨关节灵活性降低等,尤其是皮肤日渐失去光泽、弹性,变得粗糙,甚至产生皱纹。随着年龄增长体内成纤维细胞合成胶原的能力下降,同时胶原的降解速度也趋慢,造成胶原的更新速度变慢,可溶性胶原逐渐减少,使胶原的荷水能力减弱、不能膨胀,形成无弹性的结缔组织,于是发生衰老,并逐渐发展。

国内外许多研究表明,当注射胶原几周后,体内的成纤维细胞、脂肪细胞及毛细血管向注射的胶原内移行,组合成自身胶原,从而形成正常的结缔组织,使受损老化皮肤得到填充和修复。

另外,胶原还具有以下美容功能:

a. 保湿功能。胶原分子中含有大量的亲水基团,因而具有保湿功能。同时,水解胶原蛋白中还含有丰富的甘氨酸、丙氨酸、天冬氨酸、丝氨酸,它们都是保湿因子。相对分子质量较小的胶原蛋白(胶原多肽)及其氨基酸与皮肤亲和性好,能渗入皮肤表皮层,进入真皮层,起到类似天然保湿因子的作用,使皮肤润泽。

b. 修复功能。胶原具有独特的修复功能,胶原与周围组织的亲和性好,皮肤的生长、修复和营养都离不开胶原蛋白。胶原蛋白良好的渗透性使之能被皮肤吸收,并被填充在皮肤基质之间,从而使皮肤丰满,皱纹舒展,赋予皮肤弹性。将胶原注射入凹陷性皮肤缺损后,不仅具有支撑填充作用,还能诱导受术者自身组织的构建,逐渐生成的新生组织将与周围正常皮肤共同协调,起到矫形作用。对扩大型痤疮疤痕、皮内或皮下组织受损、上皮收缩、深度皱纹或其他软组织缺损均有明显的改善作用。

c. 美白功能。皮肤的颜色是由结构因素(基因)和功能因素(环境)决定的。不同种族的人,结构因素决定了其皮肤颜色。黑色素是黑色素细胞的分泌物,同种族的人,黑色素的含量与分布是决定皮肤颜色的主要因素。黑色素是由于酪氨酸被酪氨酸酶催化作用下形成的。只要抑制酪氨酸酶的活性或作用,就可减少黑色素的产生。胶原蛋白富含酪氨酸残基,可以与皮肤中的酪氨酸竞争,与酪氨酸酶的活性中心结合,从而起到抑制剂的作用,抑制黑色素的生成。

2.6.1.2　角蛋白

角蛋白是毛和皮肤表皮的主要结构蛋白质。除此之外,动物的趾甲、羽毛以及蹄、角等的蛋白成分都是 α-角蛋白。α-角蛋白的氨基酸组成特点是:胱氨酸含量较高,极性氨基酸的含量较高,它的结构由于存在较多的双硫键而显示出特殊的坚固性。α-角蛋白又分硬角蛋白和软角蛋白。硬角蛋白或称真角蛋白,如角、趾甲、羽毛和毛等的皮质层中的角蛋白都属于硬角蛋白,它的胱氨酸含量均在 7% 以上,有些甚至高达 11%。硬角蛋白结构牢固,组织紧密有序,较为坚硬,具有很高的化学和物理稳定性。软角蛋白或称假角蛋白,胱氨酸的含量一般低于7%,毛的内层组织和表皮中的角蛋白主要是软角蛋白。软角蛋白结构相对比较疏松,形成的组织比较柔软,化学和物理稳定性都不及硬角蛋白。

角蛋白不溶于水,即使在沸水中也只有微胀。与胶原相比,它更耐酸和酶的作用。但由于双硫键对碱的敏感性,α-角蛋白能在碱溶液甚至较稀的碱溶液中膨胀而溶解。角蛋白与重铬酸有高度的亲和力,所以毛皮染色多用重铬酸作媒染剂。

角蛋白纤维的形成排列为:角蛋白分子单体—初原纤维—小原纤维—大原纤维—角蛋白纤维。初原纤维是由角蛋白分子的单体连接而成的 1 根初原纤维。以 2 根初原纤维为中心,外边围绕 9 根初原纤维,则构成了小原纤维。小原纤维平行排列,聚集成大原纤维,在小原纤维间的空隙充满了无定形的基质。

角蛋白可在肥料、农药、环保及制革等诸多行业应用。比如在制革行业中可用羽毛水解产物对牛皮面革进行填充，可明显提高坯革的柔软度和伸长率，而对坯革的抗张强度、撕裂强度和染料的吸收率不产生明显影响。经过适当的碱降解处理，可以将从羽毛获得蛋白质混合物用作鞋面革及服装革的填充材料，改善皮革的染色性能，并使革具有更好的弹性。另外，羽毛蛋白还可以用作铬革的复鞣剂。

角蛋白具有蛋白质的基本化学、物理性质。此外，由于大量双硫键交联结构的存在，使得角蛋白还具有另外一些较为特殊的性质。

(1)角蛋白吸水性。角蛋白中极性氨基酸含量高，极性侧链具有亲水性，可以吸收大量的水，饱和吸水值可达角蛋白自身质量的 30% 以上。角蛋白不溶于水，吸水后表现为溶胀，毛吸水达饱和后，直径将增加 17.5%～18%，长度增加 1.2%～1.80%。

(2)角蛋白在酸碱溶液中的稳定性。角蛋白中的酸性或碱性基团也可与碱或酸结合，其每克干角蛋白的酸容量为 0.82mmol，碱容量为 0.78mmol。然而角蛋白中的双硫键对酸非常稳定。用强酸长时间处理，角蛋白会由于肽键的水解而溶解。但水解片断中仍然保持原有的双硫键结构。碱则对角蛋白有强烈的溶解作用。例如，0.6mol/L 的 NaOH 在 85～90℃，只需要 1h 作用即可使毛完全溶解，溶解的主要原因是链间双硫键的破坏。

研究认为，碱催化双硫键水解的反应属于双分子 β-消除反应。在强碱性介质中，OH⁻ 先攻击肽链中半胱氨酰 α-碳原子上的氢原子，并夺取之。失去质子的 α-碳原子将多余电子向侧链转移，导致 C—S 键的破裂，并生成脱氢丙氨酰和硫代半胱氨酰。后者进一步分解，转化为半胱氨酰盐并释放出一个硫原子，化学反应式示意如下：

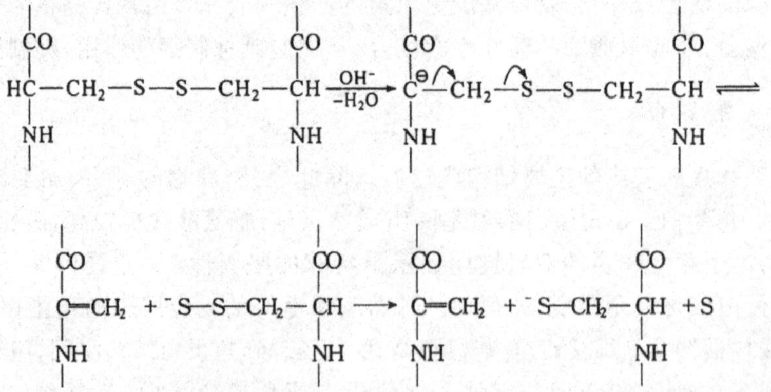

(3)角蛋白与氧化剂的作用。角蛋白对氧化剂很敏感，氧化时首先是双硫键的水解破坏，然后使次磺酸氧化，反应过程表示如下：

$$P-S-S-P_1 \xrightarrow{[O]} P-SH+P_1-S-OH \xrightarrow{[O]} P_1-SO_2H \xrightarrow{[O]} P_1-SO_3H$$

过氧化氢、亚氯酸钠、高锰酸钾、过甲酸、过乙酸等都可以氧化角蛋白。氧化的特异性，除了与氧化剂的种类有关外，还受到溶液的 pH 以及某些催化剂的影响。而有机过氧酸是双硫键的有效氧化剂。在有机过氧酸的作用下，双硫键氧化反应属于不可逆反应，并且由此得到可溶性角蛋白衍生物。过甲酸、过乙酸是常用的有机过氧酸。使用适当过量的，又不至于引起肽链水解的有机过氧酸,可以定量地将胱氨酸氧化成为磺基丙氨酰。

(4)还原剂对角蛋白的作用。还原剂与角蛋白的反应主要发生在双硫键上,常用的还原剂有:巯基乙醇、硫化钠、邻甲苯硫酚、巯基乙酸等。它们与双硫键的反应属于双硫键交换反应,包括两个连续的亲核取代反应,中间产物为不对称双硫键化合物。这是一个可逆反应,反应平衡取决于还原剂的电极电位和溶液的 pH。为了达到完全反应,大量过剩的还原剂是必要的。硫化物与双硫键的反应原理如下:

$$CH-CH_2-S-S-CH_2-CH + Na_2S \rightleftharpoons CH-CH_2-S-SNa + NaS-CH_2-CH$$

$$CH-CH_2-S-SNa + Na_2S \rightleftharpoons CH-CH_2-SNa + Na-S-S-Na$$

这也是制革过程中硫化钠脱毛的原理。硫化钠有极强的脱毛作用,10g/L 的硫化钠就可使毛完全溶解,同时皮坯将发生强烈膨胀。

(5)酶对角蛋白的作用。天然角蛋白对酶有很强的抵抗能力,一般的蛋白酶均不能水解天然角蛋白。这是由于角蛋白紧密的 α-螺旋结构和肽链间大量存在的双硫键。当双硫键破坏后,角蛋白变性,蛋白酶可与之发生反应。已知的能分解天然角蛋白的酶存在于皮蠹虫的消化系统,皮蠹虫分泌的双硫键还原酶(最适 pH=9.9)使角蛋白中双硫键还原,从而引起其他酶的水解作用。这是毛及其制品被虫蛀的原因。

毛纺工业为了增强毛的耐碱能力和耐虫蛀能力,可通过在还原角蛋白的半胱氨酰之间引入新的化学交联,可以改变角蛋白的性质,如提高耐碱、耐酶能力,改善湿热稳定性和增加抗虫蛀的能力等,因此具有重要的工业意义。

由前述可知,α-角蛋白富含半胱氨酸,并能与邻近的多肽链通过二硫键进行交联,因此,α-角蛋白很难溶解,并受得起一定的拉力。在实际利用上述角蛋白与各类化学物质的反应原理指导角蛋白及其纤维加工时,可结合实际情况进行组合,比如,烫发时先用巯基化合物破坏二硫键使之易于卷曲,然后用氧化剂恢复二硫键使卷曲固定就是一个很好的例子。

2.6.1.3　弹性蛋白

弹性蛋白在动物皮中含量约为 1.0%,弹性蛋白构成弹性纤维,在生物条件下富有弹性,能被拉长数倍,并可恢复原样,完全干燥后,弹性消失,变得既脆又硬。它是结缔组织弹性的主要因素。

弹性蛋白分布没有胶原蛋白广泛,但在组织内也大量存在,如富有弹性的组织,肺、大动脉、某些韧带、皮肤及耳部软骨等,表皮、真皮、皮下组织的交界处以及毛囊和腺体周围。弹性蛋白使肺、血管特别是大动脉管以及韧带等具有伸展性。弹性蛋白对皮革的质量有较大的影响,在制革各工序应尽可能破坏除去。

弹性蛋白是由可溶性的单体合成的,它是弹性蛋白纤维的基本单位,称弹性蛋白原。弹性蛋白原是弹性蛋白的单体,含 800 多个氨基酸残基,赖氨酸含量较多,相对分子质量约为70000。弹性蛋白原从细胞中分泌出来后,部分赖氨酸经氧化酶催化氧化为醛基,并与另外的赖氨酸的氨基缩合成吡啶衍生物,称为链素。弹性蛋白原富含甘氨酸、丙氨酸、脯氨酸、缬氨酸和亮氨酸等。非极性氨基酸含量超过90％,这是弹性蛋白的氨基酸组成特征之一。

在氨基酸的序列方面,弹性蛋白不像胶原一样呈现周期性结构,不同的水解片段,氨基酸序列差别较大。它的构象也呈现多样性,同一肽段存在多种二级结构。弹性蛋白由两种类型短肽段交替排列构成。一种是疏水短肽赋予分子以弹性;另一种短肽为富丙氨酸及赖氨酸残基的α-螺旋,负责在相邻分子间形成交联。弹性蛋白的氨基酸组成似胶原,也富于甘氨酸及脯氨酸,但很少含羟脯氨酸,不含羟赖氨酸,没有胶原特有的 Gly—X—Y 序列,故不形成规则的三股螺旋结构。老年组织中弹性蛋白的生成减少,降解增强,以致组织失去弹性。

弹性蛋白含有较多的赖氨酸,通过赖氨酸形成的共价交联把肽链连接起来,构成了弹性蛋白的特定结构。由3个经氧化脱氨的赖氨酸和1个未脱氨的赖氨酸形成锁链素或异锁链素,通过锁链素或异锁链素可以连接二、三、四条弹性蛋白原肽链,形成一个多肽链网,能做二维或三维可逆伸缩。交联后的成熟弹性纤维是不溶性的,很稳定。正是由于弹性蛋白中含有这些共价交联,弹性蛋白原之间的相对位置就较为固定,加外力时,虽可暂时变动,一旦除去外力,又可恢复到原来的构象。在显微镜下观察可发现弹性蛋白在外力作用下分子定向排列,除去外力后又呈不规则排列。另外,湿态时弹性蛋白柔软有弹性,但失水后会变硬,成为刚性体,极易断裂。耐酸、碱等作用,水煮不成胶,在热水中微微膨胀。

2.6.1.4 网硬蛋白

网硬蛋白是构成网状纤维的蛋白质。在生皮中,网状纤维含量较少,集中分布于真皮层的上层。

在研究网硬蛋白的氨基酸组成后发现,它的氨基酸组成与胶原有一些差异,脯氨酸含量略少,而羟脯、羟赖、缬、亮、异亮、苯丙、丝、苏等氨基酸含量略高。网硬蛋白还含有较高的糖蛋白和类脂。所以,有人认为网硬蛋白是胶原、糖蛋白和类脂的复合体;也有人认为它只是由胶原和糖蛋白组成而不含类脂。由氨基酸组成可见,网硬蛋白和胶原不完全一致,可能属于胶原类蛋白质。

网状纤维的 X 射线衍射图谱及电镜图像均与介质胶原纤维十分相似。但在光学显微镜下看到的网状纤维,为非常细的不成束纤维,通过交织形成网状组织,这与Ⅰ型胶原聚集成束然后分枝的形态明显不同。网硬蛋白不溶于沸水,不易溶于热酸而溶于热碱,这些性质与Ⅲ型胶原中双硫键交联结构的存在表现出一致性。同时网硬蛋白可以被胶原酶和胃蛋白酶水解。因此,有人认为网硬蛋白可能就是Ⅲ型胶原。

2.6.1.5 生皮中的球状蛋白质

生皮中的球状蛋白质主要有白蛋白、球蛋白和蛋白多糖等,这些蛋白质和水分组成了生皮组织的基质。基质是均一性无定形的胶状物,有似凝胶。它们在皮组织中起着重要的作用,它们浸润着胶原纤维束并透入其内部,起着润滑纤维的作用。但当鲜皮干燥后,它们就要将纤维粘起来,使纤维失去柔软性而变脆。因此,在制造皮革和裘皮时,在准备操作中应当力求完全去掉这些蛋白质。

球蛋白的氨基酸组成与纤维蛋白明显不同。极性氨基酸占一半以上,并且主要是酸碱性氨基酸,大部分球蛋白还含有相当量的半胱氨酸。

(1)白蛋白。白蛋白由一条较长的肽链构成,包含 581～585 个氨基酸残基。白蛋白的氨基酸序列已经确定。在白蛋白肽链中存在一个活性巯基,对多种离子都表现出很高的亲和性。分离得到的白蛋白,大都因为结合着酶而显示活性。通过与白蛋白的结合,基质中的自由脂细胞能在水溶液中保持稳定。

白蛋白是基质中含量最丰富的蛋白质,超过基质球蛋白总量的 50%。同其他球蛋白相比,白蛋白相对分子质量较低,溶解度大。白蛋白是唯一在清水中可溶解的蛋白质,另外在稀的酸、碱和盐溶液中也可溶解。

白蛋白又称清蛋白,相对分子质量较小,在 pH 为 4～8.5 的水溶液中易于结晶,可被饱和硫酸钱沉淀。

清蛋白在自然界分布广泛,如小麦种子中的麦清蛋白、血液中的血清蛋白和鸡蛋中的卵清蛋白等都属于清蛋白。

(2)球蛋白。具有生物活性的蛋白质多为球蛋白,其相对分子质量较白蛋白高,球蛋白一般不溶于水而溶于稀盐溶液、稀酸或稀碱溶液,大部分球蛋白与白蛋白表现出相似的沉淀条件,即加热、适当浓度的乙醇或半饱和的硫酸铵使其沉淀。不过,不同的球蛋白类对沉淀时的pH 和沉淀剂浓度的要求有差别。调整沉淀剂的浓度和 pH,可以使不同的球蛋白分级沉淀出来。需要注意的是有机溶剂容易引起蛋白质变性,操作应当在低温(0～10℃)下进行。

球蛋白在生物界广泛存在并具有重要的生物功能。大豆种子中的豆球蛋白、血液中的血清球蛋白、肌肉中的肌球蛋白以及免疫球蛋白都属于这一类。

球蛋白类的含量一般可达生皮蛋白总量的 20% 以上。不过,不同种属、年龄的动物皮,甚至在同一张皮上的不同部位、不同层次上球蛋白含量都可能不同,甚至存在较大差异。一般而言,纤维结构比较疏松的皮或部位,球蛋白含量较高。生皮中的这些球状蛋白,可在制革时的浸水、浸灰和浸酸等操作中,得到程度不同的溶解而除去,如果这些蛋白质溶解多,则胶原纤维松散得好,更有利于化工材料的透入。

2.6.2 生皮中的非蛋白质组分

除蛋白质外,生皮还存在一定量的非蛋白质组分。非蛋白质组分的存在及其与蛋白质的相互化学、物理作用,对皮蛋白质的力学性质、化学和生物稳定性等都具有重要的意义,并对制革过程有很大影响。糖类(也称碳水化合物)、脂类和水是三种主要的非蛋白质组分,另外还含有一些无机盐。

2.6.2.1 糖类

糖在皮中的含量不高,一般只有鲜皮重的 0.5%～1.0%,包括葡萄糖、半乳糖、甘露糖和岩藻糖等单糖和糖胺多糖。其中的糖胺多糖是一类高分子化合物,由重复的二糖单位聚合而成不分支的长链,二糖单位中总有一个是氨基己糖,另一个则是糖醛酸或半乳糖。皮中的糖胺多糖有透明质酸,4-硫酸软骨素,6-硫酸软骨素、硫酸皮肤素、硫酸角质素、肝素 6 种,因其具有黏滞性,附着于纤维表面,能缓冲纤维间的机械摩擦,因而具有润滑和保护纤维的作用,它也参与纤维的增长与再生。

而且以上6种糖胺多糖结构可以看出，除了透明质酸，其余糖胺多糖都有不同程度的硫酸化，所以又称硫酸化糖胺多糖，后者在体内极少以游离形式存在，一般通过酰胺键或糖苷键与蛋白质共价结合形成蛋白多糖。此类蛋白多糖有很强的膨胀能力，从稀溶液态转入失水状态，体积收缩1000倍以上。这是鲜皮失水干燥后，纤维紧密黏结的主要原因。

单糖和低聚糖则可在组织中自由存在，也可以通过糖苷键与蛋白质共价结合。低聚糖与蛋白质结合形成的复合物叫糖蛋白，蛋白质是糖蛋白中的主要成分。基质中的球蛋白多为糖蛋白，有些球蛋白中糖的含量高达15%以上。

2.6.2.2 脂肪和类脂

脂类是脂肪和类脂的总称，原指动物或植物组织中可被乙醚、丙酮、氯仿、苯、石油醚等非极性或低极性溶剂溶解的物质。它又可分为简单的脂类物和复合脂类物。简单的脂类有脂肪和蜡，复合脂类则有胆固醇、磷脂等。

生皮中的脂类化合物是脂肪和类脂的总称，主要存在于脂肪细胞内，大部分分布在皮下脂肪层。生皮中的脂肪含量随动物的种属和营养状况不同而异。各种动物皮的脂肪含量：大牛皮0.5%～2%，山羊皮3%～10%，猪皮10%～30%，绵羊皮30%或更高。换毛期脂肪细胞增多，脂肪细胞中富含核糖核酸、氨基酸、糖等，成为生长中的毛囊细胞的主要营养物质。

生皮中脂类以甘油酯为主。甘油酯在皮中主要分布在真皮层的上层及真皮层靠近皮下组织的部位。甘油三酯不溶于水，易溶于乙醚、氯仿、苯、石油醚等非极性溶剂中，在冷的乙醇和丙酮中也能溶解。碱、酸和脂肪酶都能使甘油酯水解成甘油和脂肪酸，甘油酯被氧化也要分解。

蜡也是由脂肪酸和醇生成的酯。它的醇是脂肪族长链的一元醇或胆固醇，脂肪酸则为含有16～22个碳原子的饱和脂肪酸或羟基酸。蜡微溶于乙醇和丙酮，在冷的乙醚、氯仿、苯等溶剂中的溶解度也有限。它们也能水解或皂化，但比起甘油酯来，要困难得多。蜡在皮中的分布以表皮和真皮的表面为主。

胆固醇在皮中也主要分布于表皮和真皮层的表面。胆固醇不溶于水、碱和酸。在水中要膨润，在某些条件下，可与水形成稳定的乳液。它易溶于乙醚、氯仿、热乙醇、苯、石油醚、二硫化碳和丙酮等非极性溶剂。

生皮中的磷脂有卵磷脂、脑磷脂和神经鞘磷脂等。以卵磷脂含量最多，占磷脂总量的60%左右，其他两种占15%～30%。磷脂也集中于表皮层及真皮层上层。磷脂易溶于乙醚、氯仿、苯等溶剂中，不溶于丙酮。在乙醇中，卵磷脂可溶，脑磷脂则不溶。神经鞘磷脂能溶于热乙醇但不溶于乙醚。卵磷脂和脑磷脂都是两性离子，具有亲水性，在水中形成稳定乳液，因此它们是天然的表面活性剂。

2.6.2.3 水分

生皮中含有大量水分，其含量随动物的种属、年龄、性别的不同略有差异。一般的动物皮内水分水约占鲜皮重的60%～75%，其中表皮较少，真皮最多，皮下组织介于两者之间。贮存生皮，含水量应以12%为宜。含水分过多，生皮易腐烂；含水分过少，由于胶原纤维结合过紧，在浸水工序中难于浸软。

　　占生皮水含量85％以上的是自由水，它们以完全自由的形式存在于组织内的间隙中。自由水可以在一般干燥中除去，失去自由水的干皮，遇水时会再度充水直至饱和。

　　（4）无机盐。鲜皮中含有少量的无机盐，只占皮重的0.3％～0.5％。以钠、钾、镁、钙的磷酸盐、碳酸盐、氯化物等存在于皮肤的血液、淋巴液中，其中以氯化钠为最多。在血液的血红蛋白中含有铁和硫，在毛中含有钙盐，尤其是深色毛中含有许多氧化铁（高达10％）。除铁盐外，其他盐对生皮的加工无影响。

参考文献

[1]但卫华.制革化学及工艺学[M].中国轻工业出版社,2006.

[2]廖隆理.制革化学与工艺学[M].北京科学出版社,2005.

[3]李小瑞,李刚辉.皮革化学品[J].化学工业出版社,2004.

[4]马建中.皮革化学品[J].化学工业出版社,2002.

[5]王群,张素风,王学川,等.皮革废弃物中提取胶原蛋白合成表面施胶剂[J].中华纸业,2015(02):50-54.

[6]韩雪梅,汤曼曼,陈思羽.皮革废弃物中胶原蛋白的提取研究进展[J].西部皮革,2014(02):17-19.

[7]李瑞,单志华,周鑫良,等.真皮革和胶原纤维革的鉴别研究[J].皮革科学与工程,2014(03):28-32.

[8]董素梅.皮革废料中提取的胶原蛋白性能研究[J].西部皮革,2014(22):40-42.

[9]程海明,陈敏,李志强.胶原及皮革等电点的表征方法综述[J].皮革科学与工程,2012(04):20-24.

[10]吕凌云,马兴元,蒋坤,等.从皮革废弃物中提取胶原蛋白及其高值化应用的研究进展[J].西部皮革,2010(15):46-51.

[11]彭必雨,侯爱军,许冰斌.皮革制造中的环境和生态问题及制革清洁生产技术(IV)[J].西部皮革,2009(17):47-53.

[12]李伟,秦树法,郑学晶,等.胶原蛋白改性聚氨酯皮革涂饰剂[J].高分子材料科学与工程,2008(05):151-154.

[13]杨云,郝建朋.皮革胶原显微图像处理的分析与研究[J].微计算机信息,2008(18):312-314.

[14]丁志文,于淑贤,张伟,等.氨基树脂改性胶原蛋白复鞣剂的制备和应用[J].中国皮革,2007(09):54-57.

[15]彭立新,王志杰.皮革固体废弃物资源化处理及在造纸中的应用[J].中国皮革,2007(13):60-63.

[16]刘堃,丁志文,汤克勇.胶原蛋白改性聚氨酯皮革涂饰剂的研制[J].中国皮革,2007(19):37-40.

[17]江孝明,张文学,林炜,等.两种胶原酶水解皮革下脚料的条件筛选及效果评价[J].四川大学学报(工程科学版),2003(01):69-72.

[18]穆畅道,林炜,王坤余,等.皮革固体废弃物资源化(Ⅰ)皮胶原的提取及其在食品工业中的应用[J].中国皮革,2001(09):35-38.

[19]林炜,穆畅道,王坤余,等.皮革固体废弃物资源化(Ⅱ)胶原的性质及其在医药和化妆品工业中的应用[J].中国皮革,2001(15):8-11.

[20]冯景贤.论水解皮革胶原蛋白粉的开发利用[J].四川畜禽,1996(09):24.

[21]谢锡军.美国猪皮生产服装革的准备工段技术处理[J].中国皮革,1994(11):40-45.

[22]马燮芳.胶原在制革过程中的形态变化原理[J].皮革科技,1988(06):3-5.

第三章　制革酶化学

3.1　酶的概述

　　酶,指具有生物催化功能的高分子物质。在酶的催化反应体系中,反应物分子被称为底物,底物通过酶的催化转化为另一种分子。几乎所有的细胞活动进程都需要酶的参与,以提高效率。与其他非生物催化剂相似,酶通过降低化学反应的活化能(用 Ea 或 ΔG 表示)来加快反应速率,大多数的酶可以将其催化的反应之速率提高上百万倍;事实上,酶是提供另一条活化能需求较低的途径,使更多反应粒子能拥有不少于活化能的动能,从而加快反应速率。酶作为催化剂,本身在反应过程中不被消耗,也不影响反应的化学平衡。酶有正催化作用也有负催化作用,不只是加快反应速率,也有减低反应速率。与其他非生物催化剂不同的是,酶具有高度的专一性,只催化特定的反应或产生特定的构型。

　　虽然酶大多是蛋白质,但少数具有生物催化功能的分子并非为蛋白质,有一些被称为核酶的 RNA 分子。和一些 DNA 分子同样具有催化功能。此外,通过人工合成所谓人工酶也具有与酶类似的催化活性。有人认为酶应定义为具有催化功能的生物大分子,即生物催化剂。酶的催化活性会受其他分子影响:抑制剂是可以降低酶活性的分子;激活剂则是可以增加酶活性的分子。有许多药物和毒药就是酶的抑制剂。酶的活性还可以被温度、化学环境(如 pH)、底物浓度以及电磁波(如微波)等许多因素所影响。

　　人体和哺乳动物体内含有 5000 种酶。它们或是溶解于细胞质中,或是与各种膜结构结合在一起,或是位于细胞内其他结构的特定位置上(是细胞的一种产物),只有在被需要时才被激活,这些酶统称胞内酶;另外,还有一些在细胞内合成后再分泌至细胞外的酶-胞外酶。酶催化化学反应的能力叫酶活力(或称酶活性)。酶活力可受多种因素的调节控制,从而使生物体能适应外界条件的变化,维持生命活动。没有酶的参与,新陈代谢几乎不能完成,生命活动就根本无法维持。

　　人们对酶的认识起源于生产和生活。在认识酶之前,人类就已经开始将它用于生产和生活了。例如,制革古老的"发汗法"脱毛,实际上就是利用在温暖潮湿的条件下,皮上微生物所产生的蛋白酶进行脱毛。我国几千年前就开始出现发酵饮料及食品,夏禹时代,酿酒已经出现,周代已能制作怡糖和酱,春秋战国时期已知用麴(曲)治疗消化不良。

　　关于酶的研究可以追溯到 1857 年,微生物学家巴斯德等提出乙醇发酵是酵母细胞活动的结果,开始了酶催化的初始研究。1878 年,Liehig 等提出发酵现象是由溶解于细胞液中的酶引起的,第一次出现了"酶"这个名称。1897 年,Buchner 兄弟成功地用不含细胞的酵母汁实现了发酵,证明了发酵与细胞的活动无关。1926 年,Sumne 第一次从刀豆中提出了脲酶结晶,并证明其具有蛋白质性质。20世纪30年代,Northrop又分离出结晶的胃蛋白酶、胰蛋白酶及胰凝乳蛋白酶,并进行了动力学探讨,确立了酶的蛋白质本质。所以酶是具有催化功能的一类特殊蛋白质,它由生物体产生,但在生物体内体外都有催化作用。

现今鉴定出的酶已超过3000种以上,其中不少已得到结晶。人们相继弄清了溶菌酶、蛋白酶、梭肽酶等的结构及作用机理。1979年,Kakudo首次弄清了由460个氨基酸组成的多元淀粉酶这一"巨大"蛋白质的空间结构,并制造了放大两亿倍的立体模型。

生物酶具有专一性强、催化效率高、反应条件温和等显著特点,其本身无毒,作用过程中不会产生有毒物质。因此,酶被广泛地应用于食品(酿造、焙烤、果汁、制糖)、医药、发酵、饲料、洗涤、纺织和制革等行业。工业中所用的酶被称作酶制剂,酶制剂的种类繁多,来源广泛。目前工业上所用的酶除一小部分直接来源于动、植物的组织、器官外,大部分来自于微生物,如各种细菌和霉菌,将其经过适当的提取或分泌、发酵、加工即可获得工业用酶制剂。由于其本身具有对环境无污染的优点,因此它被认为是最具应用潜力、最有可能改善皮革加工过程中污染严重状况及促进制革过程实现清洁化生产的材料之一。

3.2 酶的化学组成

按照酶的化学组成可将酶分为单纯酶和复合酶两类。单纯酶分子中只有氨基酸残基组成的肽链,结合酶分子中则除了多肽链组成的蛋白质,还有非蛋白成分,如金属离子、铁卟啉或含B族维生素的小分子有机物。结合酶的蛋白质部分称为酶蛋白,非蛋白质部分统称为辅助因子,两者一起组成全酶;只有全酶才有催化活性,如果两者分开则酶活力消失。非蛋白质部分,如铁卟啉或含B族维生素的化合物,若与酶蛋白以共价键相连的称为辅基,用透析或超滤等方法不能使它们与酶蛋白分开;反之两者以非共价键相连的称为辅酶,可用上述方法把两者分开。

结合酶中的金属离子有多方面功能,它们可能是酶活性中心的组成成分;有的可能在稳定酶分子的构象上起作用;有的可能作为桥梁使酶与底物相连接。辅酶与辅基在催化反应中作为氢或某些化学基团的载体,起传递氢或化学基团的作用。酶催化反应的特异性决定于酶蛋白部分,而辅酶与辅基的作用是参与具体的反应过程中氢及一些特殊化学基团的运载。

3.3 酶的活性

酶属生物大分子,相对分子质量至少在1万以上,大的可达百万。酶的催化作用有赖于酶分子的一级结构及空间结构的完整。若酶分子变性或亚基解聚均可导致酶活性丧失。酶的活性中心只是酶分子中的很小部分,酶蛋白的大部分氨基酸残基并不与底物接触。组成酶活性中心的氨基酸残基的侧链存在不同的功能基团,如—NH_2、—COOH、—SH、—OH和咪唑基等,它们来自酶分子多肽链的不同部位。有的基团在与底物结合时起结合基团的作用,有的在催化反应中起催化基团的作用,但有的基团既在结合中起作用,又在催化中起作用,所以常将活性部位的功能基团统称为必需基团。它们通过多肽链的盘曲折叠,组成一个在酶分子表面、具有三维空间结构的孔穴或裂隙,以容纳进入的底物与之结合并催化底物转变为产物,这个区域即称为酶的活性中心。

而酶活性中心以外的功能基团则在形成并维持酶的空间构象上也是必需的,故称为活性中心以外的必需基团。对需要辅助因子的酶来说,辅助因子也是活性中心的组成部分。酶催化反应的特异性实际上决定于酶活性中心的结合基团、催化基团及其空间结构。

3.4 酶的催化特性

酶催化可以看作是介于均相与非均相催化反应之间的一种催化反应。既可以看成是反应物与酶形成了中间化合物,也可以看成是在酶的表面上首先吸附了反应物,然后再进行反应。它们在催化反应专一性,催化效率以及对温度、pH 值的敏感等方面表现出一般工业催化剂所没有的特性。在许多情况下,底物分子中微小的结构变化会丧失一个化合物作为底物的能力。酶作为一种具有生物活性的催化剂在反应过程中并不消耗,只是在一个反应完成后,酶分子本身立即恢复原状,继续进行下次反应。已有许多实验间接或直接地证明酶和底物在反应过程中生成了络合物,这种中间体通常是不稳定的。有关酶催化的机制通常有如下两种学说解释:

(1)"锁和钥匙"模式。酶与底物的结合有很强的专一性,也就是对底物有严格的选择性,即使底物分子结构稍有变化。酶也不能将其转化为产物。因此,1690 年,E. Fisher 提出可以将这种关系比喻为锁和钥匙的关系。按照这个模式,在酶蛋白质的表面存在一个与底物结构互补的区域,互补的区域包括大小、形状和电荷。如果一个分子的结构能与这个模板区域充分地互补,那么它就能与酶相结合当底物分子上敏感的键正确地定向到酶的催化部位时,底物就有可能转化为产物。但该学说的局限性是不能很好地解释酶的逆反应。

(2)"诱导契合"学说。"诱导契合"学说认为催化部位要诱导才能形成,而不是现成的。这样可以排除那些不适合的物质偶然"落入"现成的催化部位而被催化的可能。"诱导契合"学说也能很好地解释所谓无效结合,因为这种物质不能诱导催化部位形成。"诱导契合"模式的要点包括:

①当底物结合到酶的活性部位上时,酶蛋白的构象有一个显著的变化;

②催化基团的正确定向对于催化作用是必要的;

③底物诱导酶蛋白构象的变化,导致催化基团的正确定向与底物结合到酶的活性部位上去。"诱导契合"模式认为:酶分子与底物的契合态的契合,当酶分子与底物分子接近时,酶蛋白受底物分子的诱导,其构象发生有利于同底物结合的变化,酶与底物在此基础上互补契合,进行反应,如图 3-1 所示。

酶催化反应的能力以酶活性来表征,习惯上酶的活性称为酶活力,或者简称酶活。酶活力由实验测量结果推导得到,它表示在给定的条件下酶催化一个反应的能力,也就是在单位时间内由于反应而使底物消失或者产物生成的量。各种酶都有相应的酶活力测定方法。蛋白类酶的化学本质是蛋白质,可以被水解蛋白质的蛋白酶水解。能使其他蛋白质变性或沉淀的物理或化学因素均能使酶变性或沉淀而失活,因此,影响酶活性的主要因素有温度、pH、激活剂和抑制剂等。

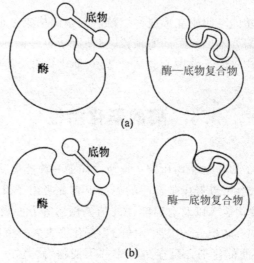

图 3-1　底物和酶结合时的构象变化示意图
(a)底物分子发生变形;(b)底物分子和酶都发生变形

3.4.1　温度的影响

像所有化学反应一样,酶的催化作用也受温度的影响,每一种酶都有其各自的有效温度和最适温度,在酶的有效温度范围内,酶才可能进行催化作用。各种酶在最适温度范围内,酶活性最强,酶促反应速度最大。在适宜的温度范围内,温度每升高 10℃,酶促反应速度可以相应提高 1～2 倍。不同生物体内酶的最适温度不同。如,动物组织中各种酶的最适温度为37～40℃;微生物体内各种酶的最适温度为 25～60℃,但也有例外,如黑曲糖化酶的最适温度为 62～64℃;巨大芽孢杆菌、短乳酸杆菌、产气杆菌等体内的葡萄糖异构酶的最适温度为80℃;枯草杆菌的液化型淀粉酶的最适温度为 85～94℃。可见,芽孢杆菌的酶的热稳定性较高。过高或过低的温度都会降低酶的催化效率,即降低酶促反应速度。最适温度在 60℃ 以下的酶,当温度达到 60～80℃时,大部分酶被破坏,发生不可逆变性;当温度接近 100℃时,酶的催化作用完全丧失。

酶的最适温度与反应时间的长短有关,反应时间延长,最适温度会适当降低。添加酶的底物和某些稳定剂,也可适当提高酶的耐热性。在皮革酶脱毛操作中,其最适温度应当使所用酶的活力大、稳定性好、对生皮破坏作用小。不同蛋白酶的最适温度也不一样,例如 1398 蛋白酶是 40～43℃,胰酶为 36～38℃,为了便于控制,目前大多数制革厂有浴酶脱毛温度都控制在36～40℃。每种酶都有它自己的最适温度,制革所用蛋白酶,最适温度一般都在 40℃ 左右,所以无论是在脱毛、脱脂还是软化工序中,使用酶时,温度都介于 38～45℃ 之间。

3.4.2 pH 的影响

大部分酶的活力受环境 pH 的影响很大,在一定 pH 下,酶促反应具有最大速率,高于或低于此值,反应速率下降,通常称此 pH 为酶反应的最适 pH。酶在最适 pH 范围内表现出活性,大于或小于最适 pH,都会降低酶活性。主要表现在两个方面:

(1)改变底物分子和酶分子的带电状态,从而影响酶和底物的结合;

(2)过高或过低的 pH 都会影响酶的稳定性,进而使酶遭受不可逆破坏。最适 pH 因底物种类、浓度及缓冲液成分不同而不同,而且常与酶的等电点不一致,因此,酶的最适 pH 并不是一个常数,只是在一定条件下才有意义。酶的稳定性也受 pH 的影响,甚至局部的 pH 变化也会对酶反应的影响很大。酶对 pH 的敏感程度比对温度还要高。一般在较低的温度下,酶的活力小,在高温时也有一些瞬间活力。但对 pH 而言,当溶液 pH 不在酶的适应范围时,便可立即使酶丧失全部活力。所以生产中应严格控制 pH,否则将不利于酶的作用,这是使用时比较关键的一点。

3.4.3 激活剂的影响

凡是能够提高酶的活性,促进酶的催化反应的物质,称为酶激活剂。酶激活剂是一类能够与酶结合并增强酶活性的分子。这类分子常常在控制代谢的酶的协同调控中发挥作用。按其相对分子质量的大小可分为以下两种。

3.4.3.1 无机离子激活剂

例如金属离子 K^+、Na^+/Mg^{2+}、Ca^{2+} 等,阴离子 Cl^-、Br^- 等。它们可能在酶与底物结合时起桥梁作用。其中镁离子(Mg^{2+})能激活磷酸酯酶,氯离子(Cl^-)能激活 α-淀粉酶等。镁离子、氯离子即为磷酸酯酶的激活剂。

3.4.3.2 一些小分子的有机化合物

例如半胱氨酸、金属螯合剂 EDTA 等。

但激活剂的作用是相对的,也就是说对一种酶是激活剂,对于另一种酶可能就是抑制剂。例如 Cu^{2+},Al^{3+} 对黑曲霉 3350 酸性蛋白酶较大的激活作用,但对 AS1398 中性蛋白酶则有较严重的抑制作用。

3.4.4 抑制剂的影响

酶抑制剂是一类可以结合酶并降低其活性的分子。由于抑制特定酶的活性可以杀死病原体或校正新陈代谢的不平衡,许多相关药物就是酶抑制剂。一些酶抑制剂还被用作除草剂或农药。并非所有能和酶结合的分子都是酶抑制剂,酶激活剂也可以与酶结合并提高其活性。也就是说,凡能使酶的活性降低或丧失的物质称为酶的抑制剂,抑制剂的种类很多,常见的抑制剂有重金属离子(Ag^+、Hg^+、Cu^{2+}等)、一氧化碳、硫化氢、氢氰酸、氟化物、各种生物碱、染料、乙二胺四乙酸以及一些表面活性剂。强酸、强碱等物质会造成酶的变性失活,此种现象被称为酶的钝化,不属于酶的抑制作用。可见,酶的抑制作用是指酶的活性中心或必需基团在抑制剂作用下发生性质的改变并导致酶活性降低或丧失的过程,是很多外来化合物产生毒作用的机理。可分为:

(1)不可逆性抑制,抑制剂与酶活性中心的必需基团结合,这种结合不能用稀释或透析等简单的方法来解除。如有机磷农药与胆碱酶活性中心的丝氨酸残基结合,一些重金属离子与多种酶活性中心半胱氨酸残基的—SH结合。

(2)可逆性抑制,有竞争性和非竞争性两种,竞争性抑制是抑制剂争夺底物与酶结合,增加底物浓度可使抑制减弱,如丙二酸抑制琥珀酸脱氢酶;非竞争性抑制可以降低酶的活性,如氰化物能与细胞色素氧化酶的Fe^{3+}结合成氰化高铁细胞色素氧化酶,使之丧失传递电子的能力,引起内窒息。

3.5 工业酶制剂的生产

酶制剂的来源,有微生物、动物和植物,但主要的来源是微生物。由于微生物比动植物具有更多的优点,因此,选用优良的产酶菌株,通过发酵来产生酶。酶的分离提纯技术是当前生物技术"后处理工艺"的核心。采用各种分离提纯技术,从微生物细胞及其发酵液,或动、植物细胞及其培养液中分离提纯酶,制成高活性的不同纯度的酶制剂。

酶制剂的生产过程不仅包括产酶过程(发酵和酶提取),还包括分离和提取过程。酶的提取、分离和纯化路线如图3-2所示。

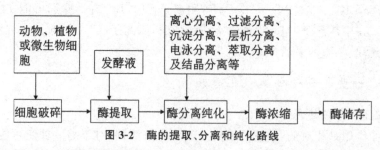

图3-2 酶的提取、分离和纯化路线

酶制剂产品有液体酶制剂和固体酶制剂两种。液体酶制剂是由酶的提取液浓缩而成,但其保存稳定性较差,因此液体酶制剂中往往加入一些防腐剂和酶保护剂来延长其储存期。比如,工业上使用的蛋白酶纯度不高,通常是将鼓曲浸出液或发酵液通过离心或过滤去除菌体和培养基等不溶性杂质,用薄膜蒸发器低温真空浓缩,加硫酸铵或硫酸钠盐析,或在0℃左右低温下加入大约2倍容量的乙醇或丙酮、异丙醇等使之沉淀,经离心或过滤,将酶沉淀收集后,40℃以下真空干燥,磨粉后加入缓冲剂、稳定剂及填料,做成标准规格的商品。由于酶回收工序多,损耗一般在20%~40%,因此也有将发酵液浓缩到规定活性以后,经加入防腐剂、稳定剂做成液体酶。这种液状酶在阴凉处储藏数月或一年尚不致严重失活。浓缩酶液还可以吸收于木屑等惰性材料而干燥。酶活性高的鼓曲,也可以干燥后粉碎,直接作为工业用酶制剂。为了增加生物稳定性,可用乙醇、环氧乙烷杀菌处理。

固体酶制剂是通过干燥过程得到的粉体产品,适于运输和长期保存,成本也不高。粉体酶制剂在使用过程中酶粉尘大,对操作者的健康有较大的危害。因此,为避免酶粉尘被人体吸入及产品活力稳定性等方面考虑,粉状产品已被颗粒产品所取代,多采用多种技术对酶进行包裹或造粒,出现了多层颗粒产品、造粒法颗粒产品、挤压法颗粒产品、高剪切混合法颗粒产品等。

另外,近年来,为了提高酶的稳定性,重复使用酶制剂,扩大酶制剂的应用范围,采用各种固定化方法对酶进行固定化,制备了固定化酶,如固定化葡萄糖异构酶、固定化氨基酰化酶等。将浓缩酶液喷雾干燥也是制备工业用酶的一种方法。浓缩的酶液在氯化钙、硫酸钠、纤维素衍生物、糖类、蛋白质等保护剂作用下,经高速旋转的喷雾盘,喷洒入干燥室 90℃的热气流中,瞬间干燥成粉,酶的收率可达 90%。为了防止酶粉尘飞扬,减少对人体皮肤和黏膜的刺激,在洗涤用碱性蛋白酶制造上多采用喷雾造粒。造粒时,将酶同黏结剂(聚乙二醇、聚乙烯醇、糊精、琼脂、阿拉伯胶等)相混合,喷于沸腾床上由热风鼓动的水溶性盐粒上(如硫酸钠、三聚磷酸盐、有机酸的钠盐、铵盐等)瞬即成粒,也可用挤压造粒。

固定化细胞是在固定化酶的基础发展起来的。用各种固定化方法对微生物细胞、动物细胞和植物细胞进行固定化,制成各种固定化生物细胞。研究固定化细胞的酶学性质,特别是动力学性质,研究与开发固定化细胞在各方面的应用,是当今酶工程的一个热门课题。可以说,酶和细胞固定化研究是酶工程的中心任务。目前固定化酶具有强大的生命力。它受到生物化学、化学工程、微生物、高分子、医学等各领域的高度重视。固定化技术是酶技术现代化的一个重要里程碑,是克服天然酶在工业应用方面的不足之处,而又发挥酶制剂反应特点的突破性技术。

3.6　酶在制革行业的应用

酶在制革中的应用具有悠久的历史。早在两千多年前,就有用粪便的浸液或鸽粪对生皮进行脱毛的记载。早期曾使用的"发汗法"脱毛也是利用在温暖潮湿的环境中,皮上的微生物生长繁殖过程中分泌的蛋白酶的作用而产生脱毛效果,这种方法是现代酶脱毛方法的前身。酶在制革中最早应用的另一方面是皮的软化。最早人们用狗或鸡粪来处理裸皮,得到软化的效果,但该方法很难控制,裸皮易受到损害甚至腐烂。后来人们研究发现粪便的软化作用也是由于细菌蛋白酶的作用。自 20 世纪初 Rohm 公司开发酶软化和酶脱毛工艺以来,酶制剂在制革工业中的应用经历了一百余年的发展历程,但迄今仍未成为制革准备工序的主流技术。21世纪随着世界各国环保政策的日趋完善和对环境保护的高度重视,皮革工业正面临着有史以来最严重的生存危机。以酶为基础的制革生物技术在清洁性、环境友好性方面独具特色。用酶制剂取代传统制革工艺材料,是从根本上解决制革工业严重污染的有效途径。

制革常用的酶制剂,主要是蛋白水解酶,其次是脂肪酶。蛋白水解酶主要从微生物发酵得到,也可从动、植物体分离得到。从理论上说,酶可以用于制革准备工程的各个工序,如浸水、脱脂、脱毛、软化等,也可用于鞣后蓝湿革的软化、脱脂。按最适 pH 范围,习惯将蛋白水解酶分为中性、碱性、酸性蛋白酶。

目前市场上的制革用酶制剂,根据它们的应用性能和特点,主要分为以下几类:浸水酶、浸灰酶、脱毛酶、软化酶、酸性蛋白酶、脂肪酶和用于猪皮臀部包酶的酶制剂等。虽然目前制革工业中使用的大多数酶制剂都没有很好的专一性,但随着酶制剂工业的发展,其使用已经远远超过上述的几个方面,在鞣制准备工段的各主要工序都被应用。成为高档皮革生产过程中不可缺少的材料。目前,生物酶已用于皮革加工的浸水、脱毛、软化以及脱脂等工序且相对比较成功。

3.6.1 酶助浸水

制革浸水的主要目的是使原料皮的水分恢复至鲜皮状态,去除皮垢,溶解、去除纤维间质。在传统的浸水工艺中,一般是使用酸、碱、盐和表面活性剂作为浸水助剂,通过升高温度来缩短浸水的时间,但单靠这些产品和升温进行生皮的回湿比较困难,并且这些浸水材料会对环境带来一定程度上的污染,往往还会造成大量的皮质损失。酶在浸水工序中应用的研究始于20世纪80年代,近年来浸水工序中加酶制剂已经较为普遍。采用酶浸水,不仅可以克服传统浸水工艺中的缺点,还能使生皮在干燥过程中形成的交联键被酶蛋白断裂,溶解和去除纤维间质,能较大程度地疏松皮垢、减少粒面皱纹,增加浸水的均匀性,改善浸灰化工材料的渗透和膨胀作用,减少成革血管痕和肥纹的产生,使得生皮迅速恢复到鲜皮状态,从而为后工序的处理提供更理想的条件。

浸水所用的酶主要是细菌和霉菌蛋白酶,也有用胰酶或糖酶的研究,大多数浸水酶制剂的主要成分是碱性蛋白酶。这些酶作用于纤维间质等非胶原成分,有效地水解,除去皮内白蛋白、球蛋白和蛋白多糖等,降低纤维的粘结性,促进水的渗透,使浸水过程快速均匀;更重要的作用是有利于胶原纤维的松散,增强成革的柔软度和丰满度。目前市场上主要的浸水酶制剂有诺维信公司生产的 Novocor S、德瑞(TFL)公司生产的 Erhazym C 以及汤普勒公司生产的 Trupozym MS 等。此类产品可缩短制革浸水时间 4～6h,疏松皮垢、减少粒面皱纹。

浸水酶制剂在使用时要求有一定的温度和适合的 pH,一般在浸水初期用碱性物质(如纯碱等)调节 pH＝9.0～10.5,并要求与之同浴使用的防腐剂、表面活性剂等其他材料对酶无抑制作用。由于浸水酶对胶原也有一定的作用,同此其用量必须要严格控制,协调好用量与作用时间之间的关系。对于品质较差、防腐差的原料皮要慎重使用。

3.6.2 酶辅脱毛

制革行业是个污染大户,每年向环境排放 6000～8000 万吨废水,其中硫含量多达 5000吨,是制革主要污染物之一。硫化氢对人及动植物都有严重的毒害,其在水中含量达 1mg/kg时,鱼虾便不能生存;污水流入农田,土壤发硬,影响农作物生长;生化处理含硫的污水时,硫会抑制微生物的活力,降低处理效果。我国污水综合排放标准中规定:硫化物最高允许排放浓度为 1mg/L(GB 18466—2005)。有资料表明,制革准备工段的污染主要来自脱毛工序,除了有毒的硫化物污染完全来自脱毛工序外,还有占整个准备阶段约 84%BOD$_5$,75% 的 COD 和92% 的固体悬浮物也都来自脱毛工序。

　　酶用于在制革工业中的脱毛由来已久，从最初的用动物粪便脱毛，以及后来的"发汗法"脱毛，其原理与现代的酶法脱毛方法一样，都是利用了酶对蛋白质的水解作用而产生脱毛效果。早在1910年，罗姆就从发汗法中得到启发，研究出用胰酶脱毛的方法。酶法脱毛是一项生物技术，它的催化作用强，使用不当会造成质量问题，操作及价格也不如灰碱法简便、低廉。我国在60～70年代初对酶脱毛机理和工艺进行过大规模的攻关研究，主要使用1398、3492、2709和166等蛋白酶，并在全国推广应用，那时酶脱毛技术应用范围虽广，但技术也只在猪皮上基本过关，而猪皮的鞋面革生产还存在成革易松面、不丰满、扁薄的缺陷，产品质量不稳定，再加上我国鞋面革产量占总生产量的60%，鉴于这种情形酶法脱毛只好下马，大部分制革厂又回到了污染严重的灰碱法脱毛。

　　灰碱法脱毛虽然仍占据着主导地位，但由于灰碱法污染大，因此人们对酶脱毛的研究一直都没有停止，试图以酶法脱毛技术为依托大幅降低硫化物的排放，消除常规浸灰的污染。在酶脱毛时，通常毛不能完全去除，为了完全脱毛及松散胶原纤维，酶脱毛后往往还需要用少量硫化物和石灰来补充浸灰。尽管酶脱毛仍存在一些问题，但从环保角度，酶脱毛值得进一步研究，特别是开发出脱毛效果好，对胶原作用弱的酶制剂。采用一种既能减少硫化物和废水污染，又能使成革质量稳定，并克服酶脱毛缺点的辅助酶法脱毛方法是比较切合现在制革工业实际情况的选择。目前我国重新开发了使用酶辅助脱毛的新工序，尝试着由细菌产生的以碱性蛋白酶为主的商业酶制剂进行脱毛，其中硫化钠的使用量比传统的石灰硫化物脱毛工序减少85%。

　　最近开发无灰、少硫酶辅助脱毛的新工序工艺是减少污染的重要途径。这些开发主要基于产业化的细菌碱性蛋白酶，完善工艺参数及过程参数及开发新的酶种。前者已使硫化钠的使用量减少了85%，且实现了无灰脱毛。已完成的实验结果表明，Na_2S浓度为0.5%，酶浓度为1%时，脱毛效果良好，酶脱毛剂涂于牛皮粒面也能达到完全脱毛的效果。基于脱毛功能特点筛选耐盐和耐碱的蛋白酶生产菌株、开发专用酶制剂生产技术是21世纪初叶研究的重要方向之一。如从制革环境中筛选的角蛋白酶生产菌株，其发酵水平的活力已达到500U/mL，脱毛实验的结果表明，Na_2S用量0.3%，石灰用量减少50%以上时，不损伤粒面、脱毛完全，革粒面变软，成革的强度和柔软性显著改善，用水量减少40%。

　　需要指出的是，目前的酶脱毛研究表明，单纯依靠蛋白酶脱毛难以达到脱毛效果和成革质量兼顾的效果。采用多种酶的复合脱毛技术，利用蛋白酶、糖化酶、弹性蛋白酶和脂肪酶的协同作用，有效地破坏毛囊对毛的固定作用，可以达到理想的脱毛效果。

3.6.3　酶助浸灰

　　浸灰是制革中重要的工序之一，直接影响着后工序的进行和成革的质量。传统的浸灰方法主要是用硫化碱和石灰处理生皮，达到去除表皮、毛、油脂、纤维间质，使生皮膨胀、松散胶原纤维。因此，有"好皮出在灰缸里"的说法。

　　实践证明，胶原纤维的分散程度并不取决于皮的膨胀程度，而是与纤维间质的除去程度和浸灰物质对胶原的胶溶作用，即胶原分子内及分子间连接或粘结的被破坏程度有关。由于这种强碱法浸灰中大量的蛋白质、脂肪溶解或分散于膨胀液中被排出，使得废液中的COD（化学耗氧量)、BOD(生物耗氧量)、TSS(悬浮固体物总量)值和 S²⁻(硫化物)含量很高。特别是石灰产生很多淤泥,处理困难,增加运输费用。

皮纤维间质主要组成为白蛋白、球蛋白、黏多糖和蛋白多糖等。白蛋白易溶于水,球蛋白在盐溶液中的溶解度大,因此,对于盐腌皮,白蛋白和球状蛋白在腌制的过程中大部分已经除掉。盐腌牛皮在常规浸水中,黏多糖(如透明质酸),可以基本完全除去。

蛋白多糖是多糖和蛋白质形成的一个复杂的复合物,其分子结构是以一条蛋白质链为核心,有两条或三条带强电荷的酸性多糖链与核蛋白共价结合,形成核心蛋白质链的侧链。蛋白多糖分子通过强的电价键结合在胶原纤维上,在胶原纤维表面形成一层具有高电荷的"套",从而束缚了胶原纤维的分散,因此,Alexander 认为,纤维间质中蛋白多糖的除去程度可以用来衡量纤维分散程度的好坏。因为蛋白酶可以作用于蛋白链,糖化酶作用于侧链,因此酶浸水可以促进蛋白多糖的分解。由于蛋白多糖的多糖侧链和蛋白主链间的交联键是醚键(多糖分子上的羟基和蛋白质链上的丝氨酸残基上的羟基形成的),因此,在强碱性条件下,醚键水解,多糖侧链和蛋白质主链分离,蛋白多糖被破坏并从胶原纤维上去除。如果在强碱性条件下加入碱性蛋白酶,由于蛋白酶对蛋白多糖蛋白主链的作用,将更有利于蛋白多糖的去除。

大生产中往往是把浸灰脱毛合二为一,即用灰碱法达到浸灰脱毛目的,然后再复灰,尽量去掉类粘蛋白等纤维间质,使胶原纤维得到适度的分散,以利于打通酶作用通道,从而避免酶脱毛所造成的成革内紧外松的情况。具体来讲,在浸灰中,可以先加入适量的硫化钠进行脱毛,当体系的 pH 稳定后,再加入有脱毛能力的多酶体系(其中以蛋白酶、脂肪酶为主),起到松散纤维、辅助脱毛作用,在同一浸灰过程中完成两种甚至多种作用,可望大大降低硫化物和酶制剂的用量,使成本降低,操作方便,便于推广应用于大生产。

3.6.4 酶法脱脂

脱脂是制革或毛皮加工中必不可少的工序。只有将裸皮所含天然油脂去除到一定程度,才能使胶原纤维松散,为后面鞣制等各个工序的顺利进行创造有利条件,使成革达到较理想状态,否则由于皮板内所含天然油脂的拒水性,将使后面鞣制、加脂、染色、涂饰等工序难以顺利进行,从而导致成革手感僵硬,表面油腻感强,涂层容易脱落掉浆等。

传统的脱脂处理,或用碱性材料,或用表面活性剂,或用有机溶剂,它们都会对环境造成污染,而酶法脱脂则被公认为是一种清洁化的脱脂方法。酶法脱脂主要是利用脂肪酶对油脂分子的水解作用。脂肪酶主要是由动物胰腺中提取的或是由不同种类的霉菌发酵制得的。酶制剂用于脱脂可减少表面活性剂的使用,有利于生产防水革和耐水洗革,且利于环保。生产绒面革可使绒头细致、松散、染色性能好。用酶制剂脱脂,既可单独进行,也可在浸水、浸灰、软化、浸酸等其他工序进行。在软化工序中加入脂肪酶,可与胰酶具有协同性,使软化效果更好。酸性脂肪酶用于酸性条件下的皮革脱脂,因此特别适合于湿皮的脱脂,也可用于浸酸皮的脱脂。由于脂肪酶对细胞膜的作用甚微,常在脱脂中加入蛋白酶来破坏脂肪细胞膜,以增强脱脂效果。

脂肪酶的水解底物一般是天然的油脂,即甘油三酯,水解部位是油脂的酯键,产物为甘油一酯、二酯和(或)脂肪酸及甘油。皮内的脂类物质在脂肪酶的水解下,转变成具有极性的、水溶性较好或具有乳化性的小分子,而更容易去除。脂肪酶对甘油三酯的水解过程如图 3-4 所示。

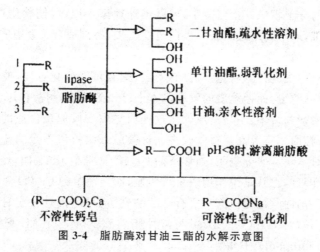

图 3-4　脂肪酶对甘油三酯的水解示意图

如丹麦诺和诺德的碱性脂肪酶 Greasex 50L 和酸性脂肪酶 Novocor ADL,德瑞公司的 ErhazymLF,德国 Carpetex 公司的 Uberol VDP 4581 等碱性脂肪酶,都是较好的产品,而脂肪酶在国内几乎是空白,酶制剂用于脱脂可减少表面活性剂的使用,有利于生产防水革和耐水洗革,还可提高汽车装俱革的雾化值,且利于环保。生产绒面革可使绒头细致、松散、染色性能好。

3.6.5　酶软化

生皮在浸灰时,生皮的脂类、表皮、毛根、纤维间质、色素、脂腺、汗腺等遭受水解,这些脂类分解产物和蛋白质的降解产物在皮内组成了皮垢,软化的主要目的就是除去皮垢,彻底消除肿胀,并且让胶原纤维分裂以利于鞣剂的渗透和其他化学品作用,以赋予成革优良的手感、柔软度、韧性和其他性能。利用蛋白酶可以作用角蛋白等蛋白质的分解产物,从而使皮垢更容易除去,经过浸灰后残余的脂类,也可以通过软化液中的脂肪酶催化而水解除去一部分。

软化用酶制剂主要来自于动物胰腺。常用的国产胰酶分子较大,活性高,胰酶制剂中酶的种类多,批与批之间常存在着差异,需要在较高温度下作用(36～38℃),因而常规的胰酶在皮内渗透性差,表面作用强,对于软革所要求深度软化的情况不太适合,而且软化操作的可控性和安全性不高,越来越不适应目前软化的需要。国外早就开始使用活性较低、最适 pH 和温度范围广的胰酶产品,这样可以在较大用量、较低温度和较长作用时间下对皮进行软化,有利于酶在皮内的渗透,使皮内外层达到较为均匀的软化效果。此类胰酶制剂的代表如德瑞公司的 OroponOO 和 Oropon OR 等。

传统制革工艺中的软化都是在准备工段用胰酶和 AS1398 中性蛋白酶对生皮在弱碱性条件下进行,是对浸灰过程的补充,它进一步除去胶原纤维间质和分散纤维。软化后再通过浸酸等工序,然后进行鞣制,经过铬鞣后得到蓝湿皮。

近年来,皮革工业已成功使用生物技术方法重新设计生产工艺,许多商业产品已在制革厂里使用酶发展的新方向。即使在酸性 pH 下酶也能用于软化,事实上,人们发现在软化过程中酸性蛋白酶比中性蛋白酶更有效。随着对革柔软性要求的提高,酸性酶应用于制革也变得更加普遍。酸性蛋白酶分子较中性蛋白酶小,可以迅速地渗入皮内,使软化过程缓和深入,能够比较理想的松散纤维,同时又不造成胶原蛋白过度损失,特别适合于软革的补充软化。酸性酶软化主要应用于浸酸过程。

在准备工段中对生皮进行酶软化,若控制不当,则有可能软化过度,使所得到的成革粒面松散不紧密,影响成品质量,而蓝湿皮的胶原基本上已得到固定,耐酶作用能力增强,对它实施软化条件较之生皮要缓和得多,不易造成软化过度而导致皮胶原蛋白质的大量损失,相反,还可使成革的柔软性、粒面感官等性能得到改进。对胶原纤维松散不足的蓝湿革用酸性酶软化会有较好的效果。日本学者研究表明,当坯革的 Cr_2O_3 含量小于 3％时,经酶处理后胶原蛋白溶解量大,变性温度降低,也就是说作用效果较明显;而当坯革的 Cr_2O_3 含量大于 3％时,酸性酶对坯革作用降低。国内酸性蛋白酶主要有 537 酸性蛋白酶;国外公司有很多品牌的酸性蛋白酶,如诺和诺德公司的 NovoCar AB,可与酸性脂肪酶 NovoCar AD 配合使用具有协同效应;罗姆哈斯公司的 OroponDVP 等。

3.6.6　制革废料的酶法处理

我国是制革大国,每年约产生 140 多万吨的皮革边角废料。对这些废料的传统处理方法一般是利用未鞣的生皮边制胶,利用鞣制后的废革屑制造再生革,价值极低。近年来有学者提出利用制革副产物制备胶原蛋白、多肽和氨基酸,实现生物质资源的高值转化,并取得了可喜的成绩。过去对动物胶原蛋白的降解一般采用化学法,是一个不适合工业生态化要求的生产过程,因而胶原蛋白的酶法降解成为近年来的研究热门。

要知道一张天然皮加工成革,利用率只有 25％左右,其余的除少量做明胶外,大部分被作为废弃物处理掉,既浪费了资源又污染环境。而酶却能把这些废弃物经过分解、重组为高附加值、高科技含量的产品。利用酶把皮的边角余料经过水解等处理方法,制取出高纯度、高含量的胶原蛋白粉,产品可应用在食品、医药、化妆品、农业等领域;还有人尝试用酶将废弃物加工成动物饲料;将蓝皮屑水解回收铬等方法,充分开发利用自然资源。这些研究不仅符合我国可持续发展战略,对皮革工业的"二次创业"、产品结构的调整、环境污染的解决及就业渠道的扩展都具有重大意义。

从含铬革屑中提取胶原蛋白并回收利用铬,是制革废屑最合理的处理途径,很多科技工作者对此都做了大量的工作。尤其是近年来,随着分子生物学的发展,人们对胶原的认识逐渐深入,制革废弃物的资源化也不再仅仅是利用废弃皮屑生产再生革等低附加值的产品,而是力求高值转化。胶原作为天然的生物质资源,因其良好的生物相容性和可降解性,在食品、医药、化妆品、饲料、肥料等领域有着广泛的应用。因此,铬革屑脱铬提取胶原蛋白,有着很好的经济效益和环境效益,具有重大的意义。

酶处理法因其其专一性强,反应时间短,条件温和,不腐蚀设备,能耗低,收率高,对蛋白质的成分破坏较小,水解物也比较稳定,是高效、清洁、无污染回收胶原蛋白的较佳方法。需要指出的是使用一种酶水解程度往往有限,需要几种酶的协同作用才能达到较大的水解程度,此外酶法的作用时间也比较长,成本也较高。

比如使用碱性蛋白酶,在 55℃,pH10～11 的条件下水解革屑,得到水解胶原和铬饼,这两种产物都可回收利用。而使用中性蛋白酶水解法水解猪皮制备胶原多肽,得到水解的最适pH 为 6.5,最适温度 45℃,水解时间 4h,水解度达到 12.94%。通过进一步试验发现,利用木瓜蛋白酶和复合蛋白酶的酶液的水解作用,对皮革废料进行试验,发现两种酶的反应时间和加酶量对胶原蛋白水解的影响情况大致相同,都是随着反应时间和加酶量的延长或增加,水解度增大,产物相对分子质量变小。此外,对木瓜蛋白酶而言,反应 pH 为 5.0 时水解度最高,反应温度在 40～60℃ 之间时刻将胶原水解产物的分子量控制在 6500～20000Da 之间。对于复合蛋白酶而言,虽然较高的 pH 有利于水解,但差异不明显,反应温度在 40～50℃ 之间水解效果较好。并且应用中性蛋白酶、碱性蛋白酶、纤维素蛋白酶的水解作用,对含铬羊皮下脚料和革屑进行了脱铬试验,发现纤维素蛋白酶对革屑的铬脱出效果最好,依次是中性蛋白酶和碱性蛋白酶。

3.6.7　制革酶制剂的应用趋势

皮革行业特定的湿加工工序需要用到特定酶,目前情况下要用酶制剂完全原有化工材料,无论成本还是经济效益都比较困难,更为重要的是,目前使用的酶制剂质量不稳定,工艺不易控制,易发生烂面、松面等质量问题,致使以酶制剂为基础的生物制革技术至今没有在大生产中大规模应用。鉴于此,未来的 5～10 年,皮革行业要想提升技术水平,亟待运用生物技术培养、筛选出一批在数量和质量上都合适皮革大生产的特种酶等生物制品,尤其对于制革的准备、鞣制等高污染、高能耗的工段来讲更迫切需要使用以酶制剂为基础的生物技术进行产业升级,使之从传统处理模式需要转变为生物处理模式。皮革加工过程将可能变得更加清洁和有效,生物技术为传统的生物制革提供了新的发展方向,使皮革行业实现可持续发展。

参考文献

[1]成都科学技术大学,西北轻工业学院.制革化学及工艺学[M].北京:中国轻工业出版社,1982.

[2]廖隆理.制革化学与工艺学[M].北京:科学出版社,2005.

[3]马建中.皮革化学品[M].北京:化学工业出版社,2002.

[4]杨建洲,强西怀.皮革化学品[M].北京:中国石化出版社,2001.

[5]周华龙.皮革化工材料[M].北京:中国轻工业出版社,2000.

[6]李广平.皮革化工材料的生产及应用[M].北京:中国轻工业出版社,1979.

[7]陈灿,陈雪琴,杨天妹,等.酶制剂在制革工业中的应用[J].西部皮革,2014(10):19-22.

[8]王玉增,刘彦.脂肪酶的发展概况及在制革中的应用[J].中国皮革,2014(17):36-41.

[9]马宏瑞,罗茜,朱超.制革污泥中产脂肪酶真菌的筛选及产酶条件优化[J].陕西科技大学学报(自然科学版),2013(06):25-30.

[10]高党鸽,侯雪艳,马建中,等.酶活力稳定的研究进展及其在制革工业中的应用前景(续)[J].中国皮革,2013(17):34-38.

[11]简未平,王全杰.制革废弃物的酶处理研究及其发展前景[J].中国皮革,2012(19):51-53.

[12]胡杨,刘兰,但卫华,等.酸-酶结合法用于制革含铬废弃物脱铬的研究[J].皮革科学与工程,2010(06):47-51.

[13]薛宗明,马建中.几种酶制剂在制革浸水工序中的应用研究[J].中国皮革,2006(03):19-24.

[14]但卫华,王慧桂,曾睿,等.酶制剂在制革工业中的应用及其前景[J].中国皮革,2005(07):39-42.

[15]马兴元,俞从正,王亚婷,等.酶在制革清洁生产中的应用[J].皮革化工,2004(05):30-33.

[16]余凤湄,李志强,廖隆理,等.复合酶与制革常用酶软化蓝湿革的研究[J].中国皮革,2004(21):8-12.

[17]肖志永.制革专用软化酶简介[J].西部皮革,2003(06):56.

[18]彭必雨.制革前处理助剂Ⅶ.酶制剂[J].皮革科学与工程,2001(04):22-29.

[19]陈武勇,陈占光,陈敏,等.脂肪酶 Greasex50L 在猪皮制革中的应用研究(1)[J].中国皮革,2000(13):23-26.

[20]陈武勇,陈占光,廖隆理,等.脂肪酶 Greasex50L 在猪皮制革中的应用研究(2)[J].中国皮革,2000(17):27-29.

[21]杨守勇.我国制革业首次采用生物酶脱毛软化技术[J].四川畜牧兽医,2000(05):58.

[22]单志华.制革中酸性酶的应用(Novo Nordisk 酶制剂)[J].皮革科学与工程,1999(04):44-46.

第四章 制革准备工段

4.1 组批

组批是任何原料皮进入制革的第一道工序。所谓组批是按原料皮路分、状态(指皮板水分、皮板的陈旧等)、厚薄、质量、大小及皮张老嫩和伤残等将同种类似的皮张,组成生产批来组织生产的一个操作工序。

制革生产与轻工业的其他生产有着显著的不同,主要体现在制革加工的原料皮。因为不同的原料皮,其组织构造不同;猪皮与牛皮,牛皮与羊皮,甚至山羊皮与绵羊皮等其组织构造各不相同。不仅如此,就是相同原料皮由于动物的生长区域不同,其组织构造也存在着差异(如皮张张幅大小、厚薄和胶原纤维发达程度等),尽管这种差异不如原料皮种属差异那么大,但对成革品质的影响是显而易见的;就是同一区域同一种原料皮,若动物饲养期生活条件不同,性别不同,年龄不同和不同季节所获得的原料皮,其皮的品质也不相同;甚至就是同一张皮,其部位不同,组织构造也不相同。根据目前的科技水平,制革工业不可能也不现实根据皮张的这些差异,采取不同的生产方案实行单张生产。尽可能缩小产品差异的最重要和最有效的方法之一就是原皮投产前的组批。

比如进口原料皮的质量标准,因国家和地区的不同,质量标准也不一样。现以加工量最大的牛皮为例,介绍进口原料皮的分级组批标准。

4.1.1 美国牛皮的分级组批

美国牛皮一般分为一级、二级和三级,具体标准如下:

一级:体型完整,无破洞、刀伤;粒面不应有 1 英寸(1in=2.54cm)以上的伤残或裂纹;去肉、描刀伤不深于皮 1/2 厚度(指肉面),腿及边缘 4 英寸外,经修剪后不损皮张体型的穿孔或刀伤,不降级;烙印范围内的穿孔,无论大小仍视为一级。

二级:有下列情形之一者,定为二级:体型不规则;有四个以下穿孔或刀伤;皮心部位有一个深沟或凿痕(去肉或描刀);有一个 1 英寸以上的粒面裂纹;小于 $1ft^2$($1ft^2 = 0.093m^2$)的肉赘(疵)。

三级:有下列情形之一者,定为三级:有溜毛现象,有五个以上的穿孔或刀伤;有孔径或刀伤长度大于 6 英寸的孔或刀伤;有覆盖面等于或大于 $1ft^2$ 的胡椒眼(或虫眼);肉赘或其他缺陷大于等于 $1ft^2$ 者。

4.1.2　澳大利亚牛皮的分级

澳大利亚牛皮一般分为正品皮、有刀洞皮和次品皮,具体标准如下:

正品皮:主要部位没有刀洞,但边缘部位允许有三个以下刀洞。

有刀洞皮:主要部位允许有三个不大的刀洞,并且(或者)边缘部位有超过三个刀洞;凡主要部位超过三个刀洞者,必须降级。

次品皮:掉毛、防腐差、有严重伤残,如肉赘、过多烙印、大而多的划刺伤、过多穿孔、体型不完整等类皮,列为次品。

4.1.3　国内黄牛皮的分级

黄牛皮的等级规格、等级比差、品种比差及地区质量比差等几个方面均有不同要求,具体标准如下:

一等皮,板质良好,可带下列伤残之一:描刀 2 处,总长度不超过 20cm;伤疤、破洞 2 处,总面积不超过 22cm^2;擦伤 2 处,总面积不超过 45cm^2;蛇眼 2 个。

二等皮,板质较弱,可带一等皮的一种伤残;具有一等皮板质,可带下列伤残之一:描刀 4 处,总长度不超过 30cm;伤疤 4 处,总面积不超过 100cm^2;破洞 4 处,总面积不超过 45cm^2;受闷脱毛总面积不超过 111cm^2;擦伤 6 处,总面积不超过 333cm^2;蛇眼总面积不超过 555cm^2。

三等皮,板质瘦弱,可带一等皮的一种伤残,具有一、二等皮板质,可带伤残不超过全张皮面积的 25%,制革价值不低于 75%。

等外皮,不符合等内要求的皮。

4.1.4　国内水牛皮的分级

一等皮,板质良好,可带下列伤残之一:描刀 4 处,总长度不超过 40cm;伤疤、破洞 3 处,总面积不超过 33cm^2;擦伤 4 处,总面积不超过 100cm^2;皱纹,总面积不超过 500cm^2。

二等皮,板质较弱,可带一等皮的一种伤残;具有一等皮板质,可带伤残不超过全皮面积的 5%,或有疔伤、虱疔凸出毛面总面积不超过全皮面积的 15%。

三等皮,板质瘦弱,可带一等皮的一种伤残;具有一、二等皮板质,可带伤残不超过全皮面积的 25%,制革价值不低于 75%。

等外皮,不符合等内要求的皮为等外皮。

4.1.5　国内牦牛皮的分级

一等皮,板质良好,可带下列伤残之一:描刀伤总长度不超过 30cm;破洞、蛇眼、疮疤 4 处,总面积不超过 30cm^2;擦伤 4 处,总面积不超过 200cm^2。

二等皮,板质较弱,可带一等皮的一种伤残;具有一等皮板质,可带描刀、破洞、蛇眼、疮疤、虫蚀、较重癣癞,总面积不超过全皮总面积 15%,制革价值不低于 85%。

三等皮,板质瘦弱,可带伤残不超过全皮面积的 25%;具有一、二等皮板质,可带伤残不超过全皮面积的 30%,制革价值不低于 70%。

等外皮,不符合等内皮要求的为等外皮。

需要说明的是,在制革生产中,不同种类的原料皮,其组批又各具特点,牛皮以前述的方法分级组批。其他的加工量也较大的如原料皮羊皮(指山羊)的张幅小、较薄、多采用干燥法保存,在组批时除按大小、轻重之外,最为重要的组批原则之一是,决不能将路分不同的皮相混投产,若按面积组批,一般情况下,将面积在大于等于 0.5 时的皮定为大皮,小于 0.3m² 的皮定为小皮,两者之间的皮为中皮。猪皮则多为盐湿皮,组批时多以质量组织投产,通常分成大、中、小(或叫厚、中、薄)型皮投产。若按厚度(测定标准,以臀部和腹部边线内 5cm 处各测一点的厚度平均值),多将 3.5mm 的皮定为厚皮,2.5mm 的皮定为薄皮,界于两个厚度之间的皮定为中皮;若以面积计,多将猪皮划分成两个级别,面积在大于等于 1m² 的定为大皮,而面积在 1m² 以下的视为小皮。

值得提出的是,以上大、中、小的划分不是一成不变的,因地域和实际情况等不同而有差异;皮张大、中、小,质量和面积区别与皮张品质的好、中、差也不一定成对应关系,即按质量或面积划入大皮范围的皮其品质不一定均好;但品质差异在某些场合下能反映皮板的面积差异(如质量相同),即皮愈重其面积愈大。皮张的品质,则主要由皮的伤残和纤维编织情况等决定,而皮张的面积多与得革率有关,皮的面积愈大,一般情况下,其得革率愈高。

皮的组批原则是,应将皮的状态(如大小、厚薄和保存方式等)、皮的组织构造和皮的质量等类同的皮组成生产批,以求得皮张在制革加工过程中尽可能均一的化学与机械作用,从而保证成革品质尽可能一致,为高品质的成革加工提供最基本的保证。

4.2　浸水

制革厂加工的原料皮通常有三种:盐皮、干皮和鲜皮。常见的是盐皮,其次为干皮,而鲜皮加工量较少。三种原料皮无论哪一种都必须经过浸水,否则制革加工无法正常运行。

由前述可知,盐湿法保存的原料皮,其失水较少,皮中的纤维没有发生黏结,浸水时皮张恢复其失去的水分较快,浸水的主要目的在于除去皮上的污物、泥沙及防腐剂等。干燥法保存的原料皮,特别是甜(淡)干皮失水较多,纤维间质牢牢地将胶原纤维束黏结在一起,加上有时皮在干燥时由于干燥方法不当等原因造成皮失水过多和不均匀,皮不但失去自由水,还失去了相当多的结合水,纤维间质发生凝固而使皮变得僵硬,皮易发生断裂;这种皮在浸水时,水分子进入皮内较困难,皮要恢复至鲜皮态就更困难,浸水时间更长。制革厂准备投产的大多数鲜皮,实际上很难算是真正的鲜皮,这是因为从屠宰场到制革厂的鲜皮在运输过程中,在短暂的停留及保存过程中难免有失水和失水不均的现象产生,特别是在夏季和较炎热的地区,失水更易产生。保证原皮,特别是干皮均匀恢复至鲜皮态是原皮浸水的首要任务和制革加工顺利进行的基本保证。因此任何原料皮在加工时浸水是不可少的,只不过鲜皮浸水时间可大大缩短。

通过池子、划槽或转鼓使皮在水中充水并恢复至鲜皮态的操作,把这种操作称为浸水操作,简称浸水。浸水分为池浸水,划槽浸水,转鼓浸水以及池、鼓结合浸水等类型。皮张到底以何种方式进行浸水,主要由皮张失水的程度、生产厂家的条件等因素来决定。

研究证明,干皮的充水过程伴随着热量的释放,随着皮蛋白充水量的增加,放热逐渐减少,当达到每100g干胶原吸水量为250g时,则胶原停止放热。从皮的化学组成等知识我们知道,构成皮蛋白的多肽链侧链基上含有各种活性基团,这些基团是构成皮与水分子形成氢键等次级键而放出热量的原因,也是原料皮能够充水的原因之一。如水分子与胶原肽键上的羰基、氨基,侧链上的羟基、氨基和羧基以及端基等基团均能形成氢键等次级键,水分子在这些极性基的周围依靠氢键等次级键形成结合水与水化膜。

另外,从生皮的化学组成我们也知道,在皮纤维编织的空隙中,充满了纤维间质,纤维间质主要是由不同相对分子质量的球状蛋白质组成,这些球状蛋白除了可接纳水分子之外,某些成分还可溶于水,这也为水分子进入皮内创造了条件。生皮能够充水的另一个原因则可从皮的组织构造获得解释,皮中的胶原纤维是以编织存在的,这些编织以及由编织而形成的空隙为接纳水分子创造了必备的空间条件,而这些空间是皮在浸水时形成皮中毛细管水(自由水)所不可缺少的。

在制革的所有准备工程各工序的操作(除机械操作外)几乎均在水溶液中进行,原料皮均匀地吸收水分恢复至鲜皮态是保证各种化工原辅材料对皮蛋白,特别是胶原蛋白均匀作用的基本保证和前提。干皮僵硬,鲜皮柔软,这是原料皮最基本的特点,只有当原料皮的含水量均匀恢复至鲜皮态,才能确保原皮的柔软性,在各种机械加工时才能避免其受损伤,从而保证机械加工的正常运转。

通过浸水不仅可补充其失去的水分,而且可清洁皮张,除去皮张上的泥沙和血污等脏物,也可除去皮内部分可溶性非纤维蛋白(如白蛋白和球蛋白等球状蛋白质),浸水为以后各工序的材料的渗透一级机械作用的顺利进行提供了可靠保证。

因此,在原料皮制革加工时,首先就要浸好水,浸水被认为是制革准备工段的基础的基础,是高质量成品革加工的基本保证。

4.2.1 浸水工序的材料

制革浸水材料有碱性材料、无机盐、酶助剂、表面活性剂及防腐剂;目前使用最普遍的是碱类物,其次为表面活性剂和酶类物,酸类物用于制裘业,制革上一般不采用。

4.2.1.1 碱性材料

碱性材料作浸水助剂可溶解皮内部分碱溶性纤维间质及对胶原纤维束起着一定的分散作用;另外,它还可使水保持弱碱性,抑制某些微生物的生长和繁殖,抑制、降低微生物对皮的伤害。

可作为浸水的碱性物有烧碱、硫化钠和多硫化钠等,我国使用最为普遍的是硫化钠。烧碱只有在制水牛底革时才选用,一般不用。这是由于烧碱的碱性太强,使用时控制困难,易使皮产生表面膨胀。硫化钠和多硫化钠之所以在我国大多制革厂广泛采用,除了它价廉,使用方便,控制也比较容易之外,更为重要的是它作用缓和、均匀,能较好除去纤维间质,只要控制得当,不会使皮产生表面膨胀。多硫化钠作浸水助剂比硫化钠作用更为缓和,制革厂所使用的多硫化钠,多为使用前,用硫化钠与单质硫起反应来制备,其大体配比为硫化钠∶硫为1∶0.72(硫化钠与硫均为工业纯,硫化钠含量≥60%)。

4.2.1.2 无机盐

作为浸水助剂的无机盐类物为中性盐氯化钠,它也具有促进纤维间质的溶解,加速浸水的作用。氯化钠作浸水助剂一般不是人为加入的,因为制革原料皮多为盐皮,在浸水时盐被自然带入水中;若浸水皮不是盐皮而选用食盐作浸水助剂,食盐参考用量可为皮重的3%～4%。食盐作为浸水助剂不仅可以加快浸水,而且还具有一定的防腐作用。

4.2.1.3 酶助剂

含酶产品作为浸水助剂多数情况下具有酶与其他浸水助剂物对皮的双重作用,在当今的皮革业准备工程中使用愈来愈广泛。其主要作用是:它能较高效地对皮内的纤维间质发生作用,加速水对皮纤维的润湿,加快浸水。不仅如此,酶还可对皮纤维、脂肪细胞和毛囊、皮垢等起作用,从而有利于打开皮的皱折,增大得革率,除去脂肪和利于后工序的脱毛。正因为如此,酶在准备工程中的应用不仅局限于浸水工序,也常在浸灰、脱灰、软化和浸酸工序中使用。酶制剂和含酶助剂在高质量的革产品的加工过程中发挥着愈来愈明显的作用,这一部分内容在制革酶化学中已有详细论述,此处不一一介绍。

4.2.1.4 表面活性剂

表面活性剂在制革浸水操作中之所以能加速浸水,这是由于所选择的表面活剂的性能是以润湿和渗透为主。在浸水过程中,它们能较显著地降低水的表面张力,使水在皮纤维表面的湿润角减小,促进水在纤维表面的展布及渗透。除此之外,以润湿和渗透作用为主的表面活性剂还同时兼有一定的去脂和去污作用,某些浸水助剂制造商们在给予其产品具有加速浸水作用之外,同时还赋予其产品具有防腐、脱脂、洗涤和去污等多种功能。

表面活性剂作浸水助剂,在当今的制革业中使用愈来愈广泛。一般而言,选用表面活剂作浸水助剂其价格较高。

4.2.1.5 防腐剂

气温较高的夏季浸水以及发现原料皮已发生掉毛遭受微生物伤害的原料皮的浸水往往都要加入防腐剂,以防止或减轻微生物对原皮的伤害,保证浸水的正常进行。

我国传统的浸水防腐剂有漂白粉又称氯化石灰、五氯酚钠及氟硅酸钠(仅适合于酸性条件下的浸水,多用于传统毛皮浸水)等。从环保角度来审查这些防腐剂,是不适宜使用的,特别是五氯酚钠将给环境带来严重的污染。

除传统浸水防腐剂之外,由各公司推出的浸水防腐剂也愈来愈多,如原汤普勒公司出售的Trupozym MS,Truposept BW,Truposept N等,这些防腐剂的出现,无疑给安全完成浸水操作的制革工程技术人员提供了更多的选择。但值得一提的是防腐剂的使用,无疑将增加制革成本,特别是以价格作为首选考虑的制革厂,除非别无他法不得不使用之外,一般将不采用。

对把价格因素作为首先考虑的厂,最简捷而有效的防腐方法是,根据微生物生长曲线的特征,控制浸水温度,勤换水,勤检查,同样可以达到使用防腐剂浸水的效果。

另外,原料皮浸水阶段可采取一定的机械作用加强浸水效果,如皮在转鼓内的转动、划槽的划动以及通过机器和设备对皮张的摔软、刮里和去肉等作用。在这些操作中,使用最为普遍的机械作用是转鼓作用;针对性最强的机械作用是刮里。浸水的各机械作用操作简单,易于控制,作用缓和,针对性强,效果较好,各制革厂可根据需要有选择性地将这些机械作用应用于浸水操作中。但无论何种机械作用绝不能过度,否则易产生皮张的浸水过度、伤面、不均匀和易使成革产生空松、松面等缺陷;除此之外,浸水阶段施加机械处理时应遵循的原则是:从弱到强、分次进行和强弱适度;干皮一定要在皮张浸水达到适宜的水分时(50%左右)才可施加机械作用,否则,易使皮纤维受到伤害。

4.2.2 浸水的影响因素

4.2.2.1 浸水温度和时间

浸水温度和时间对浸水的影响这里主要指在浸水期间微生物的繁殖造成对原料皮的伤害。在适宜的环境和条件下,细菌的繁殖与环境的温度和时间密切相关,浸水时温度升高,皮的充水速度加快,细菌的繁殖也加快,皮中溶出的蛋白质量增多;时间长,皮的吸水量随之增加,皮内溶出的蛋白质量增加,微生物对皮的伤害加大;因此不难得出,升温和延长浸水时间有利于皮张恢复至鲜皮态,同时也加大了微生物对皮胶原的伤害。在浸水时只有正确地处理好充水、时间与温度间的关系,细菌的繁殖与温度和时间的关系,正确处理它们间的矛盾,才可能安全顺利地完成浸水操作。

在实际的浸水操作过程中常用勤换水(夏天每4～10h换水一次),添加防腐剂,严格控制浸水温度(18～22℃)和辅助适当的机械作用等措施来达到防止细菌对皮纤维的伤害,使皮张安全迅速均匀恢复至鲜皮态。

4.2.2.2 浸水水质

浸水所使用的水要清洁和稳定。清洁主要是指水中含菌少,悬浮物、杂质少,混浊度低,含钙、镁、铁等离子少,硬度低;水的稳定主要指水源稳定,防止因水源变动而对制革各工序的影响(这种影响主要表现在水源的温度、酸碱值和质量等)。对使用浑浊度、浮悬物等较多的水应采取加絮凝剂沉降、净化等处理后方可使用;我国一般制革厂所使用的水显弱酸性,其pH界于6～7之间。在我国一些区域水的酸碱值等变化特别大,对制革产生的影响也特别大,应引起高度重视,同一地区不同地方,水质迥然不同,导致同一生产方案,产生完全不同的结果。

另外,浸水时应注意勤换水,尤其是在夏天。浸水绝不能用"仙水",即使用经反复使用过的浸水操作的水来浸水。

4.2.3　浸水方式

浸水的方式分池浸水、转鼓浸水、池鼓结合浸水、划槽浸水等。重点介绍目前制革行业普遍使用的转鼓浸水和划槽浸水。

4.2.3.1　转鼓浸水

皮张浸水一般在转速为 2~4r/min(冬天快、夏天慢)的转鼓中进行,它将皮的静态与动态充水有机地融为一体,它也可作为池浸水的一种补充,是浸水操作的主体。盐湿皮的浸水一般在转鼓中进行,转鼓的机械作用迫使皮张的曲张而达到提高浸水速率的目的。转鼓浸水的优点为:浸水速率高、占地小、操作方便、浸水均匀、劳动强度低(较池浸水)等,缺点是一次性投资大,装载量不如池浸水,大张干皮的预浸水不能使用转鼓浸水。转鼓浸水时应高度重视其转速和转动时间,转速不宜过快,时间不宜过长,否则易引起浸水过度而带来成革松面。

4.2.3.2　划槽浸水

划槽主要用于毛皮生产,但目前国内还有部分制革厂在加工如羊皮等小张皮浸水加工时也使用此类设备,若投皮量大,浸水则在一个开放型的椭圆形池(为大生产型划槽)中进行,皮张在池的游动是由划槽内叶片的转动来完成的。划槽浸水作用温和,皮张充水较快,兼有转鼓和池浸水的优点。

4.2.4　浸水的检查

在浸水过程中应勤检查,如检查水温、pH(9 左右)、水的脏污程度、皮的状态等。若发现掉毛、发臭等现象应立即采取补救措施。浸水时在规定时间内达到了浸水要求的皮张,应立即转入下工序,而没有达到浸水要求的皮张则应延长浸水;若提前达到浸水要求的皮则应提前结束浸水。

干皮(含甜干皮、盐干皮)及盐湿皮浸水时未完全恢复或接近恢复鲜皮状态,干皮浸水结束时检查,皮的中心部分有"黄心"(此处浸水不透),盐湿皮浸水结束时检查,皮的中心部分颜色呈乳白色,这种现象称为浸水不足。浸水不足的表现是:胶原纤维未能充分分离、松散、成革僵硬,严重时出现裂面、生心等质量问题。

而生皮在浸水过程中过多地充水,出现皮身松软的现象,称作浸水过度。浸水过度的表现是:皮身松软无弹性、伸长率大、强度差、绒毛粗长、不耐磨,甚至出现松面、管皱等质量问题。

因此浸水终点的判断尤为重要,最普遍和最适用的方法目前仍是观感鉴定。达到浸水要求的皮应该是:

(1)皮张清洁、无污物、皮毛清爽,皮下组织去除干净;

(2)无掉毛、烂面等现象发生,皮张均匀恢复至鲜皮态或接近于鲜皮态;

(3)若是干皮浸水,浸水结束应检查其臀部切口,其切口呈均匀的乳白色,无黄心(若有黄心产生,浸水肯定不足),皮面不能起皱(若起皱,一般表示浸水过度);

（4）浸水液的 pH 在浸水结束时一般应在 9 左右；

（5）水分测定，采用重量法测定皮的含水量达 65%～75%，作为浸水终点。不过，水分测定尽管较为标准，但由于测定较麻烦，实用性差，因此，一般不采用。

4.2.5　浸水实例

以猪盐湿皮浸水操作为例。

工艺流程：组批—去肉—称量/点张—鼓浸水—……

（1）组批：按皮的来源、皮张面积的大小、厚薄组成生产批。

（2）去肉：视皮张皮下组织带油的多少采用二刀法或四刀法将皮下组织去净，油窝显露并保证皮张完整，不能将皮削伤。

（3）称量/点张：作为以下用料依据。

（4）鼓浸水（转速 3～6r/min）：液比 2.5～3.0，温度常温（18～22℃），时间 4～18h。具体操作如下：投皮，调好液比水温，转动 30min，用充足的水，流、闷洗各 15min，换水，视皮失水的情况决定转动和浸泡皮的时间一般应过夜，浸水基本达要求后才能转入下道工序。

4.3　脱脂

原料皮不同，其脂肪含量不同，有的高达皮重的 70%，甚至更高（如鲸鱼皮）而有的则仅含 2%左右（如黄牛皮、水牛皮）。脂肪的存在将严重影响制革加工及成革的品质，特别是含脂肪高的绵羊板皮和猪皮等原料皮。脂肪对制革加工的主要影响是阻止减缓皮化材料向皮内的渗透及与皮纤维上活性基团的反应和作用。这些反应与作用包括皮纤维的分散，鞣剂分子、染料油脂等分子与皮的反应以及纤维间质、表皮、毛根和毛根鞘等物质的除去，从而影响着整个湿操作工段各工序甚至涂饰操作的正常进行，导致产品品质的下降。由此可见脱脂对含脂量高原皮的作用的重要性。

4.3.1　脱脂方法

在一定条件下（温度、机械作用等）用碱类物（如纯碱等）和表面活性剂（如洗涤剂）等脱脂剂或机械方法除去皮内外层脂肪的操作称为脱脂操作，简称脱脂。

脱脂分为机械去脂和化学脱脂，对含脂高的皮张既采取机械去脂，又采取化学脱脂才有可能将皮上的脂肪去除干净。不管采取何种脱脂方法，脱脂前后的水洗较为重要，脱脂前的水洗以洗去血污、可溶性污物及防腐剂等物为主，以保证脱脂剂最大效率的与皮上油脂作用，最高效率脱脂；脱脂后的水洗宜用热水，以便利于皂化物、乳化物等反应物的去除，确保脱脂效果。

4.3.1.1　机械去脂

机械去脂又叫去肉，主要是通过机械作用除去皮外层脂肪（皮下组织）及皮内部脂肪的操作。该类操作对皮下组织大多由脂肪构成的原料皮,如猪皮、狗板皮和绵羊板皮等起着极为重要的去脂作用。不仅如此,皮张通过该操作不仅可以直接除去皮下组织层及其脂肪,而且通过该操作的挤压还可达到使脂腺及脂肪细胞遭到损伤和挤出部分油脂等作用,从而有利于化学脱脂的进行。机械去肉多在浸水后进行,也可在浸水前进行。

对毛被十分发达的原料皮,如不能做裘皮的绵羊皮,某些长毛山羊皮,耗牛皮等,在去肉前应用剪毛机或手工剪毛,这样做不仅能避免去肉时皮的破损,还可获得未受化学脱毛剂损伤的优质原毛。若不剪毛,也应该对毛被的毛球等进行梳理或处理,以确保去肉时皮板的平整和完好。

机械去肉对任何原料皮的制革加工均是必要的(无论是含脂量高或低的原料皮),应引起高度重视,它被认为是制革或化学脱脂的前提和皮张干净脱脂的保证。在机械去肉时应高度重视去肉过程中的皮张的破损率和腹部松软等部位的干净去肉,从而达到既保证成革得革率又保证成革品质的双重目的。

4.3.1.2　化学脱脂

利用化工材料与皮上的脂类物作用,达到去除皮内外脂类物的目的的操作称为化学脱脂操作,简称脱脂。化学脱脂主要除去皮内的脂肪,如脂肪锥脂肪、脂肪细胞的脂肪以及脂腺内的脂类物等。化学脱脂,除可在专门的脱脂工序实现之外,还可在浸水、脱毛、软化、复灰,甚至铬鞣等各个操作工序中分步进行。对含脂量大的裸皮除专门的脱脂工序外,采用分步多次脱脂操作,效果更好。

化学脱脂有乳化法、水解法、乳化—皂化法以及溶剂法四种主要的脱脂方法。

(1)乳化法。使用表面活性剂通过乳化作用达到去除皮上油脂的脱脂方法称为乳化法脱脂。如采用洗衣粉、餐具洗涤精等物质的脱脂就属于乳化法脱脂。乳化法脱脂条件较为温和,不会产生对皮纤维的损伤,脱脂效果也比较好,是较为理想的脱脂方法,但其成本一般较高,在脱脂方案的选择中,应根据实际情况综合选用。在实际生产过程中单独使用乳化剂来进行脱脂并不多见(主要原因在于价格)。乳化脱脂普遍使用在皮经纯碱等物质脱脂之后的各准备工序以及蓝革的脱脂。

在制革生产中,我国制革厂常采用国产脱脂剂与纯碱混合使用进行主脱脂(猪皮),而将国外各公司的脱脂剂多使用在浸灰、脱灰、软化等以及蓝湿革复鞣前的各工序中,以达到既节约成本,又能较彻底地分步脱脂。

(2)水解法。利用碱类物或脂肪酶对油脂分子的酯键作用将不溶于水的油脂转变成甘油和脂肪酸进而除去油脂的脱脂方法称为水解法脱脂,它包括酶法脱脂和碱法(皂化法)脱脂。

其中的酶法脱脂,可在专门的脱脂工序中使用,也可在所有使用酶的制革操作工序中使用,如酶脱毛、酶软化和包酶等工序;除此之外,凡使用酶的工序几乎均具有脱脂作用,其根本原因在于各工序所使用的酶制剂不纯,含有多种蛋白酶,蛋白酶能作用细胞膜(包括脂肪细胞膜),细胞膜的破坏有利于膜内脂肪的释放和除去。采用酶脱脂,被认为是最好的和最有效的脱脂。

使用脂肪酶脱脂,从目前的研究表明,最佳的脱脂效果是皮经碱性物等处理后进行脱脂(如纯碱脱脂或浸灰等)。浸水后,皮未经任何化学处理而直接采用脱脂酶脱脂,其脱脂效果远不如皮经碱性物或其他化学试剂处理后再用酶脱脂的脱脂效果好。

碱法脱脂(皂化法脱脂)则是利用纯碱等碱性物与皮上的脂肪发生反应,使油脂分子的酯键断裂转变成溶于水的甘油和脂肪酸而达到脱脂的目的。在我国制革生产上采用碱法脱脂所使用的碱多为纯碱,纯碱碱性弱,反应条件温和(温度控制在42℃以内,以防止胶原蛋白的变性),而烧碱作用强不宜用于脱脂操作。纯碱脱脂多在猪皮的脱脂操作中使用,其纯碱使用量为皮重的2.5%左右,时间一般在90min。为了使脱脂较为彻底和缓和,有的工厂采用分步(两步)脱脂的方式进行。尽管纯碱脱脂并不令人十分满意,但其价廉,效果能基本满足猪皮制革的脱脂要求并兼有松动毛根作用,可作为机械拔毛的预处理;因此,从经济实惠的角度考虑,乐于为各厂家采用。生产上为了弥补脱脂效果的不足,纯碱脱脂时往往还采取加入其他脱脂剂(多为表面活性剂),更多的厂则采用多工序分步脱脂的方法(如在脱毛、脱灰、软化等工序加入脱脂物)来达到较为彻底地化学脱脂的目的。

(3)乳化—皂化法。脱脂时同时使用纯碱和表面活性剂达到脱脂目的脱脂方法称为乳化-皂化法脱脂。目前该方法在我国猪皮制革上应用较为广泛,是一种实用性的猪皮脱脂方法。在实际使用中多以纯碱为主,其他脱脂剂(主要为表面活性剂)为辅。猪皮脱脂纯碱的使用量控制在皮重的1.5%~3.0%,表面活性剂的量控制在0.5%~1.5%,液比控制在0.5~2.0,温度控制在30~40℃,时间在90~150min。具体控制应由工艺要求、生产条件等因素来确定,最终应以最短时间内达到最好的脱脂效果为最好。

(4)溶剂法。使用有机溶剂如煤油、石油醚、二氯乙烷和超临界二氧化碳等物质来溶解皮的脂类物而脱脂的方法称为溶剂法脱脂。溶剂法脱脂由于大量使用的有机溶剂成本较高,对设备也有较高要求,一般需在较特殊的具有溶剂蒸馏的脱脂设备中进行,更重要的是有机溶剂易挥发,若控制不利其空气污染严重及极易发生火灾,操作环境局限性大,因此其使用受到极大的限制,目前没有在制革生产上广泛使用。

但用对环境无害的超临界二氧化碳作为溶剂来脱脂,却显示了极其光明的前途。超临界二氧化碳作为脱脂剂最大的优点为:脱脂较彻底,无污染,脱脂物-油脂分子可全部无污染分离回收,溶剂二氧化碳来源方便并可重复使用等,是清洁化制革的一项重要的研究内容。

研究表明,超临界流体 CO_2 对白湿皮的脱脂率为55%,酸皮则可达67%;脱出的油脂中饱和脂肪酸与不饱和酸之比大于1,而常规脱脂法其比值小于1,证明超临界 CO_2 能较为有效地脱出皮中的饱和脂肪酸,能有效地克服成革"油霜"问题的产生。另外超临界 CO_2 脱脂具有脱水作用,白湿皮失水为11.9%~21.4%,酸皮失水为16.9%~30.6%。

超临界 CO_2 脱脂在制革上应用的最主要障碍是,需要一套超临界 CO_2 装置,其一次性设备费投入较高,但具有无废液排放、高效率、高质量的油脂回收等优势,具有较好的环保效果和经济效应。

4.3.2 脱脂的检查

制革脱脂的终点:皮坚牢,无烂皮、缺面;毛被清爽,皮面清洁,皮下组织去除干净无破损,皮无油滑感,无膨胀现象,脱脂液多呈乳白色;若采用脱脂拔毛工艺(指猪皮)脱脂后,毛根松动,拔毛机能顺利拔毛,肉面油窝显露而清晰,脂肪锥内的油脂基本除净。

脱脂实例：

以油脂含量较高的猪皮制革乳化—皂化法脱脂为例,说明如下:

条件:液比 1.5－2.0,温度 35～37℃,时间 90min。

材料Ⅰ:纯碱(工业纯)2.5%,餐具洗洁精 0.5%;

材料Ⅱ:纯碱(工业纯)2.0%,脱脂剂 1.0%。

工艺操作:投皮入转鼓(6r/min),调好内温和液比,加入所需的材料Ⅰ或材料Ⅱ至规定时间(以后的脱脂操作实例与此同)。

脱脂终点判断:皮无油腻感,毛被清爽,毛根松动,脱脂干净(以后的脱脂终点要求与此类同)。

4.4 脱毛

从皮上除去毛和表皮的操作称为脱毛。若采用碱法脱毛(转鼓烂毛),则脱毛(烂毛)与膨胀同时进行,若采用其他脱毛方法,则脱毛与膨胀分开进行。脱毛后的皮称为裸皮,制革常见的裸皮有灰裸皮、碱裸皮、酸裸皮(酸皮)和软化裸皮等。

4.4.1 脱毛目的

制革脱毛的主要目的有:使毛和表皮与皮分开,达到使皮张粒面花纹裸露,成革美观、耐用;对有价值的毛而言,脱毛还可达到回收毛的目的。进一步除去皮的纤维间质、脂肪等制革的无用之物,增大纤维束间的空隙,保证化工材料的渗透和作用。进一步松散胶原纤维,使成革具有符合使用要求的物理化学性能(如抗张强度、撕裂强度和耐热稳定性等)及感观性能(如平整性、柔软性及丰满性等)。

4.4.2 脱毛方法

脱毛的方法可归纳为毁毛法和保毛法两大类。毁毛法是将毛和表皮溶解,达到除去毛和表皮等目的;保毛法是将毛和表皮与皮分离,达到脱毛和对有价值的毛回收等目的。

4.4.2.1 毁毛法

毁毛脱毛法主要有碱法脱毛(烂毛)和氧化脱毛(烂毛)。以碱法毁毛使用最为普遍,是一种常见的脱毛法;氧化脱毛尽管也在大生产使用,但是由于其强烈的腐蚀性、污染以及对转鼓的特殊要求等原因,应用受到了极大的限制。此处主要介绍制革大生产常用的碱法毁毛法脱毛。

碱法脱毛是使用硫化钠(或硫化钠与氢硫化钠)与碱(烧碱或石灰)或盐(氯化钠或氯化钙)除去毛和表皮并使皮膨胀的一种脱毛方法。碱法脱毛又叫碱法毁毛、碱法烧毛、碱法烂毛或碱法熔毛。大生产包括了三种方法即灰碱法、盐碱法和碱碱法,三种脱毛方法的共同点在于均使

用了硫化钠。硫化钠溶于水生成硫氢化钠和氢氧化钠,反应式如下:

$$Na_2S+H_2O \rightleftharpoons NaSH+NaOH$$

碱法毁毛中的硫化钠还是还原剂,它作用于毛及表皮角蛋白的双硫键,使毛及表皮水解,反应原理如下:

$$P-S-S-P_1+2Na_2S \longrightarrow P-SNa+P_1-SNa+Na_2S_2$$

硫化钠、石灰溶于水后均能产生氢氧根,毛及表皮角蛋白在强碱作用下(以及 NaSH 的作用下)使双硫键断裂,从而达到烂毛的目的,反应式如下:

$$Na_2S+H_2O \longrightarrow NaSH+NaOH$$
$$CaO+H_2O \longrightarrow Ca(OH)_2$$
$$Ca(OH)_2 \longrightarrow Ca^{2+}+2OH^-$$
$$Ca(OH)_2+2NaSH \longrightarrow Ca(SH)_2+2NaOH$$

此法主要是通过 NaSH 的还原性及 NaOH 的碱性来达到毁毛的目的。由于脱毛过程中使用了较多的 Na_2S,以及产生了较多的毛和皮蛋白的水解产物,因此,此法对环境的污染十分严重。但由于其烂毛效果好、成本低、操作简便等优点,是目前国内外生产上使用最普遍的一类脱毛方法。具体使用方法又可分为如下几种:

(1)灰碱法。此法是采用硫化钠或硫化钠与氢硫化钠和石灰(即 Na_2S+CaO 或 $Na_2S+NaSH+CaO$)来除去毛和表皮的一种脱毛方法。若采用转鼓来完成其脱毛操作则属毁毛脱毛法。

灰碱法一般的操作为:温度多控制在 18℃～22℃,液比 2～3,转鼓转速 2～4r/min,熟石灰粉 3%～8%(皮重为基准,以后同),硫化钠 2.5～12g/L(以黄牛皮多在 2.5～4g/L,猪皮多在 6～12g/L),若以皮重为准,Na_2S 使用量为皮重的 1%～4%(以其具体加工的品种,工艺方案等来确定其确切用量)。惯用操作程序为:调好液比、温度后投皮,加入所需材料转动 40～120min,以后每停 30min 转 3～5min,直至总时间为 14～22h 结束全部脱毛操作。

此法中的石灰纯度(CaO 的含量)一般不宜低于 60%,最好使用灰膏,其次为灰粉。使用生石灰时,必须事先熟化好,严禁小石块等尖硬物进入灰鼓或灰池,避免对皮面的划伤。

脱毛的终点要求为:毛及表皮全部溶解,皮呈均匀的膨胀态,臀部切口颜色均匀一致,皮身坚牢,无烂面、虚边和打折等现象发生,将皮的臀部对折挤压,可挤出毛根或者毛根已全部溶解(盐碱法及碱碱法脱毛操作、终点要求同)。

(2)盐碱法。采用硫化钠(或硫化钠与氢硫化钠)和氯化钙(或氯化钠或硫酸钠)在转鼓中来烧毁毛和表皮使皮膨胀的一种脱毛方法。盐碱法采用的硫化钠浓度高,一般为 10～20g/L,氯化钙一般为皮重的 0.5%～2%,其操作与终点要求同灰碱法。所使用的氯化钙起着使皮作用更为缓和与防止皮张过度膨胀的作用。

在此脱毛系统中,既有 NaSH 和 NaOH 的脱毛作用,又有 NaOH、$Ca(OH)_2$ 使皮膨胀,分散纤维的作用,也有 NaCl 防止皮过度膨胀的作用。其在溶液中的化学反应原理如下:

$$Na_2S+H_2O \longrightarrow NaSH+NaOH$$
$$2NaOH+CaCl_2 \longrightarrow Ca(OH)_2+2NaCl$$

此法多用于在加工过程易产生松面的黄牛鞋面革的生产过程。

此法的具体操作为:温度 20℃～24℃,液比 2 左右,Na_2S 为皮重的 2%～3%,$CaCl_2$ 为

0.5%~1%,时间为 14~20h,操作同灰碱法。

(3)碱碱法。使用硫化钠及氢氧化钠来除去毛和表皮的一种脱毛方法。由于使用了烧碱,在毁毛的过程中碱对皮胶原的水解较强,控制不当易产生松面。因此碱碱法一般不在牛、羊皮的脱毛过程中使用,而多用于猪皮的生产。硫化钠用量一般控制在 6~12g/L,烧碱用量(以固体计)一般为皮重的 0.5%~1.2%;一般在硫化钠烂毛以后再加入烧碱以补充其膨胀。具体操作与灰碱法类似,膨胀需过夜。

需要说明的是,在以上碱法脱毛过程中,若控制不当,将产生护毛作用。所谓护毛作用是指在碱法脱毛的过程中,皮蛋白间产生了新的交联键($-CH=N-$ 和 $-CH_2-S-CH_2-$ 等),这种键十分牢固地将毛固着于皮上,脱毛材料无法或很难再将其断裂除去,这种现象称为护毛作用。

产生护毛的主要原因有:先加石灰后加硫化钠易产生护毛;灰碱法烂毛时尽管先加入硫化钠作用但所加入的硫化钠量或时间不够,当加入石灰作用以后而产生护毛。

护毛作用一经产生是很难将毛从皮上除去。最有效地防止护毛作用产生的方法是在脱毛时先加入足量的硫化钠,等毛已开始溶解再加入石灰,脱毛时决不可先用石灰长时间的作用皮,后用硫化钠。

另外,碱法脱毛的温度控制宜在常温(18~22℃)下进行。在夏季和冬季为了防止温度的升高和下降,通常所采用的方法是夏天加冰,冬天使用热水预热皮,使内温达规定值后再浸灰脱毛。这种较稳定温度下的脱毛,也是保证成革质量稳定的重要因素之一。

4.4.2.2 保毛法

从历史的角度来看,保毛脱毛在制革史上的历史最早,在 1880 年以前,制革脱毛只有保毛脱毛法(即石灰脱毛、发汗脱毛);自 1880 年以后,硫化物进入制革厂导致灰碱法脱毛工艺流行,古老的保毛脱毛法才逐渐让位于毁毛脱毛法。显而易见,毁毛法成了当今世界制革业的主要脱毛方法,但与此同时,毁毛法也成了制革加工两大主要污染源之一的污染治理的主要对象。

尤其对于猪毛和羊毛等具有较高经济价值的原料皮毛发,应加以回收。借助机械作用将原皮表面的毛去掉,既可满足原皮的脱毛要求,又可达到回收毛(或集)的目的。从猪皮上得到的猪毛分为猪鬃、猪毛、元猪毛三种;颜色有黑、白、花、野鬃四色,经过加工分成各个尺码,加工为成品后通称为猪鬃。猪鬃因其特性好,耐磨耐温性好而用来制作油漆用刷、枪炮用刷、工业用刷和生活用刷等。猪鬃也是我国的传统出口物资,其质量取决于所获取的方法口化学脱毛法得到的产品因鬃毛已经被药品腐蚀,对其质量或多或少都有影响;经拔鬃或剪切法得到的猪鬃质量最好口剪切法所得的鬃毛长度短,可用于制造牙刷。拔鬃法是指在脱脂后用拔毛机进行拔毛。从其他动物皮上得到的毛主要是绵羊毛、山羊毛和牛毛,羊毛价昂珍贵,制革生产中历来注意回收利用。通过各种脱毛法获得的毛,脱毛后经仔细清洗干燥便可收藏。

由化学脱毛法回收的毛,在化学药品的作用下,与拔毛机拔下的毛相比,不仅毛的强度降低,失去光泽,而且毛会结球。国际环境联合委员会对制革厂固体副产品管理的建议中指出:应用化学脱毛法回收的毛可以掺配于混合肥料的生产,因为毛是有价值的氮和有机碳的泉源;也可以直接施于土壤,作为慢性释放的有机氮肥。可以说,经拔毛机拔下的毛,如果不愿进行其他处理,至少可以与化学脱毛法回收的毛一样利用。

从环保的要求来看,保毛法则不失一个较好的脱毛方法,控制得当可获得较为理想的革产品,更为重要的是保毛法可减少或消除硫化钠对环境的污染,降低制革废水的 COD、悬浮物及制革污泥处理量等污染指标,属清洁化制革的研究范畴。

所谓保毛脱毛,是指皮在特定的条件下,通过生物试剂(酶产品)或化学试剂来破坏表皮层的基底层细胞、毛球、毛根鞘以及基膜网状结构或加大硬角蛋白(如毛干)与软角蛋白(如表皮基底层)对化学试剂的稳定性来达到毛(包括表皮)与其皮分开,而毛干基本不受损害的一种脱毛方法。由于此脱毛方法,毛并不被水解,使用的 Na_2S 量少,甚至不用 Na_2S,因此,其污染远比毁毛法低。

保毛脱毛主要建立在毛球、毛根鞘和表皮比毛干更易受化学试剂或生物试剂作用(破坏)的基础之上。制革工业已使用过的保毛脱毛法有:发汗脱毛、酶脱毛、碱浸灰脱毛及低灰保毛脱毛。此处主要阐述在制革大生产值得推广的酶脱毛、包灰脱毛法及低灰保毛脱毛法三种保毛脱毛方法。

(1)酶脱毛。酶脱毛最早可追溯到发汗脱毛,发汗脱毛被认为是最古老的酶脱毛。所谓发汗脱毛就是在适宜的条件下利用皮张上所带有的溶酶体及微生物所产生的酶的催化作用达到皮、毛分离进而脱毛的目的。这种脱毛方法不易控制,很容易发生烂皮等事故,故在制革史上最早被淘汰。

酶之所以能够脱毛,是由于毛干比毛根鞘、毛球以及表皮的结构更稳定,在一定条件下酶更容易作用(水解)毛球,毛根鞘,以及连接表皮与真皮的表皮基底层细胞,从而削弱了毛袋对毛根的挤压力和毛球底部与毛乳头顶部之间的连接力,即毛袋与毛干的联系,借助于机械作用来达到皮板与毛分离而脱毛的目的。目前生产上的酶脱毛主要是指用人工发酵生产的工业酶制剂在人为控制条件下的一种保毛脱毛法。尽管在世界上酶脱毛的研究成果不少,真正能用于工业生产的并不多。

源于胰酶的酶法脱毛工艺(1910 年)创建以来,为解决催化作用强,稍有不慎,则是严重影响产品质量。尤其是上世纪 60 年,我国酶脱毛机理和工艺进行了大规模的攻关研究及推广应用,且在猪皮生产中应用取得了良好的效果。但在其鞋面革生产中还是存在成革易松面、不丰满、扁薄的缺陷,产品质量不稳定等缺陷。相对灰碱法脱毛,酶法脱毛的成本高、操作不便,而我国鞋面革产量占总生产量的 60%,严重影响了酶法脱毛工艺的持续应用,大部分制革厂又回到了污染严重的灰碱法脱毛。

为解决上述存在的关键技术难题,开发无灰、少硫酶辅助脱毛的新工序工艺是减少污染的重要途径。这些开发主要基于产业化的细菌碱性蛋白酶,完善工艺参数及过程参数及开发新的酶种。前者已使硫化钠的使用量减少了 85%,且实现了无灰脱毛。已完成的实验结果表明,Na_2S 浓度为 0.5%,酶浓度为 1% 时,脱毛效果良好,酶脱毛剂涂于牛皮粒面也能达到完全脱毛的效果。基于脱毛功能特点筛选耐盐和耐碱的蛋白酶生产菌株、开发专用酶制剂生产技术是 21 世纪初叶研究的重要方向之一。如从制革环境中筛选的角蛋白酶生产菌株,其发酵水平的活力已达到 500u/mL,脱毛实验的结果表明,Na_2S 用量 0.3%,石灰用量减少 50% 以上时,不损伤粒面、脱毛完全,革粒面变软,成革的强度和柔软性显著改善,用水量减少 40%。

要解决酶脱毛的成革品质和控制技术的最核心的问题还在于酶的专一性问题的解决。现行我国制革生产酶脱毛时所使用的酶制剂均为混合酶,这些酶在脱毛时具有较强的水解胶原的作用,加上我们又没有较好的抑制剂和激活剂,这就极大地影响着对酶脱毛的控制,结果是又脱毛又水解胶原(烂皮)。

酶脱毛所需酶的新菌种的筛选和诱变是酶脱毛在制革业立足的又一关键问题。如果我们所筛选和诱变出来的菌种所产生的酶仅对毛及其表皮起作用,而对皮胶原不起作用,或作用较弱,酶脱毛时将不会发生烂皮,也不会使成革产生松面,加上与之配套的新工艺,这样既可脱毛又可保证成革的品质。

(2)包灰脱毛法。包灰脱毛法在现行制革厂极为广泛地应用于绵羊板皮和对毛有回收价值的山羊板皮等皮张的脱毛,它是一种高品质回收毛的脱毛方法。包灰除用于脱毛之外,也广泛地用于猪皮等部位差大的原料皮,以达到减少或消除部位差的目的。

包灰脱毛的原理与浸碱脱毛相同,它是一种变相的浸碱脱毛法。所谓包灰,就是用所需的硫化钠溶于水加石灰调成糊状,用手工或涂脱毛糊机于皮的肉面,经过堆置,来达到消解毛根鞘,毛根和毛球而脱毛或减少皮的部位差的一种操作。该脱毛方法能高质量地回收毛,但是该方法劳动强度大,占地也大,操作较繁琐,单张操作产量低,对环境污染严重,卫生条件差等,从环保的角度,该方法应属淘汰的方法。但是从回收毛等的角度来看,目前还没有找到从成本、成革品质和毛的回收等方面比该脱毛法更好的方法,因此该法目前仍广泛地被制革厂用于绵羊板皮等原料皮的脱毛。

其具体做法是将工业纯硫化钠配成 $15\sim50g/L$ 的溶液(甚至更高),加石灰调成 $15\sim30\%$ 波美膏状物,均匀涂抹在恢复至鲜皮态经滴水或挤水后的皮肉面上(猪皮减少部位差的臀部包灰,其操作与此相同,只不过硫化钠的使用浓度更高),肉面相对码放至 $40cm$ 左右高度(或更高),在常温下(一般应控制在 $18\sim22℃$)堆放至毛根松动,然后用手工在刨皮板上或推毛机逐张进行推毛来达到脱毛和回收毛的目的。

(3)低灰保毛脱毛法。世界低灰保毛脱毛法进入工业化实际应用时间是在 1980 年以后,此法在与脱毛相匹配的毛分离转鼓以及废液可循环设备产生以后,才成为一种被制革厂所接纳的脱毛法。

低灰保毛脱毛是利用成熟的角蛋白(毛干硬角蛋白)比未成熟的软角蛋白(如毛根鞘、表皮和毛球)更容易产生护毛作用,且结构更稳定的特点。根据此特点人为地加大毛干硬角蛋白与毛根鞘等软角蛋白在化学试剂中溶解力的差异,借助于机械作用达到毛与皮分离而脱毛的一种脱毛方法,这种脱毛方法称为低灰保毛脱毛法。较为成熟的低灰保毛脱毛法有石灰、硫化物保毛脱毛法,有机硫化合物、硫化物保毛脱毛法以及前述的酶辅助低灰保毛脱毛法。

低灰保毛脱毛原理:从皮的一般组织结构和化学组成可知,表皮和真皮由基底膜相连,表皮最下一层由角质化程度较低的基底层组胞组成,除此之外,角质化程度较低的皮组织还有毛根鞘和毛球;角质化程度较高的组织有毛干和表皮的顶层(角质层)。角质化程度高的毛干维持其稳定结构的双硫键数目较多,而角质化程度较低的毛根鞘等软角蛋白其双硫键数目较少。研究和实践表明,当用碱处理皮时,角质化程度高的毛干比角质化程度低的毛根鞘等组织更容易产生护毛作用(即更容易使双硫键转化成一种更牢固的交联键),其结构更稳定,更耐化学试剂的作用。因此在低灰保毛脱毛过程中可利用此特点,先对毛进行护毛处理,然后再利用还原剂(如 Na_2S)来破坏基底层细胞、毛球、毛根鞘以及基膜的网状结构,达到在机械作用下皮板与

毛分离脱毛及减少 Na_2S 使用量和降低废液中 S^{2-} 的浓度的双重目的。

低灰保毛脱毛的关键在于皮的护毛处理。护毛处理既不能过度,又不能不足。过度将产生脱毛困难,甚至不能脱毛;不足将不能够达到保毛脱毛的脱毛目的。研究表明,无论采用何种低灰保毛脱毛,当脱毛一经发生,应尽可能将毛与脱毛液分离。这是由于毛在脱毛液里的时间愈短,毛所受到的硫化物的伤害愈小,毛降解所造成的污染才最小。有研究指出,毛即使受到过护毛处理,当脱毛时使用的硫化钠用量超过皮重的 0.75%(相当于每吨原皮消耗 S^{2-} 1.9kg)时毛的降解将发生;当硫化钠用量为皮重的 1.0% 时(相当于每吨原皮消耗 S^{2-} 2.5kg)毛的降解相当强烈。因此尽可能缩短毛在硫化钠液中的时间(尽早从脱毛液中分离毛)构成了低灰保毛脱毛法的又一关键操作。实现这一关键操作的设备则是低灰保毛脱法的溶液过滤循环系统和毛分离系统,这从另一个侧面再次说明低灰保毛脱毛的必备设备是脱毛溶液循环设备和毛的分离设备,也只有当这两种设备在脱毛中投入正常使用后,低灰保毛脱毛的工业化应用才能成为可能。也正因为如此,设备的增加,成本的提高也就成了阻碍该脱毛方法推广的原因之一。

从目前我国低灰保毛脱毛的研究和使用情况来看,不仅其工艺研究有待深入,而且对与之配套设备(毛分离设备,废液循环设备)的研究开发和认识也有待完善和统一,对低灰保毛脱毛的成本应进行全面的分析和对比,对污水、污泥的处理研究等更有待下工夫。总的来看,在我国低灰保毛脱毛的全面工业化应用尚有距离。

4.5 碱膨胀

用一定浓度的碱溶液使皮增重、增厚、长度略有缩短而面积几乎不发生变化的操作称为碱膨胀操作,简称碱膨胀。碱(灰)膨胀(又称浸碱,还有的叫灰碱膨胀)在现代的制革生产上是不可少的,具有十分重要的作用。

碱(灰)膨胀可与脱毛同时进行(碱法脱毛),也可与脱毛工序分开进行(酶脱毛)。如果碱膨胀过程中发生烂毛,则此碱膨胀就是碱法脱毛。也就是说工艺规程不同,碱膨胀的实施操作不同。工艺规程是由加工的革品种,原料皮加工条件等综合因素所决定。若采用酶脱毛工艺,烧碱膨胀多在猪皮脱脂,机器拔毛后进行,即先碱膨胀,后酶脱毛(也有先酶脱毛,后烧碱膨胀的);牛皮多在浸水后进行。若采用碱法烂毛,烂毛和膨胀几乎同时进行,不过现不少制革厂喜欢采用先烂毛后膨胀的做法。

制革生产上常用的碱膨胀材料有石灰、烧碱和硫化钠。在这三种材料中只有硫化钠可直接脱毛(烂毛),石灰可间接脱毛,烧碱则不能用于大生产上的脱毛,但三种材料均可单独使皮膨胀(大生产中不单独使用硫化钠作膨胀剂)。

由前述的脱毛工序可知,制革生产中使用石灰和硫化钠或者石灰而使皮产生的膨胀叫做灰膨胀,灰膨胀不仅可以使皮膨胀,还可从皮上除去毛和表皮〔前者叫烂毛而后者叫脱(掉)毛〕,即从皮上除去毛和使皮膨胀同时产生。仅用石灰使皮膨胀,而作用不在脱毛的操作叫复灰,多发生在碱法脱毛之后,以补充纤维的分散不足。在碱碱法和酶脱毛工艺的制革过程中使皮发生膨胀的主体材料是烧碱,所产生的膨胀叫碱膨胀,碱碱法脱毛如同灰碱法,也是烂毛和膨胀在同一工序中进行。酶脱毛工艺则不同,膨胀和脱毛一般在两个工序分别进行,大多情况下为先碱膨胀后酶脱毛。

严格来说,碱(烧碱)膨胀是我国猪皮酶脱毛前处理的专用词,是随酶脱毛工艺而进入制革领域的(当然在此之前也有碱膨胀之说),是我国猪皮酶脱毛前的一个特有的操作工序。但由于碱法脱毛所使用的生石灰溶于水后的生成物氢氧化钙也是碱,其对皮的作用也与酶脱毛工艺过程中烧碱膨胀的作用类同,因而逐渐地愈来愈多的人将灰碱法引起的灰膨胀也称为碱膨胀。碱(烧碱)膨胀和灰(石灰)膨胀除对皮的作用存在着猛烈和缓和的差异,碱膨胀比灰膨胀所包含的内容更广之外,并无其他本质区别,从此角度而言,把灰膨胀叫做碱膨胀是无可非议的。

4.5.1　碱膨胀在制革过程中的意义

"好皮出在灰缸里"仍被现代制革工作者奉为"永恒的真理"。

碱膨胀首先是除去皮内纤维间质,削弱毛、表皮与真皮的联系,改变弹性纤维、网状纤维和肌肉组织的结构与性质,利于后工序酶和其他材料对其作用。也可除去皮内的部分油脂及皮表面的毛被和表皮(碱法烂毛)。在碱的作用下,皮内不能溶于水的脂肪转变成甘油和脂肪酸而被除去。牛皮等含脂量较低的皮在加工过程中,一般没有专门的脱脂工序,因此,碱(灰)及其他材料对皮的脱脂作用就显得十分重要,实践证明通过碱和其他工序材料的处理一般能达到成革所需的脱脂要求。

碱膨胀松散胶原纤维的作用是其他工序无法代替的,通过碱膨胀除去黏结胶原纤维束的黏蛋白,类黏蛋白及打开肽链间的部分连接键,使黏结在一起的纤维束分开保持适宜的距离而得到分离。得到分离的胶原纤维束在碱、酶等化学试剂和生物试剂的进一步作用下,被分成更细的纤维束而得到分散。在不少场合,又把胶原纤维束的分散叫做松散,在制革中,分散和松散并没有严格区分,它们共同所表达的含义是将较细的纤维束在碱酶等化学材料和生物试剂的作用下转变成更加细小的纤维束。分离和分散之间也不存在定量的区分,所谓分离是指将较粗的胶原纤维束转变成较细的纤维束而使纤维束间保持一定的距离。在面革、底革等革品种的加工过程中一定要保证胶原纤维束得到适当的分离并有一定程度的分散。成革的柔软性要求愈高,要求其纤维束的分散程度愈大。在生产绒面革、油鞣革等革品种时,胶原纤维束的分散程度要求就比较高,胶原纤维束分散愈好,其成革的绒毛愈细,愈均匀,成革的品质愈好。

在现有的制革生产技术中,要完全按生产者的主观愿望来定量地控制其加工过程中的分散、分离和分解是很难办到的,甚至说是不可能的。目前,对制革生产过程中纤维的分散(松散)、分离和分解的控制一般而言是宏观的、定性的。生产过程中,特别是在准备工段中对皮张处理时的条件愈强(如温度愈高、用量愈大、时间愈长,化工材料对纤维作用愈猛烈等)则纤维的分(水)解愈强,皮的收缩温度下降愈多,膨胀愈大,成革愈松软,愈容易产生松面甚至烂皮。在制革生产中根据不同革的质量要求,我们需要的是恰如其分的分散和分离,应严格控制生产工艺条件,避免皮纤维遭到过多过强的分解。

另外,碱膨胀有利于片碱皮。不同的革品种,其成革厚度的要求各不相同。对较厚的原料皮(如牛皮和猪皮)而言,其原皮厚度远大于成革所需的厚度。以猪皮为例,其皮一般的厚度在

3～5mm,而猪正鞋面革的要求一般为 1.3mm 左右,猪正面服装革的厚度要求一般在 0.6mm 左右。因此,制革生产上常采取使用剖层机剖层的方式对灰碱皮加工以满足成革的厚度要求。

由前述可知,皮经碱处理,皮内水溶和碱溶性蛋白被大量除去,胶原纤维束被松散,部分胶原肽链上的活性基被打开,这样使得胶原纤维束接纳水分子的能力更为提高;在碱性条件下大量的水分子从皮外进入皮内,皮变厚、变硬而具有弹性,皮张的这种膨胀状态,为保证顺利的剖层操作打下了良好的基础和提供了可靠的保证。通过片皮(剖层)不仅能满足成革所需的厚度,而且使皮张获得了充分的资源利用,使一皮变多皮,提高了皮的使用价值,降低了制革加工成本,减少了制革废物的产生。因此,片(剖)皮已成为制革的必然,高度重视片皮,已成为制革工程技术人员的共识。

4.5.2 碱膨胀所用的材料及其影响

4.5.2.1 石灰

石灰在当今制革业的任一高档革品种的加工过程中几乎不可缺少,因此,有人说"无灰不成革"不是不无道理的。如前所述石灰来源广、价廉、操作简便、溶解度低、作用温和;其另一大优点是它对胶原纤维束的分离作用适中,成革的手感相对于其他膨胀材料而言效果好;除此之外在膨胀时 $Ca(OH)_2$ 中的 Ca^{2+} 还具有一定的对皮的压缩作用,这种压缩作用体现在 Ca^{2+} 与胶原多肽链上的羧基形成交联,起到一定的防止皮张过度膨胀作用,即防止皮的结构遭到过度破坏。因此,到目前为止,国内外制革厂把石灰作为碱膨胀不可缺少的材料。

灰膨胀所使用的石灰,用量大、残渣多,如果采用的不是灰粉(生石灰消化产品)而是生石灰,则使用时还需自己消化,消化池占地面积大,劳动强度也较大。加上用石灰多数情况下必使用硫化钠,因此,石灰在制革上被认为是产生和形成污染的主要原因。

灰粉和灰膏性石灰的消化产品则是灰膨胀较好的一种膨胀材料,使用灰膏作为灰膨胀材料应注意灰膏的状态(有的成流体、有的成半固体等),高度重视灰膏的称取量,决不能生搬硬套工艺规程用量,应以实际达到灰膨胀所要求的质量标准的灰用量作为灰膏的用量标准,否则容易产生灰用量不足而导致纤维分散不够,成革板硬。

(

4.5.2.2 硫化钠

在碱法脱毛时,硫化钠成为必不可少的兼有烂毛和膨胀作用的材料。由脱毛工序的阐述可知,当硫化钠溶于水时生成氢硫化钠和氢氧化钠,所生成的 NaOH 则具有使皮发生膨胀的作用。由 Na_2S 所引起皮的膨胀仍可叫碱膨胀,但是使用 Na_2S 在制革上主要是为了烂毛,而不是为了膨胀,当 Na_2S 使用量不够充分时它所产生的膨胀作用是较小的。在灰碱法脱毛中一般不使用氢氧化钠作膨胀物,这是由于使用 NaOH 作膨胀物,其碱性强,对皮的作用猛烈,易产生皮表面过度膨胀,皮内层纤维膨胀不够而使成革松面,尤其对粒面层与网状层具有明显分界线的牛羊皮更是如此。因此在使用 Na_2S 时其使用量以达到能除去皮上毛的用量为准,同时加入石灰,用石灰来弥补 Na_2S 对皮的膨胀以及对纤维的分散不足,而一般不喜欢选用烧碱。

4.5.2.3　烧碱

用烧碱作为碱膨胀的材料盛行于我国猪皮酶脱毛时期,烧碱的烂毛作用不如硫化钠,但其膨胀作用远比硫化钠强。在酶脱毛工艺过程中用它来代替石灰对皮进行膨胀,以求达到在制革中不使用石灰的目的。烧碱是强碱,它比石灰与硫化钠对皮纤维的水解作用更强,容易引起皮的过度膨胀和对皮的作用不均匀(指皮的内、外层纤维),稍不注意(指用量时间和机械作用等)将引起皮蛋白过度分解、成革强度下降以及松面。因此,除猪皮酶脱毛工艺使用它作膨胀物之外,在牛羊皮及非酶脱毛工艺中一般不选用烧碱作主体膨胀物,只有在碱碱法中严格控制其使用量等操作条件,才用它作膨胀材料。

4.5.3　工艺参数对碱膨胀的影响

4.5.3.1　温度

温度对碱(灰)膨胀起着十分重要的作用,大体以30℃为分界线,在固定浓度和碱膨胀的时间里,随着温度的增高(超过30℃),皮蛋白的水解急骤增加;在30℃以下,随着温度的提高,皮蛋白的溶解缓慢增加,在25~30℃的区间温度提高所引起的皮蛋白的溶解较25℃以下温度的提高所引起的皮蛋白溶解更大。而且高温(>30℃)和低温(<20℃)下的灰膨胀,碱对皮蛋白粒面层胶原蛋白和网状层胶原蛋白的水解比例各不相同,在温度30~35℃的灰膨胀碱对粒面层胶原蛋白的水解量约是网状层蛋白质水解量的2.0~3.5倍,在温度20~25℃时,碱对皮的粒面层胶原蛋白的水解量约高于网状层胶原蛋白的水解量。当温度低于20℃时,碱对皮的粒面层胶原蛋白的水解量与网状层蛋白质的水解量大体相当。因此灰膨胀温度控制在20℃左右为最好,可减少或消除松面。

不同的碱(石灰、烧碱、硫化钠)对皮蛋白的水解作用在相同温度等条件下是不同的,其中以烧碱最强,氢氧化钙最弱。同一种碱随温度的升高向皮内的渗透速率加快,碱膨胀时间缩短(指达到相同膨胀效果)。

从成革品质、生产周期、产量和设备的利用率,以及碱膨胀的目的等综合因素考虑,碱膨胀并不是在温度愈低的条件下进行愈好,固然温度愈低,胶原的损失量、粒面层与网状层胶层水解的差异愈小,但是温度愈低,碱对皮中非纤维性蛋白的除去效率愈低、向皮内渗透速率愈慢、对胶原的松散能力愈弱,要达到浸碱目的必须延长时间,这对设备的利用、产量的提高等均不利。因此,在冬季或寒冷地区的制革厂实施碱膨胀时,对远低于20℃的水应加温,以期达到既分散胶原纤维又加快生产周期等目的。碱(灰)膨胀时不随地区、季节变化而始终保持其恒定的膨胀温度是产品品质保持稳定的重要影响因素,应引起每个制革工作者的高度重视。

4.5.3.2　液比

液比的大小对碱膨胀(在用碱量一定时)实际上存在着两个主要方面的影响:其一是液比的大小决定着碱膨胀碱的浓度(石灰除外,因为灰一般是大大过量的);其二是液比的大小在一定条件下决定着碱对皮膨胀的程度。

液比小(1左右),碱的浓度高,利于碱向皮内渗透,如果是采用碱法烂毛、低液比利于硫化物对毛的水解,将缩短烂毛时间,不利于皮的膨胀,除此之外,在低液比时(<0.8)液比还影响转鼓对皮的机械作用。在现有制革生产中,不少工程技术人员喜欢在灰碱法的初期采用低液比抑制膨胀,以烂毛为主,随后扩大液比来达到皮膨胀的目的。而液比较大时(2左右),碱的浓度低,利于皮的膨胀,即有利于碱对胶原纤维束的分散和分离,利于碱对皮内外层胶原纤维缓慢而均匀的作用。不仅如此,液比大将减少膨胀后的皮相互间的摩擦,减少粒面擦伤和升温;有利于减少皮在膨胀过程中产生对折,即脊背对折线的产生(特别是猪皮膨胀产生背脊线)及减少升温而引起过多皮蛋白的水解。

因此,转鼓碱灰膨胀初期液比一般控制在0.5左右,末期多控制在2~3。皮的膨胀和转鼓对皮的机械作用,在低液比时随液比的逐渐增长其膨胀逐渐增加、机械作用随之减弱。当液比达一定值后(0.8~1)液比再增加,皮的膨胀和转鼓对皮的机械作用保持不变;液比再减少,膨胀随之减小,转鼓对皮的机械作用增强,皮张打折、卷曲、擦伤等作用增加。

4.5.3.3 时间

碱(灰)膨胀时间的长短是由膨胀时各种条件和因素如温度、浓度、机械作用、原料皮的种类以及加工的革品种等来决定。在一般情况下碱膨胀的时间多控制在14~20h为佳。一些特殊要求的革品种其膨胀时间可长达数天。在固定条件下的碱膨胀总体遵循着膨胀时间愈长、皮蛋白被水解得愈多的规律。碱膨胀时对于时间的控制应掌握的原则是:在保证膨胀效果的前提下,调节各种膨胀因素尽可能缩短膨胀时间。否则,膨胀时间过长,皮纤维损失过多,成革空松,强度差,易产生松面;膨胀时间过短,皮纤维分散不足成革板硬、其柔软性和丰满性差;恰如其当的灰(碱)膨胀是各类高档革加工的前提。

4.5.3.4 机械作用

碱膨胀时的机械作用是不可缺少的。目前在生产过程中所采用的机械作用有:转鼓的转动;划槽的划动;压缩空气对灰(膨胀)液的翻动;手工对皮张的翻动。在以上的机械作用中,使用最普遍的是转鼓的转动,通过压缩空气对碱液的翻动以及手工翻皮在我国多用于池子浸灰。无论采取哪种形式的机械作用其目的是为了加速碱对皮的均匀作用,缩短浸灰(碱)时间。对灰而言,机械作用将有助于防止其沉降,增加其溶解性和悬浮性,以利于灰对皮的均匀作用。

尽管机械作用在浸碱(灰)过程中是不可缺少的,但这种作用不宜过强,否则会加剧皮的粒面层与网状层胶原蛋白的损失差异,增加整个皮蛋白质的损失,使成革松面或产生空松。不仅如此,过强的机械将还会增加皮的粒面的擦伤。这是由于膨胀的皮充水后增重,增厚,变挺(硬),皮与皮的碰撞、摩擦机会增加,粒面擦伤增加(在皮张沿脊背线的地方最易发生这种伤残)。若在灰膨胀时管理不善,随加料而进入转鼓的尖硬物体将加剧和扩大皮面的伤残。

若采用转鼓来实施碱膨胀,由于整个膨胀时间较长,其转鼓的转动宜控制在2~4r/min,并实施转停结合(以停为主,转动为辅,每停60min转动3~5min),正反转结合(正向与反向转动时间大体相同,以减少皮张的卷曲),前期多转后期少转,多转动是为了加速化工材料的溶解,均匀分散,渗透及对皮的作用,一般浸灰时当灰加入鼓后宜连续转动30~90min。

为了减少碱膨胀时皮面的擦伤和保证皮张的充分膨胀,防止卷曲和打折(对折)膨胀时应严格控制皮的装载量,加入足量的水(一般液比控制在 2~3)和适量地加入经严格筛选的锯木或米糠等物(一般为皮重的 1%)。

4.5.4　碱膨胀的检测

碱膨胀终点的判断目前仍以感观鉴定。正常碱膨胀的皮感观应是:皮身坚牢、粒面无掛伤、擦伤,无折痕。全张皮颜色均匀一致,用指挤压,不留下指痕印,皮有一定回弹性。皮张膨胀良好、均匀,硬而柔和;臀部切口颜色均匀,纤维分离良好;片皮后不留白心。碱皮收缩温度一般在 55℃ 左右。

另外,在进行碱膨胀的检测时要留意灰斑现象。灰碱法膨胀的皮,皮在空气中暴露的时间过长,皮中石灰与空气中的二氧化碳反应生成不溶于水的碳酸钙而沉积在皮的表面所产生的斑迹,这种斑迹(痕)称为灰斑。其形成的主因是由于灰皮长时间于空气接触所致(灰膨胀时皮没淹入溶液中,皮出鼓后皮堆没有遮盖或遮盖不严,皮在空气中停留时间太长,皮部分被风干等)。灰斑对制革及成革十分有害,由灰膨胀操作不当所形成的灰斑将影响后面工序皮化材料的渗透与结合,影响成革的均一性和成革外观,降低成革品质和档次。

4.6　复灰

复灰是脱毛裸皮在一定浓度的石灰液中进一步处理达到补充分散纤维,补充其膨胀等作用的操作。该操作一般发生在碱法烂毛之后。在碱法脱毛过程中尽管皮获得了一定的膨胀,但是在毁毛过程中的这种膨胀在不少情况下还不能够满足成革品质对皮膨胀的要求,特别是生产软革,因此,碱法烧毛后不少工艺仍有复灰操作,用以补充其膨胀和纤维分散等不足。在服装革、手套革等革品种的生产过程中,复灰往往被认为是不可少的。

复灰采用石灰作为复灰剂,复灰之所以具有较好的分散纤维的作用,主要由石灰特有的溶解性决定的。熟石灰在 15℃ 时,溶解度为 0.162g,而在 20℃ 时为 0.156g,温度愈高其溶解度愈低,反之则反。石灰在水中溶解度低的特点,保证了复灰操作的安全和灰对皮作用的缓和和均匀,特别是能满足对皮内层纤维的分散作用和软革、绒面革以及油鞣革等革品种纤维分散的要求。复灰的时间由所生产的革品种或加工工艺等决定,一般较长(从几个小时到几百个小时),时间长有利于灰液向皮内层纤维渗透,石灰的溶解度低能防止皮胶原过度水解,起到缓和膨胀的作用。石灰溶解度低的特性也给制革工程人员及操作工带来了极大的方便和安全感,复灰一般不会因多或少二三十分钟、多或少几百克甚至几千克灰用量而带来成革品质上的明显差异。加上石灰来源方便,价格较低,因此在现代制革业加工中,各种革品种几乎均离不开石灰。

研究表明,要达到裸皮完全膨胀,复灰液的 pH 应达到 12 以上。当灰液中石灰的浓度达到 5.93g/L 时,溶液的 pH 可达 12.6,完全可满足膨胀所需 pH。在生产中为了保证维持灰液最低膨胀所需的 pH,石灰的使用浓度应保证在 10g/L 以上。

需要注意的是,复灰是以补充裸皮膨胀和纤维分散不足为主的操作,因此复灰的液比应大(膨胀的需要),一般不能低于2,较大的液比除保证膨胀所需之外,还有防止皮面的擦伤和皮打折等作用。复灰时裸皮充分膨胀是必需的,但过度膨胀(肿胀)是有害的,复灰时控制裸皮过度膨胀的手段之一是选用恰当(具有抑制膨胀作用)的浸灰助剂。除此之外,应严格控制复灰条件,如温度、时间等。复灰过程中适量的机械作用是正确复灰的前提,除复灰刚开始可连续转动之外,其余时间应以转停结合,多停少转,以停为主的方式进行。浸灰的总时间多控制在14~20h。复灰时间的长短和是否复灰由所加工的产品及工艺路线等决定,绒面革、软革等复灰时间较长,机械作用也可适当增加;正鞋面革,底革等成形性要求较高的革复灰时间较短,甚至可不复灰;因前处理过度的皮,可减少或取消复灰。复灰过夜或长时间复灰,皮应尽可能淹没于浸灰液中,避免皮灰斑的形成。

复灰所使用的灰以灰膏最好,其次为灰粉,若使用生石灰,在使用前必须事先消化并冷却至常温,严禁消化容器内的小石块等尖硬物随灰液进入鼓内。由前述可知灰膏的用量应以溶液 pH 不低于 12 为准,不能盲目地按工艺方案的用量称取灰膏。

近年来,为了提高复灰(浸灰)过程灰对皮蛋白的作用,各皮化厂开发了不同品牌的浸灰助剂。在国内,较有名气的浸灰助剂如广东新会皮革化工厂生产的加酶浸灰助剂 EA 以及亭江化工厂生产的浸灰王等。国内这些浸灰助剂除 EA 之外,其余的均为液体,均不含酶(含酶助剂对分散粒面层纤维,消除牛皮的颈、腹皱及核桃花纹有较明显的作用)。EA 的另一个不同于其他浸灰助剂的功能在于它能提高石灰液的悬浮能力而使石灰液较长时间不沉降。国外产品如 BASF 公司生产的 Mollescal SF、诺和诺德生产的浸灰酶 NUE0.6MPX 等均具有较好的浸灰作用。这些产品更提高了石灰在制革业的作用和地位,赋予石灰在制革应用中的新的活力和含义。

4.7　脱碱(灰)

脱碱(灰)是制革准备工段中伴之膨胀而存在的又一个随处可见的工序,一般在碱(灰)膨胀剖层(或打底)称量后进行,也有将脱灰(碱)与软化并于一个工序在碱皮剖层(打底)称量后同时进行的;若工艺规程中有复灰,脱灰则在复灰结束后进行。

所谓脱灰(碱)就是用酸性物在一定的条件下除去皮内石灰(碱)的一种操作。通过水洗可除去皮纤维束间的部分自由碱,除去皮纤维束上结合的碱则需使用脱碱剂。脱碱剂由酸性物组成,在制革生产上一般不直接用酸,特别是无机强酸,而多采用酸性盐或者具弱酸性有机物组成的脱碱剂,来达到缓慢均匀地从皮上除去碱(灰)的目的。无论是采用弱酸、酸性物或弱酸性有机物构成的脱碱剂或者偶尔使用少量强酸作脱碱剂,其脱碱的原理是基本相同的,即酸碱中和反应达到将与皮胶原结合的、自由存在的碱从皮上除去的目的,其反应原理如下:

$$NaOH + HA \Longrightarrow NaA + H_2O$$
$$Ca(OH)_2 + 2HA \Longrightarrow CaA_2 + 2H_2O$$
$$H_2N-P-COONa + HA \Longrightarrow {}^+H_3N-P-COO^- + NaA$$
$$H_2N-P-COO-Ca-OOC-P-NH_2 + 2HA \Longrightarrow 2{}^+H_3N-P-COO^- + CaA_2$$

通过脱碱,可实现如下目的:除去皮内的自由碱和结合碱,利于后工序化工材料的渗透和作用;基本消除皮的膨胀,进一步除去残存于皮胶原纤维束之间的皮蛋白及脂类物的降解产物、毛根、部分非胶原蛋白和皮垢(毛囊及表皮残存降解物)等影响成革性能的物质,疏通纤维间的空隙,利于后工序化工材料的渗透和作用;降低碱(灰)皮的 pH(从 12 降至 8 左右),为软化、浸酸等后工序的顺利进行提供保证。

脱碱主要使用的材料如下:

4.7.1　水

水洗可除去皮内自由碱,要达到较彻底地除去皮内的碱仅靠水洗是不经济的,也不现实的。因为碱裸皮水洗时间过长,将导致皮水肿,皮蛋白损失过多,成革松软。因此生产上脱灰是采用水洗与加入脱灰剂脱灰相结合,一般以水洗脱灰为辅,脱灰剂脱灰为主。

4.7.2　酸性盐

这是目前我国大生产上广泛使用的一种脱碱剂,其脱碱(灰)效果介于无机及有机酸之间,其作用较缓和、保险。可用于脱碱的酸性盐很多,特别是 $(NH_4)_2SO_4$ 与 NH_4Cl 来源广,控制简便,价格低,能够满足脱碱(灰)的需要,是我国各厂家普遍使用的一类消耗量最大的主要脱碱材料。

4.7.3　有机酸及酸性有机物

用有机酸及酸性有机物作脱碱(灰)剂是较为理想的,因为它们一般作用温和,皮垢除去较彻底,脱碱效果好,特别是用乳酸作脱碱剂,它具有使革粒面细腻、光滑,革身柔软,边腹部较紧密等优点。但这些脱碱剂价格较贵,来源也远不如铵盐方便,在制革生产中除特殊需要外,一般少用或不用,或偶尔作为铵盐作主体的脱灰剂的搭配物使用。

4.7.4　硼酸

在大生产中无机酸中唯有硼酸作为脱灰剂是最为理想的,因为其酸性与有机酸差不多,作用温和平稳,成革粒面平细光滑,柔软性好,而且硼酸还有一定的漂白作用,是做浅色革较为理想的一种脱灰材料。但其价格较高,因而使用受到了较大限制,一般只在较特殊的情况才使用。

4.7.5　脱碱(灰)的检测

脱碱(灰)的终点:水洗时应保证水量充足,闷洗与流洗相结合,水洗液的 pH 稳定在 9~9.5 时作为水洗结束的终点。以酚酞指示剂对纤维组织最紧实的部位(如猪皮臀部)做切口检查,若切口无色或留有 1/5～2/3 红心作为脱碱的终点(根据所加工的革品种需要而定,例如,服装革需要完全脱灰,酚酞切口无色,加工纯植鞣底革表面脱灰即可)。从观感判断,脱灰后的裸皮应基本消除其膨胀,不能保留清晰的指痕印。

检查脱灰过程中是否产生了 H_2S 气体,可使用湿润的乙酸铅试纸在鼓轴排气口检查。尤其在碱法烂毛后的脱灰过程中极易产生 H_2S 气体,应引起高度重视。这是由于在采用碱法烂毛之后,裸皮仍残留一定数量的 S^{2-},当残留在皮内的 S^{2-} 处于 pH 10 以下时,皮内的 HS^- 和 S^{2-} 极易形成剧毒的 H_2S 气体。解决办法一是用 30% 皮重的 0.1%～1% 双氧水将 S^{2-} 氧化为硫酸根;其二是使用皮量 0.5% 的漂白粉或 $NaHSO_3$ 处理脱灰裸皮。

4.8 软化

酶软化是指在一定条件下用生物酶制剂处理脱灰裸皮,使裸皮成革后更加柔软、粒面更为平细,感观性及透气性等卫生性更加良好的一种操作,这种操作称为酶软化操作,简称酶软化或软化。

在生产高档革及一般的轻革产品酶软化被认为是不可缺少的。软化正确与否是能否获得符合质量要求的革产品的关键。同时软化操作也是整个制革过程最容易发生烂皮等质量事故的工序,软化所带来的质量事故是制革后工序很难弥补甚至无法弥补的。因此,在制革生产中,各制革厂家均十分重视皮的酶软化。

通过酶软化可除去皮内外的色素、毛根、毛根鞘、表皮、油脂和皮垢等降解物,以及非纤维蛋白和部分胶原降解物等残存物,利于鞣剂等物质的渗透和结合,确保成革的柔软性及丰满性等性能;同时削弱弹性纤维、竖毛肌、肌肉组织在皮组织结构中的作用,以保证成革的延伸性、粒面的平细性以及柔软性;也可进一步分散皮胶原纤维,使成革具有良好的透气性和透水汽性等卫生性能。

4.8.1 软化材料

制革生产中实现酶软化操作是用生物酶制剂来实现的。软化工序中常使用的酶制剂可以分为胰酶、微生物蛋白酶制剂和低温软化酶等。胰酶制剂软化的皮粒面突出,成革的柔软性和强度均较好,此类胰酶制剂主要有罗姆公司的 Oropon OO 和 Oropon OR;微生物蛋白酶制剂软化的皮粒面平细,成革的柔软性好,得革率大,主要产品有 AS1.398 酶制剂和 166 中性蛋白酶制剂等;低温软化酶作用温和,温度较低,时间长,酶渗入皮内能力强,作用均匀,尤其是能有效地作用于皮生长痕胶原纤维,我国此类酶制剂的代表是广东盛方生产的低温软化酶 EB-1。

此外,近年来酸性蛋白酶常用于生产高档皮革尤其是软革的补充软化过程中,主要产品有国内的 537 酸性蛋白酶、国外诺和诺德公司的 Novocor A B 和罗姆公司的 Oropon DVP 等。

4.8.2 软化注意事项

酶软化操作是一个既重要又充满危险性(指易发生质量事故)的操作,因此在其软化过程中应注意以下事项：

为了简化工序,脱灰与胰酶软化同时进行是可行的。为了更好地发挥酶软化效果,当脱灰酶软化同时进行时,顶好在脱灰剂加入鼓内脱灰20～30min后再加入酶软剂进行软化。一般而言,先脱灰,后软化即脱灰软化分开进行更为合理。

加强软化后的水洗,确保软化效果。水洗时应采用温水(30～35℃)向常温水过度的水洗方式进行。

提倡单一酶软剂作软化操作,若同一软化,同浴使用几种酶软剂,应事先作对比实验,以确定酶与酶之间是否相互作用,其软化效果是否大于几种酶的加和。而制革生产中使用的酶软剂中无论是胰酶、微生物酶或是低温软化酶,它们主要是含酶工业产物(酶制剂),在每一种酶制剂中酶均不是单一的一种酶,而是多种酶构成的,如胰酶其组成不仅含有主体胰蛋白酶,还有脂肪酶、淀粉酶、弹性蛋白酶和胰凝乳蛋白酶等多种酶,在胰酶作用皮蛋白时,其他的酶均对皮起作用,其软化效果是多种酶同时对皮作用所产生的协同作用总效果。

另外,尤其需要注意的是,软化时一般酶的用量很少,因此从计算到称取均应高度重视,反复核对,严禁误算、误用(指称量),以防造成烂皮事故。

4.8.3　酶软化的检查

酶软化除严格按工艺要求进行之外,在整个软化过程中应勤检查,皮一经达到软化程度就应立即转入下工序,严防软化过度。软化前对皮作感观鉴定是必需的,如果发现皮不正常(如强度降低等),应视皮情况调整软化工艺,如缩短软化时间甚至取消软化操作。

酶软化终点目前仍是以感观鉴定。符合质量要求的软化裸皮应该是：皮身坚牢、粒面完整、花纹清晰、洁白而细腻并具有丝绸感。手指用力挤压粒面能留下长久不消失发黑的指痕印(软革类的皮)。若是厚度要求较薄的服装革或手套革等加工产品,软化结束将裸皮拧成袋状封口,用力挤压应有气泡冒出。

4.9　浸酸

将酸和中性盐(食盐)按一定比例配成溶液处理经软化后的裸皮的操作称为浸酸操作,简称浸酸。浸酸是紧接软化后的一个工序,也是准备工段最后一个工序。到此为止(浸酸结束后),准备工段中的一切处理已为成革的品质和风格造就了一种基本定型,打下了一个应有的基础。由于浸酸是紧接铬鞣的一个操作,因此有的人将浸酸工序归入铬鞣;在工厂实际运行中,出于对生产的安排、管理等考虑,传统工艺的准备工段与铬鞣工段的分界划分多在片碱(灰)皮(或打底)之前为准备工段,之后为铬鞣工段。

4.9.1　浸酸目的

浸酸可降低裸皮的pH,使之与铬鞣液pH相近,防止表面过鞣,保证鞣制的顺利进行。经酶软化的裸皮的 pH 在弱碱性范围,一般在 8 左右,而鞣液初期 pH 一般多在 3.0 左右,若酶软化裸皮不经浸酸降低其 pH 就立即进行鞣制,裸皮将迅速从鞣液中吸收酸和鞣质分子,对裸皮而言,迅速吸收酸的结果将引起裸皮的表面肿胀,对鞣液而言迅速吸收铬合物分子及酸的结果,将引起铬鞣液中铬配合物分子的迅速水解,碱度迅速升高,分子迅速变大,从而导致鞣剂分子与皮表面纤维迅速结合而产生表面过鞣。裸皮经浸酸处理后,既可防止表面肿胀,又可防止鞣剂分子水解加快,分子变大与过鞣的产生。因此,浸酸被传统认为是从皮到革的最佳过渡。软化后,酶仍在皮中继续作用,浸酸则可制止酶的活动。

浸酸液中的酸和盐要打开胶原肽链间的氢键和离子键,松散胶原结构。这样可促使鞣剂更快地透入皮内,增加鞣剂的结合。进一步除去皮内的非纤维蛋白并使胶原产生部分脱水,增大胶原纤维间的空隙,有利鞣剂分子的渗透和结合。浸酸时间长了,胶原将会溶一部分于浸酸液中。这样使成革比未经浸酸的革更柔软,延伸性更大,面积也较大。

浸酸还可有利于裸皮的保存和削匀。需浸酸保存的裸皮 pH 一般较低,低于 2,加上浸酸时盐对皮的脱水,因此酸裸皮不利于细菌在皮上的繁殖和生长,而有利于裸皮存放和运输。不仅如此,皮经盐的脱水作用,皮纤维变得较为紧密,因此,浸酸也为酸皮的削匀提供了技术保证。也正因为如此,酸皮可以以商品进入贸易市场。若酸皮以防腐为主要目的保存或运输时,应高度重视其保存温度、时间和环境的清洁。保存温度应低于 25℃(最好在 15℃以下有冷冻装置的仓库里保存),保存时间以不超过 3 个月为宜。裸皮浸酸后,皮纤维已处于最佳的鞣制态,其毛孔张开,表面亲和力极强,因此保存、运输、加工酸皮的环境应清洁。因为由酸皮沾污所带来的革产品缺陷在生产上几乎是不可弥补的,严重地影响成革的品质。

4.9.2 浸酸液的组成

浸酸液是由酸、盐按一定的比例溶解于水后所形成的一种溶液。制革生产浸酸液中的酸通常以硫酸为主,有机酸为辅(如甲酸或乙酸),也有只用硫酸不用有机酸的;其盐为工业用氯化钠。根据浸酸液组成的不同,可以分为 H_2SO_4—NaCl 体系、H_2SO_4—HCOOH—NaCl 体系、HCl—NaCl 体系以及无盐浸酸体系。

其中的硫酸及盐的用量以碱皮重作为基准,其用量以加工的革品种而定,若是轻革生产,含量在 98% 以上的硫酸用量多为碱皮重的 0.8%～1.2%,工业用有机酸为 0.2%～0.6%;生产重革所需的硫酸量一般在 1.2%～1.6%,具体的称取量则以革品种、成革品质要求、裸皮的状态等而定。盐的称取量依酸用量而定,其用量的基本原则是以保证裸皮不发生膨胀最低使用量,一般在 5%～8% 的范围(在一般情况下,当浸酸液比为 1 时,皮重 8% 的食盐使用量所形成的溶液浓度为 70 波美度左右)。盐使用量过低,皮在浸酸过程中将发生膨胀;过高将导致酸皮过度脱水而使成革扁薄,丰满性下降,而且大量的氯离子随浸酸液进入鞣液之中将降低铬鞣液的鞣革性能。为了减少或省去浸酸中使用的食盐,现一般采用非膨胀酸或酸性辅助型合成鞣剂浸酸,在将裸皮的 pH 降至铬鞣所需的 pH 的同时而不会引起裸皮膨胀。而硫酸的酸式盐,例如 $NaHSO_3$ 则是一种更便宜的无浴液浸酸材料,用它时,产生酸膨胀的危险性小,如将它与蚁酸钠合用,酸膨胀的危险还会进一步减小。

目前在浸酸时,多采用蚁酸或醋酸与硫酸合用。例如,甲酸 0.4%,硫酸 0.45%,加入小分子的有机酸,渗透快,对铬鞣液有蒙囿作用,成革粒面细,身骨柔软。国外常采用二元有机酸如草酸、丙二酸、丁二酸等。应用二元有机酸的优点是它们都是固体的有机酸,可用于无液的浸酸和铬鞣,它们对铬鞣也有蒙囿作用,既是浸酸剂也是蒙囿剂。至于丁二酸、己二酸等,因其链较长,可以在两个铬原子之间交联生成大的粒子,而大粒子的铬鞣剂能与胶原的结合能力强,结合量高。

浸酸液中有时会加 1% 的明矾,主要起铝预鞣的作用,可使成革粒而平滑。也有加 1% 的甲醛溶液(37% 含量),起了一些固定粒面、减轻松面现象的作用。

有时工厂生产不平衡,后处理的半成品积压,则裸皮浸酸后可以堆置贮存。这时必在浸酸时加入防霉剂(如乙萘酚等),保持浸酸皮不致生霉。

4.9.3　浸酸方法

浸酸一般在转鼓中操作。先将盐和水加入鼓内,然后投入皮,转动 10min 后,从轴孔加入稀释(1∶10)的硫酸溶液,继续转动 1～2h,停鼓,过夜。底革用裸皮转 7～12h,浸酸温度 20～22℃,不宜过高,否则皮质损失大。温度超过 28℃ 时,应采取降温措施。浸酸液比一般为 0.5～1。水量多少对皮吸收酸无影响,只是与盐的用量有关。为了节约用盐或防止盐的污染,现在多采用小液比(0.5 左右)或无液浸酸。浸酸程度一般用溴甲酚绿为指示剂来检查,将指示剂滴于裸皮(臀部)切口,两边层为绿色、中层为蓝色即行。浸酸好的皮,粒面不发滑、不膨胀,臀部切口为乳白色。浸酸后的裸皮绝不可沾清水,以免产生酸肿而降低成革质量。

4.9.4　浸酸的影响因素

4.9.4.1　温度

温度对浸酸的影响极大,较高温度尽管可加速浸酸,利于酸向皮内渗透,但是温度愈高,酸对皮蛋白质的水解愈强,皮蛋白损失愈多,将导致成革强度下降,松面的可能性增加。当浸酸温度超过 25℃ 时,皮蛋白的分解随温度的升高而急骤增加。因此,在生产中浸酸温度控制在 20℃ 左右为宜,最高不应超过 25℃。在实际生产中,防止浸酸时温度升高的最有效的方法是向浸酸转鼓中加冰(尤其是在夏天制革),其次是缩短转动时间和停鼓打开鼓门自然降温。

4.9.4.2　液比

液比的大小影响着浸酸液中酸、盐的浓度和溶液 pH 的高低,生产中浸酸所需的酸、盐的用量由碱皮的质量而定。因此,液比大,酸、盐的浓度低,pH 高,反之则反。除此之外,液比的大小影响着浸酸的操作与控制。液比小,皮在转动中易使鼓内温度升高,皮容易打绞,产生死折而导致浸酸不均,影响成革品质;液比过小,装载过大,将影响转鼓的启动,易产生事故;液比过大,酸的浓度过低,pH 过高,酸对裸皮应有的作用将削弱,无法达到浸酸的目的,同时容易产生酸肿。恰当的液比是正常浸酸、pH 控制和纤维分散的基本保证。生产中轻革浸酸的液比多控制在 0.5～0.8,重革浸酸多控制在 1 左右。

4.9.4.3　时间

浸酸时间的长短,由皮的组织结构、前处理的情况、成革的要求和浸酸液的组成等多种因素来决定。快速浸酸的实验表明,浸酸15min后,90%的酸就被裸皮吸收了,用指示剂检查裸皮切口,酸从粒面透入10%～15%,从肉面透入5%～10%。随着浸酸时间的延长,酸对皮蛋白的作用加强。根据浸酸动力学的研究,有资料报道,浸酸刚开始时,酸向皮内的渗透极快,表面浸酸一般30～40min即可完成,但要使酸把整个皮(指较厚的牛皮)浸透所需的时间至少是表面浸酸的13倍。因此,在生产上凡是要达到对整张皮内外均匀浸酸的,往往采取浸酸过夜的工艺路线(长浸酸的时间一般控制在16～22h)。

4.9.4.4　机械作用

转鼓转速、尺寸参数、挡板数及鼓桩数、挡板高度及鼓桩高度及其分布等都影响机械作用的强弱。

总体上讲,机械作用有助于酸和盐在皮内外均匀分布,有助于酸与盐向皮内的渗透,可缩短浸酸时间,加快生产周期。生产中浸酸的机械作用是借助于转鼓的转动而实现的。浸酸过程不恰当的机械作用对成革的质量将是有害的。不恰当的机械作用主要是指浸酸时转鼓转动时间太长,转速太快。由于浸酸的液比相对于准备工段其他工序的液比,浸酸时所控制的液比是偏低的。浸酸时如果转速过快,转动时间过长,很容易引起鼓温升高,特别是在我国南方、室温较高的地区这种升温的可能性就更大。高温和过强的机械作用均易导致过多的皮蛋白损失而使成革空松和强度下降。反之,机械作用强度小,则浸酸速度慢,需要较长时间到达终点。

制革浸酸时正确的机械作用是既保证酸、盐加速向皮内均匀渗透,又不升温。因此,浸酸初期转鼓宜顺反连续转动30～90min,待浸酸液均匀分布后,宜以停为主,转停结合,顺反结合(一般多采用每停60min转动5min)。

4.9.5　浸酸常见问题

4.9.5.1　用盐量不合适

在浸酸操作中,盐的用量忽高忽低,造成质量问题。当盐的用量偏高时,裸皮过分脱水,所得成革扁薄;当盐的用量偏低时,就不可避免地会出现酸肿现象。故一般是在加入食盐10min后,取液,用密度计测定液体浓度,要求盐的最小浓度为7%。

4.9.5.2　pH过高

如果pH>3.8,会造成铬鞣剂的表面沉积,对于未蒙囿的铬鞣剂,这种沉积会更严重,而使铬鞣剂渗透变得困难。

4.9.5.3　烫伤

浸酸时因稀释酸时用水量少或稀释酸液温度过高而将皮烫伤。烫伤了的皮,成革僵硬、烂面或粒面脆裂。

4.9.5.4　酸肿

正常的浸酸皮皮面涩手，不应发生膨胀，如膨胀而且发滑，叫做酸肿。过度酸肿的皮成革后粒面脆裂、强度降低。其产生的原因是：浸酸液中酸量大、盐量少甚至没有加盐；加入盐和皮后，盐尚未完全溶解即加酸，或者先加酸后加盐也会造成局部酸肿；浸酸后的酸皮遇清水。

为避免酸肿现象，浸酸过程中特别注意以下事项：控制浸酸液中盐的浓度；严格按浸酸工艺操作，先加盐后加酸。加入盐和皮后应转动 10min 待食盐完全溶解，方可加酸；浸酸后的酸皮不能水洗，如果浸酸皮出鼓保存，要避免与清水接触。

4.9.5.5　浸酸的检查

浸酸终点可用感观和指示剂检查。

感观鉴定：皮身坚牢，无膨胀和打绞等现象，色洁白、粒面平坦不发滑（发滑表示浸酸未结束），将皮四折紧压（可向折叠挤压处用力吹气）能留下清晰的白色折痕。

指示剂检查：用于浸酸裸皮紧实部位切口检查的指示剂有澳甲酚绿（pH 变色范围 3.8～5.4，黄～蓝），甲基红（4.6～6.2，红～黄）和甲基橙（3.1～4.4，红～黄），成革要求不同，浸酸时所选用的指示剂不同，如生产软革类，浸酸要求全透，则甲基橙检查臀部切口要求全红等；普通鞋面革要求留一线黄心；软面革要求浸酸全透，臀部切口全红。

当生产进入稳定循环操作之后最方便，最普遍的检查方法是使用酸度计监测浸酸终点 pH 应达稳定的规定值（此法特别适合浸酸过夜的品种）。猪服装革浸酸终点 pH 2.4～2.8；黄牛正面革浸酸终点 pH 2.8～3.20。

4.9.6　清洁浸酸技术

制革行业中盐的污染是非常严重的。制革厂盐的污染主要来自盐腌皮浸水后排出的盐量和浸酸工序所用的盐量。浸酸工序排放的盐量占制革厂总污水中总盐量的 20% 左右，是产生盐污染的第二大工序。据资料报道，如果不用盐腌法保存原皮，制革中至少可以减少 50% 的中性盐污染，若浸酸工艺中不使用中性盐，则又可以减少 30%～40% 的中性盐。为了解决传统制革工业中浸酸带来的盐污染，制革化学家们提出了浸酸的清洁技术，主要是实施浸酸废液的循环利用和无盐浸酸，甚至有不浸酸铬鞣的方法，大大降低了中性盐污染。

4.9.6.1　浸酸废液的循环利用

浸酸结束后，先将浸酸废液排入贮存池，过滤，滤去纤维、肉渣等固体物。然后，用耐酸泵将浸酸废液抽入贮液槽中。最后，按比例加入甲酸和硫酸，将浸酸废液的 pH 调至浸酸开始时的 pH，备用。如此循环往复。采用此法，可以减少食盐用量 80%～90%，减少酸的用量约 25%。

4.9.6.2　无盐浸酸

所谓无盐浸酸是指软化裸皮不用盐而直接用不膨胀酸性化合物（某些具有预鞣作用）处

理,达到常规浸酸的目的。总结国内外的研究成果可以得出实现无盐浸酸的基本条件是:保证在无盐条件下浸酸裸皮不发生膨胀和肿胀;裸皮经无盐浸酸材料处理后应该达到有盐常规浸酸的效果,其成革应具备常规浸酸铬鞣工艺的成革特性;无盐浸酸的工艺条件应基本与常规浸酸工艺相同,加工和材料的成本应与有盐浸酸相当,并不造成新的污染。只有具备了这些条件,无盐浸酸技术才能被制革企业接受并推广应用。

黄牛皮的无盐浸酸的工艺示例如下:

技术规定:液比 0.5～0.8,温度 22～25℃,砜酸聚合物 40%,甲酸 0.5%。

操作方法:按规定调好液比、内温,加入总量 1/2 的砜酸聚合物,转动 20min,测 pH 4.2～4.6,再加入剩下的砜酸聚合物,转动中从转鼓轴孔加入事先用 8～10 倍冷水稀释过的甲酸,转动 120～180min。要求浸酸全透,终点 pH 3.0～3.2。

参考文献

[1]但卫华.制革化学及工艺学[M].北京:中国轻工业出版社,2006.

[2]廖隆理.制革化学与工艺学[M].北京:科学出版社,2005.

[3]李闻欣.制革污染治理及废弃物资源化利用[M].北京:化学工业出版社,2005.

[4]石碧,陆忠兵.制革清洁生产技术[M].北京:化学工业出版社,2004.

[5]马宏瑞.制革工业清洁生产和污染控制技术[M].北京:化学工业出版社,2004.

[6]马建中.皮革化学品[M].北京:化学工业出版社,2002.

[7]魏世林.制革工艺学[M].中国轻工业出版社,2001.

[8]罗衍瑞,林感.国产牛皮准备工段工艺技术研究[J].中国皮革,2014(03):1-2.

[9]张路路,王刚.制革行业清洁生产技术进展[J].广东化工,2012(08):100-101.

[10]何强,廖学品,张文华,等.酶助浸水、脱毛工艺的环境友好性研究(Ⅱ)——基于废液生物降解特性的评价[J].中国皮革,2009(09):8-11.

[11]邓维钧,马建中,胡静.循环经济在制革准备工段生态问题中的应用[J].中国皮革,2008(11):47-51.

[12]罗建勋,徐明辉,李书卿.制革鞣前工序的清洁化技术新发展[J].西部皮革,2007(06):3-5.

[13]罗建勋,蓝振川,李书卿,等.清洁化制革研究的进展与所面临的困难[J].皮革科学与工程,2007(03):50-52.

[14]许亮.浸灰方法对成革质量的影响[J].西部皮革,2004(02):56-58.

[15]徐新鉴.对黄牛鞋面革准备工段清洁工艺的思考[J].中国皮革,1999(21):14-16.

[16]王昊.过氧化氢浸灰工艺的研究[J].西部皮革,1997(04):38-41.

[17]李建华.保毛脱毛工艺的新进展[J].西部皮革,1996(05):28-30.

[18]马燮芳.胶原在制革过程中的形态变化原理[J].皮革科技,1988(06):3-5.

[19]龙建君.制革脱毛废水的紫外线氧化和回收系统[J].皮革化工,1986(03):18-24.

第五章　制革鞣制工段

经过准备工段处理后的裸皮,没有革的性质,不仅不能使用,而且由于胶原中本来有的许多交联键,在准备工段的处理过程中被削弱或被破坏,从而降低了皮蛋白质结构稳定性。所以,这种裸皮,反而比原来的生皮更不耐微生物、化学药品以及湿热的作用。因此,原料皮经过准备工程中碱、酸、盐或酶等化学材料处理后,仍然属于皮的范畴,不具有革的性能,没有实用性。用鞣剂处理生皮使其变成革的过程称为鞣制(或鞣革),实施鞣革及相关的机械加工的工艺过程称为鞣制工程。鞣制是皮革生产的关键工序,皮革的许多特性是通过鞣制工程获得的,因此有"鞣制是关键"之说。

裸皮用盐溶液、有机溶剂脱水或冰冻干燥等,都能使皮获得革的多孔性、成形性、耐弯折性等,但遇水处理后,这种效应就完全消失,所以这不是真正的鞣制作用,真正的鞣制作用是不可逆的,例如,用水处理不会再变为裸皮,即使用特殊的化学剂处理,虽能去掉部分鞣剂,但是不会完全脱鞣。

鞣制后的革与未鞣制过的生皮不同,革遇水不会膨胀,不易腐烂、变质,较能耐蛋白酶的分解,有较高的耐湿热稳定性并具有一定的成形性、良好的透气性、耐弯折性和丰满性等,所以革有很好的使用价值,可用于制造靴鞋、服装、家具、包袋等,而未鞣制的生皮,包括定音鼓皮等,虽具有专门用途,但不能称之为革,因为它们不过是失水干燥了的生皮,其性质并未发生根本改变。

鞣制是用鞣剂处理生皮而使其变成革的质变过程。鞣制所用的化学材料称为鞣剂。鞣制过的革,既保留了生皮的纤维结构,又具有优良的物理化学性能,尽管各种鞣剂和胶原的作用不同,作用程度不一,但鞣制后所产生的效应是一致的,这些鞣制效应为:增加纤维结构的多孔性;减少胶原纤维束、纤维、原纤维之间的黏结性;减少真皮在水中的膨胀性;提高胶原的耐湿热稳定性;提高胶原的耐化学作用及耐酶作用,以及减少湿皮的挤压变形等。仅具备上述的某些鞣制效应,还不能称为革,必须具备上述大部分鞣制效应的皮才能称为革。

鞣剂能否与皮胶原很好地发生交联,受到胶原氨基酸分子的排列、蛋白质相邻分子链间活性基团的距离以及鞣剂分子中活性基团的距离、分子大小、空间排列等各方面因素的影响。此外,鞣剂必须是一种多活性基团的物质,其分子结构中至少应含有两个或两个以上的活性基团,例如,铬鞣剂、锆鞣剂、植物鞣剂等都有两个或两个以上的配位点或活性基团,作为分子交联缝合改性的作用点。鞣制作用的一个必要条件是鞣剂分子必须和胶原结构中两个以上的反应点作用,生成新的交联键,只和胶原在一点反应的化合物不算是有鞣性的。因此,鞣制作用能使鞣剂分子在胶原细微结构间产生交联。不同鞣剂与胶原的作用不同,但能在胶原分子链间生成交联键这点,则是一致的,示意图见图5-1。

在制革工业中目前占主导地位的是铬鞣和植鞣,在用于主鞣的结合鞣法中也是以铬或植鞣为主,因此,从制革的实用工艺需要出发,将着重讨论无机盐鞣法(以铬鞣为主)、有机鞣法

（以植鞣为主）以及铬或植为主的结合鞣的鞣法及其材料。

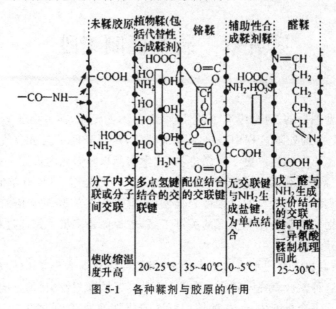

图 5-1 各种鞣剂与胶原的作用

5.1 无机盐鞣法

5.1.1 铬鞣法

1858 年,克纳普正式证实铬盐能够鞣革,但未应用于生产。德国的 A. 舒尔茨在偶然发现中得到启发,确信铬鞣法有投产的可能,后经不断研究,终于在 1884 年获得二浴鞣法的美国专利,随后他又将此鞣法用于牛皮箱包革的鞣制。1893 年,美国的 M. 丹尼斯沿着克纳普建议的技术路线,用碱式氯化铬制成第一个铬鞣剂(商品名 Tanolin),并用于直接鞣革,从而获得一浴鞣法专利。以后,丹尼斯又用硫酸铬代替氯化铬,进一步提高了鞣革的质量。铬鞣法在欧洲问世后,先在美洲得到发展,后来又经普劳克特等人的传播,再次回到欧洲,进一步得到发展。1891 年,瑞典的 A. 韦尔纳提出络合物"配位理论",并于 1920 年左右应用于铬鞣机理的研究。此后,铬鞣法这一制革技术在理论的指导下日趋成熟,成为至今仍在使用的重要鞣法之一。第二次世界大战期间,喷雾干燥开始应用于工业铬鞣剂的生产。20 世纪 50 年代,喷雾干燥逐步代替了常规的滚筒干燥法,使铬鞣剂的生产和铬鞣法的应用得以进一步的简化和成熟。铬鞣法收缩温度高,生产周期短,弹性大而无可塑性,便于染整修饰,重点用于轻革。

5.1.1.1 铬鞣剂的溶液性质

尽管铬共有 5 种原子价,常见的价态有:$+2$、$+3$、$+6$ 三种,但只有 Cr^{3+} 才具有鞣性。在水溶液中三价铬化合物都是配合物,最简单的是单核铬配合物,在中心 Cr^{3+} 周围含有 6 个配位体形成单核铬配合物,空间构型是正八面体。铬离子是中心离子,配位体主要有水分子、羟基、硫酸根、羧酸根等。

从制革的角度来看,最重要的分子配位体是水分子,因为铬鞣液的配制以及铬鞣过程一般都是在以水为介质的环境中完成的。实际上,各种阴离子在一定条件下都可以作为铬配离子的配位体,尤其是与制革关系密切的无机阴离子有 SO_4^{2-}、Cl^-、CO_3^{2-} 等。因为制革所用的铬盐主要是硫酸盐,有时也用氯化物,而碳酸盐主要是在鞣液配制时,为提高铬鞣液碱度时加入的。在有机酸阴离子方面,常见的甲酸根、乙酸根、草酸根、苯二甲酸根和一些含有羟基的有机酸根,如酒石酸根、柠檬酸根以及其他等。这些有机酸根往往可以极大地影响鞣制效应,因此铬鞣时为了改善鞣液的性质,常常加入有机酸盐作为蒙囿剂。

除了上述的酸根阴离子可以作为铬配合物的配位体外,碱性阴离子—OH 基也是一种配位体,它对所有的无机鞣法具有特殊的重要意义。含有—OH 基的铬盐叫做碱式铬盐,如 $Cr(OH)SO_4$ 叫做碱式硫酸铬,$Cr(OH)Cl_2$ 叫做碱式氯化铬。

由于各种阴离子的性质不同,所以当它们作为配位体时,就有不同的配合能力,那些配位能力大的配位体,可以进入铬配合物内界,取代那些已经在内界中但配合能力比它小的配位体,这种现象叫做配位体的相互取代。下面是一些配位体,按照它们对三价铬离子配合能力的大小排列顺序:

OH^-＞草酸根＞柠檬酸根＞丙二酸根＞丁二酸根＞磺化苯二甲酸根＞CH_3COO^-＞胶原羧基离子＞SO_3^{2-}＞$HCOO^-$＞CNS^-＞SO_4^-＞Cl^-＞NO_3^-＞ClO_4^-＞H_2O

两个配位体相距越远越容易发生取代。通常情况下,水分子的配合能力最小,也是最容易被取代的一种配位体。由于胶原的羧基离子取代阴离子比取代水分子困难得多,或根本不能取代。从这个意义上来看,要使铬鞣过程能很好地实现,铬配合物中必须含有一定数量的水分子,而且所含阴离子的数量不能太多,太多则铬配合物过于稳定,无法实现对水分子的取代。然而,在特殊情况下也不这样,例如,在硫酸铬溶液中加入大量氯化钠,由于质量作用定律的关系,氯离子可以透入铬配合物内界把硫酸根取代出来,甚至水分子也可以取代阴离子配位体,条件是当被取代的阴离子浓度很低,且和水分子的配合能力相差不大。

三价铬配合物在水溶液中的主要性质之一是它们能通过水解和配聚形成多核铬配合物,从而使分子变大,这是有利于鞣制的重要条件。因为如果铬配合物的分子太小,虽然它们也能与胶原结合,但却不能在胶原的相邻肽链间产生交联键,对增加皮蛋白质结构稳定性的作用不大,因此不能产生鞣制效应。反之,如果铬配合物的分子太大,它们又难以透进裸皮,也同样不能发生鞣制效应。因此只有那些大小适度的多核铬配合物才能产生真正的鞣制作用。这些多核铬配合物中的铬核,一般不超过 8 个,它们的形成是通过铬配合物的水解作用、羟配聚作用和氧配聚作用实现的。

(1)水解作用。铬配合物内界的水分子会因质子的迁移作用而释放出氢离子,同时形成—OH 基团。这个过程即为铬配合物的水解作用。具体的水解反应式如下所示:

$$[Cr(H_2O)_6]^{3+} \rightleftharpoons [Cr(H_2O)_5OH]^{2+} + H^+$$
$$[Cr(H_2O)_5OH]^{2+} \rightleftharpoons [Cr(H_2O)_4(OH)_2]^+ + H^+$$
$$[Cr(H_2O)_4(OH)_2]^+ \rightleftharpoons Cr(OH)_3 \downarrow + H^+ + 3H_2O$$

六水合铬配离子在水中的三级水解常数分别为 $10^{-4.0}$、$10^{-9.7}$ 和 10^{-18}。在外界条件不变的情况下,铬配合物会逐渐发生水解,直到发生沉淀或达到平衡为止。水解的结果是生成了羟配位铬配合物(碱式铬配合物),释放出氢离子,降低了体系的 pH。加碱、加热和稀释都有利于铬配合物水解作用的进行,而水解可以促进铬配合物分子变大,所以在制革生产中,铬鞣初期为了让铬配合物迅速渗入皮内,需抑制水解,如鞣前浸酸降低 pH、常温鞣制等。待铬鞣液渗透到皮内,则要促进水解,例如铬鞣后期加碱、加热水(加温和稀释作用)和静置过夜等。

(2)羟配聚作用。碱式铬配合物中的—OH 基,由于它的氧原子具有不只一对未共用电子对,所以它可以与两个铬原子配位,这样就可以把两个铬配合物连接起来,成为含有两个或两个以上铬核的多核铬配合物,由羟基的键桥将两个或两个以上的单核铬配合物连接起来的作用,这就形成了羟配聚铬配合物。具体反应示意如下:

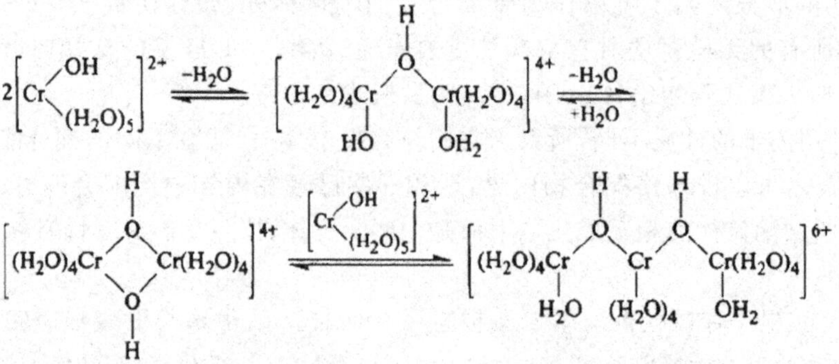

在发生羟配聚作用时,铬配合物的电荷所有符号保持不变,其所带电荷数为配聚前所有配离子所带电荷数之和。发生羟配聚作用的结果是铬配合物的分子变大,电荷数增加。在发生羟配聚作用时不释放出氢离子,故溶液的 pH 不变。与水解作用一样,加热、长期静置和稀释都可以促进羟配聚作用,其中以加碱、热和加碱的效果最大。

(3)氧配聚作用。羟配聚铬配合物在长期静置或加热煮沸的情况下,部分配聚羟基上的氢受到 Cr^{3+} 离子周围静电场的排斥而被推出内界,配聚羟基变成配聚氧基,这种作用叫做氧配聚作用。发生氧配聚作用时,由于释放出质子,所以溶液的 pH 降低,铬配离子的正电荷减少。具体的反应示意式为:

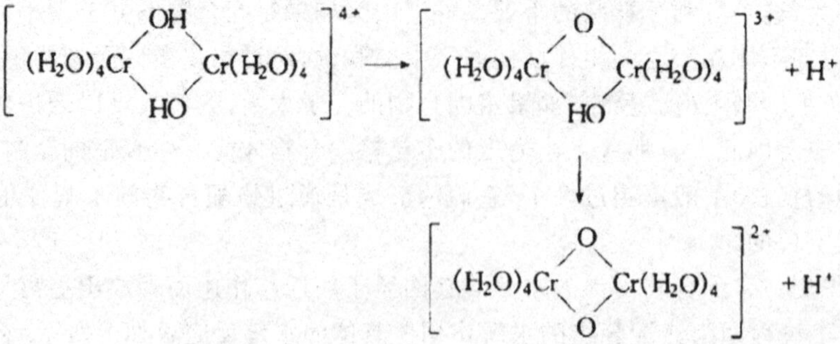

氧配聚配合物的特点是比羟配聚配合物更耐酸的作用,但是在溶液中还是以羟配聚配合物为主。

(4)去配聚作用。在一定条件下,某些配位能力较强的配位体从铬配合物中取代了配聚羟基的作用叫做去配聚作用。不仅那些配合能力强的配位体可以取代配聚基,而且那些配合能力中等的配位体,当数量达到一定时,也可以发生去配聚作用。

比如,在铬鞣剂中加入二元或二元以上的羧酸等可促使其形成多核铬配合物,从而提高鞣制效果和革中铬的结合量,起到蒙囿(隐匿)作用。以邻苯二甲酸为例,所形成的多核铬配合物示意式为:

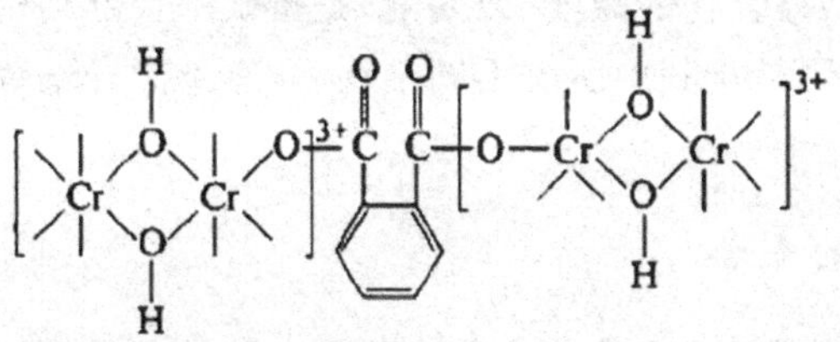

综上所述,我们可以发现,铬鞣剂在溶液中是一个组分十分复杂的多相体系,它既有最简单的单核铬配合物,也有很复杂的多核铬配合物。

需要指出的是,只有含羟基的碱式铬络合物才能通过配聚作用形成多核铬络合物使分子变大,可在生皮胶原中产生交联结构,增加蛋白质结构的稳定性从而起到鞣制作用。因此,铬络合物分子的大小及其鞣性与络合物中羟基的数量有关。显而易见,对制革生产而言,铬鞣液中所含羟基的数目是一个非常重要的指标。铬络合物中羟基的数目常用肖氏碱度(Schoremmer Basicity)表示,其涵义是铬络合物中所含羟基的物质的量(摩尔数)与铬物质的量(摩尔数)的 3 倍之比的百分数,即:

$$碱度(B) = \frac{铬络合物中羟基的物质的量}{铬络合物中铬的物质的量 \times 3} \times 100\%$$

内界中含有—OH 基的铬配合物叫做碱式铬配合物,在这种配合物中,既有碱性基也有酸根,因此与碱度相对应的是,在铬配合物中还常用到酸度的概念。铬配合物的酸度是指用百分比表示的铬配合物中酸根(以一价酸根为例)的物质的量(摩尔数)与铬的物质的量 3 倍的比值,即:

$$酸度(A) = \frac{铬配合物中酸根的物质的量}{铬配合物中铬的物质的量 \times 3} \times 100\%$$

由于—OH 基不可能处于铬配合物的外界,所以配合物分子的碱度和铬离子的碱度都一样。对于碱式铬配合物,酸度和碱度的关系可用最简单的单核铬配合物 $[Cr(H_2O)_6]Cl_3$ 在水溶液中的变化来说明,如表 5-1 所示。

表 5-1 $CrCl_3 \cdot (H_2O)_6$ 的酸度和碱度关系

溶液中铬配合物的分子式	铬的总价数	酸根的总价数	OH 的总价数	酸度/%	碱度/%
$[Cr(H_2O)_6]Cl_3$	3	3	0	100.0	0.0
$[Cr(H_2O)_5OH]Cl_2$	3	2	1	66.6	33.3
$[Cr(H_2O)_4(OH)_2]Cl$	3	1	2	33.3	66.6
$Cr(OH)_3$	3	0	3	0.0	100.0

由表 5-1 可知铬络合物中酸度与碱度的关系为:

$$酸度(A) + 碱度(B) = 100\%$$

上述铬配合物酸度和碱度的概念,只适合于阳铬配合物和不带电荷的中性铬配合物,而不适合于阴铬配合物,以阴铬配合物$\{[Cr(H_2O)_2(OH)Cl_3]^-M^+\}$为例,其酸度是100%,而碱度是33%,显然其酸度和碱度之和已超出100%了。

另外,需要指出的是,铬络合物的碱度(或酸度)与铬鞣液的碱度(或酸度)在概念上是一致的,但两者涵义有差别。铬络合物的碱度(或酸度)是指某一特定结构络合物的碱度(或酸度),而铬鞣液的碱度(或酸度)则是指其中所有不同结构、含有不同羟基数目的铬络合物碱度(或酸度)的统计平均值。

5.1.1.2 铬鞣剂的制备

制革生产使用的一浴铬鞣液,通常是由重铬酸盐在酸性条件下加还原剂配制而成的,使不具有鞣性的六价铬盐还原为具有鞣性的三价碱式铬盐。常用的还原剂有二氧化硫、葡萄糖、硫代硫酸钠、亚硫酸盐、蔗糖、木屑和萘磺酸等。在铬鞣中,使用的碱式硫酸铬的碱度常以33%~45%为宜。根据材料和方法的不同,配制一浴铬鞣液方法分类如下:

(1)用糖作还原剂配制规定碱度的一浴铬鞣液。经研究表明,用葡萄糖还原的铬鞣液性能最好,革的耐热性好,沸水试验的收缩率最小,它稳定胶原结构的效果最佳。目前看来最好的、使用得最普遍的是糖类,如工业葡萄糖或一般的食用糖等。因此在我国配制铬鞣液时,葡萄糖是使用最为普遍的还原剂。在酸性条件下,葡萄糖可把重铬酸盐还原成三价的碱式铬盐而自己被氧化成水和二氧化碳,化学反应示意如下:

$$4K_2Cr_2O_7+12H_2SO_4+C_6H_{12}O_6 \longrightarrow 8Cr(OH)SO_4+4K_2SO_4+6CO_2\uparrow+14H_2O$$

这是理论反应式,实际的反应复杂得多。完全按上述反应配比进行配制铬鞣液,理论上的碱度是33.3%,只有在用高纯度的材料及严格控制的条件下可接近理论上的反应。实际上在上述反应中除生成水和二氧化碳外,还生成甲酸、乙酸、草酸和一些醛类等葡萄糖氧化不完全的中间产物。这些有机酸根可以进入铬配合物内界配位,因此用糖还原的铬鞣液中,铬配合物的组成相当复杂。也正因为如此,虽然葡萄糖的理论用量为重铬酸钾质量的15.3%,同时考虑到工业葡萄糖还常含有一些杂质和水分,所以糖的用量比理论用量要多。一般葡萄糖的用量为重铬酸盐用量的20%~30%。

配鞣液时的反应是放热反应,当最初一部分糖液加入时,温度迅速上升,温度越高,反应越猛烈。加糖过多、过快往往产生暴沸现象,这时应立刻加入冷水降温,或加入少许加脂剂如硫酸化油一类物质以消除泡沫。另外,反应温度过高,所生成的有机酸大部分挥发掉,失去它们的蒙囿效应,温度过低则反应时间延长,甚至反应不能完全进行,所以加糖的速度以保持溶液微沸即可。

当深绿色中不带任何黄色色调时,还原反应即告完成,溶液温度也逐渐下降到90℃左右。出料放冷,补水调整含量后静置陈化1~3天即得一浴铬鞣液。将一浴铬鞣液静置陈化的原因是让鞣液中铬络合物的水解反应、羟桥配聚反应等达到平衡,在还原反应过程中产生的低分子有机酸的阴离子进入铬络合物内界也能够与铬配位,充分起到蒙囿作用以后再用,此时铬鞣液能起到更佳的应用效果。

经理论计算,用糖作还原剂配制规定碱度($B\%$)的一浴铬鞣液的基本配料原则是:以红矾钾($K_2Cr_2O_7$)为原料,100份红矾钾需浓硫酸(以100%计)的量为S,其关系式为S=133.3-B。

本来,在还原过程中,糖只起到还原作用,对所配制铬鞣液的碱度在理论上没有影响。但由前述所知,在实际还原过程中伴有生成很多有机酸一类的中间产物,会使铬鞣液的碱度略有下降。当重铬酸盐的用量确定之后,硫酸的用量对碱度技术指标影响甚大。由于有机酸的产生、硫酸量的误差以及操作控制条件的差异等因素影响,所配制铬鞣液的碱度会与规定要求有一定的差别,应根据情况先进行分析,再加以调整。

把碱度提高1%(即提高1度),需加碳酸钠的量为铬鞣液中 Cr_2O_3 量的2.09%,碳酸氢钠的量为铬鞣液中 Cr_2O_3 量的3.32%。

把碱度降低1%(即降低1度),需加硫酸(100%)的量为铬鞣液中 Cr_2O_3 量的1.93%,盐酸(30%)的量为铬鞣液中 Cr_2O_3 量的4.08%,甲酸(85%)的量为铬鞣液中 Cr_2O_3 量的2.14%。

上述的这种碱度的调整关系不仅适用于糖作还原剂配制的一浴铬鞣液,而且也同样适用于其他还原剂配制的一浴铬鞣液。

(2)用二氧化硫气体作还原剂制备一浴铬鞣液。用二氧化硫作还原剂制备的一浴铬鞣液中除含碱式硫酸铬外,只有中性硫酸盐,不含任何其他副产物,故铬鞣液性质稳定,碱度一般固定在33.3%左右,化学反应原理为:

$$Na_2Cr_2O_7+3SO_2+H_2O \longrightarrow 2Cr(OH)SO_4+Na_2SO_4$$

配制时把定量的重铬酸盐溶于3~4倍的温水中,在温度40℃时,把压缩的 SO_2 通入重铬酸盐的溶液中, SO_2 的用量按理论值计算为重铬酸盐量的65.3%,实际用量约为70%。生产上配制是在吸收塔内进行还原反应,采取 SO_2 气体与重铬酸盐溶液逆流循环的方式,反应效率高,可以实现连续化生产。此方法只能生产碱度为33.3%的铬鞣液,如生产其他碱度规格的铬鞣液,还需要进行碱度调整,同时铬鞣液(或铬粉)中不含有机酸盐,自蒙圃性差,为改善其鞣性,还得加入一定量的有机酸盐。在国内此方法不如糖还原法配制一浴铬鞣液应用得普遍。

(3)用硫代硫酸钠(海波)作还原剂制备一浴铬鞣液。当缺乏糖或二氧化硫时,可采用硫代硫酸钠(海波)作还原剂配制铬鞣液,反应在酸性条件下容易进行。化学反应原理为:

$$H_2Cr_2O_7+5H_2SO_4+6Na_2S_2O_3 \longrightarrow Cr_2(OH)_2(SO_4)_2+3Na_2S_4O_6+Na_2SO_4+5H_2O (5-1)$$
$$H_2Cr_2O_7+2H_2SO_4+3Na_2S_2O_3 \longrightarrow Cr_2(OH)_2(SO_4)_2+3Na_2SO_4+Na_2SO_4+3S+2H_2O (5-2)$$
$$4H_2Cr_2O_7+5H_2SO_4+3Na_2S_2O_3 \longrightarrow 4Cr_2(OH)_2(SO_4)_2+3Na_2SO_4+5H_2O (5-3)$$

据研究,大约有50%的重铬酸按式(5-1),30%~40%按式(5-2),10%~20%按式(5-3)反应。反应生成物中有中性硫酸盐,四硫磺酸盐及硫。硫以胶体状态存在于铬鞣液中,鞣制时能渗透到皮内并沉积于皮胶原纤维束之间,既起到填充作用,又减少了在干燥时胶原纤维的黏结性,鞣制的皮革手感丰满、柔软,而且粒面比较细致。但由于反应较复杂,鞣液性质的稳定性不如上面两种方法配制的鞣液,加之配制过程中有刺激性气体 SO_2 逸出,存在一定的污染,所以该方法方法几乎很少采用,仅在没有条件采用上述两种方法时方才使用。

(4)用铬矾配制一浴铬鞣液。将铬矾 $[Cr_2(SO_4)_3 \cdot K_2SO_4 \cdot 24H_2O]$ 溶后加入氢氧化钠或碳酸氢钠,使之成为具有鞣性的碱式铬盐,其化学反应原理如下:

$$Cr_2(SO_3)_3+2NaOH \longrightarrow 2Cr(OH)SO_4+Na_2SO_4$$
$$Cr_2(SO_4)_3+Na_2CO_3+H_2O \longrightarrow 2Cr(OH)SO_4+Na_2SO_4+CO_2 \uparrow$$

需要说明的是,虽然用铬矾配制铬鞣液比使用红矾简便,但碱度不准确,还需进行进一步分析与调整才可使用,而且生产成本较高。

由于自配鞣液对环境污染和人体健康的影响等因素,以及铬粉综合性能优于鞣液的事实,目前,几乎所有的制革厂都采用铬粉作主鞣剂。铬粉就是将一定碱度的新配一浴铬鞣液经陈化、调整碱度和化学处理后,再进行干燥所得的粉剂,溶于水后成为具有一定碱度的铬鞣液。

纯铬粉过去称为铬盐精,现在又称标准铬粉,学名称碱式硫酸铬。一般是将用葡萄糖或二氧化硫还原重铬酸盐配制的相应碱度的铬鞣液(方法同前一浴铬鞣液)经浓缩、喷雾干燥而制得。常用的碱度为33%左右和40%左右两种规格。生产纯铬粉的工艺流程可示意如下:

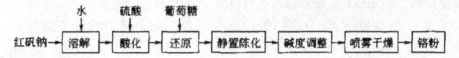

纯铬粉质量指标如下:

	低碱度	高碱度
外观	绿色粉状物	绿色粉状物
固含量	≥95%	≥95%
碱度	31%～35%	38%～42%
Cr_2O_3 含量	24%～26%	24%～26%

有些铬粉,在制备时已加有蒙囿剂,故叫蒙囿铬粉。蒙囿铬粉分为自碱化型和非自碱化型两种系列产品,是有机酸与铬配合物配位后而制成的铬鞣粉剂。蒙囿铬粉具有很强的蒙囿作用与良好的缓冲性能,鞣制过程不需添加蒙囿剂,自碱化型蒙囿铬粉可省去提碱操作,省工、省时、省料。因此蒙囿铬粉是目前生产量最大,应用最广泛的粉状铬鞣剂。国内的 KMC、HL、以及 XB-208A/B 等系列均属此类产品。

由于蒙囿剂阴离子透入铬配合物内界,取代了水分子,使铬配合物的结构和电荷发生改变,正电荷数减少,这就相应地降低了胶原羧基离子与阳铬配离子的吸引力,从而使结合变得缓和,因此有利于铬配合物向皮内渗透并均匀分布。

由于铬配合物中水分子的数量减少,因此胶原的羧基离子进入铬配合物内界取代水分子的机会也相应减少,其结果是减慢了结合速率;由于水分子的数量少,因质子迁移作用产生的氢氧基的数量也相应减少,而铬配合物内界的阴离子配体数增多,所以需要较多的碱才可能使铬配合物产生氢氧化铬沉淀,因此,加入蒙囿剂后可以提高铬配合物耐碱的能力。

蒙囿剂的种类和数量很多,在制革工业上常用的是有机羧酸和它们的盐类。各种有机酸对铬配合物亲和力的大小次序是:乙酸>谷氨酸>胶原的羧基>天冬氨酸>甲酸。

根据研究,使用甲酸钠和乙酸钠作蒙囿剂,成革粒面平整、光滑、细致,手感也好。只是革身稍嫌扁薄,不如用苯二甲酸钠作蒙囿剂的成革丰满,但是后者的粒面又稍粗糙。为了取长补短,传统铬鞣经常把甲酸钠与苯二甲酸钠结合使用。

非自碱化蒙囿铬粉的制备:将一定量的红矾钠用 2～2.5 倍的水溶解后放入反应釜中,缓缓加入硫酸。将葡萄糖溶解成糖液。将糖液在 90～120min 内慢慢加入反应釜中,同时打开冷凝水,使反应温度保持在 90～105℃。加完糖液后需继续反应 30min 左右,然后加入甲酸钠与乙酸钠,在 80～90℃下再反应 2h,即可放入贮液罐中。静置陈化 10～15h 后进行喷雾干燥。

另外,在干燥后所得的非自碱化铬粉中加入 22～26kg 的白云石(120 目左右),混合均匀,即可制得自碱化铬粉。

在制革生产过程中常将交联铬粉与非交联型的标准铬粉结合使用。先加入标准铬粉,待其完全渗透到裸皮后,再加入交联铬粉,形成高吸收铬鞣体系。按这种方法鞣制,不仅铬的吸尽率高,而且铬的多点结合率也高,是一种实用的清洁铬鞣法。交联铬粉属一种高吸收铬鞣粉剂,是有机酸等与铬络合物配位后加入碱化剂和交联剂配制而成,其溶于水,分子较小,但在鞣制过程中会水解配聚,分子逐渐变大,并产生交联,具有强烈的固定铬的作用,有助于铬的吸收,使用过程中不需添加蒙囿剂,具有自动提碱功能。

交联铬粉的制备方法:先按蒙囿铬粉的制备方法制得非自碱化蒙囿铬粉($B=33\%$),再将事先用球磨机(或粉碎机)粉碎成粉状的苯二甲酸酐和苯二甲酸钠与铬粉、白云石混合均匀即可。

5.1.1.3　制革铬鞣法的应用

与其他所有的鞣法一样,铬鞣也是由两个相互影响的过程完成的。其一是铬鞣剂配合物向裸皮内部的渗透过程,要求鞣剂配合物的分子尽量小,以利于鞣剂分子向皮内渗透。其二是渗透到裸皮内部的鞣剂分子与裸皮内活性基团之间的结合过程,要求鞣剂分子具有足够大的分子尺寸,以使其在胶原分子链之间形成交联键,起到真正的鞣制作用。这两个过程是同时进行的,在鞣制初期,以渗透为主,鞣制末期则以结合为主。

常规铬鞣法是制革厂通常采用的铬鞣剂应用方法。将软化的裸皮进行浸酸,使其 pH 控制在 2.0～3.0,转动 2～3h 后停鼓过夜。次日,于全部浸酸液中或部分浸酸液中或 5％盐溶液中加入铬鞣剂或铬鞣液转 2h 后,用小苏打或其他碱性盐将体系的 pH 调至 4.0～4.2,鞣制后期,用热水将鞣液温度调节至 40℃左右,然后出鼓、搭马、静置。常规铬鞣法适应性强、成品革的质量好。

蒙囿铬鞣法则有两种:一种方法是采用具有蒙囿作用的铬粉铬鞣,如在浸酸液中加入 KMC 铬粉 10％或 Baychrom F 7.0％转 8h,鞣制结束 pH 3.9～4.0,温度 35～40℃;另一种方法是在鞣制开始时加入甲酸钠或乙酸钠(如果浸酸液 pH 较低时)或与普通铬鞣液或铬粉同时加入,转 2～4h,以后操作同常规铬鞣法。若用苯二甲酸钠溶液或长链二羧酸盐作蒙囿剂,该类蒙囿剂适宜在铬鞣后期加入,提高蓝湿革含铬量及丰满性,但是粒面稍粗。蒙囿铬鞣法具有铬盐渗透快、在革中分布均匀、蓝湿革品质好等特点。

提碱是铬鞣的重要组成部分,一般采用弱碱盐如碳酸氢铵、小苏打、乙酸钠。提碱时,将它们溶于自重 20 倍热水(小于 40℃),从鼓轴分次缓慢加入,一般分为 3～4 次,每次间隔 15～20min。每次加入碱液均可能使鞣浴的 pH 产生跳跃,才会回降下来,如果操作不当,则可能在铬革上造成色花,表面过鞣,甚至使铬革松面或裂面等缺陷。所谓的自动碱化剂则是指碱土金属的碳酸盐类如白云石、碳酸钙、碳酸镁和氧化镁等。它们在酸溶液中的溶解度随酸的浓度而增加,故溶液的 pH 越低越易溶解,使用自动碱化剂可以消除每次加碱带来的 pH 跳跃而使铬革粒面受影响,也可简化操作。在常规铬鞣法中,可在鞣透后一次加入所需的自动碱化剂,继续鞣制,直到革耐煮沸为止。自动碱化剂的用量可以根据酸碱中和等物质的量算出,如 1g 小苏打相当于 0.6g 白云石,相当于 0.29g 氧化镁。如果采用自动碱化的铬粉,则只需加入铬粉即可。由于浸酸鞣制工艺的可变因素多,故在实施自动碱化铬鞣法时应注意根据鞣制结束时的 pH 做适当调整。

传统常规铬鞣工艺中铬的吸收率只有 $60\% \sim 70\%$,即有 $30\% \sim 40\%$ 的铬残留在废鞣液中不能被生皮吸收和固定,造成了环境污染和资源浪费。因此采用高吸收铬鞣技术,大幅提高了铬的吸收率,降低废液中的铬含量,通过开发新型铬鞣助剂、改进鞣制工艺等方面可实现清洁化生产。高吸收铬鞣法目前有三种方式:第一种是在浸酸液中加入水合乙羟酸,如费力丹姆CS;第二种是在铬鞣后期加入具有高吸收铬能力的铬鞣剂或助鞣剂;第三种方式是在铬鞣结束后加入助鞣剂(多官能基团高分子化合物)。此法铬盐利用率高,可以减少铬鞣剂用量,明显降低铬鞣废液含铬量。使用铬鞣助剂促进铬的吸收是目前国内外研究的重要要求,是一项从材料角度减少铬污染物的有效技术手段,从助剂相对分子质量的大小可以分为小分子铬鞣助剂和高分子助剂。一般在鞣制后期加入高吸收铬鞣助剂,可以使废液中的总铬降低至 0.5g/L以下,大大提高铬鞣剂的吸收率。

5.1.1.4 铬鞣的影响因素

在铬鞣过程中鞣剂与裸皮的相互作用主要表现在渗透与结合两个方面,这是鞣制过程的一对主要矛盾。它们的存在、发展和转化,决定着鞣制的进程。一切影响铬鞣的因素,实际上就是影响鞣剂渗透与结合的因素。

(1)pH。在铬鞣时,不论裸皮和铬配合物均受到 pH 变化的影响。对裸皮而言,在它的等电点时,裸皮所带的正电荷数与负电荷数是相同的。如果 pH 逐步降低,则与氢离子结合的羧基离子的数量愈来愈多。在 pH 2 左右,只有少部分羧基呈离子态,这时裸皮与铬盐的结合量很少。在 pH 4.0 左右,约有 50% 的离子态羧基,这是铬鞣最适宜的 pH。如果 pH 再往上升,离子态羧基数量更多,与铬配合物的结合也愈迅速。对铬配合物而言,在低 pH 下,配合物的分子小,利于向裸皮内渗透,但不利于结合。随着 pH 增高,配合物分子逐渐变大,这时向裸皮内渗透的速率逐渐变慢,而在皮内的结合速率和结合数量却逐渐加快和增多。

因此在铬鞣初期,应尽量使铬配合物向皮内深处渗透,并均匀分布在皮的整个皮层上。铬鞣前的浸酸,除了有分散胶原纤维等作用外,降低裸皮的 pH,暂时封闭它的羧基也是一种很主要的作用。浸过酸的裸皮,可以用较高碱度的铬鞣液进行鞣制,而不会发生在粒面层结合铬盐过多造成表面过鞣现象。在铬鞣中后期,当铬配合物已充分并均匀地透入裸皮后,即需向鞣液加碱,提高鞣浴的 pH,因为此时需要增加铬配合物与裸皮的结合速率和结合数量。向鞣液加碱,使裸皮被封闭的羧基再变为羧基离子。同时皮内的铬配合物,在提高 pH 下,分子变大而利于与羧基离子结合。

(2)温度。在铬鞣过程中,提高铬鞣液的温度会促进鞣液中铬配合物的水解作用和配聚作用,使配合物的分子变大,从而有利于铬配合物与胶原的结合;提高鞣制温度,还能使鞣液向皮内的渗透速率加快,从而加快鞣制速度。但应注意,鞣制初期,裸皮不能经受较高温度,同时也不希望铬配合物分子变得太大,所以鞣制初期,应在常温下进行,鞣制后期加热水升温,控制液温在 40℃ 左右。

(3)时间。在铬鞣开始的 $2 \sim 3h$ 内,皮从铬液中迅速地吸收游离酸和铬配合物,此后皮吸收酸与吸收铬的比例一定。特别是高浓度和低碱度的铬液,皮吸收铬最显著。使用极高浓度特别是使用了蒙囿铬鞣剂时,皮纤维间充满了渗透的铬配位化合物,随后,随着时间的延长,铬配合物与胶原的结合逐步进行,一般在转动 3～5h 后,停鼓浸泡过夜,取出搭马静置 24～48h,使未结合的铬继续结合。

(4)铬鞣液浓度。铬鞣时鞣剂的浓度是影响其渗透的动力学参数,在裸皮状态、鞣剂一定的条件下,鞣剂的渗透速度随其浓度增加而增大。鞣剂的浓度受制于铬鞣剂用量和液比,在铬鞣操作中,鞣剂用量常固定不变,粉状铬鞣剂常用 6%～7%。铬鞣初期多用小液比(个别品种除外,如羊皮),这样因浓度高渗透快,可缩短鞣制时间。同时因铬鞣剂浓度大,pH 低,铬配合物的水解与配聚受到抑制,胶原羧基的离解量减少,这些均能促进铬透入皮中。因此,鞣制开始时,将鞣剂一次加入是有利的。

(5)铬鞣剂的碱度。由前所述可知,鞣剂的碱度是定量描述鞣剂分子大小的特征参数,它的大小表示鞣剂配合物的分子尺寸,与鞣剂的渗透和揉制作用关系密切,是影响铬鞣质量的一个重要因素。碱度低,鞣剂分子小、正电荷低、渗透快、结合慢。要产生鞣制作用,铬鞣剂必须在胶原肽链间产生有效交联。为了合理解决鞣剂渗透与结合的矛盾,对常规铬鞣法,鞣剂碱度常控制在 33%～35%,到铬鞣后期,缓慢向鞣液中加碱,逐步提高鞣剂碱度至 40% 或 50% 以促进交联结合。

(6)蒙囿作用。凡是那些能与无机鞣剂配位并能改变其鞣革性能的物质,叫做蒙囿剂。它们的作用主要是使鞣制过程比较温和地进行,鞣剂与裸皮的结合不那么迅速,因而鞣剂能迅速渗透并均匀分布在皮内而不引起皮革粒面粗糙。另外,蒙囿剂还可以提高鞣剂耐碱的能力,使鞣制过程能在较高的 pH 下进行而鞣剂不会成为氢氧化物的沉淀。总的来说,蒙囿剂提高了鞣剂配合物的稳定性。产生这种效果的主要原因是由于蒙囿剂阴离子透入铬配合物内界,取代了水分子,使铬配合物的结构和电荷发生改变,正电荷数减少,这就相应地降低了胶原羧基离子与阳铬配离子的吸引力,从而使结合变得缓和,因此有利于铬配合物向皮内渗透并均匀分布;由于铬配合物中水分子的数量减少,因此胶原的羧基离子进入铬配合物内界取代水分子的机会也相应减少,其结果是减慢了结合速率;由于水分子的数量少,因质子迁移作用产生的氢氧基的数量也相应减少,而铬配合物内界的阴离子配体数增多,所以需要较多的碱才可能使铬配合物产生氢氧化铬沉淀,因此,加入蒙囿剂后可以提高铬配合物耐碱的能力。

但在铬鞣中使用蒙囿剂时,对用量应特别注意。每一种蒙囿剂都有它的最适用量,如超过这个用量,则铬配合物中可被胶原羧基离子取代的水分子数减少,其结果是将减少铬盐的结合量,甚至完全不结合,从而失去鞣性。如果在使用得当的情况下,即使脱铬力最强的草酸盐,也可以收到良好的蒙囿作用。

除了应注意蒙囿剂的用量以外,还应注意加入的方式。小分子蒙囿剂,如甲酸钠、乙酸钠一般宜在鞣前加入鞣液中去。苯二甲酸盐类的大分子蒙囿剂,可在鞣前、鞣制期中或鞣制末期加入。如果使用长链二羧酸盐,最好在鞣制末期添加。

(7)中性盐。中性盐如 $NaCl$,Na_2SO_4 具有使裸皮脱水的作用,用适量的中性盐处理裸皮,可增大皮纤维间隙,有利于铬鞣剂渗透、均匀结合。铬鞣中使用中性盐主要是用以抑制裸皮在浸酸溶液中的膨胀,促进铬鞣剂在皮内的扩散与吸收。但中性盐用量不宜过大,否则,量变将引起质变,降低铬鞣剂的吸收,导致鞣成的革板硬欠丰满。研究表明,当 $NaCl$ 达到 1.0～1.5mol/L 时,铬鞣液的组成发生变化,铬的吸收量达到最低。这是因为尽管氯离子、硫酸根离子与铬的配合稳定性较小,但随着中性盐阴离子浓度增加,溶液中的阳铬配合物将转变成中、阴性配合物,减少与胶原—COO—的结合。

(8)机械作用。铬鞣时裸皮在转鼓中受到翻折、摔打等机械作用,加速了化学试剂的渗透,为化学试剂的快速渗透提供了一定的动力作用,通常机械作用越大,铬鞣剂渗透越快。机械作用的大小与转鼓的直径、转速相关,直径越大,转速越快,机械作用越强。其次与水用量也有关系,液比越小,机械作用越强。转鼓直径小于 3m,转速宜控制在 8~12r/min,大于 3m 的,转速控制在 6~8r/min。

5.1.1.5 铬鞣鞣革的机理

铬鞣法在工业上正式应用,到现在为止已有百多年历史,在此期间许多制革化学家对铬盐与生皮结合的原理进行了大量的研究工作。迄今为止一致公认的铬鞣的机理是:适当大小的三价铬配合物透进裸皮后,首先与胶原侧链上带负电荷的羧基离子(R—COO—)互相吸引,当它们的距离达到适当近的时候,羧基离子便进入铬配合物内界,与中心离子配位,生成牢固的配位键。胶原相邻肽链间通过铬配合物生成的交联键,大大增强了胶原的结构稳定性,使它具有很高的耐湿热作用、抗酶作用、抗化学试剂以及耐储存等作用,实现生皮转变成革。

在相邻肽链间与两个或两个以上羧基离子的结合称为多点结合。多点结合的铬配合物才起到真正的鞣制作用。铬鞣革中的交联键,并不一定全发生在相邻肽链间,在同一肽链上的两个羧基离子也可以与多核铬配合物发生交联,这种纵向交联键虽也能增加胶原结构的稳定性,但其作用不及横向交联键大。铬配合物只与胶原的一个羧基离子结合叫做单点结合,它们对胶原结构稳定性的作用不大,主要起到填充作用。除了化学结合外,铬鞣革中还存在着一部分物理吸附的铬盐,它们起到填充作用,对革的丰满性很有影响。由于胶原的羧基离子与铬配合物发生了牢固的结合,因此相对地多了一部分带正电荷的氨基离子,所以铬鞣革显正电性。未经任何处理的生皮,其等电点的 pH 为 7.5 左右。脱灰后的裸皮,其等电点的 pH 为 5.0 左右。在铬鞣后,由于胶原的羧基被封闭,所以铬鞣革的等电点又回升到 pH 为 7.0 左右。铬鞣革显正电性这一点,对以后的染色、加脂有很重要的意义。因为只有那些带有相反电荷的加脂剂和染料才容易被铬革吸收。可以通过后续中和工序调节革的表面电荷,以控制染料、加脂剂的渗透、结合以及在革中的分布。

在常用的铬鞣液中,除了主要含阳铬配合物之外,尚含有一小部分中性铬配合物及数量很少的阴铬配合物。中性铬配合物可能与胶原的肽基以氢键结合。例如,用主要含肽键(—CO—NH—)的聚酰胺树脂与主要含阳铬配合物的稀铬鞣液作用不发生结合,但它却能与碱度为 66% 主要含中性铬配合物的高氯酸铬作用,被结合的 Cr_2O_3 量多达聚酰胺树脂重的 7.1%,而阴铬配合物则也可能与胶原的氨基作用。

5.1.2 铝鞣法

铝鞣法是比较古老的鞣法之一。在铬鞣发明之前,皮革和毛皮生产上曾广泛地用铝盐制造面革、手套革、鞍具革和毛皮等。铝鞣革的特点为纯白、柔软、粒面细致而紧实,延伸性优良,其肉面绒毛细致像呢绒。所以,铝鞣法适宜于制作服装手套革,特别是绒面革。铝鞣革的收缩温度不高,一般为 70~75℃,而且铝鞣革不耐水,浸入水中或水洗后就要褪鞣,使革变得板硬、扁薄,几乎与未鞣制过的生皮一样。因此,尽管铝鞣革具有上述诸多优良性质,而且铝盐的量也很丰富,但至今铝鞣法仍未得到广泛的推广和应用。在制革工业上铝鞣剂仅作为辅助的鞣剂使用。铝鞣剂与其他无机鞣剂共同使用,则它的鞣性可以提高,与皮革结合的能力也能增强。

铝鞣剂指的是一种含蒙囿剂的高碱度(盐基度)的氯化铝或硫酸铝盐。铝鞣剂一般用于皮革的预鞣和复鞣,现在更多的是把铝鞣剂用于白湿皮工艺和毛皮的生产上。由于铝络合物正电性比铬络合物强,易快速沉积于革的外层,因而可使复鞣革纤维紧实性好,粒面细致紧密、平滑,革身延伸性也会被适当降低,硬度有所增加。由于对革的粒面有良好的填充作用,能使坯粒面有较好的磨革性能,特别适用于各类磨面革、绒面革的复鞣。铝鞣剂与铬鞣剂结合使用,在铬鞣后期加入具有加快鞣制、缩短鞣制时间的作用。铝鞣剂可帮助皮革对铬的吸收,减少铬用量,节约红矾,降低鞣制后期废液中铬含量。使用铝鞣剂还可起到使染色后的革颜色均匀、色泽鲜艳的作用。如在染色后期加入铝鞣剂还能起到固色作用。

5.1.2.1 铝鞣剂的性质及制备

(1)铝鞣剂的溶液性质。铝鞣剂一般为三核铝配合物:

$$\left[(H_2O)_3Al \begin{array}{c} OH \\ -OH- \\ OH \end{array} Al \begin{array}{c} OH \\ -OH- \\ OH \end{array} Al(H_2O)_3 \right]^{3+} 3 \cdot Cl^-$$

与 Cr^{3+} 与离子相似,Al^{3+} 离子在水中也生成六水合铝配离子 $[Al(H_2O)_6]^{3+}$,它的性质与六水合铬配离子 $[Cr(H_2O)_6]^{3+}$ 的性质一样,也能水解。铝配合物的过程原则上分为三步,但三个水解常数都比相应的铬配离子小,故水解作用不如铬配离子强。铝配离子的三级水解常数几乎相等,即水解的初期就有第三步水解的产物 $Al(OH)_3 \cdot xH_2O$ 絮状浑浊物出现。含羟基的碱式铝配离子也能通过羟桥配聚,形成羟配聚化合物和氧配聚化合物等。但与铬配离子不同的是,在硫酸铬的溶液中,硫酸根离子能够进入铬配合物的内界,形成新的铬配合物。而在硫酸铝的溶液中,硫酸根离子却不易进入铝配合物的内界形成新的铝配合物。

各种酸根对 Al^{3+} 离子配合能力的大小顺序如下:$NO_3^- < Cl^- < SO_4^{2-} <$ 甲酸根 < 醋酸根 < 丁二酸根 < 酒石酸根 < 乙二醇酸根 < 乳酸根 < 马来酸根 < 丙二酸根 < 柠檬酸根 < 草酸根。有机酸及有机酸盐能改变铝配合物的性质,提高铝配合物的稳定性并改善其鞣性。但它们对铝盐的蒙囿作用远小于对铬盐的蒙囿作用。在各种蒙囿剂中,以羟基酸的盐类对铝盐的蒙囿作用较好。如酒石酸盐、柠檬酸盐、葡萄糖酸盐及焙酸盐等都是铝鞣剂较好的蒙囿剂,其中又以焙酸盐的蒙囿效果最佳。原因可能是这些有机酸盐能与铝盐形成稳定的环状配合物,从而提高了铝配合物的耐碱能力和稳定性。

由于铝配合物的三级水解常数很接近,当向铝盐溶液加碱时,很容易使溶液局部产生过高碱度而生成沉淀。但若向铝盐溶液添加碳酸钠,可以获得 20% 碱度的清亮溶液,但若再加碱,溶液就会变浑浊,并有沉淀生成。故要制备高碱度的纯铝鞣液,需要在高浓度、高温度的条件才可进行。

总体来讲,铝盐不易形成稳定的渗透型络合物,因而在鞣制时与皮胶原的作用很迅速,单独使用铝鞣剂,皮革色白、柔软、粒面细致而紧实,延伸性好,然而其存在不耐水洗和收缩温度低的两大缺陷,目前很少单独用作鞣剂。一般铝鞣剂主要用于复鞣工序之中,很少用于主鞣。铝鞣剂也可用在结合鞣中,它与其他鞣剂一起使用却有很独特的优点。例如将铝鞣剂与甲醛、铬鞣剂、耐光性合成鞣剂或合成油鞣剂结合生产的白色服装革、手套革、棒球革、蛇皮革等的耐水性和丰满性都很好。用铝鞣剂复鞣的植鞣底革,可改善成品革的颜色,增加皮革的防水性和耐汗性等。

(2)铝鞣剂的制备。铝鞣剂一般可以用硫酸铝、铝明矾、氯化铝或铝末等原材料进行加工生产。以硫酸铝或铝明矾为原料,在其水溶液中加入一定量的纯碱可制成碱式硫酸铝溶液(俗称铝鞣液)。这种铝鞣液的鞣性较差,若在其中加入一些乳酸钠等蒙囿剂,就可以制成鞣性好的铝鞣液或粉状铝鞣剂。若以氯化铝为原料,则可用纯碱进行碱化制备鞣性良好的碱式氯化铝。碱式氯化铝也可以用金属铝末或氧化铝与盐酸先酸化再碱化的方法而制得。

对铝盐鞣革而言,硫酸铝与氯化铝都有相同的鞣性,只是鞣前两者水溶液中的碱度不同。硫酸铝鞣革时鞣性最好为50%碱度,碱度再高将出现沉淀,使鞣性降低。氯化铝溶液可制备成高碱度配合物,当碱度达83%时,鞣革收缩温度可达85℃。为了增加铝盐鞣性,可加入一些羟基酸作蒙囿剂。这些羟基酸蒙囿剂的加入可使铝盐溶液的沉淀点升高、碱度增大,出现大分子配聚或桥联物有利于提高鞣制效果。

5.1.2.2 铝鞣法的应用

(1)铝鞣法制造白湿皮。铝盐被制革工业应用于制造白湿皮,这一用途充分利用了铝盐两个重要特性:一是靠铝盐的鞣革能力使裸皮纤维结构稳定性大大增加,有利于机械加工,如片(剖)皮、削匀等;二是利用铝鞣革不耐水洗,尤其在酸性条件下水洗使坯革中铝盐退鞣。制成的白湿皮片皮、削匀后革屑还可经酸洗退铝而有利于回收制造高档胶原蛋白,片削的革坯进行退铝,然后再铬鞣,可得到理化性能良好的铬革,该工艺特点是节省铬的用量,有利于废革屑的高值利用。该工艺中,铝盐的洗出程度与铬鞣革最终成革柔软丰满性有关。实践研究表明,用无机酸及有机酸混合组成洗涤液能更有效地退铝,常用的有盐酸,甲酸及乙酸,其中乙酸较甲酸更易退铝。退铝后皮坯用常规铬鞣方法铬鞣。

(2)铝鞣法用于顶鞣。铬鞣前用铝盐预处理,使铝盐先占有表面,如粒面或纤维表面,后继的铬在表面结合减少,有效渗透增加,粒面光滑平细,色调浅淡,可提高成革感观价值。需要注意的是,铝盐用量不能过多,否则不仅会造成革面过度紧密,还会使坯革铬鞣革性质不能充分表现,成革扁薄。工艺示例如下:

铝预鞣:浸酸液50%～80%,明矾1%,30min。

铬鞣:加铬粉6%,90min,加乙酸钠1%,20min,加小苏打提碱至pH 3.8～4.0。

5.1.3 锆鞣法

锆盐鞣革开始于20世纪30年代初,比铝盐、铁盐、铬盐等晚得多,因此,锆鞣剂是新型的无机鞣剂之一。锆鞣剂鞣制成的革的收缩温度较高,可达96℃～98℃。颜色为纯白色,可用于制作白色革和浅色革。锆鞣剂的填充性好,所鞣的革丰满结实,紧密耐磨。锆鞣革的缺点是身骨较板硬,吸水性较强。如果加以适当处理,用锆鞣剂可以制得相当柔软的服装手套革,也可用于制造鞋面革和鞋底革。用作鞋底革时,其耐磨性大大超过铬鞣革和植鞣革。锆鞣革的耐贮藏性好,对老化、汗液、霉菌等作用稳定性高,锆鞣剂是仅次于铬鞣剂的优良无机鞣剂。

5.1.3.1 锆鞣剂的性质及其制备

(1)锆鞣剂的溶液性质。制革工业用锆盐为+4价锆的化合物,有硫酸锆和氯化锆两种,但常用的是硫酸锆,其鞣性比氯化锆好。锆盐的水解作用要比铬盐和铝盐快得多,所以它们的水溶液的酸性较强(pH 值可低至 1.2~1.6),硫酸锆水解生成碱式硫酸锆,其组成很复杂。以硫酸锆为例,其水解反应式如下:

$$Zr(SO_4)_2 \cdot 2H_2O \Longleftrightarrow Zr(OH)_2SO_4 + H_2SO_4$$

$$Zr(OH)_2SO_4 \Longleftrightarrow ZrOSO_4 + H_2O$$

向锆盐溶液中加入碱溶液,可以制得不同碱度的碱式硫酸锆,碱式硫酸锆溶液的稳定性比碱式硫酸铁和碱式硫酸钛的稳定性高得多,接近于相应的碱式硫酸铬溶液。在水溶液中硫酸锆常以四聚体形式存在,配聚体分子很大,其最大碱度为 55%,碱度超过 55%的硫酸锆溶液会变浑浊,受热后析出沉淀,在稍高的 pH 值条件下(3.0 左右)也会发生沉淀,所以锆鞣都是在强酸性体系中进行的,这样对胶原造成的破坏也比铬鞣革大,导致锆鞣革的撕裂强度较低。在实施锆鞣时,加入适当的蒙囿剂,就可以大大地改善这种情况。当加有蒙囿剂时,即使液的碱度超过 50%以上(但鞣液的 pH 值不能超过 5),都可不降低其结合量。

在水溶液中,锆配合物是以四聚体的形式存在的,其中四个离子位于四方形的四个角上,两个 Zr^{4+} 之间借助于两个配聚羟基的两个氧原子相连接。一个配聚羟基在四方形平面的上方,另一个则在平面的下方。由 8 个配聚羟基将四个 Zr^{4+} 离子连接在一起而形成一个四方形,其他配位点由水分子或其他配位体满足之。如 $[Zr_4(OH)_8(H_2O)_{16}]^{8+}$ 配离子的结构示意图如下:

$$\left[\begin{array}{c} (H_2O)_4Zr \underset{HO}{\overset{OH}{<}} Zr(H_2O)_4 \\ OH \quad OH \quad OH \quad OH \\ (H_2O)_4Zr \underset{HO}{\overset{OH}{<}} Zr(H_2O)_4 \end{array} \right]^{8+}$$

锆配合物在水溶液中也是以四聚体为单位进行配聚的,羟基及硫酸基都可以作为配聚基参与配聚形成多聚体,多聚体的分子较大,很容易产生沉淀。由前所述,锆鞣一般在强酸性条件下进行,锆盐在这样强的酸性条件下仍要发生水解,配聚形成子多聚体。这种大分子对胶原的亲和力较强,易在皮的表面产生不可逆结合,使粒面收缩,表面过鞣,从而影响锆配合物的渗透和均匀结合,也难于中和。也有人利用锆盐的这种特性将其用于皱纹革的起皱。

(2)锆鞣剂的制备。锆鞣剂的主要成分是硫酸锆[$Zr(SO_4)_2 \cdot nH_2O$]或是氯化锆,但前者更为多见。硫酸锆鞣剂的生产是以锆英砂($ZrSO_4$)为主要原料,锆英砂与纯碱等原料混合,经高温煅烧后变成一种含硅酸盐的硫酸锆,再用硫酸浸提出烧结物中的锆而形成硫酸锆溶液,经过滤除去不溶性的二氧化硅,最后浓缩、结晶和离心干燥,得到的结晶物即为锆鞣剂。

5.1.3.2 实施锆鞣法的要求

(1)蒙囿剂。由锆盐的水解特点可知,用单纯的硫酸锆鞣革要求系统 pH 在 1.6~2.4 下进行,这就造成了许多不适应性。因为成革的 pH 要求及后续材料使用 pH 都远高于鞣制时的 pH,而且过多的酸会使皮质受损;即使在如此低的 pH 下鞣制也不能阻止锆盐在革内及表面的沉淀,使成革表面过鞣或革身板硬。因此,为了使锆鞣满足常规要求,在实施锆鞣时加入蒙囿剂成为必然。就蒙囿剂的种类和用量而言,羟基酸对锆的蒙囿效果较好,如葡萄糖、柠檬酸、羟基乙酸、乳酸等,除此之外一些简单的羧酸也有一定的效果,如草酸、乙酸、甲酸等都能使锆盐水溶液稳定性提高。从蒙囿能力比较,柠檬酸钠不能超过 ZrO_2 量的 25%,而用乙酸钠则用量在 50%后才有明显的效果。

(2)鞣前预处理。由于锆盐的分子比较大,填充性好,所以鞣前的裸皮应有充分分散的纤维。这点对于紧实的皮来说,更为重要。否则锆络合物不易渗透进裸皮内。因此,对裸皮的预处理比对铬鞣时要求适当强烈一些。特别是对于浸酸一定要浸透,使皮里外完全达到平衡。

因为锆盐可以与裸皮在低 pH 下发生结合,如果裸皮外层 pH 低,则外层结合的锆盐多,以致造成表面过鞣使其余的锆盐不易或根本不能透入裸皮。为了防止在初鞣时锆盐因水解作用而使分子变大,浸酸时酸的用量比铬鞣时的用量大一些,以便尽可能抑制锆盐水解。良好纤维分散在工艺实施中表现为浸灰时间较长,灰皮剖层,加重复灰(2~3 天),适当加强软化。浸酸时间也应长些。通常浸酸时酸的用量为裸皮重的 1.5%~2.5%,液比 0.7~1.0,浸透后裸皮切口的 pH 在 1.5 左右,以保证锆盐在皮内外不易过多配聚。

(3)碱度。与铬络合物类似,锆鞣剂的碱度与锆配合物的分子大小有关。因此,鞣制初期应尽可能用低碱度以利于渗透,后期提高 pH 以促进结合,同时保证后继工序能正常进行。如果初鞣时期锆盐有较高的碱度,尽管最终革内 ZrO_2 的结合上升,但收缩温度却会下降,这表明锆盐的渗透与结合非常不良。研究表明,当碱度在 50%左右锆鞣效果最佳。

(4)锆鞣剂的用量。锆鞣剂用量与革的收缩温度有关,也与最终成革性质相关。实践表明,在鞣制液比为 2~3,浸酸 pH 为 1.5~2 时,用量以 ZrO_2 计 10%时(以酸皮重计),收缩温度已达 97℃,再增加 ZrO_2 用量,收缩温度不再提高。当 ZrO_2 用量大于 5%时,锆鞣革的感观已达到理想的效果。

5.1.4 多金属配合物无机鞣法

多金属配合鞣法比单独的铬、锆或铝鞣法有更多的优点。例如以铬为主的 Cr—Al 多金属配合鞣剂鞣制的革既有铬鞣革柔软丰满,收缩温度高,耐水洗能力强的优点,又有铝鞣剂粒面细致,柔软,绒毛紧密均匀的优点,整个革身柔软丰满,粒面细致平整,颜色浅淡,绒毛细致均匀,而且铬盐吸收好,可节约红矾 30%左右,废液中 Cr_2O_3 含量比纯铬鞣低 30%~40%。总体来讲,多金属配合鞣法制成的革既有铬鞣革的风格,又具有铝鞣革和锆鞣革的特点,节约了铬盐的用量,废鞣液中铬的含量很低,减少了对环境的污染,是一种实施清洁、少铬鞣制工艺的优良鞣法。

用于多金属配合物鞣法多是两种或两种以上金属的离子,特别是将铬、锆、铝三者的盐类在硫酸酸化下或直接用三者的硫酸盐,在严格的最佳用量比、温度、浓度、pH 等条件下混合配制而成的,其配位体都是 H_2O、OH^-、SO_4^{2-} 和有机酸根。因此,此法可以看成是两种或两种以上金属离子借助于中继基的"桥合"作用而形成的具有鞣性的多核络合物。实验表明:多金属配合物鞣剂沉淀的 pH 比组分比例相同的复合鞣剂高得多;它们与蛋白质反应时,并不是各组分与蛋白质作用的简单加和,而是比各自最初的组分的反应能力高,表现出更大的多官能性。因此采用这种鞣剂比采用混合的无机鞣剂的结合鞣法具有更大的优越性。

铬—铝配合物鞣剂。目前多金属配合物鞣剂中制造最成熟的是铬-铝络合鞣剂,该鞣剂主要用于轻革预鞣和复鞣。用它鞣制的皮革,不仅具有铝鞣剂的丰满、粒面紧密、清晰的特点,而且它优于纯铝鞣和纯铬鞣。因为单纯的铝鞣革,与革结合的铝不耐水洗,而用该鞣剂鞣制的皮革能耐沸水。而且用它处理的革染色后的色调比纯铬鞣的颜色鲜艳光泽较好。

采用红矾钠和硫酸铝配制铬—铝鞣液的反应方程式如下:

$$Na_2Cr_2O_7 + Al_2(SO_4)_3 + 3NaHSO_3 + HCOOH + HCOONa \longrightarrow (CrOHAlOH \cdot SO_4 \cdot HCOO)_2SO_4 + 3Na_2SO_4$$

该反应是在尽可能高的溶液浓度下进行的。蒙囿剂甲酸钠是在六价铬转变成三价铬的碱式硫酸铬以后加入的,此时形成的 Na_2SO_4 极易通过离心法或过滤法除去。鞣液实际达到的浓度可为 Cr_2O_3 150g/L 和 Al_2O_3 100g/L,这种鞣剂能以溶液形态被吸出和调整。由于使用甲酸钠作蒙囿剂而提高了鞣液碱度,鞣液的稳定性可归因于铬盐和铝盐的相互作用及甲酸根阴离子的蒙囿效应,但该鞣液仍可放一年以上鞣制作用仍不改变,并且配制效果重现性好。

具体的生产工艺:将定量的红矾钠、硫酸铝釜中,搅拌并升温至 60~65℃,待物料完全溶解后缓慢加入甲酸、亚硫酸氢钠溶液和甲酸钠溶液。在 30~40min 内加完,然后继续反应 1~1.5h。将反应物降温冷却至 5~10℃,使硫酸钠基本完全结晶析出,过滤分离后得到蓝绿色黏稠液体铬铝鞣剂。经干燥后可制得淡绿色粉状铬铝鞣剂。

依铬、铝配比不同,可以制得两种不同性能和用途的产品。铬的用量大于铝的用量时,所得产品用于主鞣,反之所得产品则用于复鞣。

铬—铝—锆配合物鞣剂。用这种多金属鞣剂鞣革,既有铬鞣革收缩温度高、耐水洗能力强、柔软丰满性好的特点,又有铝鞣革粒面细致,锆鞣革填充性强,增厚明显的特点,但又不是这几种鞣剂性能的简单加合,因为这种鞣剂以锆为主,如是混合或简单加合,就更多地体现锆鞣革的特点,但鞣制的革却很柔软丰满,所以这种鞣剂可用于软革的主鞣和复鞣。

具体的生产工艺:将定量的红矾钠、硫酸和水投入反应釜中,搅拌待物料完全溶解后缓慢加入葡萄糖溶液。在 30~60min 内加完(控制体系溶液微沸),然后继续反应 1~1.5h。将反应物降温冷却至 50~60℃,加入硫酸铝、硫酸锆、甲酸钠和乙酸钠的溶液,恒温反应 4~6h 后,经静置与干燥后可制得淡绿色粉状铬—锆—铝鞣剂。成品固含量≥95%,含 Cr_2O_3≥8%,总氧化物≥25%,pH(10%)2.0~3.0。

总体来讲,金属无机盐鞣法还有很多,制革工作者尝试过铁鞣法、钛鞣法、硅鞣法以及稀土金属鞣法。但由于自身鞣革质量及来源稀缺等因素的影响,上述无机鞣法在现代制革生产中都不占主流地位,在此不一一阐述。

由前述可知,在无机鞣中,迄今为止铬盐是毫无疑义地处于无可比拟的优越地位。铬鞣法也是制造轻革的一种最好鞣法,但是铬盐在地壳中的储藏量,比起其他一些无机鞣剂,如铝盐、铁盐、硅酸盐等,则显得微乎其微,而锆盐与钛盐的储藏量也并非很少。因此,从长远观点看,铬盐资源短缺,是无法与其他鞣剂相比的。何况它对环境的污染,对操作人员的伤害比其他鞣剂严重。过去,许多制革化学家们曾对改善铝盐、铁盐、硅酸盐等的鞣性作了大量研究工作,但彻底解决它们的问题的途径尚未获得。因此,导致了一种普遍的看法,认为不可能用它们来单独鞣革,从而研究工作也基本上停顿下来,随着科学技术的进步,对这种看法似应有重新考虑的必要。因为事实证明,过去有一些认为不可能的事情,今天已经成为事实,所以,对于铝盐、铁盐、硅酸盐等鞣性的研究,应该在前人工作的基础上结合目前有关的最新科学知识继续进行,以达到能取代铬盐的目的。而锆盐和钛盐都是比较新的无机鞣剂。锆鞣革的性质仅次于铬鞣革,而且已在工业上大量生产。其缺点是较铬鞣革板硬和吸水性强,如加改进,锆盐是一种十分优良的无机鞣剂。钛盐则是尚在研究中的很有前途的一种鞣剂。我国钛的储藏量比较丰富,在这方面应该大力开展研究工作。由于各种无机鞣剂各有优缺点。因此,取长补短的无机鞣剂联合鞣法,是很早以来就有制革化学家们及制革工程技术人员所注意到了。近年来,为了节约铬盐,这种联合鞣法更受到很大重视,但离大规模应用还需要进行详尽、系统的研究。

5.2　有机鞣法

5.2.1　植物鞣法

用植物鞣剂(栲胶)处理裸皮使其变成革的过程称为植鞣,这种鞣革方法称为植物鞣法,所鞣制的革称为植物鞣革,简称植鞣革。在铬鞣法诞生之前,植物鞣法是制革的重要方法之一,植鞣法迄今已有数千年历史。由于植鞣革具有与铬鞣革完全不同的独特优点:成革组织紧密,坚实饱满,延伸性小,成型性好,吸汗、吸水能力强等,植物鞣法至今仍是生产部分皮革产品的基本鞣法。当今植物鞣革的主要产品有鞋底革(鞋外底革和内底革)、箱包革、凉席革、装具革和工业用革等。

由于植物鞣革的性质与植物鞣剂的性质和鞣制方法紧密相关,本节重点围绕植物鞣剂组成、性质对植鞣工艺技术的影响等方面展开阐述。

5.2.1.1　植物鞣剂的组成

植物鞣剂通常是由鞣质、非鞣质和水不溶物组成的。

(1)鞣质。鞣质是植物鞣剂的主要成分,占植物鞣剂(栲胶)的 $70\%\sim80\%$。除鞣质外,植物鞣剂中还含有一部分非鞣质成分和极少量的水不溶物。将皮粉(或皮块)加入植物鞣剂溶液中,振荡一定时间后,用水较长时间洗涤吸收过鞣质的皮粉(或皮块),水洗下的鞣质称作可逆结合鞣质,而水洗不下来的鞣质称为不可逆结合鞣质。不同种类的鞣质,其不可逆结合的鞣质的量不同。不可逆结合的鞣质占鞣质的百分率叫该鞣质的收敛性(也叫涩性),用于表示该鞣质与皮胶原结合的能力。当鞣质与皮作用时,鞣质与皮胶原结合的速度与鞣质的收敛性有关,收敛性大,则鞣质与皮胶原结合的速度就快,反之则慢。

鞣质占植物鞣剂中水溶物的百分率称为该植物鞣剂的纯度。纯度大小表示了一种植物鞣剂有效成分的含量,也从一个侧面反映了该鞣剂的鞣性大小,是植物鞣剂品质优良的重要指标。从栲胶收敛性的强弱可以看出,鞣质与皮胶原化学结合的速率和坚牢度及其在皮革纤维中的抗迁移性,反映了植物鞣剂应用特性的差异。根据栲胶纯度和收敛能力的大小,就可以了解到这种植物鞣剂的性能及其特征。用于制革的植物单宁相对分子质量一般不低于500,不高于3000,因低于500没有鞣性,高于3000不能充分渗入皮纤维中,影响鞣质与皮蛋白质或铬鞣革的结合。在制革生产上,有了栲胶纯度及收敛性参考指标后,就便于鞣革时更好地选用栲胶以及与其他鞣剂进行合理地搭配。

(2)非鞣质。当用水从植物鞣料中提取鞣质时,浸提液中往往含有一部分没有鞣性的物质,它们不能与皮质结合,因而被称为非鞣质。非鞣质的主要组分有:糖类、有机酸、酚类物质、植物蛋白及其他含氮物质、无机盐、树胶、色素、木质素衍生物等。非鞣质由于一部分是鞣质的分解或降解产物,一部分是直接从植物鞣料中随鞣质一起浸提出的,故非鞣质在植物鞣剂中的含量与浸提条件相关,也因鞣料的不同而异,一般在10%~15%。

虽然非鞣质本身无鞣性,但它对鞣质的稳定、鞣液酸度的保持和鞣制过程都有着重要的作用。非鞣质中的有机酸、酚类物质及糖类物质是鞣质的基础物质和分解物,可阻止鞣质的分解过程,起到促进鞣质稳定的作用。非鞣质中的有机酸及其盐可使鞣液形成缓冲体系,保持鞣液的pH基本不变,有利于鞣液的稳定。若纯化除去鞣液中的非鞣质,则鞣液的沉淀会增多,稳定性会降低。因为非鞣质的分子比鞣质的分子小得多,在植鞣时非鞣质最先渗透入皮的内部,和皮胶原纤维间形成了一种暂时的结合,为鞣质的渗透开辟了通路,能够让鞣质比较均匀地渗透到皮内层的深处,使鞣质不至于在皮表面结合得过快过多,以避免皮表面发生过鞣以致死鞣的现象。

需要指出的是,虽然非鞣质的存在有其重要的作用,但含量要有一定的限度。非鞣质的量过多,会降低植物鞣剂的纯度;产生的有机酸量也会增多,从而鞣液的pH太低,最终将引起部分鞣质的分解,也因此对鞣质在鞣液中的稳定性起不利的消极影响。总之,适量的非鞣质在鞣液中会起到稳定剂的作用,过量的非鞣质则会影响鞣液的稳定性和鞣剂的鞣性。一般非鞣质与鞣质的比例保持在(1∶2)~(1∶6)之间较为适宜。

(3)水不溶物。在植物鞣料浸提液或栲胶水溶液中常含有少量的沉淀物,这些沉淀物在常温下不溶于水,常被称为水不溶物。确切地说,就是浓度为含鞣质3.5~4.5g/L的栲胶水溶液中在温度18~22℃时不能通过高岭土-滤纸过滤层的物质。不溶物中,除纤维和残渣外,其他大部分是随浸提条件不同而进入鞣液的。鞣液中的水不溶组分并不是一成不变的,相反,它随许多因素的变动而增减。

水不溶物的存在,除在浸提过程中由外界带来外,大部分都是与鞣质有关的物质。有些水不溶物是从鞣质中分离出来的水不溶解的简单物质,有些则是由鞣质微粒聚集而沉淀出来的。水解类鞣质中产生的水不溶物大部分是鞣花酸,缩合类鞣质产生的水不溶物大部分是红粉。因此,这些水不溶物在很大程度上尚可设法溶解和利用,或者预先控制好浸提条件减少水不溶物的产生。

总体来说,水不溶物的组分主要包括:

①鞣质的分解产物(黄粉)或缩合产物(红粉)其含量随鞣料的品种、质量而异,也与栲胶溶液的贮存条件和时间有关。

②果胶、树胶和低分散度的鞣质:这些物质在用热水浸提鞣料时易进入溶液中,在室温下将成为不溶物。这类水不溶物的多少主要取决于鞣料的品种,如橡椀栲胶含果胶量约为6.8%,落叶松栲胶约为3.1%,杨梅栲胶约为0.5%;黑荆树皮栲胶中含树胶量在3%~6%。

③无机盐:不溶性的无机盐是随原料或浸提水而带入的,如钙及镁的碳酸盐、硫酸盐等。

④机械杂质:浸提过程中带入的鞣料纤维和泥沙的微粒等。

植物鞣剂中的水不溶物随着条件的改变而变化。温度升高,分子运动加快,不溶物随温度升高而减少;pH 的高低会影响鞣质胶粒的分散与缔合,pH 愈高,不溶物愈少,pH 愈低,不溶物愈多;鞣液浓度在 15% 以下时,鞣液浓度愈高,不溶物愈多,但浓度在 15% 以上时,随浓度增高,不溶物反而减少,这与鞣液中非鞣质含量相应增多有关。由此可见,大部分的水不溶物都是与鞣质相关的物质,一方面预先合理地控制好浸提条件以减少水不溶物的产生,另一方面还可通过物理和化学的手段对水不溶物设法溶解或增溶并加以利用。

植物鞣剂中不溶物的存在会影响鞣制过程中鞣液向皮内的渗透,同时会影响皮革品质,另外也会给生产操作带来许多不便。因此,在制革生产中,掌握上述规律,减少不溶物,促使不溶物向可溶物转变,对提高植物鞣剂的利用率是非常重要的。

5.2.1.2 植物鞣质的分类、结构及性质

植物鞣质是植物鞣剂的主要有效成分,含量达 70%~80%,是植物鞣剂产生鞣性的重要组分。从化学组成看,植物鞣质主要是由碳、氢、氧三种元素组成,但基本化学结构差异较大,通常是由不同的、结构相似的多种多元酚衍生物组成的复杂混合物。不同植物体内的鞣质在化学元素组成和结构上有一定差异,甚至同一植物的不同部位所含的鞣质也不一样。因此,植物鞣质不是一种具有相同分子结构的有机化合物或多聚体,而是一种相似结构的同系混合物,一般的相对分子质量分布范围为 500~3000。根据植物鞣质的化学结构特征,植物鞣质可分为水解类鞣质、缩合类鞣质两大类,这种分类方法是弗里登伯格于 1930 年提出的,也是目前制革界公认的、普遍使用的分类方法。

(1)水解类鞣质。这类鞣质又称可水解鞣质。其分子内具有酯键或甙键,通常以一个碳水化合物(或与多元醇有关的物质)为核心通过酯键(或甙键)与多个多元酚羧酸相连接而成。由于酯键的存在,该类鞣质在酸、碱或酶的作用下易发生水解,产生组成水解类鞣质的简单组分-糖(或多元醇)和多元酚羧酸。属于水解类的鞣质主要有:五倍子鞣质、刺云实鞣质、漆叶鞣质、柯子鞣质、栗木鞣质、栋木鞣质、橡椀鞣质等。

根据水解类鞣质水解所产生的多元酚酸的不同,水解类鞣质又可分为鞣酸类和鞣花酸类鞣质,鞣酸类水解后产生没食子酸和葡萄糖,鞣花酸类鞣质水解后产生没食子酸、鞣花酸、橡椀酸和葡萄糖。

中国五倍子鞣质属于鞣酸类,橡椀鞣质属于鞣花酸类。它们也是到目前为止组成、结构和溶液性质研究得比较清楚的两种水解类鞣质。以中国五倍子鞣质为例,其平均分子量为 1250 ± 60,鞣质分子在水溶液中有缔合现象,使相对分子质量增加。缔合程度随溶液浓度的增加而增加,如在其 1% 水溶液中相对分子质量为 2500 ± 125,相当于二聚物,而在 10% 及 20% 的水溶液中则为 4016 及 5450。在丙酮溶液中则以单体存在。

(2)缩合类鞣质。缩合类鞣质的化学结构比水解类鞣质复杂,主要由各种儿茶素缩合而成

的,由于缩聚单元之间以 C—C 键连接,故不易被酸水解。儿茶素又称儿茶精,最初由儿茶中提取得到,是 5,7,3′,4′-四羟基黄烷-3-醇,分子中 C-2,C-3 为手性碳原子,在化学上有 4 个异构体,(+)-儿茶素,(−)-儿茶素,(+)-表儿茶素,(−)-表儿茶素。它们在热水中容易发生差向立体异构作用或变旋作用而相互转化。这 4 个异构体的结构式为:

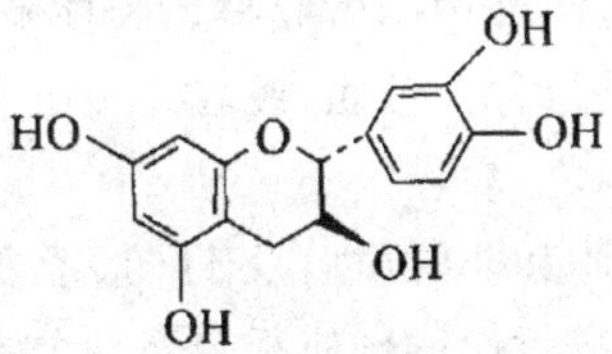

(+)-儿茶素 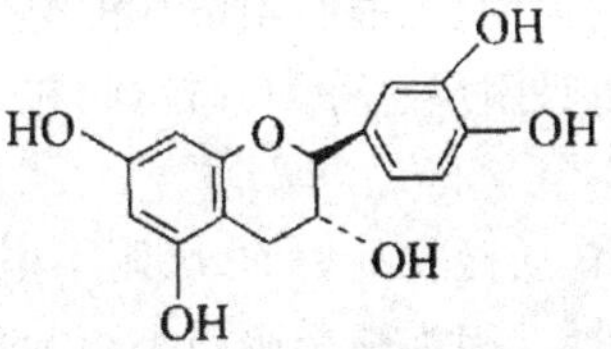　　　　　　　　　(−)-儿茶素

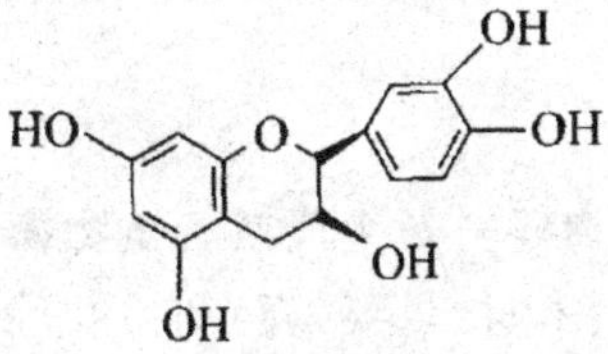

(+)-表儿茶素 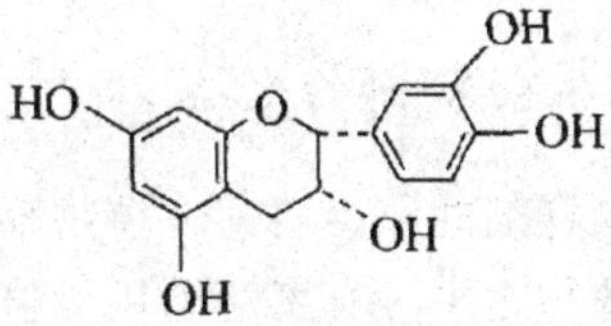　　　　　　　　(−)-表儿茶素

儿茶素的相对分子质量为 290,是无色结晶,微溶于水。它虽能被皮质吸附,但无鞣性,故不能称为鞣质。儿茶素在水中加热至 100℃ 以上或与酸共热以及受氧化酶作用,缩合成鞣质,继续作用则变成红粉。

缩合类鞣质是具有不同聚合度的各种组分的混合物,一般主要是以上述的黄烷-3-醇及其衍生物为基本结构单元的一类缩合物,尤以坚木鞣质,荆树皮鞣质和落叶松鞣质为代表。其化学结构通式(以落叶松鞣质为例,其中,$n=0,1,2,3,4,\cdots$)可示意如下:

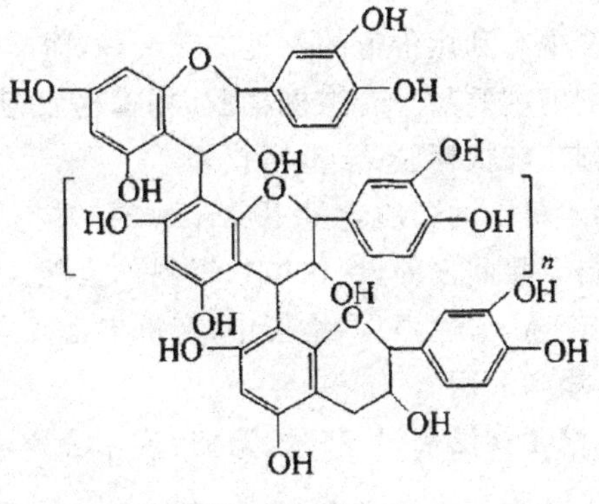

植物鞣质的多元酚化学结构赋予了它一系列性质,如能与蛋白质、生物碱及多糖结合,使其物理、化学性质发生变化;能与多种金属离子发生配合或静电作用;具有还原性和捕捉自由基的活性;具有两亲结构和诸多衍生的化学反应活性等。植物鞣质所具有的多种应用特性和生理活性,如鞣制生皮、涩味、止血、抑制微生物、抗过敏、抗癌、抗肿瘤、抗衰老等正是这些基本化学性质的综合体现。从鞣质的化学结构来看,鞣质分子中存在多个活泼位置,如酚羟基、水解类鞣质的酯键、苷键、缩合类鞣质亲电性的 C-6、C-8 位等,可以发生多种化学反应,如亚硫酸化、磺化、降解、酚醛缩合、曼尼希反应、醚化、酯化、偶联化等。利用这些反应可进一步改善和

扩展植物鞣质的性质,从而满足更广泛领域的实际应用需要。

鞣液中许多小的鞣质分子,常以非化学键力缔合成较大的鞣质微粒,这些微粒具有较大的表面自由能,并有吸附电荷的能力。电泳实验表明,在电场作用下鞣质向阳极移动,由此可见,鞣质微粒是带负电荷。这种电荷的来源:一是鞣质离解的,二是非鞣质中得来的。根据双电层原理,可知这种较大的、能够吸附电荷的鞣质在胶体溶液中叫做胶核。胶核是构成胶体粒子的基本物质,胶核与吸附层总称为胶粒,胶粒与扩散层总称为胶团,胶粒是带电的离子,胶团则是电中性的物质。

高度分散的鞣质微粒的表面,吸附了电离的鞣质和非鞣质以及 H^+ 形成双电层以后,就保证了鞣液的稳定性。因为整个胶团是溶剂化的,这样就使得鞣质很自然地分散在水中,同时鞣质微粒的胶粒还带电,由于带相同的电荷,阻止了鞣质微粒的相互结合,使鞣液稳定。

5.2.1.3 植物鞣剂的制备

(1)制备植物鞣剂的原材料——植物鞣料。植物鞣料是生产制备植物鞣剂(栲胶)的主要原料,它存在于植物之中。有工业利用价值的树皮、木材、果荚(壳)和树叶等都是制备栲胶的原料。低等植物几乎不含鞣质,只有高等植物特别是双子叶植物才含有较多的鞣质。植物鞣质是含于植物体内的、能使生皮变成革的多元酚衍生物,简称鞣质,在林产化学中又称为单宁,也有人将其称为植物多酚,是植物鞣剂的主要成分,决定着天然植物鞣剂对皮革进行鞣制和复鞣的基本特性。植物鞣质资源丰富,在林化产品中其产量仅次于纤维素、木质素和半纤维素。含有植物鞣质的原料(植物的皮、根、茎和果实)称为植物鞣料,用水浸提植物鞣料所得的浸提液叫植物鞣液,将植物鞣液直接或经过亚硫酸化后再浓缩干燥后制成的膏状、粉状或块状的固体产品就是植物鞣剂,简称栲胶。植物单宁能将生皮鞣制变成革,具有良好的鞣性,是用于制革的传统鞣剂。

到目前为止,在工业生产中有利用价值的不过二三十种,而国内外使用的植物鞣料主要有十几种,与此对应的植物鞣剂的主要品种有橡椀栲胶、杨梅栲胶、荆树皮栲胶、落叶松栲胶、柚柑栲胶、木麻黄栲胶、坚木栲胶、红根栲胶、栗木栲胶等。

需要注意的是只有植物木材中的鞣质含量不少于3.5%,树皮、果壳等的鞣质含量不低于7%时才能考虑作为植物鞣料。除此之外,用作植物鞣料的天然原料还必须具备如下条件:生长速度较快;鞣制性能好,纯度高,涩性强;产地集中,产量丰富或容易进行人工培植;产地的交通条件比较好,便于采集、运输和利用。

国内外常用的植物鞣料主要有黑荆树、坚木、橡椀、落叶松等,具体见表5-2。

表5-2 国内外常用植物鞣料情况

名称	科别	特征	利用部位	鞣质含量/%	类别	主产国
荆树	含羞草科	乔木,单株高可达25m,花淡黄,叶对生,含羞草荚果带状,种子3~12个,树龄6年左右即可利用	树皮	40~50	缩合	澳大利亚、南非、肯尼亚、巴西,中国已引种成功,并生产了栲胶

名称	科别	特征	利用部位	鞣质含量/%	类别	主产国
坚木	漆树科	高大乔木,有红白两种,材质十分坚硬,心材红棕色,叶小,开小而淡色的花,翅果龄一般都在 200 年左右才有利用价值	心材	16~24	缩合	阿根廷、巴拉圭
落叶松	松科	落叶大乔木,高 35m,叶条形,球果,种子三角卵形,8 个月左右成熟,树龄百年以上才能利用	树皮	10~18	缩合	中国、俄罗斯
柚柑	大戟科	落叶小乔木,高 5m 左右,叶线状、矩圆形,花簇生,果球形,10~11 个月成熟	树皮	20~28	缩合	中国、印度
杨梅	杨梅科	常绿小乔木,叶互生,呈倒卵圆形,果球形,味酸,树皮较厚,表皮色深,含鞣质低	树皮	18~22	缩合	中国
红根	蔷薇科	藤木,有刺,花白或红色,秋后结籽,根皮色红,商用红根,包括金樱子等 5~6 种	根皮	15~24	缩合	中国
木麻黄	木麻黄科	乔木,高 30m 左右,叶退化,果球形,树皮棕黄色	树皮	15~22	缩合	中国、印度
栗木	山毛榉科		木材	8~12	水解	法国、西班牙
橡椀树	山毛榉科	有大鳞栎、栓皮栎、麻栎等。大鳞栎小乔木,结椀子大而多,叶长椭圆形,果 2 年成熟,栓皮栎、麻栎系乔木,高 25m 左右,椀子杯状,椀刺少而小,壳较薄	椀壳	25~30	水解	土耳其（大鳞栎）、中国（栓皮栋、麻栎）
柯子	使君子科		果实	20	水解	印度、巴基斯坦
漆树	漆树科		树叶	12~28	水解	中国、阿尔巴尼亚、土耳其
厚皮香	山茶科	常绿小乔木或灌木,树皮厚而得名	树皮	25	缩合	中国
五倍子	漆树科	漆树科植物叶上生长的虫瘿,表面呈灰褐色,中空,内有灰白色粉质,皮厚 0.5cm 左右,因形状不同,分角棓和肚棓	虫瘿	28~62	水解	中国、土耳其（由于其他用途价值高,故极少用来制造栲胶）

　　植物鞣剂的品质与植物鞣料的采集、保管、挑选关系密切。鞣质是在植物体内生物合成

的,在植物的不同生长期,植物中鞣质的含量及鞣质的组成存在一定差异,采集后制造的植物鞣剂品质就不同。如果鞣料在采集后保管不当,受日晒雨淋,发酵霉变,制造的植物鞣剂会颜色发暗,鞣质含量降低,杂质增多。如果在投料前对鞣料严格进行挑选,除去霉坏、变色、变性的,并进行适当分级,会提高植物鞣剂的品质。

(2)植物鞣剂的生产。将富含植物鞣质的天然原料(植物的皮、根、莲和果实等)植物鞣料按时进行采集,然后通过浸提、净化、浓缩等一系列化工操作过程制成固体物质(粉状、粒状或块状)或膏物,称为植物鞣剂或鞣料浸膏,商业上通称栲胶。生产植物鞣剂的重点工序包括植物鞣料的粉碎、浸提、鞣液的净化、浓缩、浓胶的干燥等。其主要生产工艺流程可浓缩如下:

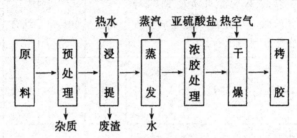

①鞣料的净化与粉碎。植物鞣料种类繁多,大小不一,常常带有泥沙等杂质,必须经过净化除去杂质才可粉碎,才能保证栲胶产品质量。净化除尘包括筛选、水洗、风选和除铁等,具体净化手段可根据不同的原料情况适当选用。

虽然原料的粉碎对浸提十分有利,但并不是粉碎得越细越好,而是有一定限度,原料的粉碎度是影响浸提过程的重要因素。粉碎度过大,粉末在浸提罐内易黏结成团使液体流动阻力增加,堵塞过滤器,水不易渗入,反而会使鞣质的扩散条件变坏,并增加了栲胶的不溶物,多消耗动力;粉碎度过小,鞣质浸提不完全,抽出率低,单位产品的原料消耗量提高,同时栲胶中鞣质含量也低,影响产品质量。一般生产植物鞣剂的企业规定鞣料的粉碎度为:橡椀 0.1~1.0cm;落叶松树皮 0.25~1.0cm(大于 1.0cm 的颗粒不超过 35%~45%,小于 0.25% 的颗粒不超过 12%);柚柑树皮 0.15~1.4cm;杨梅树皮 0.15~1.4cm;木麻黄 2.5~5.0cm;红根皮 2.5~5.0cm;黑荆树皮 2.0~3.0cm。

同时还应根据不同原料的性状选择粉碎设备。如橡椀本身粒度均匀,性质较脆,一般采用滚筒破碎机粉碎一次即可,含韧性纤维多的红根树皮及柳树皮,则最好采用切断机切断。对于脆性树皮如落叶松、杨梅、柚柑树皮可采用锤式粉碎机粉碎。木材类原料应先用削片机削片,再进行粉碎。

②植物鞣料的浸提。浸提的目的是从鞣料内的细胞组织中浸提出鞣质,而获得浸提液。鞣质的浸提是一个扩散过程,可分为两个阶段:第一阶段为溶剂(水)扩散到鞣料内,将其中的一部分鞣质和其他可溶物溶解,在细胞内生成一定胞内溶液,为了防止鞣质和 Ca^{2+}、Mg^{2+} 等离子形成水不溶物,应当用热的软水或去离子水进行浸渍和抽提鞣料;第二阶段是鞣质从胞内溶液转移到浸提液里。对于粉碎的鞣料来说,由于细胞壁的破坏,两个阶段的扩散比较容易,而未经破碎的细胞中的鞣质,必须经过细胞壁才能进入浸提液中,所以浸提就比较困难。

当胞内溶液的鞣质浓度和浸提液中的鞣质浓度相等时,扩散就达到平衡,不再继续进行。这时如果把浸提液放出,注入低浓度的新液或清水,继续浸提,则扩散作用又重新开始,直到两相新平衡建立时为止。浸提过程是物质由于扩散作用从一相转移到另一相,属传质过程之一。

浸提温度应根据不同鞣质而变化。一般而言,提高浸提温度,鞣质被浸提得更快更完全。但温度太高会导致鞣质的分解和破坏。各种鞣料中所含的鞣质对热的敏感性不同,应根据此特性来控制浸提温度,因此各种鞣料都有其适宜的浸提温度范围,如橡椀为 60～80℃,落叶松 90～100℃,荆树皮 70～80℃,漆叶 50～60℃,红根 70～80℃。但在生产实施过程中,新料的浸提应采用较低的温度,使易溶及热敏性的鞣质首先溶于水中。经过多次浸提的旧料,其中所含鞣质不易溶于水中,且对热的稳定性较高,此时提高温度,则会促使这些不易溶的鞣质溶解,使浸提出的鞣质量增加。

关于浸提工艺方法,在生产中大都采用多罐逆流浸提方法,一般把 6～8 个结构相同的浸提罐连成罐组实行逆流浸提。在逆流浸提中,装入新原料的罐称为首罐,原料被浸体过不同次数的各罐称为中间罐,加清水的罐称为尾罐。原料和机体液作相对移动。热水把尾罐料中残留的可抽出物尽量浸提出来,成为浓度最稀的溶液(称尾步水),然后依次流经各中间,逐步变浓,成为浓度较高的二步液,进入首罐浸提,经首桶浸提流出的是较浓的浸提液(称为头步液)。此后,首罐变为中间罐,浸提液依次从尾罐流至首罐(新料),尾罐经多次浸提后即进行出渣,再装入新料又变成首罐,原来的首罐又可变成尾罐。浸提液再从尾罐依次流经最后流入该新料罐进行浸提,如此循环形成连续的多罐组逆流浸提法。

另外,从鞣料中浸提出的鞣液,往往含有沉淀及其他杂质,这些杂质不但影响鞣液的浓缩,而且会影响鞣革质量,所以必须进行净化。最简单经济的方法是让鞣液静置,使沉淀物慢慢沉降下来,上面清液用泵抽去蒸发浓缩。也可采用离心分离的办法加速夹杂物从鞣液中沉降的速度。若对鞣液进行亚硫酸化处理,则可使一部分沉淀物转变为水溶性物质。

③鞣液的浓缩与干燥。通常植物鞣料的浸提液所含干物质浓度一般不超过 5%～8%,其余都是水分,这种低浓度的浸提液,既不便于运输,也不能直接用于鞣革,必须加以浓缩,才有利于干燥过程的进行。

一般情况下,当鞣液蒸发浓缩至浓度在 16～20% 时,可停止蒸发浓缩,接着将鞣液浓胶送入干燥塔进行喷雾干燥。浓胶以雾状喷入干燥塔内,雾滴与干燥介质(热空气)相遇,其内部水分借扩散作用到达表面,再从固体表面借热能而汽化,由空气将水蒸气带走,故干燥属于传质扩散过程。干燥过程进行很快,一般为 15～30s,因为雾滴在高温区具有很大的表面,由于瞬间干燥,微粒温度不高,所以鞣质不会受到破坏。经过喷雾干燥,植物鞣料浓胶将干燥成粉状栲胶。干燥后的粉状栲胶含水 3%～5%,易于溶解,在贮存时不易吸水,高温时也不软化。

(3)植物鞣剂的改性。植物鞣剂在使用过程中有时会出现沉淀多、颜色暗、易发霉和渗透性不好的缺点,而且当操作不当时或用量稍大时也会引起皮革粒面脆性增大和面粗的现象,结果将给植物鞣剂的使用和皮坯质量的提高带来不利的影响。因此,植物鞣剂无论是应用于轻革生产中,还是用于重革加工,对栲胶进行改性。栲胶的改性方法很多,一般有亚硫酸化、酸降解、乙烯基单体接枝共聚以及鞣性金属盐和合成鞣剂处理等,推广应用于生产中的方法主要有亚硫酸化和鞣性金属盐改性,其他方法目前还处于理论研究和实验探索阶段。

①亚硫酸化改性。用亚硫酸盐对栲胶进行改性,通常是在植物鞣料浸提液蒸发至一定浓度的浓胶液中进行的。向浓胶液中加入一定量的亚硫酸盐或亚硫酸氢盐,在加热搅拌下进行处理,使植物鞣质分子引入磺酸基,称为亚硫酸化法,又称磺化法。鞣质分子中引入亲水的磺

酸基,其结构发生改变,使栲胶沉淀减少,易溶于冷水。亚硫酸化法除可采用亚硫酸盐处理浓胶的方式外,还可采用亚硫酸盐浸提的方式。

由于亚硫酸化后,植物鞣质微粒变小,使鞣液的稳定性增强,渗透速率得到提高。但同时由于鞣质部分被分解为非鞣质,导致纯度下降,鞣革性能变差。因此亚硫酸盐用量应适当,一般不超过鞣质质量的 10%。鞣质放置过程中本身易氧化生成醌类深色物质,用亚硫酸盐可以使此类醌类深色物质还原,取代基恢复到原有的羟基形式,使鞣质颜色变浅。另外,在处理过程中,添加甲酸(或乙酸等)与未结合的亚硫酸氢钠(或焦亚硫酸氢钠等)作用,可使鞣质还原,颜色更浅。

目前生产的栲胶,多是采用亚硫酸盐改性过的,因此,鞣剂中的鞣质结构与未改性的有差别,而鞣性上也有很大改变,并且亚硫酸盐的加入,鞣液 pH 也因此提高 $0.5\sim1$ 个单位,在实施制革生产时尤其需要注意。

②鞣性金属盐改性。植物鞣质中的酚类结构基团部分与金属盐络合,从而提高鞣质含量;金属盐与鞣质形成配合物,可以改善栲胶的溶解性和提高与皮革纤维的结合力,并能够赋予某些独特的性能。红矾、硫酸铝、硼砂、偏矾酸铵等都可用于栲胶改性,均可改善栲胶的溶解性,增进栲胶结合力。例如,用鞣质量 $0.05\%\sim0.1\%$ 的铬盐或铝盐处理植物鞣料浸提液浓胶 $2\sim4h$(温度 $65\sim70℃$),可以降低鞣液不溶物,提高鞣质含量。

HS 多功能鞣剂是鞣性金属盐改性栲胶的成功典范。应用催化降解的方法改性橡椀栲胶,使其鞣质分子结构变化,分子适当变小,然后与铬盐、铝盐等发生络合反应,制得以改性橡椀栲胶为主体的多金属络合鞣剂(HS 鞣剂)。HS 鞣剂集植物鞣剂和无机鞣剂的优点于一体,属阳离子型材料。它既可以用于重革的前期鞣制,又可用于轻革的主鞣和复鞣。渗透快、结合好,对皮革有良好的填充性、增厚作用及收敛性。用 HS 鞣剂复鞣或固色,可以促进阴离子油脂和染料的吸收和固定,减少了污染,尤其适宜于黑色与深色革的复鞣和固色,已在制革厂中广泛使用,效果明显。

除上述两种对植物鞣剂改性的典型方法外,还有不少改性方法。如接枝共聚改性方法、两性离子改性方法、有机酸处理方法、降解改性方法、合成鞣剂处理改性方法等。栲胶分子经接枝共聚改性后,因在鞣质分子上引入了羧基、羟基等亲水基团,故鞣质的亲水性增加,填充能力提高,不溶物减少。此外,乙烯基聚合物的柔性链使改性栲胶鞣革的柔软性增加。两性离子法改性的植物鞣剂用于皮革的鞣制和复鞣,除渗透性较好外,还增强了鞣剂与胶原的交联,使皮革的耐湿热稳定性提高,并且两性鞣剂中的阳电荷性还使鞣制的皮革对阴离子染料的着色性能得到提高。有机酸处理是将亚硫酸化处理后的栲胶与甲酸或乙酸或草酸或磺酸或烷基苯磺酸等搅拌混合均匀,可以使栲胶溶液颜色浅化;合成鞣剂处理法是将植物鞣剂与合成鞣剂共混使用,利用合成鞣剂对栲胶中某些沉淀物的溶解作用,使栲胶中的部分非鞣质转变为鞣质;降解改性法则是采用酸降解或强烈亚硫酸化处理降解的方法,使植物鞣质分子得到适当降解,相对分子质量降低,鞣性缓和。实验表明栲胶的降解产物具有良好的蒙囿性能和选择填充作用。

5.2.1.4 植鞣的影响因素

在植物鞣革过程中,鞣质与裸皮之间的相互作用,主要表现为鞣质的渗透与结合,这是鞣革过程中的一对主要矛盾。因此,影响鞣质渗透与结合的诸因素也就是影响植物鞣革的因素。这些因素有:裸皮的状态、栲胶的性质、鞣制条件(鞣液浓度、pH,鞣制温度、时间、机械作用)等。

(1)裸皮的状态。鞣质微粒能否透入皮内产生鞣革作用,与微粒半径和皮纤维间隙大小密切相关。实践表明,在相同的鞣革条件下,组织结构较疏松的边肷部位经 3～4h 即可鞣透,而结构较紧密的臀背部位则需 24h,或更长时间才能全透。显然,裸皮纤维间隙越大,鞣质渗透越快。且只有纤维间隙大于鞣质微粒直径,鞣质才有可能渗透入皮内。裸皮纤维间隙的大小,与裸皮的前处理有关,加重鞣前碱、酸和酶的处理,胶原纤维束分散程度增加,植物鞣质容易透入皮内。但胶原纤维的分离、松散程度应依产品而定。分散过大,将影响成革的坚实性、耐磨性、弹性和成型性等。鞣前采用适当的预处理(或预鞣),使纤维初步定型,亦可增大增多纤维间隙,有利于鞣质渗透。常用的预处理方法有硫酸钠、铬预鞣、油预鞣、醛预鞣和合成鞣剂预鞣等。

(2)鞣剂的性质。植物鞣剂的种类不同,其鞣质分子的大小、组成结构、在水溶液中的性质、渗透速度、与胶原纤维的结合力均不同。因此其鞣性各异,成革质量也有差异。比如,荆树皮、五倍子、木麻黄、杨梅、柚柑等栲胶渗透性好、结合力中等,宜用于鞣制初期。落叶松、橡椀、红根等渗透力中等、结合力较强,宜用于鞣制中后期,在实际生产中常搭配使用。若用于鞋面革、沙发革的复鞣,则选用颜色浅淡、渗透性好、结合力强的栲胶。

(3)鞣液浓度。在一定条件下,鞣质的渗透速度与其浓度直接相关,浓度越大,浓度梯度越大,鞣质扩散动力大,渗透速度加快。另外,工业用栲胶产品总含有少量水不溶沉淀物,随栲胶浓度增大,沉淀物也增加,当栲胶浓度达到 15% 左右时,体系中的沉淀物达到最大值。研究表明,当栲胶浓度继续增加时,因溶液中非鞣质含量的提高,阻碍了鞣质分子间的缔合,使鞣质的有效浓度增加,也有利于鞣质向皮内渗透。同时,植物鞣质同皮胶原结合能力的强弱(亦称为收敛性)与鞣液的电导率、鞣质的动电电位有关,鞣液的电导率越高、鞣质的动电电位越低,鞣质与皮胶原的结合能力则越弱。即鞣液浓度高,不利于鞣质的结合,而有利于鞣质的渗透。相反,鞣液浓度低,则有利于鞣质的结合,这就是为什么鞣革后期要扩大液比的原因。

(4)鞣液 pH。皮胶原是两性物质(两性电解质),其带电(离解)情况随溶液 pH 而异。植物鞣质在水中的分散及与皮胶原的结合也因体系 pH 的改变而变化。植物鞣质是两性物质,多数鞣质等电点的 pH 为 2.0～2.5。鞣质在等电点时,其微粒胶团不带电,易沉淀。随着溶液 pH 升高,鞣质分子所带负电荷增加,鞣质有效浓度增加,渗透速度加快。鞣液 pH 增加,裸皮所带正电荷降低,皮胶原与鞣质的结合减少,也使渗透速度增加。

由于植物鞣质与胶原纤维的结合主要是离子型电价结合,当 pH 达到裸皮等电点时,裸皮所带净电荷为零。此时因电价结合或由于电性吸引而结合的鞣质量显著减少。所以在裸皮等电点(pI 4.7)时鞣质结合量最低,在等电点两边,鞣质的结合量较大,研究结果表明,在 pH 2 左右时,皮胶原带有大量—NH_3^+ 基团,故鞣质的结合量最大。

另外,随鞣液 pH 的升高,鞣质酚式结构易被氧化变成醌式结构,可使颜色加深,尤其是邻苯二酚型结构更易氧化,当在 pH 大于 4.5 时鞣制,鞣质较易氧化,成革颜色加深,质量下降。当 pH 大于 6 时,鞣质易氧化至黑色,严重影响成革质量。

总而言之,鞣液的 pH 直接影响鞣质在水中的分散和溶解、氧化变性、皮胶原的带电情况,在制革生产实践中要适当控制鞣革的 pH,正确处理鞣质的渗透与结合这对矛盾,提高成革质量、缩短生产周期。

(5)鞣制温度。植物鞣剂分子运动的速度与鞣制温度成正比例关系,在一定温度范围内,随鞣制温度升高,鞣剂的渗透速度加快,且与皮胶原结合的数量增加。但研究表明,鞣制温度不能太高。否则,裸皮易变性(收缩),鞣质易氧化,鞣成的革颜色深、质量差。植鞣温度通常控制在 35℃～40℃为宜。

(6)机械作用与鞣制时间。机械作用强,鞣剂渗透加快,鞣制时间相应缩短。若机械作用过强,鞣成的革较软,挺实度不够,且易升温、诱发鞣质氧化,导致成革色深、粒面擦伤等质量缺陷。植鞣机械作用不宜过强,转鼓转速通常控制在 3～4r/min。前期多转、后期多停,使鼓内温度在 40℃以下。时间多控制在 36～38h,时间过短,虽鞣透,但鞣质结合量少,鞣制系数低。时间过长,占用生产资源过大。当鞣质渗透、结合达到平衡后,延长再多时间也是无益的。

(7)中性盐作用。裸皮在鞣前经脱水性盐处理后,纤维间隙变大,初步定型有利于鞣质的渗透。在鞣革过程中,少量中性盐的存在,也有利于鞣液的稳定。但若中性盐太多,因盐析作用而使鞣剂胶团脱水,稳定性降低,产生沉淀,影响鞣质的揉性。在植靴过程中应尽量消除或减弱中性盐的盐析作用,避免鞣剂沉淀。

不同的鞣剂其耐盐析能力不同,有研究表明在荆树皮、杨梅、厚皮香和落叶松四种栲胶中,荆树皮耐盐析能力最强,杨梅、厚皮香栲胶依次减弱、落叶松最差。

5.2.1.5 植物鞣剂在制革中的应用

植物鞣剂可用于鞣制各种重革,如鞋底革、凉席革、马具革、工业革、轮带革、家具革、结合鞣艺术革等。植物鞣剂还可用于各种轻革的复鞣,如鞋面革等。用植物鞣剂复鞣铬鞣革时,可增加革的填充性、磨面性能以及立体结构的稳定性,复鞣革起绒短而均匀,并且吸收阴离子加脂剂的性能好,成革成型性好,压花花纹清晰。

不同的栲胶渗透性与结合力不同,成革的性质也有差异。鞣革时宜选用渗透快、结合力强、鞣性较好的栲胶。此外,也要考虑颜色、pH 等因素,做适当的搭配合,以达到成革的不同要求。国外生产的坚木、荆树、栗木、橡椀栲胶是优良的栲胶,国内生产的柚柑、杨梅、厚皮香、黑荆树等栲胶也属于优良栲胶。表 5-3 给出几种常用于制革生产的栲胶应用性能,供配料时参考。

表 5-3　几种主要栲胶的性能

栲胶	纯度/%	渗透速率 /3.5mm·h⁻¹	吸收率 /%	结合率 /%	质量得革率 /kg·100kg⁻¹	面积得革率 (灰皮)/m²·100kg⁻¹
杨梅	78.36	12	41.21	26.43	58.7	20
柚柑	74.64	12	43.53	27.06	54.6	20

栲胶	纯度/%	渗透速率/3.5mm·h⁻¹	吸收率/%	结合率/%	质量得革率/kg·100kg⁻¹	面积得革率(灰皮)/m²·100kg⁻¹
木麻黄	74.99	10	24.43	18.52	54.3	20.3
落叶松	67.38	18	30.99	23.72	59.2	19.3
红橡	79.18	32	39.81	26.49	61.4	18.8
五倍子	88.18	6	53.47	31.94	67.6	19.7
荆树皮	85.51	6	51.45	34.80	61.4	18.2

　　传统纯植鞣法目前几乎已不再采用,取而代之的是快速植鞣法。最初的植物鞣剂一般是通过池鞣或池—鼓结合鞣的方式进行,现代制革中更多采用高浓度植物鞣剂在转鼓中进行速鞣以节约时间、提高生产效率。快速植鞣法主要包括三大部分:预处理或预鞣、转鼓植鞣、鞣后处理。

　　经预处理或预鞣后的皮直接进行植鞣,并严格控制初鞣时的液比,栲胶总用量及搭配关系、转速、温度等。栲胶用量为35%~50%,依据栲胶的类型(水解或缩合类)、渗透性、结合能力、填充性能、成革颜色等搭配使用,但品种不宜过多,一般选3~4种,分3~4次加入。液比以栲胶:水=1:0.4为最好,转速为3~4r/min。严格控制鞣制温度,初鞣温度20~26℃,鞣制后期30~38℃,必要时少转多停。

　　植鞣结束的皮革,虽已成革,但还不能实用,通常还需退鞣,漂洗、加脂填充、干燥和整理。

　　其中退鞣与漂洗的目的在于除去植鞣革表面层未结合的鞣质、非鞣质及部分结合的鞣质,以使成革颜色浅淡、均匀,避免反栲(或吐栲—在成革放置或使用过程中,革中未结合的鞣质或结合不牢的鞣质向表面迁移的现象)、裂面等现象发生。此阶段一般是将植鞣结束后的皮,出鼓平码堆置2~3天(防止风干),再进鼓加入100%的温水(约38℃),0.8%~1.0%草酸,或漂白性合成鞣剂2%,处理30min出鼓、挤水,控制水分含量不大于40%。

　　植鞣的加脂与填充与轻革生产一样,加脂填充是赋予成革优良性能必不可少的手段。加入革中的油脂在纤维束间具有良好的润滑作用,可提高成品革的力学性能。填充物使植鞣革更加紧实,增加耐磨性和力学强度,减少部位差,提高成革质量。但所用的加脂填充材料与轻革用材料截然不同,所用的油脂主要以生动植物油为主,配以部分硫酸化油或磺化油脂,油脂总用量为2%~3%。填充剂主要为无机盐(如 $BaCl_2$,$MgCl_2$,$MgSO_4$ 等)、高岭土、陶土和工业葡萄糖、合成鞣剂等,以增加成革的紧实性和耐磨性能。其用量一般为3%~5%,依品种不同而异,且多将无机盐、葡萄糖、合成鞣剂搭配使用。另外,因栲胶中含有少量植物多糖,植物蛋白质和含氮化合物等,植物鞣革在一定的温湿度、pH条件下易发生霉变,严重影响成革质量,故常在加油时加入一定量的防霉剂,以提高成革或革坯抗霉变能力。常用的防霉剂有DSS-Ⅱ型和CJ-Ⅱ型、Truposept N、Perrentol WB等皮革专用防霉剂。

植物鞣革的后期干燥和整理与生产轻革不一样,植物鞣革因厚、硬,含水量大,不易干燥,且干燥过程中鞣质易氧化变质等。干燥时,尤其是干燥初期,干燥温度不能太高,不大于30℃,干燥速度不能过急过快,应边干燥边伸展、边滚压,以提高成革的紧实和平整度,逐步提高干燥温度约45℃。夏天生产时则需避免植鞣革置于在太阳下曝晒。

植鞣法制革的具体实施案例如下:

(1)铬预鞣速鞣法。浸酸液比 0.5～0.8,常温,硫酸 0.2%～0.3%(66°Bé),冰醋酸 0.5%,食盐 4%～6%,转 2～3h,pH 4.5～5.0。(材料用量以脱灰裸皮重计,下同)

铬预鞣在酸液中进行,红矾 2%,碱度 33%的铬鞣液,转 1h。加入苯酐 0.5%(用纯碱0.43%调 pH 至 7),转 1h 后加热水 60%,加小苏打液再转 1h,4,pH 4.0～4.2,总时间约4～5h。

转鼓植鞣粉状栲胶 40%,其中杨梅栲胶占 50%、厚皮香栲胶 30%、落叶松栲胶 20%,共分3 次加入鼓内。

第 1 次:栲胶 10%,水 5%,24～28℃,1h,pH 4.1。

第 2 次:栲胶 10%,29℃,3h,pH 4.1。

第 3 次:栲胶 20%,35℃,4h,pH 4.1。

以后按常法静置、退鞣、漂洗后交整理工序处理。

(2)硫酸钠预处理速鞣法。浸酸。无浴,20℃,食盐 6%,甲酸 0.5%,硫酸 15,转 3.5h,pH 3.6～3.8。

硫酸钠处理。无水硫酸钠 10%,裸皮控水后干滚 6h,至完全渗透为止。

转鼓植鞣。粉状栲胶 45%,分 3 次加完。

第 1 次:粉状杨梅栲胶 15%,水 5%,萘磺酚甲醛缩合物 5%,pH 3.8～4.5,转 12h 至全透为止。

第 2 次:粉状厚皮香栲胶 15%,萘磺酸甲醛缩合物 5%,pH 3.8～4.5,转 6h。

第 3 次:粉状落叶松栲胶 15%,pH 3.8～4.5,转 12h。

整理时需加强水洗,以洗尽硫酸钠,避免返硝,其余同常法。

(3)浸酸去酸预处理速鞣法。浸酸液比 0.8,硫酸 1.0%～1.3%,食盐 5%～6%,3～5h,pH 2.5～3.0,排液。

去酸调节。硫代硫酸钠 3%～5%,1.5～3h,pH 3～3.5。

转鼓植鞣。粉状栲胶 40%～45%,分 5 次加完。

第 1 次:柚柑栲胶 8%～10%,2h。

第 2 次:柚柑栲胶 8%～10%,2.5h。

第 3 次:厚皮香栲胶 8%～10%,5h。

第 4 次:厚皮香栲胶 8%～10%,10～12h。

第 5 次:橡椀栲胶 5%～8%,50～53h。

另加水 6%～8%,第 2 次至第 5 次每次加 1/4。温度不超过 40℃,终点 pH 4.0～4.5。预处理与植鞣可在同一鼓内进行,整理同常法。

5.2.1.6　植鞣革常见缺陷及处理

（1）皱面与管皱。革面起大的皱纹或折纹，叫皱面。皱面严重者称管皱。植鞣外底革面向内围绕直径为 5cm 的圆柱体（轮带革则围绕直径为 3cm 的圆柱体）弯曲 180°，若出现粗大管状皱纹，且放平后又不消失即为管皱。

形成皱面与管皱的主要原因是脱灰不当造成裸皮酸膨胀，植鞣时又用收敛性较大或 pH 偏低的鞣液以及鼓鞣转动太快或时间太长。因此制革时应脱灰适度，尽量不用无机酸处理，初鞣液要温和；鞣液浓度递增差不要过大，初鞣 pH 不要过低；鼓鞣转速要慢，必要时少转多停。

（2）白花。目前快速鼓植鞣法中这种缺陷较少发生，但在鞣液纯度低、浓度低、pH 太高的吊鞣池中，皮与皮之间挤得太紧或在转鼓中积压时间太长，即裸皮表面上会出现白花印迹。发花的部位不一定，皮各部位都可能出现，唯臀部最常发现。白花产生的原因说法不一，可能为白花处含有油脂污物，或皮表面带有"灰滞"即积结有薄层的碳酸钙，亦可能是受微生物作用的影响，其中受微生物作用产生胶结物质影响鞣质的透入可能性较大。

为防止白花的出现，制革过程中加强脱脂处理，必要时进行表面软化和净面处理；灰皮不久露空气中，堆放时应肉面向外，并用湿麻布搭盖；初鞣时，加强活动和检查，发现白花及时处理，用 10%～20% 的醋酸溶液或浓草酸溶液可除去白花。

（3）生心。如果在革的切口内层，出现了颜色不一致的一条淡色条纹，即时生心，也是未鞣透或鞣制不足的特征。这种情况不仅影响革的收缩温度及其他力学性能，而且会使革扁薄、板硬。

产生的原因是由于生皮浸灰或浸碱时皮纤维松散不够；含油脂多的猪皮，脱脂不完全，影响鞣质透入；内层发生过胶化或受细菌伤害过的生皮，不能进行正常鞣制；如果对裸皮的预处理不够，在用高浓度鞣液或粉状栲胶鞣制时，从裸皮内脱水的速度大于鞣质向皮内的渗透速度，这样形成较大的渗透压作用，产生"死鞣"；在鼓鞣时采用渗透性慢而收敛性强的栲胶，常发生局部鞣制不足的现象；当猪皮进行鼓鞣时，背脊线容易折叠，也常产生鞣制不足现象。

解决和防止生心的产生，一方面，要加强对生皮的准备操作；另一方面，鞣前要认真作好对裸皮的预处理，合理地搭配鞣料，添加适当的合成鞣剂，促进鞣质的渗透，防止高浓度鞣液的脱水作用。

（4）裂面。裂面是植物鞣革常见的缺陷，其产生的原因，系由于在鞣制中皮外层吸附有过多的未结合的鞣质，或是粒面层结合鞣质过度，使皮纤维变脆，失去了弯曲性。不仅如此，如果准备工序对裸皮处理不适当，以及原料皮的保藏方法和陈旧程度等，均能使植物鞣革发生裂面。因此，要防止植物鞣革裂面，除严格控制操作条件外，要在鞣制后期妥为静置，淡液浸洗，以及加强漂洗。

（5）反栲。反栲是因为皮内吸附有过多的未结合的鞣质和水溶性物质，在干燥过程中，因温度太高，干燥过快，使水分蒸发而放出，或在整理过程中，在比较潮湿的情况下，受推压的机械作用随水分放出，因而在粒面形成颜色发暗的斑点，通称反栲。防止反栲有效措施包括：鞣前对鞣料作适当的选择，鞣后的半成品要充分静置，加强淡液漂洗和洗涤，并严格掌握在干燥过程中的温、湿度。

5.2.1.7 植物鞣革理论

在植物鞣革过程中,鞣质与胶原相互作用变成革,这是一种很复杂的变化。制革科学工作者,多少年来作了一系列的研究,提出了物理和化学的学说。生皮变成革的实质,由于对胶原纤维本身的结构及鞣质的性质,了解尚不清楚,所以植物鞣革理论,很难说是属于纯物理的和纯化学的,现在普遍认为:植物鞣剂与皮胶原蛋白的作用既有物理吸附、沉积现象,也有化学结合作用。

(1)物理吸附理论。最简单的植鞣理论,提出鞣制作用只是鞣质单纯地遮盖在皮纤维的表面上,其主要依据是鞣质被胶原吸收,不能化学计量,纯属物理吸附现象。表现在鞣质的吸附量不能化学计量(等物质量反应),且吸附量很大,是无机鞣剂结合量的10倍,或数十倍。随后曾提出表面张力效应使鞣质从溶液中沉积在胶原的固相上,在干燥过程中保持纤维结构不变形。伴随干燥,"固定的鞣质"的数量增加,但是,不是化学而是物理效应。显然,物理吸附的鞣质对革的丰满性和弹性是起到一定的作用。但这种物理吸附理论很难解释植物鞣革收缩温度可达85℃和植物鞣质不能被水和稀碱液完全洗脱的实验事实。

(2)化学结合理论。众多科学研究工作者根据胶原蛋白和植物鞣质的化学组成及结构,结合大量的实验事实,认为植物鞣质与胶原的作用有:氢键结合、盐键结合、共价键结合和疏水键-氢键协同作用。

(3)多点氢键结合。植物鞣是鞣质的酚羟基与皮胶原的多肽链上的—CONH—,以氢键结合的形式而使生皮变革。证据是用脲甲醛缩合物,能使植物鞣质的溶液产生沉淀,而在这个缩合物中肽键是唯一的反应中心。例如,聚酰胺纤维,只含有肽键这个反应中心,能与鞣质牢固结合,这就说明了—CONH—是胶原纤维的主要反应官能基,而酚羟基则是鞣质的主要反应点,所以在植鞣理论中,认为多点氢键结合起着主要的作用。氢键结合不仅由肽键作为给予体或接受体,同样也由胶原不带电荷的氨基和未离解的羧基,与鞣质分子上的氧原子形成氢键,也由鞣质分子的酚羟基作为给予体,与肽链上的羧基中的氧作为接受体形成氢键。

(4)电价键结合。肽键虽是植鞣革中胶原起反应的主要位置,但必须注意到鞣质可与胶原的碱性基相结合,胶原的碱性基有带电荷的或不带电荷的,都被认为是起反应的结合位置,特别是带电荷的碱性基与水解类鞣质带相反电荷的羧基发生反应。水解类鞣质分子带有自由的—COOH,在正常的鞣制pH条件下,鞣质的—COO$^-$与胶原的—NH$_3^+$以电价键相结合,比如裸皮在植鞣前用阳铬络合物鞣液预鞣,使胶原的氨基被释放,从而提高了鞣质的结合量。如用苯醌溶液预鞣裸皮,封闭胶原碱性基,结果降低了鞣质的结合量。由此说明胶原与鞣质之间的反应,是以电价键结合的。但是必须指出,只有含羧基的水解类鞣质才能有电价键结合方式,因缩合类鞣质分子不含羧基,所以电价键结合不适用于缩合类鞣质。从鞣质的组分、结构看,电价键结合只是植鞣的次要结合形式。

(5)共价键结合。在革中结合的鞣质,有的是经长期水洗或碱洗不掉的,认为是不可逆结合的鞣质,从而引出鞣质与胶原以共价键结合的观点:一是认为鞣质与胶原的碱性基开始以电价键结合,而后脱水形成共价键结合;二是认为鞣质与胶原的碱性基,能以醌的结构形式成共价键的结合。

(6)疏水键—氢键协同作用。一些生物和药物化学家也对植物鞣质-蛋白质反应机理进行了大量的研究。与多数制革化学家的研究方法不同,他们主要研究植物鞣质与水溶性蛋白质在水溶液中的反应,这样不仅可避免因渗透等原因对实验结果产生的影响,也便于利用近代测试技术对反应结果进行定性和定量分析。这些研究工作导致了对植物鞣质-蛋白质反应机理的新认识,即疏水键在植物鞣质-蛋白质反应中起着重要作用,植物鞣质-蛋白质相互结合,是疏水键和氢键协同作用的结果,并一致认为:首先是鞣质分子在蛋白质的某些位置发生疏水结合。这些位置是蛋白质多肽中带芳环或脂肪侧链的氨基酸残基比较集中的区域,特别是包含有对确定蛋白质构型有影响的脯氨酸残基时,由于疏水作用,这些位置在水溶液中形成的疏水区或称"疏水袋"(脯氨酸将促成这种"疏水袋"的存在)。含疏水基团的鞣质分子,首先以疏水反应进入这些"疏水袋"。然后,鞣质的酚羟基与蛋白质链上某些适当位置的极性基团,如胍基、羟基、羧基、肽基等发生氢键结合,从而使鞣质—蛋白质结合进一步加强。这些观点是在更为合理和先进的实验方法和测试技术的基础上提出的植物鞣质与蛋白质作用的新见解。但应指出的是,由于这类研究是针对植物鞣质和蛋白质在水溶液中进行的反应,因而对鞣质和蛋白质的选择不仅受到仪器测试条件的限制,还受到两者溶解度的限制。溶解度太小,结构太复杂的植物鞣质和蛋白质不宜用于此类研究。实际上,这些研究多是选择简单酚(间苯三酚、儿茶酚、邻苯三酚等)和相对分子质量较小的多酚(比如儿茶素二聚体)代表植物鞣质;选择小分子蛋白质拟物和溶解性好的蛋白质(如牛血清蛋白)来进行反应研究的。因此,可以认为,上述研究所获得的植物鞣质-蛋白质反应机理与真实的植物鞣质-蛋白质反应,特别是与植物鞣革机理还有一定的差距。

总之,植物鞣质与皮的结合形式是多种多样的,既有物理吸附和凝结作用,又有化学结合,而化学结合又以多点氢键结合为主,也有其他化学结合方式如电价键和共价键结合,还有范德华力的作用,以及氢键—疏水键协同作用。

5.2.2　其他有机鞣剂及其鞣法

制革生产中使用的有机鞣剂的品种很多,远远胜过无机鞣剂。除前述植物鞣剂外,最常见的有醛类、合成树脂、合成鞣剂及其改性产品。由于这些鞣剂赋予所鞣成的革具有一定的湿热稳定性,收缩温度较低,在轻革生产中一般不单独用作主鞣,多用于复鞣(见后续内容)。醛鞣革因其独特性能,在裘革生产和特种动物皮加工中占有重要位置,而油鞣法则主要用于擦拭革的加工。本节主要介绍醛鞣法和油鞣法。

5.2.2.1　醛鞣剂及醛鞣法

与铬鞣、植鞣等鞣法相比,醛鞣革最突出的优点是醛鞣剂与皮胶原形成共价交联后所表现出的优异的耐水洗、耐汗、耐溶剂、耐碱及耐氧化等化学稳定性。各种醛鞣剂所鞣制的皮革,虽然有各自的优点、特性,但同时存在许多不足,故醛鞣一般很少作为主鞣,而是多用于与其他鞣剂结合鞣或复鞣。

在20世纪40年代人们对甲醛与蛋白质的反应机理进行了研究,由此奠定了人类认识鞣制过程的基础,而且也促进了对不同醛类及其衍生物鞣革的探索。近年来研究工作者系统地研究了各种醛的鞣革性能。研究结果表明,只有甲醛、丙烯醛及含2~5个碳原子的二醛及双醛淀粉、双醛纤维素具有良好的鞣性。从鞣制性能来看,在所研究的醛中以丙烯醛与戊二醛最优,其次为甲醛、乙二醛、丁二醛、双醛淀粉,而丙二醛和己二醛鞣革性能较差。由于丙烯醛具有易挥发、刺激性强、性能不稳定、毒性大等缺陷,因而很难进入实用阶段。二甲醛、戊二醛及其衍生物、唑烷、双醛淀粉等作为预鞣剂或复鞣剂目前已被广泛应用于制革工业。

(1)甲醛鞣剂。甲醛是一种分子结构简单、相对分子质量最小的鞣剂。在常温下甲醛是无色且具有刺激性气味的气体,易溶于水,因而常以水溶液的形式存在。甲醛的性质活泼,能参与很多类型的化学反应,如与氨基化合物发生缩合反应等。甲醛有自聚合倾向,低温下存放甲醛会发生自聚合反应,形成聚甲醛。目前,在皮革鞣制中很少采用纯甲醛鞣,只有在生产高级手套革或服装革时,间或采用纯甲醛鞣。甲醛常用于与植物鞣剂、油鞣剂及无机鞣剂等的结合鞣。在毛皮鞣制中常采用纯甲醛主鞣。制革工业常用浓度为30%～40%的甲醛水溶液(俗称"福尔马林"),有难闻的刺激性气味。

甲醛鞣法鞣制羊皮手套革示例如下:采用浸酸皮质量100%的水,硫酸钠4%,甲醛水溶液(36%～40%)6%～10%。初鞣pH 2～3,转动4h,用硼砂中和,并升温至37℃左右。最终pH为6.8～7.0,液比为2.0～2.5,收缩温度为82℃左右。流水洗去过量的甲醛。

甲醛鞣革的收缩温度为80℃～85℃,耐酸、耐碱、耐化剂及还原剂的作用,也耐汗液作用、耐水洗;甲醛鞣革颜色纯白,遇光不变色。但甲醛鞣革的缺点是革身扁薄,不耐储存,容易变脆。甲醛鞣革还使染料与皮革的结合牢度降低。

(2)戊二醛及改性戊二醛鞣剂。1957年美国Seligsberger L等首次将戊二醛作为鞣剂使用并申请了专利。20世纪60年代初期Sabatini D D等人系统研究了双醛类化合物对蛋白质的交联作用,发现戊二醛在反应能力(以交联程度测定)及交联产物的抗沸水处理、抗水解性能方面均是优异的。

戊二醛是带有刺激性气味的无色透明油状液体,溶于热水、乙醇、氯仿、冰醋酸、乙醚等有机溶剂。对眼睛、皮肤和粘膜有强烈的刺激作用,2%的戊二醛就可对皮肤产生轻微刺激,浸泡时会使皮肤带上黄色,浓度更大的戊二醛可较快使皮肤变黄甚至硬结。使用时应注意防护。但戊二醛整体刺激性要小于甲醛和乙醛。

纯戊二醛易聚合,由于未经稀释的戊二醛极易聚合变成糖浆状,最后变成玻璃状物质,故商品戊二醛是25%或50%的水溶液,在水中戊二醛主要以水合物,尤其是六元环醚状水合物的形式存在。

即便在稀溶液中戊二醛也易自身聚合而导致溶液变黄甚至产生沉淀,酸和碱均可促进聚合反应,碱不仅是聚合的有效催化剂,而且使聚合产物的相对分子质量增加,反应也是不可逆的,商品戊二醛水溶液中均含有阻聚剂。

戊二醛可与蛋白质中的氨基、羟基、巯基、胍基等反应而导致蛋白质交联变性。戊二醛对蛋白质多肽链的交联作用随温度和浓度的升高而增加,而且是还不可逆的,生成的产物结构复杂的,很可能形成了共轭的环状交联体系。戊二醛及其聚合物易于和氨基形成吡啶环状结构的特点,可以解释戊二醛对蛋白质的优异交联作用,是一种性能优良的鞣剂。

需要指出的是,pH对戊二醛与胶原的交联反应影响很大,pH在3以上戊二醛即可与胶原反应,在pH为4～9的范围内速度有一定增长的趋势,pH约为8时反应最快,pH>9以后由于戊二醛自身聚合等副反应增多,反应速度反而降低。

戊二醛是含有两个羰基的醛类,分子比甲醛大,结合点比甲醛多,由于分子有一定的长度,因此不需要缩聚即有较好的鞣性。戊二醛鞣革具有以下特点:

①具有交联性能好,结合量多的特点,可单独作为鞣剂,成革丰满、柔软,且可长时间保持柔软性。成革耐皂洗,耐汗、耐化学溶剂、耐酸碱和耐氧化性能优异。成革斥水性强,透水汽性优于铬鞣革,因而适用于耐水洗革以及耐干洗革的生产。

②戊二醛适用于预鞣、复鞣等工序,单独鞣制时成革收缩温度可以达到 90℃,具有填充作用,革身丰满不松面。与铬、铝、锆、钛、稀土以及油鞣剂、合成鞣剂、植物鞣剂进行结合鞣均有理想效果。与铬结合鞣时可以达到铬鞣的最大收缩温度,且保持铬鞣的优点,并可节约铬盐。

③可保持蛋白质的精细结构,对被交联的组织变形性小,蛋白质的晶体结构基本保持不变。戊二醛可以在酸性和中性条件下完成鞣制,因此特别适合毛皮和毛革两用革的生产。

缺点是戊二醛鞣革颜色易发黄,并可能造成后续染整时阴离子型染料上染率下降,另外戊二醛价格较贵,不宜长期贮存。

纯戊二醛鞣法示例如下:用料以浸酸裸皮质重计。水 100%,无水戊二醛 4%,无水硫酸钠 10%,碳酸氢钠 0.8%。鞣制 3h 后再加碳酸氢钠 5%,继续转动 5h,最终的 pH 为 8.3,水洗 30min 结束。

戊二醛售价较贵,因此在制革行业里一直未能得到广泛的应用。为了改进戊二醛价高、不易贮存、成革和毛被色泽发黄等缺点,国内外有学者陆续研发了改性戊二醛鞣剂。

其中最典型的改性方法是在温和碱性条件下发生选择性混合羟醛缩合反应,可制得一种具有羟、醛结构的鞣剂。光谱及化学分析结果证明,反应产物是多羟甲基戊二醛。这是最基本的改性结构或者目的,在结构上具有多羟甲基和醛基,仍然保持了良好的鞣性。改性戊二醛为浓度为 4.5%,pH 为 6.5,为无色水溶液来,最适宜的鞣制效应是 pH 保持在 6.5~8。使用这种产品可生产纯白色而又耐光的皮革。

用改性戊二醛醛酸鞣剂进行预鞣,对脱灰和软化过的裸皮起作用,不会发生皱面现象。按标准方法脱灰和软化后,使用改性戊二醛就可以代替正常浸酸,这种预鞣起到了一种无盐作用,并且不用传统的强烈浸酸。接着使用铬鞣剂,使它不会放出酸和不会碱度过大。因此,对较高 pH(大约为 6.0)的裸皮可以使用碱度 50%并带适当数量的蒙囿剂的铬鞣剂。它的优点是铬的使用量较少,使废水里铬离子明显减少,减轻环境污染。

这类醛酸鞣剂复鞣具有良好的固定栲胶,还可增进铬的吸收和交联作用,但须注意醛基可与其他鞣剂的活性基团如氨基、羧基等反应,故使用时最好分开加入。

(3)糠醛鞣剂。糠醛,又称 2-呋喃甲醛,其学名为 α-呋喃甲醛,是呋喃 2 位上的氢原子被醛基取代的衍生物。1821 年,Doebernier 首先发现了糠醛。随后,人们对其物理化学性质及其合成方法进行了深入的研究。1922 年,美国 QuakerOats 公司首先实现了糠醛的工业化,主要应用于木松香脱色和润滑油精制方面,实现了糠醛在工业领域的应用。它最初从米糠与稀酸共热制得,所以叫做糠醛。糠醛是由戊聚糖在酸的作用下水解生成戊糖,再由戊糖脱水环化而成。生产的主要原料为玉米芯等农副产品。合成方法有多种。糠醛是呋喃环系最重要的衍生物,化学性质活泼,可以通过氧化、缩合等反应制取众多的衍生物,被广泛应用于合成塑料、医药、农药等工业。

由于糠醛具有醛基、二烯基醚官能团,因此糠醛具有醛、醚、二烯烃等化合物的性质,特别是与苯甲醛性质相似。表现出无 α-氢的醛和不饱和的呋喃杂环的双重化学性质,性质很活泼。

实验表明,在一定条件下,糠醛对胶原是有鞣制作用的。糠醛鞣的皮经晾干、陈化,耐水性和收缩温度有明显的提高,但成革手感的弹性很差,达不到质量要求。因此单独用糠醛鞣革是没有实际意义的,而采用糠醛预鞣—铬鞣是可行的。

(4)双醛淀粉鞣剂。20 世纪 60 年代初期,在糠醛鞣法出现后不久,美国又提出了以双醛淀粉进行预鞣的专利。双醛淀粉是采用高碘酸对淀粉进行选择性氧化的产物。双醛淀粉的主要结构是水合半醛醇和分子内及分子间的半缩醛,它能作为含醛物料进行反应。作为多醛聚合物,双醛淀粉能与胶原的氨基和亚氨基起交联反应,是良好的鞣革剂,鞣革作用与氧化程度有关,双醛含量 90% 以上效果好,可使鞣制时间大大缩短,而且具有色浅质软和耐水洗等优点。

双醛淀粉是一种白色粉状固体,多以水溶液态使用,双醛淀粉的醛基很少以游离态存在,基本上是水合物或分子内的半缩醛。利用醛基对羟基、氨基、亚氨基的反应,双醛淀粉在工业上可用作纸张湿强剂、明胶固定剂、制备抗水性黏合剂等,也可用以鞣革,但由于价格较贵而影响到它的推广应用。

双醛淀粉鞣制的成革色泽洁白,粒面细致,耐水、耐酸碱性优良。手感丰满,断裂伸长率增加。成革综合性能优于乙二醛鞣革,但远不及戊二醛鞣革。单纯的双醛淀粉鞣性较差,可用于毛皮和白湿皮的鞣制,也可同其他鞣剂一起用于皮革的预鞣和复鞣。

双醛淀粉也可以作为铬鞣液的蒙囿剂,并且可以增加铬鞣剂的耐碱能力,被羧基化的双醛淀粉由于高度电离而具有更强的蒙囿作用;双醛淀粉上的羧基,半缩醛能与铬作用,同时,双醛淀粉的分解产物能与铬产生进一步的交联。

5.2.2.2 油鞣

油鞣是古老的鞣革方法之一,至今仍有一定应用。油鞣革具有柔软、平滑、延伸性能好、相对密度低、孔率大等特点。

油鞣剂可分为天然油鞣剂与合成油鞣剂两种。天然油鞣剂的主要成分为含有不饱和脂肪酸的甘油酯(碘值在 140~160)。常见的天然油鞣剂有海豹油、鳕鱼油、亚麻油以及蚕蛹油等。天然的油鞣剂一般是以 18,20,22 和 24 碳的脂肪酸为主要成分,分子中的双键往往达到 6 个或 6 个以上,而且是非共扼的,具有较高的碘值和反应性。脂肪酸中所含的不饱和双键经氧化后,释放出醛或双醛,能与皮胶原发生化学结合,从而产生鞣制作用。

目前制革业中使用的油鞣剂多是植物油或矿物油的合成改性物,主要是向脂肪链上引入各种难以洗掉的结合型基,如 $-SO_3H$ 和 $-SO_2Cl$ 等,其中以烷基磺酰氯这种合成油鞣剂为代表。

烷基磺酰氯既有鞣革性能又有加脂性能,可单独用于制造手套革、服装革及其他软革,成革结实,丰满,柔软,色白,容易染色,耐洗涤。也可以与其他鞣剂结合鞣革,如先醛预鞣然后再用磺酰氯复鞣,或先磺酰氯预鞣后再用铬盐复鞣。为了促进磺酰氯渗透,必须使裸皮含水量降低,所以宜在裸皮脱水情况下进行鞣制,鞣后干燥促进结合。如果脱水不完全可用少量阴离子或阳离子表面活性剂。由于烷基磺酰氯能溶解天然脂肪,故可简化脱脂操作。

烷基磺酰氯通常是以液体石蜡为原料,在紫外光照射下经磺酰氯化反应制得。液体石蜡的馏程为 220～320℃,正构烷烃一含量在 95％以上,烷基碳原子数为 C_{12}～C_{18}。磺酰氯化反应遵循自由基连锁反应历程,除了生成单磺酰氯以外,还会生成二磺酰氯、多磺酰氯等一系列反应副产物,因而磺酰氯化反应得到的产物是一种混合物。为了减少副反应,注意控制氯磺化反应的深度是十分必要的。链烷烃的氯磺化过程中,二氧化硫与氯气的摩尔比控制在 1.05～1.1。反应结束后,需要通入压缩空气进行脱气,将未反应的 SO_2、Cl_2、HCl 等吹出。制得的产物烷基磺酰氯是一种淡黄色不溶于水的透明油状液体,成品的相对密度为 1.05～1.08,水解氯含量为 12％左右。

烷基磺酰氯产品鞣制应用示例如下:

经甲醛预鞣、挤水后的革质量为用料依据,削匀削去粒面。烷基磺酰氯产品 15％～18％、鱼油 3％、纯碱 3％、阳离子表面活性剂 0.3％～0.4％。以上复配物搅拌均匀后分 3 次,每次间隔 1.0～1.5h 放入鼓内,温度为 35～40℃,鞣制时间为 5～8h,pH 为 7 左右。搭马陈放 1～2 天,然后挂在 45～50℃的加温室内彻底干燥,干燥后革面应无油渍。随后回软水洗以除去可溶物,调整湿度后拉软。轻度铬复鞣后染色,可制成绒面软革和服装革。

5.3　无机—有机结合鞣法

无机—有机结合鞣法在制革生产中应用最多,也是目前研究开发的热点,较成熟的方法有:铬—植、铝—植、醛—铬、铬—合成鞣剂、铝—树脂鞣剂结合鞣法等,其中铬—植、铝—植两种结合鞣应用做多。

5.3.1　铬—植结合鞣法

铬—植结合鞣法是使用最多、最广的结合鞣法,主要用于鞋底革、工业用革、装具革、凉席革、军用和多脂(防水)鞋面革的生产。此法能提高植鞣革的湿热稳定性、耐磨性及弹性,改善铬鞣革的易变形性,使铬植结合鞣重革更加坚实丰满,成型性好,耐磨和耐湿热等。在实际生产中用得较多、较广的是轻铬重植和先铬后植鞣法。

铬—植结合鞣法黄牛皮凉席革的工艺实例(以下材料用量以碱皮皮重计)如下:

浸酸前的工艺基本同黄牛鞋面革。

浸酸:液比 0.8,内温常温,加工业食盐 7％,转 10min;加甲酸 0.5％,转 10min;加硫酸(98％)1.2％,转 2.0～3.0h,pH 2.8～3.2。

铬预鞣:在浸酸液中进行,倒掉一半废酸液,加阳离子油 1％,转 30～40min,加 KMC(B=30％～35％)4％,转 3.0h;加小苏打 0.6％～0.8％(1:20),分 3 次加入,间隔 20min,加完最后一次转 60min,pH 3.6～3.8;补 55～60℃热水至液比 1.5,内温 35～37℃,转 1.5h,停鼓过夜。次日转 20min 出鼓搭马静置 24h 以上,挤水、剖层(厚度 3～3.5mm)、削匀。

栲胶复鞣:液比 1.5,内温 25～27℃,加杨梅栲胶 10％,转 1h;加落叶松栲胶 10％,转 3～5h;以后转停结合,直到栲胶鞣透为止,24～30h,出鼓静置 24h。

漂洗：液比 2.0，内温 30～32℃，加硫代硫酸钠 1.0%，草酸 0.5%，转 40～50min；水洗（闷流结合），基本洗清。

加脂：液比 2.0，内温 30～35℃，加太古油 2%，合成加脂剂 1%，防霉剂 0.3%，转 30min；水洗出鼓、静置，转后续常规工序。

5.3.2 铝—植结合鞣法

植-铝结合鞣是近几十年来研究最多，也是目前最有希望替代铬鞣制造鞋面革、汽车坐垫革、沙发革的一种无铬鞣法，属生态鞣革范畴。植铝鞣革有收缩温度高、箱包成型性、卫生性能好等优点，染色、加脂性能优于纯植鞣革，不足之处是柔软性差，较扁薄，不宜做轻软类型的革。早在 20 世纪 50 年代，欧洲一些国家就已利用铝—植结合鞣制造鞋面革。正确控制裸皮鞣前处理程度和结合鞣工艺条件是获得优良皮革的关键，即如何将植物鞣质和铝盐较理想、均匀地分布在皮纤维之间，并与胶原纤维活性基发生适当的有效交联（键合）。当成革要求较软而丰满时，可稍加大皮纤维的分散程度，先用铝盐预处理，后用栲胶复鞣。若对成革的强度、耐湿热稳定性要求较高时，宜先用渗透性好的栲胶预鞣，再用铝盐复鞣。采用铝—植结合鞣，铝鞣剂用量以 Al_2O_3 含量计，为碱皮重的 5%～7%。植物鞣剂多用分子较小、渗透性好的荆树皮栲胶，或与杨梅、木麻黄等搭配使用，其用量为碱皮重的 12%～15%。鞣前浸酸 pH 多控制在3.6～3.8，不宜过低。浸酸后用元明粉（无水硫酸钠）或油预处理，可促进鞣剂的渗透，缩短鞣制时间，鞣制过程中要严格控制体系温度和 pH。

铝—植结合鞣法生产黄牛软鞋面革工艺实例：

按常规方法脱毛、片皮、复灰、脱灰、轻度软化，以碱皮皮重为基准进行以下操作。

浸酸：液比 0.3，内温常温，加食盐 6%，甲酸钠 1%，转 5min；加硫酸 1%（稀释后加入），转 1h，pH 3.8。

预处理：在浸酸液中进行，加无水硫酸钠 10%，转 2h，pH 4.2。

植鞣：在预处理液中进行，加辅助型合成鞣剂 1%或亚硫酸化鱼油 2%，转 30min；加荆树皮栲胶 15%，转至全透（3～4h）；加常温水 50%，转 2h，pH 4.2；鞣制过程中鞣液温度不高于38℃；水洗，挤水，削匀。

漂洗：液比 1.5，内温 35℃，加草酸或 EDTA 0.3（除去铁离子），转 20min，水洗加水100%，甲酸 0.5%，转 30min，pH 3.0。

铝鞣（以削匀革重为基准进行以下操作）：液比 0.7，内温 30℃，加无水硫酸铝 10%，转 1h；加脂酸钠 1%，转 30min；加小苏打提碱至 pH 3.8，转 2.5h，水洗；搭马 24h。

中和：液比 1.5，内温 30℃，加甲酸钠 1%，小苏打 0.5%，转 1h，pH 4.5；溴甲酚绿检查，中和后革应耐沸水煮 3min。

中和后的染色加脂按常规方法进行，但酸固定时 pH 不应降低至 4.0 以下。

参考文献

[1]成都科学技术大学，西北轻工业学院.制革化学及工艺学[M].北京：中国轻工业出版

社,1982.

[2]张铭让,陈武勇.鞣制化学[M].北京:中国轻工业出版社,1999.

[3]但卫华.制革化学及工艺学[M].北京:中国轻工业出版社,2006.

[4]陈武勇,李国英.鞣制化学[M].北京:中国轻工业出版社,2005.

[5]石碧,陆忠兵.制革清洁生产技术[M].化学工业出版社,2004.

[6]张廷有.鞣制化学[M].四川大学出版社,2003.

[7]马建中.皮革化学品[M].化学工业出版社,2002.

[8]杨建洲,强西怀.皮革化学品[M].中国石化出版社,2001.

[9]周华龙.皮革化工材料[M].中国轻工业出版社,2000.

[10]王名宦.动物鞣制皮革与毛皮的种类鉴定[J].西部皮革,2012(12):24-26.

[11]王建光,刘天起,王雪梅,等.京尼平与戊二醛鞣制牛心包材料的对比研究[J].山东大学学报(医学版),2011(05):24-28.

[12]贾淑平,但年华,林海,等.无机鞣制中的分子自组装行为[J].中国皮革,2011(03).

[13]鲍艳,马建中.丙烯酸树脂/蒙脱土纳米复合材料的制备与鞣制性能[J].高分子材料科学与工程,2010(03):112-115.

[14]李靖,廖学品,孙青永,等.一种新型噁唑烷鞣剂及其与栲胶的结合鞣制技术[J].中国皮革,2010(07):1-5.

[15]陈柱平,马建中,高党鸽,等.新兴技术在清洁化制革鞣制中的研究进展[J].中国皮革,2010(07):28-32.

[16]桑军,郑超斌,强西怀,等.没食子酸与铬铝结合鞣制研究[J].中国皮革,2010(13):17-20.

[17]陈柱平,马建中,高党鸽,等.新兴技术在清洁化制革鞣制中的研究进展[J].中国皮革,2010(07).

[18]李运,马建中,高党鸽,等.无铬鞣制研究进展[J].中国皮革,2009(11).

[19]李运,马建中,高党鸽,等.无铬鞣制研究进展(续)[J].中国皮革,2009(13).

[20]李洁,张正源,戴红,等.糠醛类化合物的制备及其在鞣制中的应用[J].皮革与化工,2009(06):9-15.

[21]王学川,赵宇,袁绪政,等.栲胶和有机膦结合鞣制山羊服装革工艺[J].中国皮革,2009(21):4-7.

[22]蒋岚,史楷岐,李颖,等.丙烯酸树脂与THP盐结合鞣制工艺的研究[J].中国皮革,2006(15):23-26.

[23]董秋静,郑建伟,夏修旸,等.新型无铬鞣剂鞣制机理的研究[J].皮革科学与工程,2006(06):31-36.

[24]庄海秋,杨昌聚,向阳,等.黄牛正软鞋面革无铬鞣制工艺探讨[J].中国皮革,2005(03).

[25]周华龙,程海明,汤华钊,等.皮革鞣制机理特点及进展探讨[J].皮革科学与工程,2002(02):14-17.

[26]单志华,辛中印.无金属鞣制研究—有机结合鞣法[J].皮革科学与工程,2002(05):

18-21.

　　[27]杨宗邃,马建中,张辉,等.轻革生产中无铬鞣制工艺的研究[J].中国皮革,2001(09):7-11.

　　[28]李闻欣.铬—铝鞣制方法的发展及现状[J].西北轻工业学院学报,2001(01).

　　[29]杨宗邃,马建中,张辉,等.轻革生产中无铬鞣制工艺的研究[J].中国皮革,2001(09).

　　[30]彭必雨,何先祺,单志华.钛鞣剂、鞣法及鞣制机理研究Ⅱ.Ti(Ⅳ)在水溶液中的状态及其对鞣性的影响[J].皮革科学与工程,1999(02):12-16.

　　[31]王伟,马建中,杨宗邃,等.皮革鞣剂及鞣制机理综述[J].中国皮革,1997(08):25-30.

第六章　湿整理工程

6.1　湿整理概述

经过鞣前准备和鞣制加工,在制品具有了革的共性,例如耐湿热、耐化学试剂和酶的作用,干燥以后可以通过机械的方法使其柔软、耐曲折、不易断裂等,但还不能满足使用要求。通过湿、干整理,赋予革必要的使用性能和进一步突出不同革产品的特性。

通过准备工段、鞣制工段的精心处理后完成了由皮转变成革的质的转变,生皮成为了坯革。蓝湿革和经过湿染整、干燥后的坯革都可以长期存放,所以可以作为商品在市场上流通。由于经济、环境、技术等诸多因素影响,现代制革工业中将生皮制成坯革,又将坯革制成成革分别由不同企业完成的现象日益增加,因此,坯革作为制革厂的"原料"已具有普遍意义,即使同一企业内的生产线的设计安排,也会将坯革作为后继染整加工的原料处理。

以完成鞣制的坯革为起点,将坯革的后继加工并最终实现成品的过程分为两段,其中在水溶液中进行的一段称湿整理,主要包括回湿、复鞣、中和、染色、加脂。

6.2　湿整理的准备工作

6.2.1　坯革的组批

坯革的组批,也叫分类,是制革厂调整最终产品结构、制定制造工艺及技术和实施生产的重要操作。由于原料皮在投入生产前带有毛、表皮及干皮的皮身未伸展开等因素,不易察觉皮面及皮身的残次情况。在准备车间及鞣制车间的处理中又常易出现技术、管理及皮坯内在的不良状态等。因此,许多未能发现的或因前加工产生的缺陷几乎均在坯革上表现出来。

在湿整理投产之前,首先要对蓝湿革进行质量检验、挑选和组织生产批。挑选蓝湿革时主要是依据革的厚度、颜色、粒面细致程度、伤残情况等,把质量基本一致的同一种类的在制品组织成生产批,把适合于不同成品品质要求的蓝湿革分开加工,以便量"才"使用和看皮做皮。

挑选组批时,除了要考虑满足成品要求外,特别要考虑制革厂的经济效益,使蓝湿革得到合理充分的使用,以谋求最佳经济效益。选皮组批工作要由经过专门培训、有丰富经验、责任心强的师傅进行。具体做法是:先检查蓝湿革上的各种伤残、缺陷、生长痕的明显程度,根据伤残的深度、所在部位、伤残面积大小,粒面细致程度进行分类,根据订货要求分档、分品种投产;

其次要考虑蓝湿革的颜色和革表面有无色花,铬鞣蓝湿革的正常颜色为均匀的湖蓝色;另外要注意蓝湿革是否有松面现象及松面的严重程度等;挑选时也要考虑革的厚度,使同一生产批的蓝湿革厚度尽可能接近一致,以便既能满足成革对厚度的要求,又能提高二层革的得革率,减少削匀量。

6.2.2 挤水

经过静置一段时间的坯革还含有较多的水分(>60%)。过多水分的存在不仅增加将要进行的机械加工的操作难度,也影响加工的精度。各种坯革存在的部位差使松软的部位含水多,相对增厚多,这时若片削加工整张相同厚度,干燥后的成革厚度差就明显出现。为此应尽可能减少水分至可获得皮革有整张均匀的厚度为佳。简单用存放或挂凉除水的方法不仅延长生产周期也易造成不均匀现象。较好的方法是采用挤水操作。挤水操作在挤水机上进行,单纯的挤水方式常会出现死折。一种改进的挤水方法是采用挤水伸展机,在挤压辊后加一伸展刀辊,将挤过的坯革伸开。使用这种机器时要调整得当,否则更多的是只挤不伸或伸而不挤。操作不合理或坯革状态的不理想也会产生折痕或挤破。对于挤出的折痕可立即用手工拉开或入鼓摔匀消去,否则后果较为严重,大批量生产时尤其应注意。另一些在挤水操作中出现的问题被认为是坯革的 pH 偏低、静置时间不够、坯革厚度不均匀、坯革表面油脂含量过多及机器调整不良。这些因素多反映在坯革挤水效果不良,要求前处理的配合、清换毡布或调整机器。

6.2.3 剖层(片皮)

剖层(片皮)的目的在于调整坯革的厚度以满足成革的要求。采用片皮机片层操作,对坯革的片层要求用精密片皮机。用片皮机片层后的坯革厚度常常被控制在比削匀要求的厚度稍厚一些(增厚量由机械状况及操作技术决定)。

对于牛皮、猪皮等厚型皮如果在鞣制以前没有经过剖层,则需要在湿整理前剖层。剖层一方面能满足成品对厚度的要求,另一方面提高原料皮的利用率,使一皮变多皮。对于一些厚皮不经过剖层直接削匀的做法是不可取的。在整个皮革加工中可以剖灰皮、剖硝皮,也可以剖蓝湿革。剖蓝湿革的优点是剖层精确度高,二层和三层得革率高,缺点是修下的皮边、革屑等含有铬,固体废弃物不容易处理和利用。羊皮等小张皮一般不需要剖层。

6.2.4 削匀

削匀是一种对坯革厚度较精确调整的操作。操作在削匀机上进行。通常将带有粒面坯革进行肉面切削,故又称削里(也称削面操作)。坯革的厚度由刚性辊与刀辊刀片之间的间隙决定。削匀机有宽窄工作口之分,宽工作口的削匀机生产效率高,可整张坯革一刀削出,接刀痕少。窄工作口削匀机可进行局部削匀,对部位差大的坯革尤为有利。

作为厚度的调整,削匀可对硝皮、酸皮等皮坯进行。生产上对皮坯削匀较多的是削硝皮,裸皮经无水硫酸钠处理脱水后削匀。这种工艺的优点在于皮易削,节省鞣剂,皮屑利用价值较高。但缺点有三：一是多一滚硝工序，冬季需要有温削匀，否则硝易结品损坏皮坯；二是削硝皮后经过后继的加工工序多，厚度不易精确控制；三是大量的硫酸盐使用造成中性盐排放，难以治理。

以削代磨也是削匀操作的功能，是指在绒面革的制造中，起绒面经过削后不再磨而直接起绒。这是在大规模生产绒面革的工厂常常采用的方法。以削代磨对准备工段、鞣制状况等操作技术以及设备状况要求配合程度较高，较小的刀痕、跳刀都会影响最终产品的品质。

对革的削匀厚度依成品革的厚度要求而定，但由于革在湿态染整和干态整饰过程中，尤其是干燥过程中厚度会发生变化，而且变化程度因工艺不同而不同，所以削匀厚度与成品革厚度之间的确切关系不能一概而论，一般掌握在削匀厚度较成品革厚度大 0.1～0.3mm。削匀比较容易出现的质量问题是厚度不符合要求、削洞、撕破、削焦、跳刀、粘辊等。削匀质量对企业的产品合格率有直接影响，因此削匀工作必须由熟练的削匀技术工人进行，削匀过程中要随时检查削匀机的工作状态，经常性的检测削匀厚度，严格控制削匀革中的水分，以便及时发现问题及时调整。

6.2.5 湿磨革

绒面革制作中要进行磨绒（磨革）。磨革分湿磨和干磨，湿磨革是在削匀后进行，反绒革在革里面进行磨绒，正绒革是在粒面进行磨绒。磨绒的目的是在革正面或反面产生均匀、平齐、细致的绒头。湿磨是在湿磨革机上用水砂子进行，湿磨时蓝湿革的水分含量对湿磨效果影响极大，应严格掌握 40%～45% 之间。水分含量大，磨绒较长；反之磨绒短，不易磨平，绒头均匀度差。另外磨绒时，皮革张与张之间，批与批之间水分含量应尽可能保持一致，否则染色容易出现色差。磨绒机上供料方向应由颈部向臀部一次性通过，这样能保证绒头细致、均匀、无辊印。

6.2.6 回软、漂洗

经过存放及机械加工的铬鞣坯革，一方面，革内的水分大量流失，其中的铬盐进一步水解配聚，周围的中性盐阴离子部分进入铬内界，一部分与胶原的碱性基结合，水洗前坯革的等电点 pH 4.5～5.0，与鞣前接近。革内反应活性降低。另一方面，坯革在水分流出的中性盐、脂肪等析在表面，前期铬鞣提碱时表面沉积的铬盐，因存放及片、削、磨后表面的沾污等，均在坯革表面形成一层不良阻挡，因此在坯革进鞣湿工段整理时，必须解决上述两个方面的问题，这些问题直接影响后继材料的渗透与结合。可以说，坯革的回软漂洗与生皮的漂洗回软具有几乎类似的重要性。

回软、漂洗操作通常在转鼓或划槽中进行，液比 1.5～3，采用常温水或温水洗，除一些特殊情况外一般情况下用甲酸、草酸、洗涤剂、渗透剂、脱脂剂、甲酸钠等材料作助剂。通过回软、漂洗和脱脂使革坯恢复充水，除去革面上的中性盐、多余的提碱物质、未结合的鞣剂、脏污物、革内油脂、革屑等，用甲酸或草酸、甲酸钠漂洗时，借助于甲酸根或草酸根离子与铬离子配位生成溶于水的配合物作用除去皮面上未结合的铬鞣剂，使革粒面细致、颜色均匀浅淡。回软漂洗使革纤维松散,有利于染整操作中化工材料的渗透。对油脂大的皮如猪皮、绵羊皮染整前还要进行专门脱脂。革内油脂含量大,会影响后续的染色和涂饰操作,使染色革容易出现色花、色差,晦涩,涂层黏着力下降。与生皮脱脂相比,蓝湿革脱脂可以采用较高的温度,可达40℃甚至更高一些,采用乳化法或溶剂法脱脂,脱脂效果显著。

6.3 中 和

中和是制革工艺过程中承前续后的工序,它的存在与否依工艺特点而定。过去,制革中的中和只是单纯地调节pH,如在铬鞣后进行染色加脂前的准备。在现代制革中,随化工材料及工艺的进步,中和已增加了一些改善坯革、影响成革性质的功能。

铬鞣完后,鞣浴通常被提碱至pH 3.8～4.1。在坯革存放过程中,坯革中铬配合物水解使革内pH降低到3.6～3.9,甚至更低(由存放时间决定)。同时通过浸酸及硫酸铬的鞣制,使坯革内含有较多的酸及酸根。若用8%～10%(以碱皮计)、碱度为33%的硫酸铬鞣剂完成,即使经过水洗,仍有1.5%～2.0%的酸(碱度以33%～50%计)及5%～7%的硫酸根不能被洗去,这部分酸及盐与坯革内的铬及氨基结合,对后继阴离子材料的进入起到阻碍作用。通过中和将革的pH提高到4.5～7,使其正电性下降,则可以减缓阴离子型材料与革纤维的结合速度,从而有利于这些材料向革内渗透和均匀的结合。

从理论上讲,任何碱都有中和作用,但是若用强碱中和,作用太快、太剧烈,容易使革面变粗,重者导致成革产生裂面,制革生产中一般使用弱碱性材料进行中和。常用中和剂大致分为三类,一类是无机强碱弱酸盐,如碳酸氢钠、碳酸氢铵、硼砂、亚硫酸钠、亚硫酸氢钠、海波等;另一类是有蒙囿作用的盐类如醋酸钠、甲酸钠、甲酸钙、柠檬酸钠等;第三类是具有中和作用的复鞣剂即合成鞣剂等。中和剂可以通过与革中的游离酸反应,提高革的pH,也可以通过与铬的配位反应以及引起铬鞣剂碱度及其在革内交联状况的变化来降低铬鞣革的正电性。第一类中和剂主要是通过提高革的pH,达到降低革正电性的目的,pH的升高对铬鞣剂的碱度影响较大,容易引起革面变粗变硬;第二类中和剂的有机酸根离子与铬有较强的配位能力,但碱性较弱,作用缓和,既能提高革的pH,对结合在胶原上的铬鞣剂又有蒙囿作用,从这两个方面降低革纤维的正电性,不易使革面变粗而且匀染性好;具有中和作用的复鞣剂主要是一些含有多个酚羟基和磺酸根离子的合成鞣剂,通过酚羟基与革结合,向革内引入带负电荷的磺酸根离子,磺酸根俘获革中的氢离子或与铬离子配位,中和pH不很高时就能达到中和效果,同时具有蒙囿、匀染、复鞣填充作用,但是加工成本较高。

中和工序一般安排在无机鞣剂鞣制之后、阴离子材料使用之前进行。液比1～2,常温下进行,一般最高温度不超过35℃,温度高则中和速度快,容易导致皮面变粗、颜色加深。中和结束要测定浴液的pH高低是否达到工艺规定,用指示剂检查皮革的切口,判断中和深度。小中和一般用溴甲酚绿指示剂检查切口,pH<3时显黄色;pH在4左右显嫩绿色,pH在5左右显蓝绿色,pH>5.5则显蓝色。大中和时,用甲基橙指示剂检查切口,pH在4.5以下为红色,在6.2以上为黄色,pH在4.5－6.2之间为橙色。

6.4　复鞣与填充

复鞣是制革湿整理的重要工序,被誉为制革的"点金术"。湿整理的许多操作都是以复鞣为中心进行工艺设计的。通过鞣制,生皮变成了革。不同的鞣剂及鞣法为最终的成革提供了各自主要的物理化学性能。然而,按照现代制革理论与实践的观点,无论从成革的品种品质上,还是从生产经营上讲,一种或一次单独的鞣剂鞣革的效果往往很难满足制革生产者加工或消费者使用的要求。为解决这些问题,复鞣的概念从产生至今,半个世纪以来已经显示出重要的理论与实践价值。在制革工艺流程中,作为一个工序,"复鞣"已拥有最多种类及品牌的配套材料,复鞣几乎已经成为现代制革工艺实施中不可少的一环。

复鞣与填充往往是"你中有我,我中有你",相互包含,没有明显的界线区分。复鞣总是代表着某种化学行为,填充则代表物理过程。在实际工艺生产中,常常并不区分,因为从材料性能上讲,复鞣剂本身是否有鞣性或鞣性强弱都没有明确定义。实际使用中,复鞣剂更多地不要求其鞣性,而是鞣性以外的功能,只是称呼上冠以复鞣之名。对许多称为复鞣剂而没鞣性的材料,如辅助型鞣剂,用于分散、匀染、中和等时习惯也以复鞣称之。在铬鞣革的制造中,复鞣剂用于铬坯革复鞣均不要求以提高收缩温度(T_s)为目的,而希望获得表面观感或填充作用。

可以这么说,填充存在于复鞣之中。在工艺中采用复鞣的手段解决坯革空松的缺陷时与填充剂一样只是一个用量问题。当材料个性明显时就应区分复鞣与填充的差别。当把与坯革没有结合力或极弱结合的材料,如蛋白质溶液、树脂、蜡等乳液或分散体作为解决空松的方法时应确切定义为填充,而用一些矿物鞣剂,如铬鞣剂、铝鞣剂等对坯革进行处理时不能认为是填充,至少它们的有效用量是较少的。因此,在现代制革中,没有必要对复鞣与填充进行明确区别,只要根据操作的目的对使用材料的性能和使用的方法去理解或解释即可。

在复鞣剂的分类中,按习惯可分为:矿物鞣剂、植物鞣剂、醛鞣剂、合成鞣剂、树脂(聚合物)鞣剂。其中合成鞣剂与树脂鞣剂又用它们的结构单元特征进行称呼,如酚醛鞣剂、脲醛鞣剂、丙烯酸树脂鞣剂、聚氨酯鞣剂等。矿物鞣剂、植物鞣剂、醛鞣剂可以作为主鞣剂,也可作为复鞣剂,这在前面已经阐述,在此不作介绍。在本节中重点围绕常用做复鞣材料的合成有机鞣剂与树脂鞣剂及其复鞣效果进行阐述。

6.4.1　合成有机鞣剂

凡是能进到皮纤维组织里去,而且能改变皮的性质,使皮变成革(具有柔软性、弹性、强度好、耐水、耐热、耐腐蚀、耐化学稳定性等)的有机化合物都可称为有机合成鞣剂。也就是说合成有机鞣剂是以有机化学方法人工合成的具有鞣性的某种有机化合物或复杂的有机混合物。合成鞣剂的英文为"Synthetic tannin",复合起来简称"Syntan"。

有机合成鞣剂的出现最早可以追溯到 1875 年,意大利人 H. Schiff 发现酚磺酸的缩合物具有鞣性,他使用三氯氧磷使苯酚磺酸缩合,其最终产物是多羟基芳香磺酸和相应的砜。1911年 E. Stiasny 合成出了第一个商品化的有机合成鞣剂,其主要成分是甲酚磺酸与甲醛的缩合物。

制革生产上通常将合成鞣剂分为三大类：辅助性合成鞣剂、混合性合成鞣剂及代替性合成鞣剂。辅助性合成鞣剂的特点是加快鞣制速度，提高鞣液的利用率，防止鞣液的沉淀，防止冲淡颜色，可用来调节 pH。鞣革时的利用率为 2～5%。混合性合成鞣剂可加快鞣制速度，增加填充性能，改进颜色，改进油脂的吸收，鞣革时可利用 5%～15%。代替性合成鞣剂增强革的坚牢度，能增加革的柔软、填充、耐光等性能，鞣革时的利用率高。

随着合成与应用技术的发展，合成有机鞣剂的品种日益繁多，依据鞣剂的结构与化学成分可将其分为两大类，即芳香族合成鞣剂和脂肪族合成鞣剂。如酚-醛合成鞣剂、萘-醛合成鞣剂、蒽-醛合成鞣剂、纸浆废液合成鞣剂、木焦油合成鞣剂等均属芳香族合成鞣剂。而烃类的磺化物及氯磺酰化产物、树脂鞣剂、戊二醛等醛类鞣剂等则属于脂肪族合成鞣剂。

合成鞣剂可以改善提高轻革的填充性能。以前生产半开张鞋面革时铬鞣以后采用大量的天然鞣料-栲胶进行填充复鞣，铬络合物中的硫酸根会被植物鞣料所取代出来形成强酸存在于革中而影响革的强度。而使用一些辅助性的酚-醛合成鞣剂和天然鞣料一起进行复鞣，更有利于提高改善革的填充性能，有利于磨面和涂饰。某些溶解性能好的合成鞣剂可以把天然栲胶填充在真皮层与立面层的空松部位，改善革的丰满性和粒面的紧密程度。近年来发展的树脂鞣剂对铬革起到特别好的填充作用，尤其是腹浅部位的填充特别显著，提高皮革的利用率，对于磨面和涂饰都带来很大的方便。树脂鞣剂的特点是成革丰满，整个皮面均匀一致，特别适宜真空干燥和贴板干燥。

早期的合成鞣剂仅限于那些鞣革性质和天然植物鞣剂相近的产品，以便部分或全部取代天然鞣剂。目前合成鞣剂的种类和性能已经远远超过天然鞣剂，除了替代植物鞣剂的功能外，用途也扩展到其他方面。特别是作为复鞣剂，已经成为不可或缺的材料。

6.4.1.1　芳香族合成鞣剂

凡是用苯和萘的衍生物为原料所制成的合成鞣剂一般均称为芳香族合成鞣剂。芳香族合成鞣剂包括酚—醛合成鞣剂、萘—醛合成鞣剂、木素磺酸合成鞣剂等。芳香族合成鞣剂可以代替一部分或大部分植物鞣剂鞣制皮革，常同无机鞣剂、植物鞣剂一起应用来调节鞣制过程和成品革的性能。特殊性能的合成鞣剂是对皮革半成品具有特殊作用的产品，能给予成革所需的特殊性质。例如，浅化皮革颜色的漂白性合成鞣剂；使铬鞣革充实的填充性合成鞣剂；鞣制—加油、鞣制—染色、鞣制—加油—染色—填充的多性能合成鞣剂等。

6.4.1.2　芳香族合成鞣剂的结构与性质

芳香族合成鞣剂的性质与其分子结构有关，主要取决于鞣剂分子的大小和分子量的分布、鞣剂分子中官能团的种类、数量、位置以及连接芳环桥键的类型。

(1)鞣剂分子的大小和分子量的分布。制备芳香族合成鞣剂的原料为芳烃化合物、多元酚及煤焦油、木焦油、木素磺酸等。这些原料本身无鞣性，或鞣性很差，必须通过缩合使分子增大后才有鞣性。一般来说，在不影响鞣剂分子渗透的前提下，分子越大，鞣性越好，填充性越强。综合渗透性与结合性，鞣剂平均分子量以 400～1000 为好。适宜的分子量分布能够保证合成鞣剂与皮胶原发生多点结合及不同大小的纤维空隙有足够的合成鞣剂渗透。

(2)芳香化合物的结构。一般稠环的鞣性比单环好。芳环上的取代基对芳环具有不同程度的极化能力,芳环的偶极或诱导偶极使其与胶原产生分子间的吸引作用。芳环越多,极化作用越强,它们对胶原的亲和力也随之增加,产生相邻胶原纤维链间的横向结合,出现良好的鞣性。例如,单环的芳烃经缩合后鞣性很差;双环的萘经缩合后具有鞣性;而三环的蒽经过磺化、不经缩合即具有鞣性;四个以上的芳环时,成革填充性和手感都有提高,超过 14 个芳环,分子的渗透性差,沉积于皮的表面,使粒面粗糙,革身板硬,鞣性低劣。

另外,不管羟基的数目多少和排列如何,单环酚都没有鞣性;这是由于氢键的键能均较小一般在 8.374~37.693kJ/mol 裸皮与酚类间形成的氢键强度较小。因此,所有的单环酚,均较易被水洗出而不显示鞣制效应。双环对羟基联苯,其组成中仅含一个羟基,无鞣性;而双环 α-萘酚和 β-萘酚同样只含一个羟基,但体积成形能力都相当强,只是收缩温度没有提高。可见,为使多环酚具有充分的鞣性,其结构中至少应含两个羟基。

(3)官能团。芳香族合成鞣剂多是芳烃和酚类经磺化、缩合或经缩合、磺化制成的,其分子主要含有磺酸基和酚羟基。磺酸基的主要作用是赋予鞣剂适当的水溶性,而酚羟基的主要作用是与皮胶原的氨基、肽基等形成氢键结合。磺酸基的数量会显著地影响鞣剂的鞣性,虽然磺酸基也可与胶原氨基呈电价键结合,但这种结合可逆,结合不牢。一般而言,磺酸基的引入对提高胶原的收缩温度贡献不大,相反磺酸基数目的增加会显著地削弱鞣剂的鞣性,这是由于磺酸基是一个间位定位基,引入芳环后会使苯环钝化,导致酚类化合物的鞣制作用减弱。但是磺酸基的存在可以保证鞣剂分子有足够的水溶解性,增强鞣剂的渗透性,同时可以减少皮革的膨胀度,提高裸皮的多孔性。另外,直接与酚环连接的磺酸基和与侧链连接的磺酸基的鞣剂的鞣性相比也有差别(表 6-1)。因此,磺化程度只要保证鞣剂有足够的溶解性即可。

表 6-1　磺化与芳香族合成鞣剂的关系

鞣剂	分子式	收缩温度/℃	革的体积成形
2mol 苯酚＋1mol 甲醛	$HO-\bigcirc-CH_2-\bigcirc-OH$	77	＋＋＋
磺化二羟二苯基甲烷	$HO-\bigcirc-CH_2-\bigcirc{OH \atop SO_3H}$	71	＋
ω-磺化二羟二苯基甲烷	$HO-\bigcirc-CH_2-\bigcirc{OH \atop CH_2SO_3H}$	75	＋＋

芳香环中导入第二类取代基(如羧基),也要降低酚型合成鞣剂的鞣制作用,即使将第一类取代基导入桥键的间位,也会降低其鞣制作用。但如果在类似的化合物中,将第一类取代基(氯)导入桥键的邻位或对位,则可以改善合成鞣剂的鞣性。环中的氨基,也像环间桥中的重氮基和氨基一样,能封闭一部分酚羟基,从而使鞣制作用降低。

另外,芳香族合成鞣剂的芳环间桥键类型也会影响到合成鞣剂的鞣性和耐光性,例如砜桥(—SO₂—)和磺酰亚胺桥(—NH—SO₂—)等缩合桥都能加强芳香族合成鞣剂的鞣性和耐光性。这是因为这些桥键可以和胶原的氨基、羟基、肽基形成氢键以及桥键的存在使酚式结构得以稳定(即不易向醌式结构转变),因此具有砜桥和磺酰亚胺桥的芳香族合成鞣剂其鞣性和耐光性较好。

6.4.1.3 芳香族合成鞣剂的制备生产

芳香族合成鞣剂的生产工艺主要有两种:一种是磺化—缩合—中和路线,所得产品为芳香族磺酸缩合物;另一种是缩合—磺化—中和路线,所得产品为芳香族缩合物的磺化物。其中缩合的作用是为了获得相对分子质量适当的缩聚物。缩聚物可以是低分子,也可以是大分子。磺化的作用主要是在芳环上引入一定量的亲水基团——磺酸基,使芳香族合成鞣剂能溶于水。酚醛树脂合成鞣剂生产时,由于磺化和缩合条件不同,主要有亚甲基桥型、砜桥型、磺甲基化型等类型的产品。总之,芳香族合成鞣剂制备时采用磺化、缩合这两基本反映的目的是适当增加单体线型缩合的相对分子质量和赋予合成鞣剂良好水溶性。作为鞣剂的制备过程,磺化、缩合可以不分先后,但是,顺序先后对缩聚物序列结构,尤其是亲水基的引入方式、数量、引入难度等均有较大影响。

(1)磺化。常用磺化方法有两种:用浓硫酸或者发烟硫酸在苯环上直接磺化引入—SO_3H;甲醛与亚硫酸氢钠反应,引入—CH_2—SO_3Na,这种磺化又称ω-磺化。一般来讲,磺酸基(盐)是是一个间位定位基,将它导入芳香环后,也像导入羧酸基或硝基一样,使酚类化合物的鞣制作用减弱。如果用ω-磺化的反应方式,则导人芳香环的是磺甲基,磺酸基(盐)对酚类化合物鞣制作用的不良影响就会大大减轻,因为所生成的磺甲基是邻对位定位基。

通常以浓硫酸、发烟硫酸或氯磺酸来处理熔融态的酚、萘、蒽等,将磺酸基(—SO_3H)引入它们的分子内,从而赋予鞣剂适当的水溶性,但过度磺化则会降低合成鞣剂的鞣性,因此磺化必须适度,最好每3～4个芳环上只有1个磺酸基。也就是说,不必使缩聚物的全部芳香环上都将磺酸基引入即能达到这一效果。因此,在鞣剂分子结构的芳香环中引入50%,甚至20%～30%磺酸基就足够了,如果引入的磺酸基(盐)数量占合成鞣剂所含酚环数的30%,那么它和裸皮反应的产品(鞣制革),按其鞣制度和体积成形都相当于植物鞣剂鞣制的革。在制备合成鞣剂的过程中,利用甲醛使酚类化合物和芳香族磺酸(盐)共同缩合,以降低鞣剂分子中磺酸基(盐)的百分数,这是一种改善产品鞣性的有效措施。为了控制磺酸基引入的数量,可以先将芳香物适度聚合生成的酚醛次甲基桥型缩聚物后,再与硫酸进行磺化反应。磺酸基在苯环上的取代属于亲电取代反应,符合苯环上的定位规律。可以通过控制磺化反应的条件来控制磺化程度。影响磺化过程的因素有:磺化剂的性质;磺化剂的浓度和用量;磺化的温度和时间。反应的趋向就取决于上述因素。比如苯酚的磺化无论邻位还是对位,产物均属于动力学控制,其反应速度与反应物的浓度有关,浓度越高,其反应速度越快。另外,由于硫酸被反应生成的水所稀释而使其反应力降低,硫酸的催化作用下降,以及由于硫酸离解成离子而使其磺化反应达到平衡而停止。因此,适当加温,可以除去水分子,而使磺化反应易于进行;用浓硫酸和发烟硫更利于反应的进行。磺化剂的用量也要影响到产品的性质,例如,在160℃对萘进行β-磺化的最低硫酸用量为63.7%,而进行β-二磺化的用量为81.4%。一部分未被磺化的原料可被生成的磺酸分散而完全溶解,但这种不完全磺化要降低鞣质含量,影响鞣剂鞣性。

(2)缩合。在芳香环之间用连接物进行缩聚反应,使小分子物质形成具有所需要的相对分子质量与多极性基结构的缩聚物。缩合是制造合成鞣剂的一个重要过程,其目的是为了提高合成鞣剂分子中芳香环的数量。在满足现今的制革生产功能要求方面,合成鞣剂的填充、增厚功能是最基本的、不可缺少的,因此化合物的相对分子质量就比较重要。芳香族鞣剂都是多环或稠环化合物,在复鞣过程中,不仅要使化合物的分子分散、渗透、均匀地分布到微纤维结构中,以利于结合,而且合成时在可操作的条件下尽量使它的相对分子质量制备符合制革生产需求。合成鞣剂的分子太小,鞣性不好;分子太大,则难以渗透,一般相对分子质量要在 1000 以下。可以通过控制缩合反应的条件来控制缩合产物的相对分子质量。

缩合过程可在磺化前或磺化后进行。不过生产上多采用先磺化后缩合的方法,因为先缩合后磺化一般反应较难进行(与苯环上取代基的定位效应有关)。缩合反应一般采用酸作为催化剂进行酸性缩合。

以苯酚和甲醛的缩合反应为例,在碱性介质中,生成羟基苄醇,而在酸性介质中,则反应速度得到极大提升:

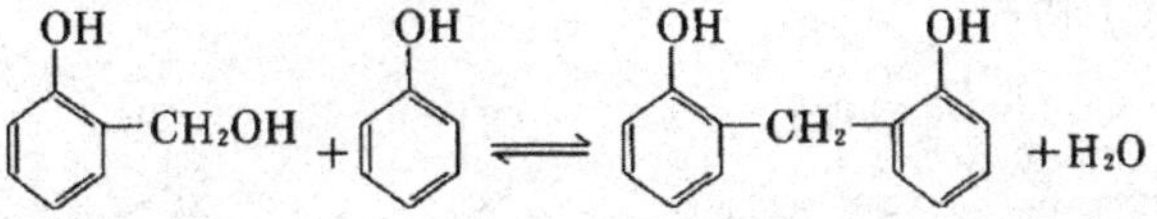

苯酚与甲醛缩合的速度取决于苯酚与甲醛的摩尔比、反应介质的 pH、反应温度及催化剂的种类和数量等。从上述反应式可以看出,为了生成双环化合物,理论上每 2mol 苯酚需用 1mol 甲醛。由于甲醛易挥发,且反应不只是一个而可能是几个苄醇基和几个苯酚分子缩合,因此,甲醛用量通常比理论值高。苯酚与甲醛缩合时常用的催化剂为硫酸。

磺化苯酚与甲醛缩合反应同苯酚与甲醛缩合反应条件类似,为提高反应速度,防止缩合反应物分子过大,并且使反应能充分进行,控制条件为:用磺化时过剩的硫酸作为酸性环境和催化剂,苯酚与甲醛摩尔比控制在 1:(0.6~0.7),反应温度控制在 60~80℃,时间为 2~4h。

此外,在合成鞣剂的生产中,用甲醛对苯酚的低聚物进行二次缩合,也是一种最普通和最重要的补充处理。由于一元酚和甲醛缩合后,反应混合物中经常残留少量没有反应的一元酚,它将使合成鞣剂及其鞣革呈不良气味,随废水进入河流造成污染,导致鱼类中毒死亡。所以,必须用甲醛对半成品进行补充处理,以消除游离酚。甲醛的添加量应能使未反应的苯酚变成酚醛树脂。这一反应也在酸性介质中进行。通过二次缩合处理,可以显著地降低游离酚,大大改善所制得的合成鞣剂的鞣性。

(3)中和。磺化后的产物中,还含有少量游离酸,由于游离酸对革的质量有不利的影响以及某些鞣法的需要,如合成鞣剂与植物鞣剂联合应用时,植物鞣剂的 pH 应为 3.5~5.0,因此合成鞣剂出厂前,根据需要应调整其酸度。

对于强酸性产品,带用氨水、氢氧化钠或碳酸钠进行中和。其中碳酸钠用于从粗蒽或萘所制得的磺化烃型合成鞣剂。用碳酸中和这类合成鞣剂时,冷却后即生成脆性固体物质,不必干燥即可输出。胶原吸附合成鞣剂,在有铵离子存在时,比钠离子存在时更强烈,因此,常用氨水来调节酸度。加入醋酸及醋酸盐,使溶液构成缓冲体系,更有利于鞣制过程。

合成鞣剂大都是多成分系统,除有效的鞣质外,还含有大量杂质,其数量可高达产品质世的 30%~40%。其中有多种无机盐,大部分为硫酸盐.它们将对鞣制产生不良影响。例如.与植物鞣剂混合使用时,由于盐析作用而使鞣质沉淀,从而增加鞣剂的消耗量。因此,为了改善合成鞣剂的鞣性,可添加氢氧化钙,使硫酸盐变成硫酸钙沉淀而除去。添加 $10\%K_3Fe(CN)_6$ 溶液或六偏磷酸钠来除去合成鞣剂中的铁离子。也可用离子交换树脂来除去无机盐。

在制备芳香族合成鞣剂时,经过磺化、缩合、二次缩合、除去杂质及中和等一系列操作后,再经浓缩或喷雾干燥处理即可包装制革厂生产使用了。但需要说明的是,芳香族鞣剂之所以品种较多,与后期的复配有很大关系。上述基本反应制得的仅仅是主体成分,可以根据制革厂的需要添加多种助剂、半成品合成材料等,制成产品。例如,同样的方案和基本反应不变,添加多种有机酸(盐),就可以用于浸酸助剂;添加有机酸盐、脂肪胺、碱性化合物等,就可以制得提碱剂、中和复鞣剂;与金属鞣剂、栲胶复配,又可以派生出一系列的复鞣剂等。

制备合成鞣剂需使用多种有机和无机原料。最常用的有机原料有芳烃(萘、蒽)、从各种含羟基的芳香族化合物、木素磺酸(盐)、醛类、尿素、各种有机酸(盐)等;无机原料有发烟硫酸、硫酸或及其他酸的盐类、亚硫酸盐、碱类(氢氧化钠、纯碱、氨水)等。制备芳香族合成鞣剂常用的基本有机原料主要有以下物质。

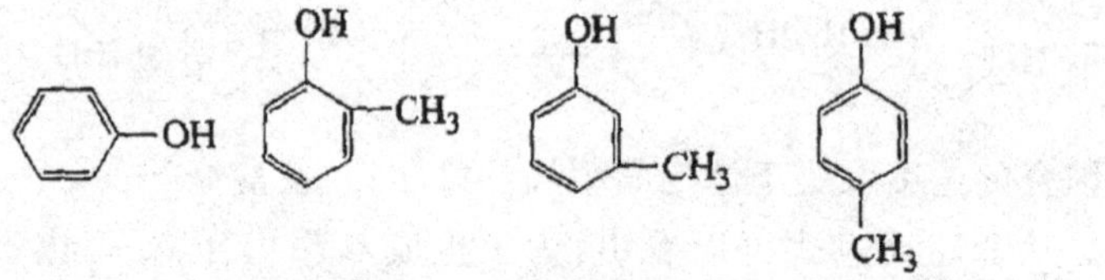

| 苯酚 | 邻甲基苯酚 | 间甲基苯酚 | 对甲基苯酚 |

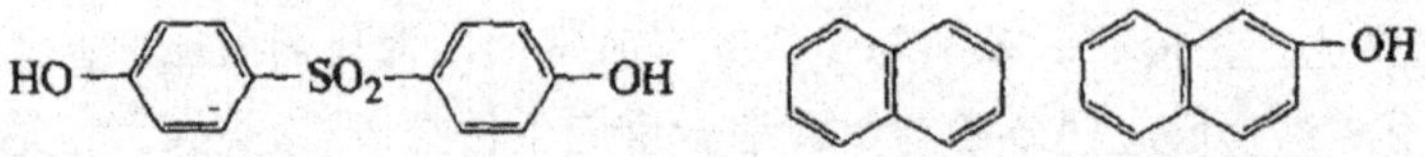

双酚S(又名4,4'-二羟基二苯砜) 萘 β-萘酚

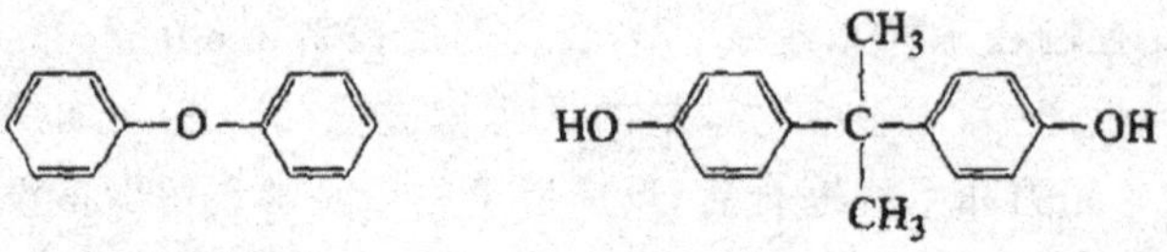

二苯醚 双酚A(又名4,4'-二羟苯丙烷)

这些基本原料可借助于甲醛形成甲基桥而连接起来,并可将它们调节到最合适的缩合度(二核和三核),再通过磺化或磺甲基化使其成为水溶性的产物,从而满足应用要求。

(1)酚—醛芳香族合成鞣剂的制备。苯酚甲醛合成鞣剂由于磺化和缩合的条件不同,可形成几种不同品种,如亚甲基桥型合成鞋剂、磺甲基化合成鞣剂、砜桥型合成鞣剂等。它们在应用性质上各有不同特点,但它们都属于代替性合成鞣剂。

亚甲基桥型合成鞣剂的制备。亚甲基桥型酚醛芳香族合成鞣剂外观为红棕色黏稠液体,易溶于水。呈弱酸性,具有溶解栲胶,减少沉淀和加速渗透的作用,适用于轻革、重革、羊面革、皱纹革和服装革的填充、漂洗及鞣制。

磺化产物中尚有单环酚酸和游离苯酚,有必要再加适量甲醛进行二次缩合。若甲醛与酚的摩尔比较大,缩合较完全,可不进行二次缩合,以防止生成黏稠性过大的合成鞣剂溶液。后续处理中和时一般用碳酸钠、氨水,然后加乙酸或其他有机酸,以提高鞣剂的缓冲性能。

①磺甲基化合成鞣剂的制备。亚甲基桥型合成鞣剂在制备过程中,磺酸基直接连在苯环上,在高温反应情况下,苯环易被氧化成醌式结构,另外还有砜类副产物,产品颜色较深。为了克服上述缺点,使用亚硫酸盐在水溶液中磺化,反应温度也低,这一过程也称为ω-磺化。所得产品即为磺甲基化酚醛合成鞣剂,磺酸基位于侧链上。产品外观呈淡黄色至红棕色黏稠液体,

易溶于水,总固含量在 55%～70%,鞣质含量在 25%左右,pH4～6,具有溶解栲胶、加速栲胶渗透的作用、收敛性温和等特性,是性能较好的预鞣剂。耐光程度强于亚甲基桥型合成鞣剂。

②砜桥型酚—醛合成鞣剂。产品外观为玫瑰紫色膏状物,或红棕色黏稠液体,易溶于水、水溶液呈鹅黄色。总固含量 80%,其中鞣质约 30%,10 倍水稀释后的 pH 值为 0.5～0.7。可与锆鞣剂、植物鞣剂结合鞣制轻、重革或用作轻革的复鞣、填充。由于具有较强酸性不宜用金属容器盛放。

③萘—醛合成鞣剂的制备。萘磺酸(盐)能使明胶溶液沉淀,但不能称它们为鞣剂,因为它们与蛋白质的结合是可逆的,容易被水洗去。β-萘磺酸(盐)对蛋白质有良好的分散作用,芳香族磺酸(盐)的分散作用与其相对分子质量密切相关。相对分子质量越小,分散作用越显著。萘磺酸和甲醛缩合,可以增大其相对分子质量,从而使其分散作用降低,复鞣填充能力增强,所以用作鞣剂的萘磺酸(盐)只是其缩合产品。故萘及萘的衍生物经硫酸磺化再和甲醛缩合可制成萘醛合成鞣剂。

此类合成鞣剂为黑绿色黏稠液体,能溶于水,强酸性,可调节植鞣液的 pH。这种鞣剂的扩散性和渗透性都较好,平均相对分子质量不大。能减少栲胶沉淀,对植鞣革有漂白作用。用碱中和至 pH 7～8,即成为扩散剂 NNO。

④木素磺酸合成鞣剂的制备。为了改进合成鞣剂的性能以及降低成本,在合成鞣剂生产中,广泛应用木素磺酸作为原料制备合成鞣剂,其本身也具有鞣性。应用亚硫酸盐法制造纸浆时,木素与蒸煮液中的亚硫酸盐和游离酸作用,变成可溶的木素磺酸盐。蒸煮液中分离的木素磺酸盐,每 2～3 个结构单元含有 1 个磺酸基,因此,木素的水溶性很好,溶液属真溶液体系。故木素磺酸可从亚硫酸盐法制造纸浆的废碱液中提取的。还可从橡胶废渣中提取木素磺酸盐。

木素磺化时,反应并不发生在环上,而是在侧链上。分布于邻近苯环碳原子上的磺酸基结合牢固,距离较远的磺酸基则容易分开;同时,当磺酸基分布在侧链上时,木素磺酸才有鞣性,但鞣性很弱。木素磺酸不是单分散化合物,而是以不同分散度存在于溶液中,这些微粒的相对分子质量为 1000～20000(平均值为 4000～7000),每个分子上带有 2～40 个磺酸基。

木素磺酸浓缩物,又称亚硫酸纸浆废液浓缩物。这种浓缩物是造纸工业中亚硫酸法制浆生产过程的废液,pH 为 2～4,含干物质 7%～10%,其中除木素磺酸外,还含有其他有机和无机物质。无机物有铁盐、镁和钙的亚硫酸盐、亚硫酸氢盐、硫酸盐、硫和亚硫酸等组分。有机物为糖质(约 7%、可发酵)、挥发性有机酸、醇类、醛类、挥发性油、植物蛋白、油脂、萜烯树脂及少量其他物质,它是一种复杂的有机物和无机物的混合物。

为了利用纸浆废液中的糖质发酵,使它们变成醇,需用石灰乳把废液中和到 pH 值为5.5。澄清和冷却后,装入发酵罐中,添加酵母,糖质发酵后,释出 CO_2,并生成乙醇,可以蒸出并精制。$1m^3$ 废液乙醇收率为 $4.5dm^3$,约为干纤维重量的 4.5%。残留的废液,浓缩干燥后,用作鞣剂原料。

在制造木素磺酸浓缩物过程中需除去大部分钙离子,通常用硫酸、硫酸钠或硫酸铵和纯碱使废液中的钙离子沉淀出来。当钙盐以碳酸钙沉淀时,也除去一部分铁离子。如需更充分地除去钙和铁离子,可经离子交换往处理。经过纯化和浓缩的木素磺酸浓缩物,广泛用于制备合成鞣剂。将浓缩物的钙离子除去再加以蒸浓,并高温干燥,这样可以减少浓缩物中游离的和结合不牢的亚硫酸。

木素磺酸盐鞣剂的特性是分散性和稳定性强,渗透速度快。最适渗透和最适结合都在强酸性范围内(pH 2)。但用这种鞣剂鞣成的革,成革扁薄,收缩温度几乎没有变化,在胶原中几乎没有发生交联作用。这是因为木素磺酸的相对分子质量虽大,但酚羟基很少,它主要靠磺酸基与胶原的氨基形成离子键,这种结合是可逆的,易水解,不牢固,所以木素磺酸鞣性很差,必须与栲胶或铬盐混合鞣革。

为了提高木素磺酸的鞣性,可把它和苯酚、二羟基二苯砜或酚醛树脂等缩合,在分子中引入更多的酚羟基或砜桥基,这样就能制得性能良好的合成鞣剂。

另外,木素磺酸与金属配合后,再与酚醛树脂缩合也可制备高性能的木素磺酸合成鞣剂。在亚硫酸盐法纸浆废液中加入铝盐或铬盐,或两者同时加入,即可得到木素磺酸铝或铬的配合物。这种配合物可作面革的复鞣剂。如果再将它们和磺化酚醛树脂缩合,就能制得鞣性很好的代替型鞣剂,可用于各种革,成革丰满,手感柔软,颜色悦目。

⑤离子型芳香族合成鞣剂的制备。离子型芳香族合成鞣剂目前主要是两性型的和阳离子型的,其中两性鞣剂分子中带有氨基和羟基,在一定条件下也可带正电或负电。制备两性和阳离子性酚类合成鞣剂,与前面所述的合成方法比较有很大的不同。它们都是缩合产品,但不依靠磺酸基(盐)的引入而获得溶解性,而是使酚和苯胺缩合:

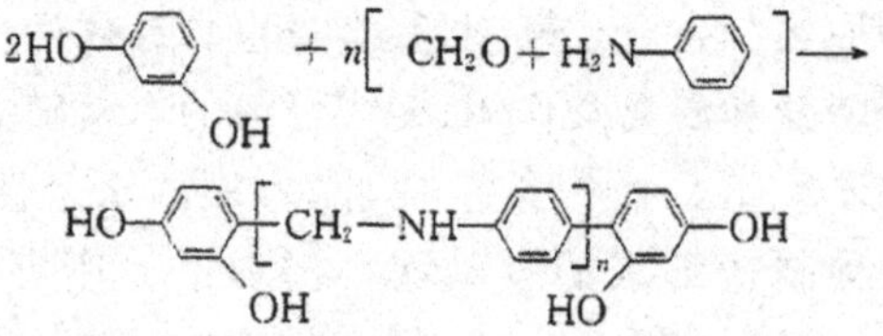

这类带羟基的化合物,在酸性条件下,亚氨基具有亲水性。当聚合度 n 小于 4,在中性或碱性时,因羟基与水的氢键缔合而具有分散性;当 n 值逐渐增大,则因聚合度太大而不溶于水。

⑥两性芳香族合成鞣剂的制备。一般是利用酚和苯胺缩合制得。由于氨基的存在,在酸性介质中就能生成铵盐阳离子。而当溶液的酸度降低时(pH 提高),鞣剂分子中所带的阳电荷逐渐减小,酚羟基的离解则逐步增加,而使氨基酚逐渐由阳离子活性的变为阴离子活性的。

在酸性介质中,pH 小于 5 时,上述两性合成鞣剂的溶解性良好,提高 pH,其溶解度会逐渐减少。

⑦阳离子芳香族合成鞣剂的制备。阳离子芳香族合成鞣剂是一种不含酚羟基的鞣剂,它是苯胺和甲醛的缩合物经热处理制得:

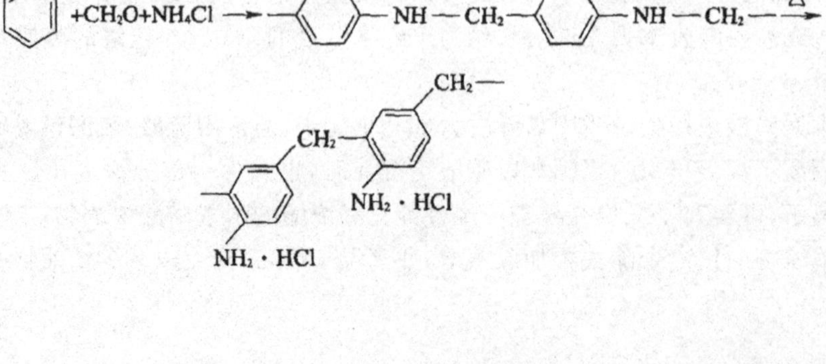

该阳离子合成鞣剂用于鞣制,可溶于酸性介质中,先在酸性介质中渗入皮内,然后进行中和而使其在皮纤维间形成沉淀,复鞣后与革纤维有优良的结合性。从而产生一定程度的鞣制作用为了提高阳电性,还可以进一步用卤代烃、环氧氯丙烷等进行叔胺化和季铵化。以苯胺为基础制备的阳离子合成鞣剂,为芳香族的"胺化"提供了一条路线,值得重视。

另外,苯酚、甲醛在硫酸铵的存在下,通过如下途径制得下列阳离子性芳香族合成鞣剂:

它主要用作固定剂,使进入革中的阴离子性物质(阴离子性染料、加脂剂、鞣剂等)生成不溶性盐而固定于革内。

⑧芳香族—金属配合合成鞣剂的制备。芳香族合成鞣剂的酚羟基和磺酸基(盐)都能透入铬、锆、铝配合物,生成含铬、含锆、含铝或含铬—铝、铬—锆的合成鞣剂,常称为(多)金属芳香族复鞣剂。这类复鞣剂的鞣性良好,能改善革的粒面强度,防止产生粗面,尤其是可以明显地改善某些复鞣剂的浅色效应问题,故这类鞣剂多用于复鞣。

制造金属络合合成鞣剂的途径有两种,混合配制法与反应配制法。混合配制法是在已反应制得的合成鞣剂溶液中加入金属盐类,如加入三价铬盐、三价铝盐等,在加热和搅拌的情况下,促使金属盐类与合成鞣剂络合和混合。以氢氧化铝或氢氧化铬作为中和剂,即可制成含铝或铬的金属合成鞣剂。在纯化纸浆废液时,使用硫酸铝或硫酸铬作为去钙剂,可以制成含铝或铬的木素磺酸鞣剂。含铝的木素磺酸鞣剂,具有优良的鞣制作用,用以鞣制脱灰牛皮,其收缩温度可达 $80 \sim 81.5 \, ℃$。用适量多元酚改进这种鞣剂,可制得更有价值的合成鞣剂。这种合成鞣剂和没食子类鞣质作用要产生大量沉淀,和儿茶类鞣质则生成稳定而清亮的溶液。

反应配制法是将制备合成鞣剂的原料或预缩合物与铬盐(或铝盐)在加热的情况下进行反应,在反应过程中合成反应与络合反应同时发生。国内所制含铝铬的金属络合合成鞣剂系由磺甲基化酚醛缩合物(80kg)、硫酸铝(80kg,溶于等量水中)、红矾钠(2kg,溶于 8kg 水中)、亚硫酸化纸浆废液(80kg)和乳化剂 STH(5kg)在加热搅拌的情况下反应制备而成。成品的相对密度为 1.26,总固体质量分数大于 46%,pH 3.0~3.5,水溶物质量分数为 45%,鞣质质量分数大于 25%。

6.4.2　树脂鞣剂

树脂鞣剂是分子中含有能与皮胶原相互作用官能团的有机大分子或高分子化合物。通常树脂鞣剂的相对分子质量分布较宽,从几百到几十万,具有良好的水溶性,贮存稳定性一般在一年以上。树脂鞣剂可利用其本身的体积效应合理地填充在皮胶原纤维束的间隙,使革坯丰满,手感适中,使革坯的物理力学性能和感官性能能得到进一步提高,为后续工序奠定坚实基础。

根据制备树脂鞣剂时所需主要原料的不同,可以分为氨基树脂鞣剂、乙烯基类聚合物鞣剂、聚氨酯树脂鞣剂和环氧树脂鞣剂。

6.4.2.1 氨基树脂鞣剂

氨基树脂鞣剂一般是指含氮的羟甲基化合物，一般是以脲、硫脲、三聚氰胺（蜜胺）和双氰胺等为原料与甲醛反应而制得的鞣剂，它们都是单体或部分缩聚物，在铬鞣革的复鞣过程中，正常的 pH 下都能在革中进一步缩聚，而且与植物鞣剂、芳香族合成鞣剂会产生沉淀作用。氨基树脂对皮革的填充性能好，对皮革的松软部位（如腹肷部）填充性能更佳，从而可缩小皮革的部位差，使皮革粒面紧实、革身丰满。典型的氨基树脂鞣剂有脲醛树脂鞣剂、三聚氰胺树脂鞣剂和双氰胺树脂鞣剂等。

(1)脲醛树脂鞣剂。常温下脲和甲醛可在中性或微碱性介质中进行反应，根据它们的摩尔比不同，可能生成一羟甲基脲（脲：甲醛＝1：1）、二羟甲基脲（脲：甲醛＝1：2）和四羟甲基脲（脲：甲醛＝1：4）。反应的化学原理如下：

$$NH_2-\overset{\displaystyle O}{\overset{\|}{C}}-NH_2 + CH_2O \longrightarrow NH_2-\overset{\displaystyle O}{\overset{\|}{C}}-NH-CH_2OH$$
一羟甲基脲

$$NH_2-\overset{\displaystyle O}{\overset{\|}{C}}-NH_2 + 2CH_2O \longrightarrow HOCH_2-NH-\overset{\displaystyle O}{\overset{\|}{C}}-NH-CH_2OH$$
二羟甲基脲

$$NH_2-\overset{\displaystyle O}{\overset{\|}{C}}-NH_2 + 4CH_2O \longrightarrow$$
四羟甲基脲
脱水

由于醚化反应在酸性条件下比碱性条件下更易进行，羟甲基间脱水发生交联，羟基减少。在实际的反应过程中，由于尿素和甲醛之间的反应非常复杂，国内外至今还未研究透彻，其反应系统中的生成组分必定比上述复杂得多。无论是在哪一种条件下反应，最终的交联都导致—OH 减少，相对分子质量增大，致使产品的鞣性和水溶性下降。

在制革生产中主要应用二羟甲基脲和一羟甲基脲的混合物作为鞣剂。先用此混合物浸渍脱灰裸皮，然后酸化，使其在皮内发生缩合，从而产生鞣制作用。可通过单体配比的变化和添加交联剂等方法来调节鞣剂分子间及鞣剂与皮胶原间的交联密度，使得交联之间的链段能够运动，保证鞣制后的皮革柔软而又不易脱鞣。

脲醛树脂鞣剂的制备控制条件如下：n(尿素)：n(甲醛)＝1：(1.3～1.8)，pH≥7，温度控制在 60～80℃，反应时间 20～60min；调节 pH≤7，缩合 30min，使相对分子质量增大。由于pH 低，缩合反应速率快，必须随时控制反应深度。定时用吸管取缩聚物滴入试管，查看有无沉淀产生，当滴入的样品刚出现微乳色，即可停止反应，调节 pH 至 7.5～8.0。

虽然脲醛树脂鞣剂价格低廉,所鞣制的皮革颜色浅淡、耐酸、耐碱、耐光,不影响阴离子染料着色,但脲醛树脂鞣革的缺点是吸水快、吸水量多。脲醛树脂鞣剂本身可吸收其自重几倍的水,吸水量随羟基数的增加而增加。吸收的水绝大部分为结合水,在 $100℃$ 下短时间干燥不易除去。此外,脲醛树脂鞣革在陈放过程中,还可能产生甲醛,使皮纤维干枯和脆裂,因此有必要对其进行改性。

为了保证稳定性,脲醛树脂鞣剂在制备时可用聚乙烯醇、甲醇、乙醇、异丙醇等醚化改性;在缩合时可加入甲醇(反应的相对活性比其他有机醇高)醚化,用量是甲醛物质的量的 $2\sim2.5$ 倍,生成的 CH_3O—在鞣革时有极好的活性,同时又有极好的亲水性,因此甲醇是最常用的醚化剂之一。同时添加水溶性的芳香族磺酸(盐)能增强其分散效果。而用异丙醇醚化改性脲醛树脂鞣剂的制备控制条件如下:将 $300kg$ 36% 的甲醛投入反应釜中,升温至 $40℃$,加入 40% 的氢氧化钠溶液 $4kg$,在内温 $45\sim50℃$ 下将 $36.8kg$ 尿素尽快投入,升温至 $68\sim70℃$,保温反应 $2h$,加入异丙醇 $77.8kg$、98% 的浓硫酸 $0.64kg$(10 倍水稀释),将反应体系的 pH 降至 4.5 右,升温至 $83\sim87℃$,反应至规定时间,冷却至常温,加入 40% 氢氧化钠溶液约 $0.8kg$,使产物 pH 为 7 左右即为成品。

也可用 $NaHSO_3$、胺类物质及多元醇与脲醛树脂鞣剂作用,引入了一些基团(—SO_3H、—OH 或—NH_2),可使树脂完全溶于水且能离解。根据所引入基团的性能,可制成阴离子型、阳离子型、非离子型树脂。这些产品是高分子缩聚物,它们与带相反电荷的物质产生沉淀。还可以通过双氰胺、蜜胺、芳香族磺酸及其盐或二元醛(乙二醛、戊二醛)等参与缩合改性。在脲醛树脂鞣剂中添加金属鞣剂也可达到改性的目的,如以 Ti:Al:脲=1:1:1 的摩尔比投料制得的改性脲醛树脂是一种含铝盐和钛盐的合成鞣剂。

(2)双氰胺树脂鞣剂。双氰胺又名氰基胍,为白色晶体,溶于水和乙醇,微溶于乙醚。考虑到诱导效应和内消旋效应的影响,双氰胺分子的共振结构可能如下:

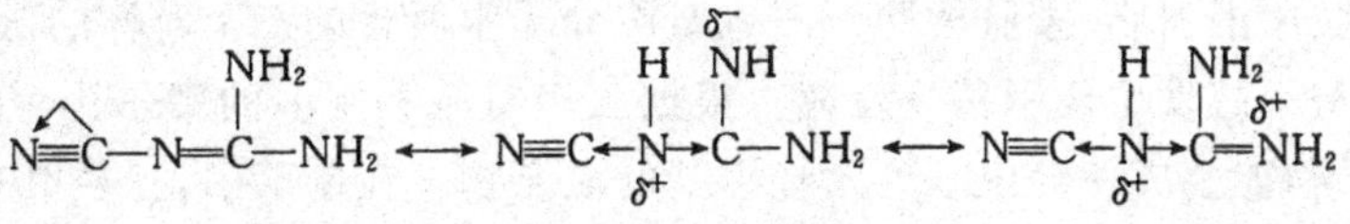

由于诱导效应和内消旋效应,氮原子的电子云密度发生了改变,结果引起整个双氰胺分子部分带正电荷。和甲醛反应后,这些特点保持不变,故通常的双氰胺树脂是阳离子。双氰胺和甲醛的缩聚反应是很复杂的。至今对其历程的认识还不清楚。但是无论在碱性还是酸性条件下,均可以进行羟甲基化反应。

双氰胺与甲醛以 1:$(3.5\sim5.0)$(摩尔比)混合在微碱性条件下缩合可制得双氰胺树脂鞣剂。在反应过程中树脂先变为不溶物,继续添加甲醛又会溶解,反应原理如下:

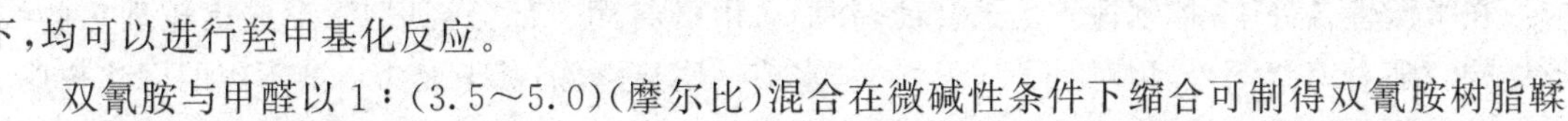

根据双氰胺和甲醛缩合时摩尔比的不同,可获得阳离子、阴离子和非离子鞣剂。

以制备阴离子双氰胺树脂为例,反应原理如下:

$$RNH—CH_2OH + HSO_3Na \longrightarrow RNHCH_2SO_3Na + H_2O(R 为双氰胺残基)$$

大量的实验证明,制备双氰胺树脂鞣剂,pH 小于 3 时,羟甲基化和醚化反应时间均延长数倍(与脲醛鞣剂比较),在反应过程中稳定性始终都很好。合成的双氰胺树脂鞣剂长期存放后的水溶性好,没有见到有不溶物或者沉淀,即便在 pH 为 2 条件下存放也能保持很好的水溶性。这可以从结构分析方面解释,受双氰胺的亚氨基位阻结构所致,分子间—CH₂—OH 缩聚主要形成线性结构,没有进一步脱水,有足够的醚基(包括—OH)结构保证了双氰胺树脂鞣剂的水溶稳定性;此外羟甲基与亚氨基缩聚时,将产生叔氨基(阳离子),这使其在酸性溶液中具有良好的水溶性。由于双氰胺树脂鞣剂的水溶性和储放稳定性好,无须加入亚硫盐、芳香族鞣剂等,但作为复鞣剂其填充增厚性需要与其他大分子材料一起使用,单独使用效果并不显著。

双氰胺树脂鞣剂可用于铬鞣革的预鞣和复鞣。如在铬鞣前,用水溶性双氰胺树脂处理脱灰软化后的裸皮,代替浸酸然后进行无机盐铬鞣,可提高成革的面积得率,缩短鞣制时间,成革丰满、紧实、细致、部位差小。用于铬鞣革的复鞣时,能明显增加皮革粒面的致密性,改善皮革手感,在皮革结构松弛的部位如腹肷部选择填充明显。

(3)三聚氰胺树脂鞣剂。三聚氰胺(英文名:Melamine),是一种三嗪类含氮杂环有机化合物,重要的氮杂环有机化工原料。简称三胺,俗称蜜胺、蛋白精,又叫 2,4,6-三氨基-1,3,5-三嗪、1,3,5-三嗪-2,4,6-三胺、2,4,6-三氨基脲、三聚氰酰胺、氰脲三酰胺。

三聚氰胺性状为纯白色单斜棱晶体,无味,弱碱性,与盐酸、硫酸、硝酸、乙酸、草酸等都能形成三聚氰胺盐,在氨水中溶解性能良好。在中性或微碱性情况下,与甲醛缩合而成各种羟甲基三聚氰胺,但在微酸性中(pH5.5~6.5)与羟甲基的衍生物进行缩聚反应而生成树脂产物。遇强酸或强碱水溶液水解,氨基逐步被羟基取代,先生成三聚氰酸二酰胺,进一步水解生成三聚氰酸一酰胺,最后生成三聚氰酸。

三聚氰胺甲醛树脂(melamine-formaldehyde resin, MF),三聚氰胺与甲醛反应所得到的聚合物。又称蜜胺甲醛树脂、蜜胺树脂。三聚氰胺分子中所含的三个对称的氨基,在中性或微碱性条件下均可与甲醛发生羟甲基化反应。根据三聚氰胺和甲醛的摩尔比、介质的 pH、反应时间和温度的不同,能生成一羟甲基到六羟甲基的混合物。在制革中,三羟甲基三聚氰胺及其衍生物是应用最广泛的三聚氰胺树脂鞣剂,鞣制时一般先用三羟甲基三聚氰胺浸渍裸皮,然后在酸性介质中略微提高温度,使三羟甲基三聚氰胺在皮内缩聚成不溶于水的树脂。

一般甲醛与三聚氰胺物质的量比为(2.7~3.2):1,在中性或弱碱性下进行羟甲基化反应。在微酸性条件下,控制适宜的聚合度,并加入甲醇封闭一部分羟甲基,形成比较理想的线形结构。随着缩聚深入,相对分子质量增大,水溶性明显降低,甚至成为不溶不熔的固化树脂。

需要注意的是,在酸性介质中,羟甲基化合物的反应能力很大,甚至在温度很低时就开始缩合,但在制革过程甲醛这种"硬化作用"不会终止。因为反应终止温度需在 100℃ 以上,所需酸的浓度也很高,这是制革生产所不能采用的,所以在皮革中形成树脂的过程要延长,而且由于羟甲基的反应力高,也不会停止在一定阶段,因而可能产生树脂缩合不完全,疏水性较小,对湿气敏感,发生肿胀,成革吸湿度大,而且在革中形成不溶树脂的过程中易在皮内产生游离甲醛,导致成品革的力学强度下降。故用三聚氰胺树脂鞣剂鞣制时,三羟甲基三聚氰胺的用量不宜过多,最好与铬、铝、锆及植物鞣剂结合使用。

6.4.2.2　乙烯基共聚物树脂鞣剂

这类鞣剂是由含有碳碳双键的乙烯基单体经自由基聚合反应而制得的。由于这类鞣剂制备过程中多使用丙烯酸、甲基丙烯酸、顺丁烯二酸酐、丙烯酰胺等亲水性单体,故成品一般都具有较好的水分散性,不易在革纤维上形成薄膜,但能与胶原分子链发生交联结合而形成网状结构,并能以其官能基与胶原、鞣剂进行反应。

乙烯基类聚合物鞣剂比较成熟的是丙烯酸树脂鞣剂和马来酸酐共聚物鞣剂。其中丙烯酸树脂鞣剂是国内外研究最多、应用最广的乙烯基类聚合物鞣剂。

(1)丙烯酸树脂鞣剂。丙烯酸树脂鞣剂是(甲基)丙烯酸的均聚物,或者是丙烯酸单体与其他乙烯基单体的共聚物。由于丙烯酸树脂鞣剂在应用中化学性能稳定,且对环境友好,更重要的是矿物鞣革,特别是铬鞣革对其具有高吸收性,有利于降低鞣液中残留的铬离子含量,使其在铬鞣革的复鞣中占有重要地位。该类聚合物对革的填充增厚性特别突出,并使革身保持柔软而富有弹性,故其深受制革者和材料研究者的重视。阴离子丙烯酸树脂鞣剂的缺点是有败色作用,其处理的坯革阴离子染料不易上染,染深色或黑色时这一点尤其突出。

目前市场上比较成熟的丙烯酸树脂鞣剂有水溶性丙烯酸树脂鞣剂(典型产品如 Relugan RE)和乳液型丙烯酸树脂鞣剂(典型产品如 Retan 540)。

①丙烯酸树脂鞣剂的制备。丙烯酸树脂复鞣剂主要是由亲水性单体、亲油性单体或不饱和油脂等经自由基聚合反应制备的,单体的选择和配比往往对最终产物的性能有决定性的影响。丙烯酸树脂鞣剂的性能很大程度上取决于合成时选择的单体。表6-2中列出了丙烯酸树脂鞣剂常用共聚单体所具备的特性。由于选择单体的多样性,丙烯酸树脂鞣剂如今已有多种不同系列的产品,各种产品在制革中的应用也有所不同。目前丙烯酸树脂鞣剂最主要应用于预鞣、铬鞣革的复鞣、防水革、耐水洗革的制造以及与其他鞣剂结合使用制造无铬鞣皮革等方面。

表6-2　丙烯酸类共聚单体结构与赋予共聚物的性能关系

共聚单体结构	赋予共聚物的性能
甲基丙烯酸	主鞣性好
丙烯酸	助鞣性好
丙烯腈	提高高分子链与皮胶原结合力
苯乙烯	提高耐热、耐寒和耐溶剂性
马来酸酐	皮革手感丰满,不易发硬
(甲基)丙烯酰胺	进一步增加鞣剂与胶原羧基的作用,并提高丰满性能
丙烯酸丁(短链)酯	降低 T_g,增加柔软性
不饱和长链酯、长链酰胺、α-长链烯烃和改性不饱和动植物油或脂肪酸	使皮革具有防水和加脂性能
乙烯基吡啶、N,N-二甲基氨乙基甲基丙烯酸酯和 N-(二甲基氨甲基)-(甲基)丙烯酰胺	助染性、防"败色"性

共聚单体结构	赋予共聚物的性能
云母、蒙脱土和黏土等	填充性
硅（元素）	防水性
氟（元素）	防水、防油、防污

在制备丙烯酸树脂鞣剂过程中，一般水溶性单体用量较大，故选择水溶性单体时，要同时考虑经济性和实用性。以甲基丙烯酸和丙烯酸两种常见的水溶性单体为例，共聚反应时甲基丙烯酸释放的热量是 49.7kJ/mol，而丙烯酸是 58.2kJ/mol，由于甲基丙烯酸的聚合热小于丙烯酸的，因而使用甲基丙烯酸就比丙烯酸更容易控制体系的放热量，同时，浓度相同时甲基丙烯酸聚合物较丙烯酸聚合物粘度小，因而使用甲基丙烯酸操作起来比较方便。再从应用性能来看，应用结果显示，以甲基丙烯酸为主制备的鞣剂复鞣的革柔软、丰满，粒面细，色略深；而以丙烯酸为主制备的鞣剂复鞣的革，粒面稍粗且略板硬，色较浅白。在目前国内甲基丙烯酸远贵于丙烯酸的市场条件下，合成丙烯酸树脂鞣剂仍难免以丙烯酸为主要单体，但必须在配方中引入相当量的甲基丙烯酸方能制得价格适宜应用性能较好的丙烯酸树脂鞣剂。

单独用丙烯酸或甲基丙烯酸聚合，因其聚合物分子链中存在大量羧基而表现出具有相当的鞣性，但聚合物玻璃化温度高（聚丙烯酸的 T_g 为 103℃）。此类聚合物填充在革内，必然使成革僵硬，耐折性下降；为了克服聚合物玻璃化温度偏高的弊端，提高丙烯酸树脂鞣剂的柔软性，可在聚合物分子中引入具有柔性的丙烯酸酯和硫酸化油等油溶性单体。丙烯酸酯酯基的长度能显著改变共聚物的玻璃化温度，稍增长酯链就可改善鞣剂的"硬度"。选用丙烯酸酯长链酯，不仅具有很好的复鞣填充性，并且具有良好的加脂柔软性。比如丙烯酸丁酯单体的均聚物的玻璃化温度为−54℃，它对皮革而言是非结合性单体，引入后可增加鞣剂填充能力，防粗面，浅化革的色泽，改善革对染料和加脂剂的吸收，共聚时其比例应控制在 5% 左右比较合适。而共聚时硫酸化不饱和油脂的加入，因其本身含有碳-碳双键故能参与共聚反应，改善共聚物的"硬度"，还能赋予丙烯酸树脂鞣剂一定的加脂能力。硫酸化油的品种很多，常用的有硫酸化蓖麻油、硫酸化亚麻油、硫酸化鱼油和硫酸化菜籽油等。不同的硫酸化油脂作用不尽相同，综合性能以硫酸化蓖麻油为首选。硫酸化蓖麻油的比例必须适当，过低加脂效果不明显，过高则会影响鞣性，通常控制在 15%～25% 为佳。

除了以上单体参与丙烯酸树脂鞣剂共聚，也可引入丙烯腈和丙烯酰胺等单体，可以在大分子侧链引入氰基和酰氨基，以增强分子内和分子间的相互作用，有助于提高树脂鞣剂的复鞣效果和填充补强作用，有助于树脂鞣剂在革内形成网状结构。也可以通过酰胺基与甲醛、伯胺或仲胺反应合成两性丙烯酸树脂复鞣剂。

水溶型丙烯酸树脂鞣剂的制备实例如下：

主要原料配比如下：丙烯酸 43.2kg；甲基丙烯酸 28.8kg；丙烯腈 18.0kg；过硫酸钠 4.64kg；氢氧化钠 30.6kg；去离子水 102kg。

制备操作流程如下：先将混合单体、1/2 的引发剂（配成 5% 水溶液）、氢氧化钠水溶液（浓度为 40%）用真空泵抽入加料槽，备用。然后将水、剩余的 1/2 引发剂投入反应釜中，开启搅拌，升温至 78～80℃。再同步连续加入引发剂溶液和混合单体，加料期间控制釜内温度不超

过 85℃,注意反应釜内始终保持氮气氛围,约在 1～2h 内完成加料。单体加完后将温度升至
86℃±1℃继续反应 2h。最后降温至 60℃左右,加入氢氧化钠进行中和,并注意冷却,控制内
温不高于 70℃。pH 调节好后,降温至 45℃以下,出料包装即得成品。

产品外观为浅黄色透明粘稠液体,固含量约 35％左右,pH5～7,在室温条件下存放一年
不变质。

乳液型丙烯酸树脂鞣剂的制备如下:

主要原料配比如下:甲基丙烯酸 40.0kg;丙烯酸 25.0kg;丙烯酸丁酯 6.1kg;丙烯腈
11.2kg;硫酸化蓖麻油(含油量 70％～80％)24.0kg;过硫酸铵 4.67kg;去离子水 200kg。

在此处需要说明的是,由于硫酸化油是作为乳化剂和第一单体使用,因而,必须先将硫酸
化油和水一起投入,引发剂和其他单体则是滴加。在制备乳液型丙烯酸树脂鞣剂时引发剂不
宜先投入,以免过早引发硫酸化油中碳碳双键。

另外,由于水乳液聚合仍是水分散体系,故应选择水溶性的引发剂,如过硫酸盐等水溶性引
发剂。一般来讲,常规的乳液聚合引发剂用量较小(0.1％～0.5％),相对分子质量较高,所得共
聚物并不适合做皮革鞣剂或复鞣剂,因为其过高的相对分子质量难以渗入皮纤维间隙,与胶原纤
维结合也就无从谈起。据聚合理论,引发剂浓度大,聚合速率快,聚合物相对分子质量低。因此,
为了制得适合皮革制革鞣制,特别是复鞣的乳液型丙烯酸树脂,引发剂用量要突破常规乳液聚合
限制,应按照水溶液聚合中引发剂的量(0.5％～5％)来进行乳液聚合。而且,从成品黏度对聚合
物相对分子质量有较大的依附性看,制备该类鞣剂的聚合体系更像水溶液聚合。

②丙烯酸树脂鞣剂的改性。在对丙烯酸树脂鞣剂进行改性方面,国内外科技工作者做了
大量的研究工作,主要集中在两个方面:一是克服"败色"效应,二是使丙烯酸树脂鞣剂的多功
能化、特性化。克服丙烯酸树脂鞣剂的"败色"现象,可从调整工艺、筛选助染剂或染料着手解
决,也可在阴离子丙烯酸树脂鞣剂的主链结构上引入阳离子基团(如氨基、亚氨基等),通过平
衡电荷制备出两性聚合物来消除败色效应,常用的阳离子不饱和单体有乙烯基吡啶、N,N-二
甲基氨乙基甲基丙烯酸酯,N,N-(二甲基氨甲基)-(甲基)丙烯酰胺、N,N-(二甲基氨丙基)-(甲
基)丙烯酰胺。在这方面国内外开发出来的产品有:德国的 ReluganRAM,国内的 ARA、
MTA、DFT、LTR、SRL 等。

在丙烯酸树脂鞣剂多功能化、特性化的研究方面,美国罗姆哈斯公司做出了突出的贡献,
开发了 Lubritan 系列多功能鞣剂,可使革制品在防水、加脂、防潮、耐洗、低雾诸多方面得到
改善,可用于汽车坐垫革、家具革、服装革、绒面革、鞋面革等中、高档皮革的复鞣。印度的 Y.
Lakshminarayana 等利用丙烯酸酯、甲基丙烯酸与藻元酸(aliginicacid)和硫酸化鱼油的混合物
进行接枝共聚,得到具有选择填充性、助染性及使粒面紧实等功能的丙烯酸树脂鞣剂。国内也
陆续研究开发出了 WTP-S、RT、LTP、SUU 等多功能或特性丙烯酸树脂鞣剂。随着合成技术
的不断完善及制革工艺的迅速发展,具有柔软、丰满、超防水、防污、阻燃、高强度等多功能及特
定功能的丙烯酸树脂鞣剂将不断研制开发出来,以满足制革工业的需要。

③丙烯酸树脂鞣剂的鞣制机理。Heidemann 假定丙烯酸树脂鞣剂的羧基与胶原的氨基
之间存在质子交换。而 Magerkurth 指出丙烯酸对天然胶原的亲和力较弱,但丙烯酸与铬盐
在皮内络合是可能的反应机理。Anslovar 则使用核磁共振检测技术证实了在 pH3～5 之间发
生丙烯酸复鞣剂的羧基与铬盐的络合,而在 pH10～12 之间出现丙烯酸的羧基与胶原的氨基

的质子交换。由于制革鞣制或复鞣过程中都是在 pH 低于 7 的情形下完成,所以可以认为"络合"是丙烯酸树脂鞣剂鞣制时主要的反应,同时鞣剂本身进入胶原纤维间,改变纤维及多肽链的填充效果,从而使革具有不同的手感和力学性能。

(2)马来酸酐共聚物鞣剂。马来酸酐用于制备共聚物鞣剂的优势是储运方便,固体存放稳定性好;共聚时需要的温度较低,活性高;同样成分共聚的产物复鞣的革手感丰满,不像丙烯酸型,用量不慎则革身发硬;可与多种乙烯基单体共聚制备有独特性能的树脂鞣剂。以马来酸酐为主体的多元共聚物的制备原理和方法,与聚丙烯酸类鞣剂非常相似,主要原料为马来酸酐、苯乙烯、乙酸乙烯酯、丙烯酰胺、丙烯酸(酯)、丙烯腈等乙烯基单体都可引入形成不同的多元共聚物。国内有 KS-1PR、MA 等多种型号的马来酸酐共聚物鞣剂。

另外,前述的丙烯酸树脂鞣剂虽优点较多,但不足之处是容易导致皮革僵硬、粒面发脆及成革耐折性下降。即使在制备时引入丙烯酸酯和硫酸化油改善聚合物的"硬度"效果仍不很理想。而苯乙烯—马来酸酐共聚物鞣剂虽能赋予皮革良好的丰满度、柔软性和海绵感,但其制备工艺复杂,而且要使用甲苯作为溶剂,生产成本较高。另外,为增加这种鞣剂的耐光性和亲水性,往往还要对树脂进行改性处理。若用丙烯酸类单体与马来酸酐衍生物(如马来酸、马来酸单酯、马来酸单酰胺)直接在水体系中进行自由基共聚反应,制备丙烯酸—马来酸酐衍生物树脂鞣剂,则可集合丙烯酸树脂鞣剂和苯乙烯—马来酸酐共聚物鞣剂在制备工艺和性能方面的优点,做到扬长避短。

(3)聚氨酯树脂鞣剂。聚氨酯(polyurethane. PU)是分子结构中含有重复的氨基甲酸酯的高分子聚合物的总称。最早以溶剂型的产品投市,主要作为成膜物,用于涂料行业。水分散树脂最早用于制革涂饰剂是在 1972 年,最初见于 BAYER 公司产品资料报道,PU 树脂作鞣剂特别是复鞣剂则是之后的事。聚氨酯应用于皮革的鞣制始于 20 世纪 40 年代,当时在乳化剂的帮助下使 HDI 分散于水,于 pH 5～6 的条件下处理皮革,但由于直接使用 HDI 对人体的危害较大,该鞣革工艺最后并未工业化。1974 年,H. Traeubel 等申请了低分子量聚氨酯鞣剂的专利。该鞣剂由 1,9-壬二醇与 1,6-已二异氰酸酯聚合而成。德国 Bayer 公司于 1977 年研究成功商品名为"Levotan K"和"Levotan C"的聚氨酯合成鞣剂,属于氨基甲酸乙酯的低聚物,相对分子质量低于 30000,为阳离子型,主要用于铬鞣革的复鞣、匀染和助染。荷兰 Stahl 公司的 RH-3992 也具有较好的复鞣填充作用。国内作为正式的稳定的水分散(或水溶)型产品基本上在 1990 年以后,主要是阴离子型和阳离子型,非离子型很少。我国用于复鞣和填充的聚氨酯鞣剂 Apu-1 和 Cpu-1 最早由江苏工业学院和南京皮革化工厂研制成功,是一种多功能鞣剂,用于干湿填充,能有效地解决松面问题;用于铬鞣革复鞣,能减少红矾用量,提高染料的着色率,提高成品革等级。

制备聚氨酯鞣剂(填充剂)时,可将多元醇同多元异氰酸酯反应制成含—N＝C＝O 端基的预聚物,再用含亲水基的扩链剂(或封端),也可将预聚和扩链(或封端)同时进行。不同的扩链剂(或封端)可制备不同离子类型的聚氨酯鞣剂。具体的反应原理如下:

$$n\text{HO}-\text{R}_1-\text{OH}+m\text{OCN}-\text{R}-\text{NCO} \xrightarrow[80℃]{\text{pH}\leqslant7}$$

$$\sim\sim\text{O}-\text{R}_1-\text{O}-\underset{\text{O}}{\overset{}{\text{C}}}-\text{NH}-\text{R}-\text{NH}-\text{C}-\underset{\text{O}}{\overset{}{\text{O}}}-\text{R}_1-\text{O}\left[\underset{\text{O}}{\overset{}{\text{C}}}-\text{NH}-\text{R}-\text{NH}-\text{CO}\right]_n\sim\sim$$

　　上述聚合反应的特点是:没有小分子物生成,因而在反应过程中无需脱出副产物以促使反应朝正向方向进行;也不需要游离基打开双键进行共聚,链增长的过程不依靠游离基的传递。在此反应中,利用反应物所带的基团进行反应,特别是通过一个基团的活性 H 原子转移到另一个基团上,二者结合在一起生成新的结构,且每一步的反应聚合物具有相对稳定性。这称为逐步聚合或逐步加成聚合,若采用已制备的具有一定相对分子质量的多元醇齐聚物,则又称为逐步嵌段聚合。

　　通常,除了 R—OH 能与—N＝C＝O 作用外,凡是带活性 H 的基团,如—NH—、—NH$_2$、—COOH、—SH 及酰胺基等,均能够与之反应。因此,在 PU 结构链上,除了氨基甲酸酯基外,还有醚基、脲基、缩二脲基、氨基等。此外还可直接引入芳环、烃链(包括环状)、酯基、酰胺基等基团。

　　a.聚氨酯鞣剂的制备工艺

　　聚氨酯阳离子树脂鞣剂是较常用的品种,它的最大优点是有助染固色、增厚的效果。助染固色是阴离子所不具备的。以聚乙二醇和 N-甲基二乙醇胺的混合物在有催化剂存在下同甲苯二异氰酸酯反应为例,反应产物用乳酸中和,紧接着用水分散便得到分子中含有羟基的阳离子聚氨酯复鞣(填充)剂。原料配方示例如下:聚乙二醇(PEG,羟值 56mgKOH/g)40g;N-甲基二乙醇胺(MDEA)4.8g;2,4-甲苯二异氰酸酯(TDI)5.5g;乳酸 3.6g;二月桂酸二丁基锡 1～2 滴;去离子水 140g。

　　具体的工艺流程可概括如下:

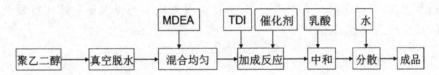

　　制备操作规程如下:

　　a.真空脱水预处理:先将聚乙二醇投入反应釜,升温熔融,开启搅拌,继续升温至 100～110℃,减压脱水 30min,关闭真空脱水装置,通 N$_2$ 保护,打开冷凝水。

　　b.加成反应:降温至 55～60℃,加入 N-甲基二乙醇胺和 1～2 滴二月桂酸二丁基锡,搅拌均匀,迅速滴入甲苯二异氰酸酯,加热至(95℃±2℃),反应 1.5～2h,吸取反应液检测,反应体系中无—N＝C＝O 存在时可结束反应,关闭 N$_2$ 保护。加入 TDI 后体系会很粘稠,应加大搅拌速度,使反应能更好进行。

　　c.中和:降温至 70～75℃,在 30min 内滴入乳酸进行中和,随后加入已预热至 60～70℃的去离子水,强力搅拌分散 15～30min。降温至 45℃以下出料包装。

　　②聚氨酯鞣剂的鞣制作用。聚氨酯树脂鞣剂分子中的活性—N＝C＝O 基可以和胶原的氨基、羧基等发生反应,从而提高革的耐湿热稳定性,产生鞣制作用:

$$\sim NCO + H_2N—P \longrightarrow \sim NHCNH—P$$
$$\sim NCO + HOOC—P \longrightarrow \sim NHCOC—P$$

　　对于阴离子型聚氨酯树脂鞣剂,羧基是其主要的离子基团,它能带来良好的水溶性,并在复鞣过程中与铬鞣革中的铬发生配位,一方面阻止了铬的迁移,提高了铬鞣革的收缩温度;另一方面,也使聚氨酯树脂鞣剂附着在皮革纤维之间,起到了分散革纤维、提高革的抗张强度的作用,具有较好的复鞣效果。

带不同电荷的聚氨酯鞣剂具有不同的特点:聚氨酯树脂鞣剂复鞣后革丰满,柔软,弹性好,粒面平细紧密,具有发泡感。阳离子聚氨酯树脂鞣剂具有优良的助染特性,能促进染料的吸收,减少染料的用量。成革色泽鲜艳、均匀饱满,着色强度和牢度都较高,特别适合于生产轻涂饰及不涂饰的高档深色革。两性聚氨酯树脂鞣剂具有优越的助染及匀染作用、促进油脂吸收的作用,并可改善阴离子型复鞣剂的"败色效应"。阴离子型聚氨酯树脂鞣剂在复鞣中能起到分散革纤维、增加革的厚度、提高铬鞣革强度等作用。

6.4.3 复鞣法的控制

在复鞣中,随复鞣剂的被吸收结合,革坯发生各种变化,证明复鞣剂与革坯发生了作用,但由于复鞣剂的品种多、结构复杂,对它们与革坯作用的热力学及动力学研究缺乏理论数据,通常以某种复鞣剂在一定条件下的作用效果作为使用依据。至于结合方式则可以通过各种复鞣剂一般结构进行推测。

在实际生产中,复鞣剂、填充剂的使用主要在于改善革坯的观感和可加工性,如粒面平细、革身饱满不松面、色泽均匀、坯革可磨性好、绒面革起绒好且绒毛细软均匀、压花或制品成形性好等。但是,如果选用不合适不仅不会获得理想的效果,而且会给工厂带来不利因素,如生产成本增加、工艺复杂化、成品品质下降等。因此,如何做好这一工序,在实施前应做好安排。从工艺技术角度出发,可以从两个方面进行考虑:一是根据成革的要求正确选用复鞣剂;二是根据复鞣剂的品性正确调整工艺。

6.4.3.1 复鞣温度的控制

从物理化学原理可以知道,升温增加物质内能,使其活动性增加,有利于加速反应过程。在工艺要求中通常有两种情况,或者要求复鞣深度结合或者着重表层作用。解决这种渗透与结合,深度与表层之间矛盾,控制温度应掌握以下规律:表层结合提高温度;深度结合降低温度;乳液状态提高温度,溶液状态降低温度。上述中所指的温度是一个范围,通常为 25~50℃,其中 25~34℃为低温、35~44℃为中温,45~50℃为较高的复鞣温度。具体操作再按鞣剂的溶解分散能力及与革坯反应情况从中选定。

6.4.3.2 复鞣 pH 的控制

制革的湿操作都与 pH 有关,复鞣工序也不例外。操作体系的 pH 通常指两个部分:一是浴液的 pH;二是坯革的 pH。当复鞣剂被要求在革坯内渗透和结合时,革坯的 pH 更显重要。对植物鞣剂、酚类合成鞣剂及阴离子氨基树脂鞣剂复鞣,在较高 pH(pH>5.0)下有较好的溶解分散与渗透,低 pH 可使它们缔合聚集并在革内沉积结合。因此,在复鞣初期使用较高 pH,末期降低 pH。最终可根据 pH 调整革身的紧实程度。羧基型阴离子树脂与革坯中铬鞣剂作用而固定。当复鞣体系 pH 低时,树脂溶解分散不好,不利于渗透,pH 过高,分子伸展大,负电量高,吸附在革面后使 ξ 电势相反,造成渗透难而与革坯表面聚集增加,最终影响吸收。通常,阴离子树脂产品,如丙烯酸类树脂鞣剂应该有一适合的 pH 使用范围。可根据具体产品特征或要求操作。对醛类鞣剂,其渗透力主要来自物理机械作用,结合与 pH 有主要关系;在高 pH 下使用,表面结合快,低 pH 下吸收与结合均慢。可按照成革要求进行低 pH 下长时间作用以获得深度结合或高 pH 下加快表面结合。

6.4.3.3 复鞣时间的控制

事实上,工艺设置时,能够在设定的时间内达到渗透及结合的平衡是很少的,而制革工艺中多数靠对浴液或坯革切口判断决定。客观表明,有反电荷作用的工序要求时间短,用较小分子材料作用也可较快完成。水溶性材料较水乳型材料吸收快。与革坯作用形式不同及材料本身结构之间差异总使吸收结合完成时间不同。丙烯酸树脂鞣剂先通过电荷作用吸附快,再与铬鞣剂配合则要求较长时间完成。延长时间,如停泡、慢转都是提高丙烯酸树脂鞣剂复鞣丰满性的好方法。合成鞣剂或植物鞣剂通过多种方式与坯革胶原纤维及铬鞣剂结合则速度较快。

革坯的状态也影响复鞣时间,较硬的与较厚的革坯都需要有较长的时间完成操作。除这些外,人为因素也可使操作时间改变,如调整操作温度、pH、机械作用、液比、加料方式等。

6.4.3.4 复鞣机械作用的控制

机械作用在坯革上产生的挤压、拉伸等物理作用力将材料带入革坯内,同时也使浴液中的材料良好地溶解、分散并均匀与革坯作用。机械作用力度可由多方面决定,如转鼓的鼓径大小、长径比、鼓内状况、鼓的转速、装载量、液比大小、革坯大小与形状等。实际生产中要根据工厂的条件从多方面进行考虑,理想的效果应从操作结果中得出结论。一般说来,在工厂能够临时调整机械作用的方法是:改变液比、装载量、连续运转或停转结合的时间。有时,适当安排材料加入方法也可使机械作用有所变化。

6.4.3.5 复鞣材料加入顺序的控制

在染整的湿操作中,诸多材料因进入革坯内的顺序不同使成革感观上有差异。复鞣剂、加脂剂及染料之间加入的先后不同都有不同的结果,其基本原因可分析如下:与革坯有相同结合点的则先入先占点;与先入材料有相同电荷则后入受排斥;先强电荷则后弱电荷受排斥加强;先入者占有空间,后者进入受到阻碍。

制革生产实践表明,同点结合的材料之间先入为主十分明显,先加入的材料可较充分地体现出其功能特点。用丙烯酸类树脂先复鞣、后染色加脂,成革丰满弹性均好、上染率低、加脂剂的柔软功能下降,甚至吸收率也受影响。如果先染色加脂后加入的树脂复鞣剂显示丰满弹性就差。此时,应该先考虑皮革的要求再定工艺。

有时简单地调整可解决部分问题,如先染色再复鞣加脂,少量的染料并不会对后继材料构成大的阻碍。较常见的方法是进行分步处理,如将加脂剂分步加来保证应具有功能。

另外,不同复鞣剂配合使用时也讲究其先后顺序。如植物鞣剂与金属鞣剂在复鞣中使用,若先植鞣后金属鞣,空间位阻将使金属鞣剂在坯革表面与植鞣材料反应。因此,先金属鞣再植鞣,无论是重铬轻植还是轻铬重植革品制造均应如此,这在坯革预处理上及渗透空间上都是有利的。对醛-植鞣结合复鞣也应有顺序。先用戊二醛复鞣解决坯革的弹性,然后用植物鞣剂或某些合成鞣剂解决饱满紧实是可行的。先入的醛与胶原纤维反应失去活性,空间阻碍也小,后继植物鞣剂容易渗入。相反,先植鞣后醛鞣,进入的醛只起固烤作用,更是表面为主,醛的复鞣特点难以显示。在一些服装软革制造中,常用阴离子树脂及铬进行复鞣,两者互相发生作用,两者使用顺序不同反映结果明显不同,这时可按成革要求进行处理。

6.5 染 色

制革染色是指用染料溶液(主要是染料的水溶液)处理皮坯,使皮坯着色的过程。染色的目的是赋予皮革一定的颜色,皮革通过染色可改善其外观,使之适应流行风格,增加其商品的价值。染色是制革生产中的重要工序,在改善革外观、增加革花色品种、满足消费者对各种色泽要求、使革制品颜色紧跟时代潮流以及提高产品附加值方面起重大作用。绝大部分轻革都要经过染色成品革类别不同,后干整饰工艺不同,皮革染色的目的和要求不同。例如干整饰时要采用颜料性涂饰的全粒面革或修面革,染色的目的是为了给坯革打上与涂层一致的底色,使在穿着过程中涂层磨损后不漏出坯革的本色,因此对染色的要求不太高,而对于干整饰时不进行涂饰的水染革、绒面革、苯胺革等,由于革面无涂饰层保护或涂饰剂中不使用颜料,不仅要通过染色达到成品革要求的色彩、着色浓厚均匀,而且要求具有很高的着色坚牢度。特别是用于制作女鞋、服装、手套、家具的皮革,颜色对其时髦感有很大的影响。

皮革染色艺术几乎和动物皮变成革的艺术一样早,都发生在史前时代。古埃及已能制造花色革,罗马希腊时代也都对革进行染色,整个中古时代制出的皮革,特别是手套革和服装革,大部分都是彩色革。

皮革的颜色主要来自天然染料、合成染料对皮革的染色以及颜料在革表面的着色。染料和颜料不同,染料可以溶于水或其他溶剂,染料分子与被染物有较强的亲和力,能与纤维反应,被固定在被染物上,使被染物牢固着色,被染物的颜色不易被擦掉或水洗掉;颜料不溶于水和有机溶剂,一般对纤维没有亲和力,不能被纤维直接固着,经过处理后能涂布在物体表面着色。如皮革涂饰过程中,颜料是通过成膜剂的黏着能力被固定在革表面而使革着色的。颜料的着色是染色的补充,可以弥补染色不均匀或不饱满的缺陷,使革的颜色更鲜艳、明亮、均匀。但过重的颜料着色会影响革的性能,特别是革的"真皮"特性,因此,随着对皮革产品要求的提高,对染色的要求也越来越高,特别是对于服装革和能保持"天然皮革"特性的苯胺革、全粒面革,以及不涂饰的绒面革、水染革等品种革的染色要求更高。

一般对于皮革的染色,应当满足下列基本要求:革色泽鲜艳、明亮、清晰、美观;颜色均匀一致,无色花、色差现象;具有较高的坚牢度,不易变色、褪色;批与批之间颜色具有稳定性。因而要求染料具有较高的耐光、耐洗、耐摩擦坚牢度以及良好的匀染性和色彩鲜艳性等。

制革染色的主要材料是染料及其助剂。染料是能使其他物质获得鲜明且坚牢色泽的有机化合物,从现代科学概念看,染料是能强烈吸收和转化可见光、远紫外、近红外光区的光能的有机化合物和有这种能力的其他物质。染料很长一段时间以来主要用于纺织品的染色和印花,制革专用染料近年才有所发展,染料本身可直接或通过某些媒介物质与纤维发生物理或物理化学结合而染在纤维上。皮革的染色效果不仅取决于高品质的染料,而且取决于染色前革坯的状态、性质,染色工艺,即染料的应用技术,染色前后处理工艺等也影响着染色效果。因此要了解皮革与染料的作用机理,根据对染色的要求和皮革的性质,合理地选择染料的种类和确定染料的配方,而且要充分考虑其他工序对染色过程的影响,在此基础上,采取适当的染色工艺,并结合使用一些染色助剂,达到理想的染色效果。

6.5.1 染料的颜色理论

有关染料分子结构与颜色关系的理论,是在染料工业生产实践的基础上发展起来的。随着染料工业的发展,有机物发色理论也不断出现。有些理论是以一些局部现象归纳而成的。这些理论虽能解释许多现象,并且对发展现代染料发色理论打下了一定基础,但它们有局限性,是经验性的规律。这些理论只指出染料的结构与发展的外在关系,而未指出其内在的原因。历史上比较重要的经典发色理论是发色团理论及醌构理论。

6.5.1.1 发色团理论

在1868年就有人认为,一切有色的有机物,是因为分子中有某种程度的不饱和性所造成。1878年维特(Witt)进一步提出:有机物至少需要有某些不饱和基团存在时才能有色,这些基团称为发色团,或称色原体。分子结构的某些基团吸收某种波长的光,而不吸收另外波长的光,从而使人觉得好像这一物质"发出颜色"似的,因此把这些基团称为"发色基团/发色团"。例如,无机颜料结构中有发色团,如铬酸盐颜料呈黄色;氧化铁颜料的发色团是呈红色;铁蓝颜料的发色团是呈蓝色。这些不同的分子结构对光波有选择性的吸收,反射出不同波长的光。紫外吸收光谱中,发色团是分子结构中含有 π 电子的基团称为发色团,它们能产生 $\pi \rightarrow \pi^*$ 各(或者)$n \rightarrow n^*$ 跃迁从而能在紫外可见光范围内产生吸收,如 $C=C$、$C=O$、$-N=N-$、$-NO_2$、$-C=S$ 等。例如苯的衍生物具有可见光区吸收带。这些衍生物显示的吸收带与其价键的不稳定性有关,如对苯二酚为无色,当其氧化后失去两个氢原子,它的分子或则变为有黄色的对醌,这种产生颜色的醌式环就是发色团。若一种化合物含有几个环,只要其中有一个醌式环就会发出颜色,称此发色团为色原(chromogen)。

具有发色团且能产生颜色的化合物,叫做发色体。发色体的颜色并不一定是很深的,对各种纤维也不一定具有亲和力。染料分子的发色体中不饱和共轭链的一端与含有供电子基(如$-OH$、$-NH_2$)或吸收电子基(如$-NO_2$、$>C=O$)的基团相连,另一端与电性相反的基团相连。化合物分子吸收了一定波长的光量子的能量后,发生极化并产生偶极矩,使价电子在不同能级间跃迁而形成不同的颜色。这些基团称为助色团。

准确地讲,助色团(auxochrome)本身在200nm以上不产生吸收,但其存在能增强生色团的生色能力(改变分子的吸收位置和增加吸收强度)的一类基团,是分子中本身不吸收辐射而能使分子中生色基团的吸收峰向长波长移动并增强其强度的基团,如羟基、氨基和卤素等。当吸电子基(如$-NO_2$)或给电子基(含未成键 p 电子的杂原子基团,如$-OH$、$-NH_2$ 等)连接到分子中的共轭体系时,都能导致共轭体系电子云的流动性增大,分子中 $\pi \rightarrow \pi^*$ 跃迁的能级差减小,最大吸收波长移向长波,颜色加深。助色团可分为吸电子助色团和给电子助色团。助色团的基本特点是在基团中最少还有一对孤对电子,使其可以通过共振来增大分子的共轭体系。如果助色团位于发色团的间位位置,则基本不影响分子的颜色。

维持的发色团与助色团理论在历史上对染料化学的发展起过重要的作用,也正是这个原因,发色团与助色团这两个名称现在还被广泛使用,不过它们的涵义已经有了很大的变化。

6.5.1.2 醌构理论

1888 年阿姆斯特朗提出物的发色与分子中的醌型结构有关。醌构理论在解释三芳甲烷及醌亚胺等染料的发色时,其为成功。具有醌型结构的染料分子中,又可区分为对苯醌与邻苯醌。因为对苯醌为黄色,邻苯醌为红色,所以在稠环系统中具有对苯醌结构的常较具有邻苯醌结构的色浅,具体结构如下式所示:

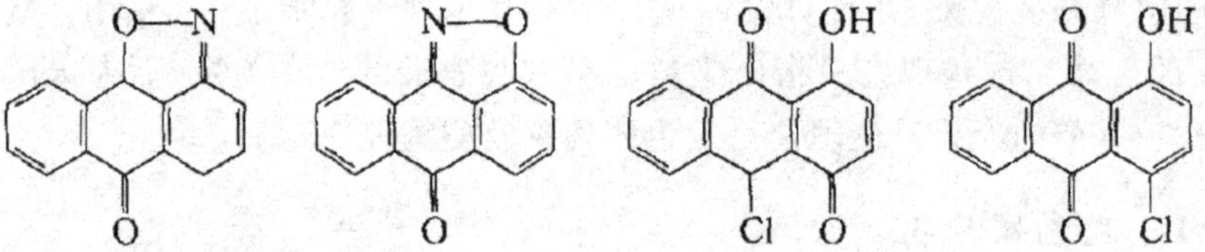

虽然很多染料有醌型结构,但为数不少的有色化合物(例如偶氮染料)并不具有醌型结构。由此可见,醌型结构并不是染料发色必须具备的一个条件。

6.5.1.3 近代发色理论

各种物质的分子都具有一定的能量,在正常情况下处于最稳定的状态,称为基态。在光的照射下,根据各种物质的分子的结构与性质,可以吸收某一段波长的光的能量,因而使它受到激发能量增加,从而使电子更加活跃,这种状态称为激发状态。分子本身不停地在旋转运动。组成分子的原子,在它位置附近不断地振动着;原子内部的电子,也是在不停地运动着的。分子本身的旋转和原子的振动自基态变到激发状态所需的能量都是很小的,是属于红外线或无线电波的能量范围。而使电子激发所需的能量,就比较大,属紫外线或可见光的能量范围。因此,各种物质的分子,对于选择吸收而显现颜色的关系,取决于各种分子的电子结构。

分子中各原子间的键,是依靠两个原子间的共有电子而形成的。电子构成了电子云,如果电子云的最大密度集中在两原子的中间,这些电子称为 σ 电子。σ 电子在原子间牢固地相互结合,自基态激发到激发态所需的能量较大,属紫外线的能量范围。还有一种电子称为 π 电子。这些电子比较活泼,它的活动可以超过自己的原子的界限,自基态激发到激发态所需的能量较小,属于可见光的能量范围。原子与原子间的单键结合,称为 σ 键。原子与原子间的双键结合,其中第一键是 σ 键,第二键是 π 键。分子中的双键较多,而且是共轭双键,π 电子的活动范围就更大,自基态到激发态所需的能量就更小,就能根据其结构情况,吸收不同波长的可见光的能量,使之激发,从而产生了颜色。

根据量子化学及休克尔(Huckel)分子轨道理论,有机化合物呈现不同的颜色是由于该物质吸收不同波长的电磁波而使其内部的电子发生跃迁所致。能够作为染料的有机化合物,它的内部电子跃迁所需的激发能必须在可见光(400~760nm)范围内。物质的颜色主要是物质中的电子在可见光作用下发生 $\pi \rightarrow \pi^*$(或伴随有 $n \rightarrow \pi^*$)跃迁的结果,因此研究物质颜色和结构的关系可归结为研究共轭体系中 π 电子的性质,即染料对可见光的吸收主要是由其分子中的 π 电子运动状态所决定的。

　　染料分子对光线的选择吸收,可进一步用分子所吸收的光子能量和分子内能变化的关系来解释。众所周知,有机化合物的分子都具有一定量的内能,当它从光子流中吸收一定量的光子后就可由一个能阶,转到另一个能阶。这种内能的改变是突跃式的。它只能从光子流中吸收具有一定能量的光子,恰好相当于该分子两个能阶之差,至于其他能量光子,都不能与它相互作用。这就是分子对光线吸收具有选择性的原因。而光子能量可用下式表示:

$$E = h\nu = hCN_A/\lambda$$

式中,阿伏伽德罗常数 $N_A = 6.02 \times 10^{23} mol^{-1}$,上述公式也可换算成国际单位制:

$$E = hCN_A/\lambda = 0.1125/\lambda$$

　　对可见光谱部分(400～760nm)而言,通过上式的计算可知,只有在 148～280kJ. mol^{-1} 能量范围内产生激发状态的分子,才具有在可见光谱中选择吸收的能力。染料作为可见光下显示颜色的物质,其激发能就必须在这个范围内。

6.5.2　染料自身结构与颜色的关系

　　由上可知,由于各种分子的结构不同,因此它们的激发能也各不相同,即被吸收的光的波长也不同,从而表现出各种颜色。如分子的激发能(ΔE)由大变小时,被它吸收的光的波长,由短波向长波的方向移动,这时分子呈现的颜色按照由绿黄向蓝绿的顺序改变,这一现象称为颜色加深或深色效应。从黄色到绿色,最大吸收波长从短到长,称颜色加深(深色效应);从绿色到黄色,最大吸收波长从长到短,称颜色变浅(浅色效应)。从吸收光的性质和最大吸收波长的情况来说,常称黄色、橙色为浅色,蓝色、绿色等为深色。譬如,一种黄色染料,经改变它的分子结构,使它的激发能减小,其颜色变成了红色,我们就称它的颜色变深了,是深色效应。与此相反,分子激发能由小变大时,吸收光的波长由长波向短波的方向移动,颜色由蓝绿向绿黄的顺序改变,则称之为颜色变浅或浅色效应。因此,物质颜色的深浅是由其分子激发能的大小不同,导致吸收的光波长短不一而引起的。

　　分子激发能的大小和颜色变化的关系见表 6-3 所示。

表 6-3　分子激发能及其颜色变化的关系

分子激发能	被吸收的波长	被吸收的光谱	观察到的物质的颜色		
大 ↓ 小	短 ↓ 长	紫 紫蓝 蓝 蓝绿 绿 绿黄 黄 橙 红	深色效应 ↓	绿黄 黄 橙 红 红紫 紫 紫蓝 蓝 蓝绿	浅色效应 ↓

　　显然,在这里所说的颜色的深浅,和日常生活中所说的深浅含义不同,日常所说的颜色深和浅,在这里称为浓和淡。颜色的浓淡,是表示颜色的强度,即指物质吸收某一波长的量的多

少。人们把增加染料吸收强度的效应称浓色效应,即相应的颜色变浓了。反之,把降低吸收强度的效应称减色效应,即相应的颜色变淡了。

6.5.2.1 染料分子结构中的共轭体系对颜色的影响

染料产生颜色的根本原因在于染料的分子结构,分子结构中共轭体系的变化对染料的颜色影响特别明显且有规律可循,比如,染料分子结构中共轭链越长,颜色越深;苯环增加,颜色加深;分子量增加,特别是共轭双键数增加,颜色加深。如果有机化合物的分子中没有双键,或者没有足够多的双键,或者所含有的双键不是共轭性的,就没有颜色。若有机化合物分子中的共轭双键被单键所隔离,将共轭双键系统分成两个部分而变短,就产生浅色效应。

6.5.2.2 染料分子中的极性基团对颜色的影响

硝基、亚硝基、羰基、偶氮基等发色团,在染料分子的共轭双键系统中有吸电子的作用,称为吸电子基团。羟基、氨基等助色团称为给电子基团。芳香族有机化合物有发色团存在时,该发色体具有颜色。当发色体中含有助色团时,极化现象增强,可使分子中共轭双键的 π 电子的流动性增加,从而降低了它的激发能,使分子对光谱的选择吸收转向波长较长的方向,即发生深色效应,同时也显著地增加吸收的强度。如果在共轭系统中,同时存在着吸电子取代基和给电子取代基,这种效应更加显著。

6.5.2.3 染料分子的离子化作用对颜色的影响

含有吸电子基团和给电子基团的有机化合物的分子,可发生离子化作用,由于介质及取代基的性质和取代基的位置不同,离子化后,可使颜色的深浅和吸收强度发生变化。例如,在酸性介质中,原来中性的含有吸电子基的有机化合物分子变为阳离子,大大增加了这些基团的吸电子的能力,从而使颜色的深度和强度增加。但同在酸性介质中,含有给电子基(如—NH_2)的有机化合物分子成为阳离子,给电子性质显著降低,使颜色变浅,吸收强度亦有所降低。

而在碱性介质中,中性的含有给电子基(如—OH)的有机化合物分子变为阴离子,给电子性质显著增强,也使色泽的深度和强度增加。

酚酞试剂在 pH9 以下时其两个含有羟基的苯环没有被共轭双键连接,的溶液中是无色的,而在 pH 为 9 以上的碱性溶液中即成为醌式,苯环与苯环已由共轭双键连接并发生离子化,故呈红色。酚酞分子在这两种介质中,离子化的情况不同,分子中电子所需的激发能不同,因而有不同的色泽。

6.5.2.4　染料分子的平面结构及空间障碍对颜色的影响

有机化合物只有分子的整个共轭系统的各原子团在一个平面上时,才能显示出最大的共轭效应。破坏了整个系统的平面性,就要减弱共轭效应,从而使激发能提高,选择吸收向短波方向移动,同时亦可降低吸收强度。以下式中分别显示为红色和橙色的染料为例,前者的共轭双键比后者多了一倍,但两者的颜色相差并不大,这是因为前者分子中的两个相等部分,可发生旋转,分子的共轭双键不在一个平面上。

6.5.2.5　染料分子生成内配合物对颜色的影响

在络合金属染料分子中,染料的颜色随金属原子不同而呈不同色泽。配位键由参与共轭的孤对电子构成,配合物颜色加深。

6.5.3　染料的配色

用一种染料对皮革染色,往往不能获得所需要的颜色,而必须选择几种染料进行配色。人的眼睛不能分辨出光中不同波长的单色光,不能将两个波长不同的光的混合颜色与另外一种同颜色的单色光加以区别。例如,将光谱的红色和蓝色部分相混合,可得到紫色,对人眼来说,这种紫色与光谱色的紫色是一样的,因此人眼的这种典型的性能使颜色的调配成为可能。

染料的配色与有色光(光谱色)的混合是有区别,在光谱颜色中红、绿、蓝三种颜色的光被称为三原色。这三种色之中的任何一种不能由另两种色调配出,但以这三种色光为基础可以调配出各种其他的色光。这三种色光可混合成白光,显然明度增加,因此色光的混合称为色的相加混合。相应地人眼视网膜也至少有三种不同感色锥形神经细胞,它们的分光灵敏度最大值分别在红、绿、蓝区域内,因此人眼可以感受出各种不同的颜色。彩色电视机变化的色调就是通过这三种色光匹配的。

物体的颜色是由入射的白色光中除去被吸收部分的光线,呈现的是被吸收光线的补色。染料或颜料的混合是减色混合,不同于色光的相加混合,因为互补的色光混合后相加呈白色,而互补的染料或颜料混合,无论怎样都调配不出白色,得到的颜色比所用的最亮的颜色暗,比例适当时为黑色。而减色混合的三原色是加法混合三原色的补色,即红色的补色为蓝绿-青色,绿的补色为紫红色,蓝的补色为黄色,习惯把青色、紫红色看作蓝色和红色,因此减色三原色即为红、蓝、黄。同样三原色中的任一种色不能用另两种颜色调配出来。

正因为如上原因,在染色中所用染料的混合与光的混合是不同的,没有哪两种颜色的染料,可以混合成白色染料。在染色应用中,人们习惯把红、黄、蓝三色称为三原色,即基本色。实际上,品红、黄、青三种色光的染料是代表色的三原色;其他所有的颜色都可以用此红、黄、蓝三色以不同的比例混合拼合;等量的三原色相混合可以得到黑色。原色与原色相混合可以得到二次色。两个二次色混合或者以任何一种原色和黑色拼合所得的颜色称三次色。

由于染料的比例大小和色的混合关系比较复杂,现有染料反射出的光谱带相当宽(即染料的饱和度低)。用这纯度不高的三原色染料进行配色,大大削减了它们的混合范围。配色过程中,会遇到一些本身的色相是属三次色,而且色光较难掌握的情况,这种情况最好是立足三原色配色,或者用一种原色加一种二次色(或三次色)的染料,一般不允许用全部是三次色的染料来配色。

6.5.3.1 配色方法

在配色时,染料混合以后的颜色是由各种染料所反射的混合光所决定的,调色要有特殊的经验,虽然目前还没有一套严格的配色方法,配色仍以经验为主,但在这一方面也有一些有效的规律,按照这些规律有可能迅速掌握配色。下面介绍几种常用的配色方法。

(1)减色法混合配色。当白色光照射到"着了色"的皮革表面时,某些光能被吸收了。皮革表面可能选择性地吸收了一定波长的光能,例如400~550nm,即所有的蓝色光和绿色光。这样,反射到观察者的眼睛的光主要是红色光,因而眼睛感觉到的物体的颜色是红色。物体的颜色应是白色减去吸收了的颜色。由于吸收了光的缘故,反射到眼睛的光量(亮度)比对照的物体少,因此红色不如相等面积的白色光那么亮。如果皮革仅吸收蓝色而反射黄色、橙色和红色,则皮革最后的颜色是橙色,它比红色要亮,因为它被吸收的入射光比较少。如果皮革用蓝色、黄色和红色的染料混合染色,那么蓝色将吸收黄色和红色;黄色将吸收蓝色和红色;红色将吸收黄色和蓝色。

减法三原色红、黄、蓝三种颜色无法用其他颜色调配,理论上用这3种颜色可以配成各种颜色。用减法三原色组成一个正三角形,如图3-3所示,正三角形的顶点分别为三原色,中央有1个倒置的黑色三角形的黑色区。三角形边上所属的颜色为二元色。这类颜色由改变三原色中的某两种色的比例而配成。如在黄色和蓝色的夹边上可构成柠檬、艳绿、湖蓝等一系列的二次色;在黄色与红色的夹边上可构成橙色、猩红等一系列二次色。在二次色中,从黄色起沿三角形配色图的两边向红、蓝方向移动,则色泽依次加深。

图 6-1 减法三角形配色

除原色和二次色外,在红黄蓝三角形内的颜色称作三次色,即三角形内每一点上的色都具有红、黄、蓝三种原色的色调。在配色图的中心有一个倒置的黑三角形,它所在的位置称作黑色区,等量的黄、红、蓝三原色即可拼得黑色。此外,通过黑色区的任一条直线,与配色图两边相交的两点所指示的颜色基本上互为余色,它们按一定比例也能拼成黑色。如猩红色经过三角形中心(黑色区)到对边为蓝绿色,即猩红色与蓝绿色互为余色,适当地混合可拼成黑色。

在三角形内某点所表示的颜色,一般可以用通过该点直线的两端所示的颜色来拼配。如对皮革染色非常重要的棕色色调,在配色图右下方(1/3)的位置上,是由邻近的橙、猩红、红、紫红及黑色色调包围着,因此,根据在图中的位置,就可按此法选择适当的染料进行拼配。如果欲用橙色染料染中等红棕色,由图 6-1 可知,应与带蓝光的枣红色染料混合拼配。在所有这类配色中,必须防止太靠近中心的黑色,否则染色浑浊、不鲜艳且不够饱满。

在染色中利用三原色拼配的几种基本色调可参见表 6-4。

表 6-4　利用减色法的三原色拼配的几种基本色调

配得色调	所用染料的颜色		
	黄(份)	红(份)	蓝(份)
橙	5	3	—
绿	3	—	8
紫	—	5	8
橘黄	8	2	—
猩红	2	8	—
蓝绿	3	—	7
红蓝	—	3	7
蓝红	—	7	3
柠檬色	7	—	3
棕	4	4	4
海蓝	2	4	4
橄榄绿	4	2	4
黑	1	1	1

(2)混色圆配色法。由前所述可知,由红、黄、蓝三种色光按一定比例进行混合,可得到其他各种颜色的光,这种混色法称为色的加成混合。这三种色光是互相独立的,即这三种色光中任何一种都不能用另外两种光混合产生。所以称红、黄、蓝三种色在混色圆配色法称为三原色。有了三原色就可以拼出各种色谱。

从三原色黄色、红色和蓝色开始,把它们放在一个圆周的等距离上。双元混合色或二次色是由等量的两种原色配成的。例如:5 份黄色和 5 份红色产生橙色。5 份红色和 5 份蓝色产生紫红色。5 份黄色和 5 份蓝色产生绿色。这些颜色可以在混色圆三原色之间的等距离上找到。

由红色和黄色可以形成其他双元色混色,例如橘黄色(7 份黄色和 3 份红色),猩红色((7 份红色和 3 份黄色),它们各自比较接近于黄色或红色。其他许许多多的双元色混色也能从混色圆周上找到,如淡红、紫红、蓝绿、黄绿等。三元混合色将由红色、蓝色和黄色所组成。从上述减色法混色中知道,这些颜色将互相抵消,从而等量的三原色混合将得到黑色。这可以在混色圆示意图 6-2 中找到。假定 1 份黄+1 份红+1 份蓝,产生黑色。在示意图 6-2 上,棕色产生在橙色和黑色之间,它包括有 4 份黄、4 份红和 2 份蓝,可写成:

$$2 份黄+2 份红+2 份黄=黑色$$

$$2 份黄+2 份红=橙色$$

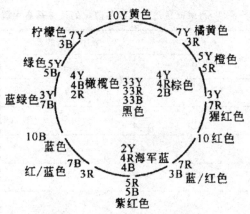

图 6-2 混色圆配色示意图

在一种混色中用的颜色较多,混色就变得较黑和较暗。为了色泽鲜亮,不允许配制太多颜色的配色,而只通过加入白色来改进。在此情况下,不能把黑色和白色看做颜色。这个混色圆假定所用的三原色是三种等量的纯色。显然,目前市场上没有任何一种商品颜料或染料能满足这些要求。配色人员必须要考虑到这一问题,参照混色圆来配制所需要的颜色。假设可用的黄颜料稍微带红,用 5 份黄和 5 份红配制的橙色将比所要求的橙色红,比较接近鲜红色,黄色本身应在红色方向的左边。5 份黄、5 份蓝配制的绿色,实际上将包括由这种黄色带来的一些红色,它应位于橄榄色的方向。由此可见,由这种黄色配制的黑色将带红光。

如果一种颜色比其他颜色浓得多,必须进行类似的调整。对于有色鞣剂,例如棕色的植物鞣剂、蓝绿色的铬鞣剂,它们用透明染料染色的问题就变得更加复杂。若要染铬鞣革,就应考虑到皮革原有的蓝绿色组分。

(3)计算机配色法。计算机配色又称计算机配色。在工业发达国家,与着色有关的行业,如纺织印染、皮革、染料、颜料、涂料等制造业普遍采用计算机配色系统作为产品开发、生产、质量控制及销售的有力工具,普及率很高。我国近年来有相当一部分制革企业引入了电脑配色技术。

根据 CIE 标准色度学系统,任何自然界的颜色均可用光谱三刺激值 X、Y、Z 来表示。目前大多数先进的测色仪器都选用这种色度系统,即任何物体的颜色都可用三刺激值 X、Y、Z 表示。计算机配色的原理主要是利用同色异谱原理,即如果两块色样的三刺激值 X、Y、Z 分别相等,则二者为同色。用三刺激值进行计算机配色可以使待配的色样在特定光源下的颜色用数据表示出来,色样的三刺激值和染料配比之间存在对应的关系,可以用色差检验计算出配方是否符合要求。

把色谱各色块的三刺激值和各染料的网点百分比输入计算机,建立基础数据库。配色时,把目标色样的三刺激值输入到系统中,由系统计算出混合染料及其比例,并输出配方预测结果。当配色结果的皮坯干燥以后,再测出其三刺激值,由计算机根据色差公式计算出色差,做出进一步修正的指令,即可迅速配制出较高质量的同色异谱色。

计算机配色系统是集测色仪、计算机及配色软件系统于一体的现代化设备。计算机配色的基本作用是将配色所用染料的颜色数据预先储存在电脑中,然后计算出用这些染料配得样品颜色的混合比例,以达到预定配方的目的。

配色是一个涉及光色理论、染料、皮坯、制革工艺等多方面的复杂的技术工程,利用色谱进行三刺激值配色,减轻了配色人员的负担,提高了产品的颜色质量、配色速度、精度,增加了经济效益。虽然还有很多待完善的地方,如在不同光源下进行三刺激值配色所计算出的色差不同,配色精度与色谱的准确性有很大的关系等。但随着计算机的不断更新、仪器的更加精密、各种数学方法的不断涌现和材料的逐渐规范化、数据化,计算机配色必然会显示无比的优越性。

6.5.3.2 染料配色的要求及影响因素

染色过程中,染料的调配按上述方法进行,在色调上比较容易达到要求,但在颜色的纯度(鲜艳度)和明度(浓淡)方面则不容易达到要求。配色所采用的染料、色别、种类越少越好,这是一项比较复杂而细致的工作,在配色时要注意以下几点:

(1)配色用的染料要属于同一类型,便于使用同一方法进行染色。

(2)配色用染料的性能要相似。例如染色温度、亲和力、扩散率、坚牢度等都要相似,否则会形成色差或洗涤后不同程度的褪色现象。

(3)配色染料的种数要尽量少。一般以三种以下拼混较好,便于控制色光,稳定色光和减少色差。

染色时,用的染料种类多,由于是减色混合,往往使颜色变暗,明度不够,配色后如颜色发暗,变灰,则需要重新配色,再加其他颜色的染料往往会使颜色更暗。

在实际的制革染色过程中,颜色的调配非常复杂,影响因素很多。皮革染色时,革最终的颜色由染料的色调和用量决定,而且与染料的性质(成分、分散度、溶解度、渗透性和电荷性等)、革坯的性质、状况(本身的色调、鞣法、表面电荷等)和染色条件(液比、温度、时间和 pH)等密切相关。因此,皮革染色时的调色是一项复杂而细致的工作,要求染色技师具有丰富的经验和对颜色的变化具有高的敏锐性。

在皮革染色时,模样配色将受到染料本身的特性和革和性状等因素的影响。每种染料并不是完全像理论上所说的那样,只吸收某种波长的光,而一点不吸收其他波长的光。实际上,它们都带有一定的副色。所以在配色时,染料的种类越多,副色也就越混杂,给拼色带来一定的困难。在染深色革时发现的副色,一般可试用其补色进行掩盖;对于浅色革,为了不加深它的色调,可减少其补色的添加量,这也可使副色有所减弱。若副色太杂,还可能造成色泽灰暗,此时宜酌情减少染料的种类另行拼配。

在配色时,为保证染色的效果,不仅应根据颜色的要求选择染料,而且还须考虑染料的其他特性,如浓度、溶解度、渗透性及染液所带的电荷等。尤其是染料的渗透性,对皮革染色效果有很显著的影响。就染一种棕色(4 份黄、4 份红和 2 份蓝)的情况而论,如果黄、红和蓝渗透到同样的程度,则发生均匀的渗透,如图 6-3(a)所示。如果黄色的渗透比红和蓝色多得多,表面将呈紫红色革内则呈更深的棕色或黄色,如图 6-3(b)所示。

各种染料对皮革上染率的高低也不一致,上染率高的那种染料的颜色就浓一点,反之,则淡一些。此外,在摹样配色时,还不能忽视染色前革坯本身的色调,革坯的色调越浓,可染的颜色就越有限。如果想染特别纯而柔和的浅色色调,则必须使用接近于白色的革坯,或事先将革坯进行漂白。

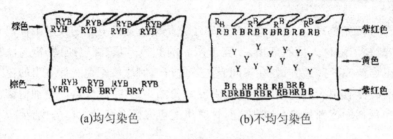

(a)均匀染色　　　　　　　　(b)不均匀染色

图 6-3　染料渗透对染色的影响
Y—黄色　　R—红色　　B—蓝

加热快速干燥能产生较深的色调,而在实际操作中是采用较慢的干燥。乳液加油可以使颜色加深或变浅。刮软会使色调变浅,打光和热熨会加深色调。以后的磨面能够除去表面的颜色。当需要用酸固色时,在固色前需要进行上述检验和调整。如果染色废液中含有大量未固定的染料,就应延长染色时间,或加入一定量的酸使大部分染料被固定在革纤维上。如果染液中酸量很足,必要时可在检验后进一步加入染料以调整色调。但应说明的是,这时所加的染料是固定在革上的,不会产生渗透作用,而且这种做法很可能产生染色不匀现象。

6.5.4　染料的分类与命名

6.5.4.1　染料的分类

常用的染料分类方法有两种,一种是根据染料的化学结构来分类;另一种是按照染料的化学应用性质应用方法来分类。

(1)按染料的化学结构进行分类。

①偶氮染料。偶氮染料(azo dyes,偶氮基两端连接芳基的一类有机化合物)是纺织品服装在印染工艺中应用最广泛的一类合成染料,用于多种天然和合成纤维的染色和印花,也用于油漆、塑料、橡胶等的着色。1859 年 J,P. 格里斯发现了第一个重氮化合物并制备了第一个偶氮染料-苯胺黄。偶氮是染料中形成基础颜色的物质,如果摒弃了偶氮结构,那么大部分染料基础颜色将无法生成。有少数偶氮结构的染料品种在化学反应分解中可能产生以下 24 种致癌芳香胺物质,属于欧盟禁用的。这些禁用的偶氮染料品种占全部偶氮染料底 5% 左右,而且并非所有的偶氮结构的染料都被禁用。

②蒽醌染料。分子中含有蒽醌结构的各类染料的总称,包括还原染料、酸性染料、分散染料、活性染料等。如活性艳蓝 X-BR 等。色泽鲜艳、牢度较高。

③靛系染料。含有靛蓝或类似结构的染料,如下式所示:

④硫化染料。硫化染料,是要以硫化碱溶解的染料,由芳烃的胺类、酚类或硝基物与硫磺或多硫化钠通过硫化反应生成的染料,是法国化学家克鲁西昂和布雷通尼埃首先合成的。硫化染料主要用于棉纤维染色,亦可用于棉/维混纺织物,染色成本低廉,染品能耐洗耐晒,但色泽不够鲜艳,其中黑色颜料、蓝色颜料品种占很大比例。常用品种有硫化黑、硫化蓝等。大部分硫化染料不溶于水,染色时需使用硫化钠或其他还原剂,将染料还原为可溶性隐色体。它对纤维具有亲和力而染上纤维,然后经氧化显色便恢复其不溶状态而固着在纤维上。所以硫化染料也是一种还原染料。硫化染料可用于棉、麻、粘胶等纤维的染色,其制造工艺较简单,成本低廉,能染单色,也可拼色,耐晒坚牢度较好,耐磨坚牢度较差。色谱中缺少红色、紫色,色泽较暗,适合染浓色。现在已有可溶性硫化染料问世。

⑤酞菁染料。酞菁染料为含有酞菁金属络合物的染料。酞菁染料本身为染料中间体,在纤维上与金属离子络合生成色淀,主要用于棉染印。

⑥菁系染料。也叫多甲川染料,在染料分子共轭体系中含有聚甲炔结构($—C\equiv C—$)的染料。

⑦芳甲烷染料。包括二芳基甲烷和三芳基甲烷染料,较多为碱性、酸性等染料,如碱性嫩黄 O 和碱性艳蓝 B 等。

⑧硝基和亚硝基染料。染料分子中含有硝基的染料称为硝基染料;染料分子中含有亚硝基的染料称为亚硝基染料。在硝基染料、亚硝基染料中,硝基为共轭体系关键组成部分。

⑨杂环染料。染料分子中含有五元杂环、六元杂环等结构的染料。其中比较典型的是醌亚胺型染料,醌亚胺是指苯醌的一个或两个氧置换成亚胺基的结构。

(2)按化学应用分类。这种分类方法是根据染料的应用对象、染色方法、染料的应用性能及染料与被染物质的结合类型来进行分类的。根据这种分类方法,将染料分为酸性染料、直接染料、碱性染料、金属络合染料、活性染料、氧化染料、硫化染料、媒染染料、还原染料、分散染料、油溶与醇溶性染料等十多种。

6.5.4.2　染料的命名

上面所介绍的各类染料,不但数量多,而且每类染料的性质和使用方法又各不相同。为了便于区别和掌握,对染料进行统一的命名方法已经正式采用。只要看到染料的名称,就可以大概知道该染料是属于哪一种类染料,以及其颜色、光泽等。我国对染料的命名统一使用三段命名法,染料名称分为三个部分,即冠称、色称和尾注。

第一部分为冠称,表示染料根据应用方法或性质分类的名称,为了使染料名称能细致地反映出染料在应用方面的特征,将冠称分为 31 类,即酸性、弱酸性、酸性络合物、酸性媒介、中性、直接、直接耐晒、直接铜盐、直接重氮、阳离子、还原、可溶性还原、氧化、硫化、可溶性硫化、毛皮、油溶、醇溶、食用、分散、活性、混纺、酞菁素、色酚、色基、色盐、快色素、颜料、色淀、耐晒色淀、涂料色浆。

第二部分为色称,表示用这种染料按标准方法将织物染色后所能得的颜色的名称,一般有下面四种方法表示:

(1)采用物理上通用名称,如红、绿、蓝等。

(2)用植物名称,如橘黄、桃红、草绿、玫瑰等。

(3)用自然界现象表示,如天蓝、金黄等。

(4)用动物名称表示,如鼠灰、鹅黄等。

而色泽的形容词采用"嫩"、"艳"、"深"三字。常用的色称如表示赤色的有:红、大红、玫瑰红、品红、艳红、苋菜红、枣红、酱红、桃红、樱桃红等;表示棕色的有:棕、深棕、黄棕、红棕;表示橙色的有:橙、艳橙;表示黄色的有:黄、金黄、嫩黄、荧光黄、艳黄、深黄、冻黄;表示绿色的有:绿、艳绿、草绿、橄榄绿;表示青色的有:藏青、青莲;表示蓝色的有:蓝、湖蓝、墨水蓝、艳蓝、深蓝、翠蓝、靛蓝、铜盐蓝、天蓝、亮蓝、漂蓝;表示紫色的有:紫、紫红、紫酱、红紫等。

第三部分是尾称(字尾),以英文字母结合阿拉伯数字补充说明染料的色光、形态、强度、特殊性能及用途等。目前,染料名称中"字尾"表示的意义很混乱。一般百分数表示染料的强度,数字表示副色色光的程度。英文字母表示的含义一般规定如下:

B—用其染的颜色有偏蓝的色光　　　　　R—红光

G—黄光但偏绿光　　　　　　　　　　　Y—黄光

N—新型或色光特殊等　　　　　　　　　D—偏暗

F—色泽鲜艳或坚牢度好　　　　　　　　I—还原染料坚牢度

C—耐氯(绿漂不容易褪色),适于染棉　　L—耐光牢度好

T—高深度　　　　　　　　　　　　　　X—高浓度

P—浆状或粉状,适合于印染　　　　　　M—混合物

K—染色温度较低

染料的三段命名法,使用比较方便。例如还原紫 RR,就可知道这是带红光的紫色还原染料,冠称是还原,色称是紫色,R 表示带红光,两个 R 表示红光较重。

目前,有关染料的命名尚未在世界各国得到统一,各国染料冠称基本上相同,色称和词尾则有些不同,也常因厂商不同而异。各染厂都为自己生产的每种染料取一个名称,因此出现了同一种染料可能有几个名称的情况。中国根据需要,拟采取统一的命名法则。

为了大家交流方便,在国内外文献资料上,常引用《染料索引》(*ColorIndex*,简称 C. I.)中染料的编号来代替某一染料,因此染料索引实际上也成了染料的一种命名分类方法,避免了其化学名称的长而不便。

《染料索引》是一部国际性的染料、颜料品种汇编。它将世界大多数国家各染料厂的商品,分别按它们的应用性质和化学结构归纳、分类、编号,逐一说明它们的应用特性,列出它们的结构式,注明其合成方法,并附有同类商品名称的对应表。《染料索引》供染料专业检索查阅的重要工具书。初版由英国利兹大学教授 F. M. 洛主编,1924 年由英国染色工作者学会出版发行。1928 年发行《补编》。英国染色工作者学会于 1956—1958 年间与美国纺织品化学师与染色师协会合编,发行第 2 版,共 4 卷。1963 年又发行了第 2 版的《补编》(1 卷),新增了反应性染料用途的内容。1971 年两学会合编发行第 3 版,共 5 卷。1982 年将全书作第二次修订,共 7 卷,

另外,发行了未编卷数的《颜料及溶剂染料》卷。全书按类别详载染料的颜色、应用方法、用途、主要性能数据、坚牢度测试方法、已知的化学结构、制备方法、染料商品名称、生产厂商代称以及参考文献、专利、索引等。

该书对染料的命名采用了统一编号。每一染料一般有两种编号,其一标示应用类属,其二标示化学结构。例如,还原蓝 RSN 编为 C. I. 还原蓝 4 和结构代号 C. I. 69800,按代号可以查出化学结构,与之相对应的商品名称多达 30 余个,书中均予载明。随着染料品种的演变,《染料索引》不断有补编和修订本发行。该书在染料分类信息方面具有重要的指导意义。

6.5.5　染料的使用危害与禁用染料

在特殊条件下,一些染料染色的服装、革制品或其他消费品与人体皮肤长期接触后,会与人体代谢过程中释放的成分混合并发生还原反应形成致癌的芳香胺化合物,这种化合物会被人体吸收,经过一系列活化作用使人体细胞的 DNA 发生结构与功能的变化,成为人体病变的诱因。

20 世纪 70 年代初,德国率先发现并逐步研究证实了以联苯胺为代表的 22 种用于合成染料的染料中间体(芳香胺)对人体的致癌作用,有鉴于此,1994 年德国政府正式在"食品及日用消费品"法规中,禁止使用某些偶氮染料于长期与皮肤接触的消费品,并于 96 年 4 月实行之后,禁止使用这 22 种芳香胺制造的并可分解出这 22 种芳香胺的染料(至少 118 种)。

荷兰政府也于 1996 年 8 月制定了类似的法例,法国和澳大利亚正草拟同类的法例,我国国家质检总局亦于 2002 年草拟了"纺织品基本安全技术要求"的国家标准。2002 年 9 月 11 日欧盟委员会发出第六十一号令,禁止使用在还原条件下分解会产生 22 种致癌芳香胺的偶氮染料,并规定 2003 年 9 月 11 日之后,在欧盟 15 个成员国市场上销售的欧盟自产或从第三国进口的有关产品中,所含会分解产生 22 种致癌芳香胺的偶氮染料含量不得超过 30ppm 的限量。2003 年 1 月 6 日,欧盟委员会进一步发出 2003 年第三号令,规定在欧盟的纺织品、服装和皮革制品市场上禁止使用和销售含铬偶氮染料,并将于 2004 年 6 月 30 日生效。

自 1994 年 7 月 15 日德国政府颁布禁用部分染料法令以来,世界各国的染料界都在致力于禁用染料替代品的研究。随着各国对环境和生态保护要求的不断提高,禁用染料的范围不断扩大。欧盟近期已连续发布禁用偶氮染料法规,一旦禁令生效,对我国这样一个纺织品和服装出口大国的影响不言而喻。面对咄咄逼人的"绿色壁垒",国内染料行业加紧替代产品的技术开发已刻不容缓。

前述的 22 种芳香胺中间体,据 MAK(Maximum Artbeitplax Konzetrations)分类法第(Ⅲ)类 A1 和 A2 组所公布的致癌物质名单中,其中对人体有致癌性的有 4 种,对动物怀疑有致癌性的有 16 种。其名称与种类如表 6-5 所示。

表 6-5　致癌芳香胺中间体

序号	化学名称	结构式	毒性类别	CAS 号
1	4-Aminodiphenyl 4—氨基联苯	—NH₂	Ⅲ Al	94-67-1

序号	化学名称	结构式	毒性类别	CAS 号
2	Benzidine 联苯胺	H_2N ——〇——〇—— NH_2	ⅢA1	92-87-5
3	4-Chloro-2-toluidine 4-氯-2-甲基苯胺	CH_3 ... H_2N ——〇—— Cl	ⅢA1	95-69-2
4	2-Naphthylamine 2-萘胺	——〇〇—— NH_2	ⅢA1	91-59-8
5	o-Aminoazatoluene (邻氨基偶氮甲苯)4-氨基-3,2′-二甲基偶氮苯	CH_3 CH_3 ... 〇—$N=N$—〇—NH_2	ⅢA2	97-56-3
6	2-Amino-4-nitrotoluene 2-氨基-4-硝基甲苯	NH_2 ... O_2N—〇—CH_3	ⅢA2	99-55-3
7	2,4-Diaminoanisole 2,4-二氨基苯甲醚	NH_2 ... 〇—NH_2 ... OCH_3	ⅢA2	615-05-4
8	4,4′-Diaminodiphenly methane 4,4′-二苯氨基甲烷	H_2N—〇—CH_2—〇—NH_2	ⅢA2	101-77-9
9	3,3′-Dichlorobenzidine 3,3′-二氯联苯胺	Cl Cl ... H_2N—〇—〇—NH_2	ⅢA2	91-94-1
10	3,3′-Dimethylbenzidine 3,3′-二甲基联苯胺	CH_3 CH_3 ... H_2N—〇—〇—NH_2	ⅢA2	120-71-8
11	3,3′-Dimethoxy benzidine 3,3′-二甲氧基联苯胺	OCH_3 OCH_3 ... H_2N—〇—〇—NH_2	ⅢA2	119-93-4
12	3,3′-Dimethyl-4,4′-diaminodiphenylmethane 3,3′-二甲基-4,4′-二氨基二苯甲烷	CH_3 CH_3 ... H_2N—〇—CH_2—〇—NH_2	ⅢA2	838-88-0

序号	化学名称	结构式	毒性类别	CAS 号
13	p-Kresidine(对克力西丁) 2-甲氧基-5-甲基苯胺		ⅢA2	120-71-8
14	4,4′-Methlene-bis(2-chloroaniline) 3,3′-二氯-4,4′-二氨基二苯甲烷		ⅢA2	101-14-4
15	o-Toluidine 邻甲苯胺		ⅢA2	95-53-4
16	2,4-Toluylenediamine 2,4-二氨基甲苯		ⅢA2	95-80-5
17	p-Chloroaniline 对氯苯胺		ⅢA2	106-47-8
18	4,4′-Oxydianiline 4,4′-二氨基二苯醚		ⅢA2	101-80-4
19	4,4′-Thiodianiline 4,4′-二氨基二苯硫醚		ⅢA2	139-65-1
20	2,4,5-Trimethylaniline 2,4,5-三甲基苯胺		ⅢA2	137-17-7
21	p-Phenylaoaniline 对氨基偶氮苯		ⅢA2	60-09-3
22	o-Anisidine 邻氨基苯甲醚		ⅢA2	90-04-0

　　表 3-6 所列的 22 种芳胺均为非水溶性的,其中致癌毒性最强的为 2-萘胺,其次为联苯胺和 1-萘胺,其导致膀胱癌的潜伏期分别为 16 年、20 年、22 年。以上芳香胺大致存在以下规律:

　　(1)氨基位于萘环的 2 位和联苯对位的化合物,均有较强的致癌性;位于萘环的 1 位和联苯间位的化合物有较弱的致癌性;而在联苯邻位的化合物无致癌性。

　　(2)苯环中氨基的邻位或对位为甲基、甲氧基、氯基所取代的化合物有致癌性。

　　(3)氨基位于偶氮苯、二苯甲烷、二苯醚及二苯硫醚对位的化合物也有致癌性。

　　由于禁用的首批 118 种染料中绝大多数是偶氮染料,因而引起一种关于偶氮染料对健康可能造成危害的混乱观念。当然,并非所有偶氮染料都受禁止,偶氮染料本身是根本没有毒的,不会对人体产生有害的影响。所禁用的只不过是在染料中含 22 种致癌(或可能致癌)芳香胺,以及在还原条件下分裂出致癌芳香胺化合物的偶氮染料。这些芳香胺化合物被人体吸收,经过一系列类似氨-羟化、酯化等生物化学反应,使人体细胞的脱氧核糖核酸(DNA)发生结构与功能的改变,成为人体病变的诱发因素。因此,禁用染料也不局限于偶氮染料,在其他染料,例如硫化染料、还原染料及一些助剂中,也可能含有这些有害芳香胺而被禁用。

制革染色主要是用酸性和直接染料,直接染料受德国环保规定的影响最大。首先禁用的118种染料中,直接染料有77种,占65%。其中以联苯胺、二甲基联苯胺、二甲氧基联苯胺等3类衍生物中间体合成的直接染料为72种,单以联苯胺为中间体的直接染料为36种,产量几乎占直接染料总产量的50%。近年来,我国生产的直接染料中,属于禁用的直接染料达37种,占我国生产的直接染料品种数的62.7%。受德国环保法规影响的酸性染料共26种,所涉及的有害芳胺品种较多,分布于联苯胺、二甲基联苯胺、邻氨基苯甲醚、邻甲苯胺、对氨基偶氮苯、4-氨基-3,2'-二甲基偶氮苯涉及染料本身有致癌作用等广泛范围内。色谱主要集中于红色,共18种,黑色为5种,其他分布于橙、紫棕等色谱。我国生产或曾生产过的禁用染料见表6-6。

表6-6 我国生产或曾生产过的禁用染料

染料索引号	有害芳胺	禁用染料商品名称
C.I.直接黄4	联苯胺	直接黄GR
C.I.直接红28	联苯胺	直接大红4B
C.I.直接红13	联苯胺	直接枣红B,GB,直接红酱,直接酒红,直接紫红,直接紫酱
C.I.直接红85	联苯胺	弱酸性大红G
C.I.直接红1	联苯胺	直接红F
C.I.直接棕2	联苯胺	直接红棕M,直接深棕M,直接深棕ME
C.I.直接紫12	联苯胺	直接紫R,直接青莲R,直接雪青R,直接红光青莲
C.I.直接紫1	联苯胺	直接紫N,直接紫4RB,直接青莲N
C.I.直接蓝2	联苯胺	直接重氮黑BH,直接深蓝L
C.I.直接蓝6	联苯胺	直接蓝2B,直接靛蓝2B
C.I.直接棕1	联苯胺	直接黄棕D-3G,直接金驼D-3G
C.I.直接棕79	联苯胺	直接黄棕3G,直接棕黑3G
C.I.直接棕95	联苯胺	直接耐晒棕BRL,直接棕BRL
C.I.直接黑38	联苯胺	直接黑BN,RN,直接青光,直接元青,直接红光,元青
C.I.直接绿6	联苯胺	直接绿B
C.I.直接绿1	联苯胺	直接深绿B,直接墨绿B
C.I.硫化黄2	联苯胺,2,4-二氨基甲苯	硫化黄GC
C.I.冰染色酚7	2-萘胺	色酚AS-SW
C.I.颜料红8	2-氨基-4-硝基甲苯	永固红F4R
C.I.冰染色基12	2-氨基-4-硝基甲苯	大红色基G
C.I.颜料黄12	3,3'-二氯联苯胺	联苯胺黄

染料索引号	有害芳胺	禁用染料商品名称
C.I.颜料黄83	3,3'-二氯联苯胺	永固黄HR
C.I.颜料黄17	3,3'-二联苯胺	永固黄GC
C.I.颜料橙13	3,3'-二氯联苯胺	永固橙G
C.I.颜料橙16	3,3'-二甲基联苯胺	联苯胺橙
C.I.冰染色基48	3,3'-二甲氧基联苯胺	快色素蓝B,蓝色盐B
C.I.直接蓝151	3,3'-二甲氧基联苯胺	直接铜盐蓝2R,直接铜盐蓝KM,直接铜盐蓝BB,直接藏青B
C.I.直接蓝15	3,3'-二甲氧基联苯胺	直接湖蓝5B
C.I.直接蓝1	3,3'-二甲氧基联苯胺	直接湖蓝6B
C.I.直接蓝17	对克力西丁	直接灰D
C.I.分散橙20	对克力西丁	分散橙GFL,分散橙E-GFL
C.I.分散黄23	对氨基偶氮苯	分散黄RGFL
C.I.碱性棕4	2,4-二氨基甲苯	碱性棕RC
C.I.碱性红73	对氨基偶氮苯	对氨基偶氮苯,酸性大红GR,酸性红G,酸性大红105
C.I.硫化橙1	2,4-二氨基甲苯	硫化黄棕6G
C.I.硫化棕10	2,4-二氨基甲苯	硫化黄棕5G
C.I.冰染色酚18	邻甲苯胺	色酚AS-D
C.I.冰染色酚10	对氯苯胺	色酚AS-E
C.I.冰染色酚15	对氯苯胺	色酚AS-LB
C.I.直接蓝14	3,3'-二甲基联苯胺	直接靛蓝3B
C.I.冰染色酚5	3,3'-二甲基联苯胺	色酚AS-G
C.I.酸性红114	3,3'-二甲基联苯胺	弱酸性红F-RS
C.I.直接绿85	3,3'-二甲基联苯胺	直接绿2B-HB,直接墨绿2B-NB,直接绿TGB
C.I.分散黄56	对氨基偶氮苯	分散橙GG,分散橙H-GG
C.I.酸性红35	邻甲苯胺	酸性红3B,酸性桃红3B
C.I.冰染色基4	4-氨基-3,2'-二甲基偶氮苯	枣红色基GBC
无索引号	3,3'-二甲氧基联苯胺	直接深蓝L,直接深蓝M,直接铜蓝W,直接深蓝1-5
无索引号	3,3'-甲基联苯胺	直接绿BE
无索引号	3,3'-二甲基联苯胺	直接黑EX
C.I.直接黑154	3,3'-二甲基联苯胺	直接黑TNBRN

续表

染料索引号	有害芳胺	禁用染料商品名称
无索引号	联苯胺	直接黑 2V-25
无索引号	3,3′-二甲氧基联苯胺	直接耐晒蓝 FBGL
无索引号	2-氨基-4-硝基甲苯	分散黄 S-3GL
无索引号	对氨基偶氮苯	分散黄 3R
无索引号	对氨基偶氮苯	分散草绿 G,分散草绿 E-BGL,分散草绿 E-GR
无索引号	对氨基偶氮苯	分散草绿 S-2GL
无索引号	对氨基偶氮苯	分散灰 N,分散灰 S-BN,分散灰 S-3BR
无索引号	对克力西丁	活性黄 K-R
无索引号	对克力西丁	活性黄棕 K-GR
无索引号	3,3′-二甲氧基联苯胺	活性蓝 KD-7G
无索引号	对克力西丁	活性黄 KE-4RNL
C.I.冰染色酚 20	邻氨基苯甲醚	色酚 AS-OL

从我国染料生产情况看,还有些染料不需要经过还原裂解为致癌芳胺,其本身对动物致癌,见表 6-7。

表 6-7　本身对动物致癌的染料

名称	C.I.结构号	结构式
C.I.酸性红 26	16150	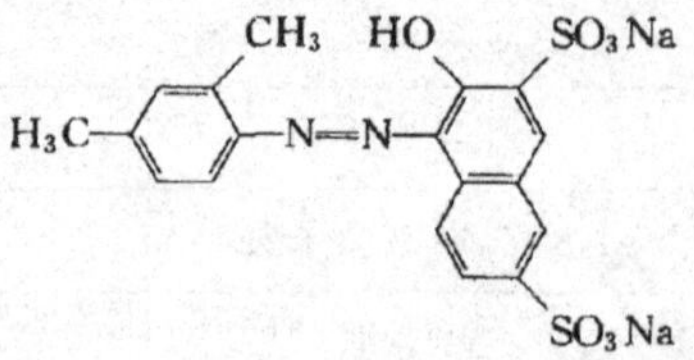
C.I.酸性红 114	23635	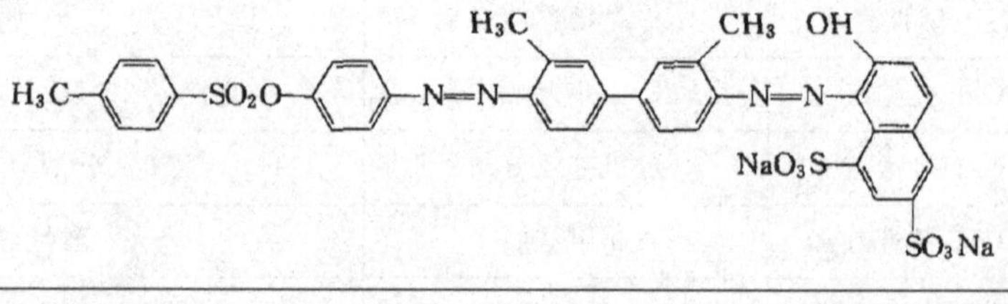
C.I.酸性红 49	42640	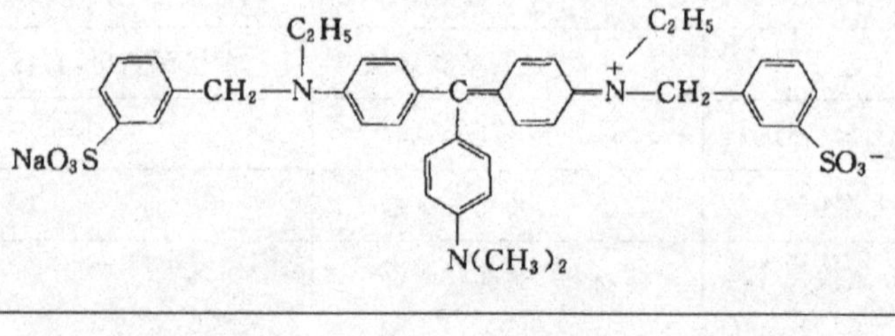

名称	C.I.结构号	结构式
C.I.直接蓝 6	22610	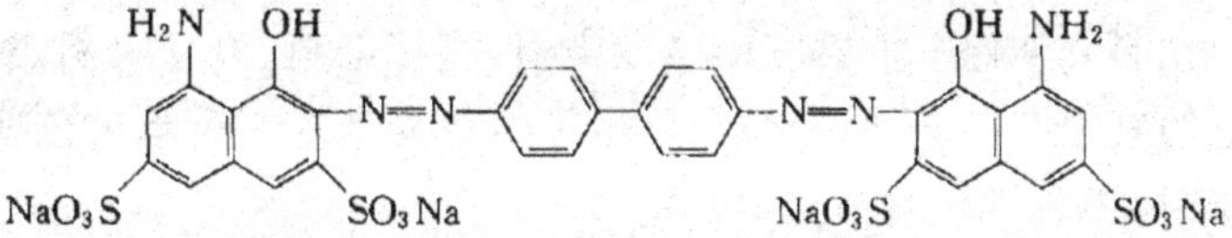
C.I.直接蓝 14	23850	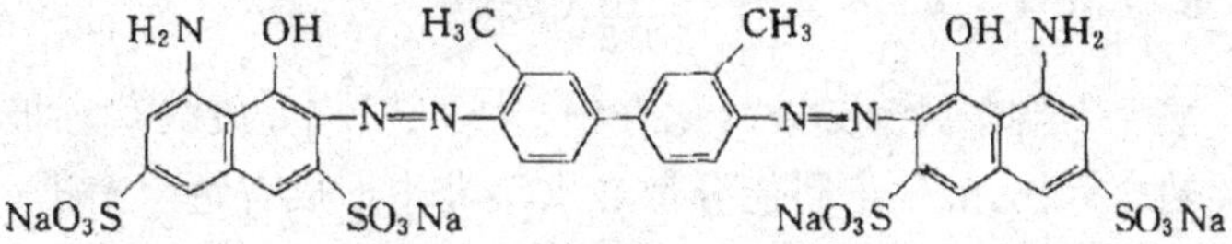
C.I.直接蓝 53	23860	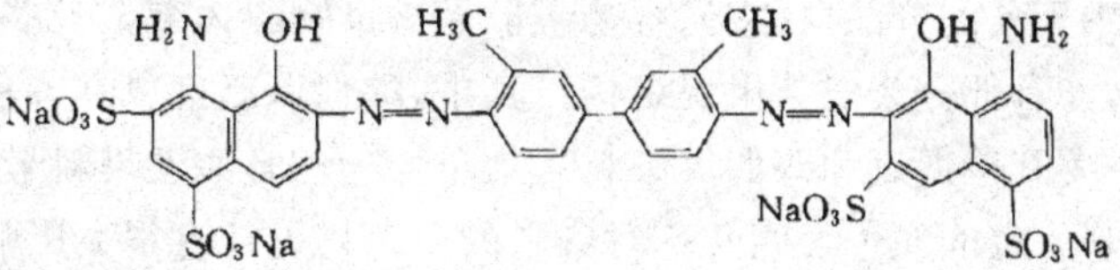
C.I.直接棕 95	30145	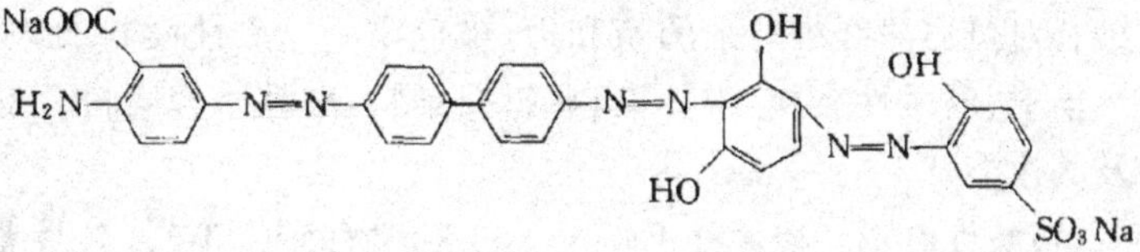
C.I.直接黑 38	30235	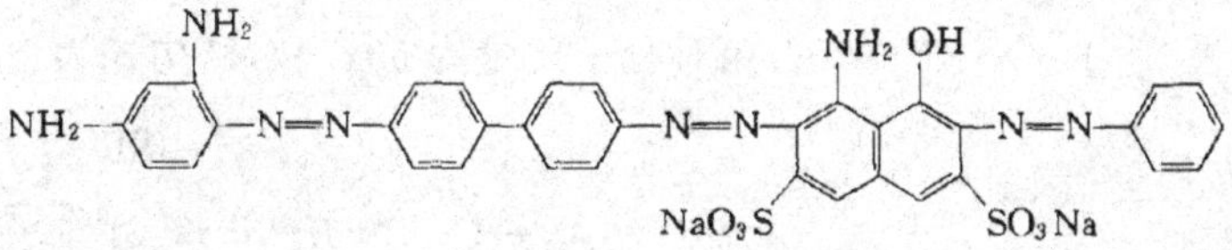
C.I.分散蓝 1	64500	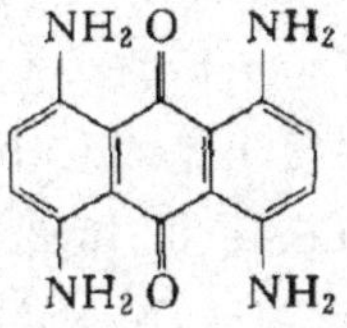

　　禁用染料对皮革的影响较大,因此对出口皮革制品,特别是出口德国等西欧国家,要选用非禁用染料,即还原分解后不产生有毒芳胺的染料;同时在染料的生产过程中,选用非毒芳香胺作为中间体来代替禁用芳香胺,开发新的染料品种。目前国内外对禁用染料的代用品的研制和开发已得到较大的发展,已有许多无毒染料投入生产应用。制革染色时,除选用经有关质检部门检测后确认的非禁止使用染料外,还必须对生产设备进行彻底的清洗,以免以前的"毒性"染料的污染,影响革制品检验。

6.5.6 制革常用染料及其制备

在制革染色中主要应用酸性染料、直接染料、碱性染料、金属络合染料、活性染料等染料，其他的氧化染料、还原染料和分散染料等尚未在制革革染色普遍采用的染料，故在此处不作详细介绍。

6.5.6.1 酸性染料(acid dyes)

酸性染料多属于芳香族化合物，是含磺酸基、羧酸基等极性基团的阴离子染料，通常以水溶性钠盐存在，酸性染料能分散在水溶液中形成有色阴离子。由于好的耐光性，这类染料得到了广泛应用。在酸性染浴中，酸性染料可以染蛋白纤维(皮革、毛皮、羊毛、丝丝)和聚酰胺纤维。由于高的分散性，它们容易扩散到被染物料内部。此类染料结构上主要为偶氮和蒽醌所组成，亦有部分为三芳甲烷结构。其中，酸性偶氮染料有各种颜色，且色泽鲜艳，根据偶氮基数目，主要有单偶氮和双偶氮染料。染色均匀性是酸性染料最重要的质量指标之一，即能给予纤维材料一致的颜色。磺酸基对染料的染色均匀性有很大影响。当染料具有两个或更多个磺酸基，其每一个磺酸基所摊的相对分子质量部分不大于 300 时，会有好的水溶性和匀染能力。这些染料对蛋白质纤维有强的亲和力，染色牢固。酸性染料又因应用方法或结构的不同而分为酸性染料、弱酸性染料、中性染料、媒介染料、酸性络合染料。下面介绍几种典型的酸性染料制备及其性能。

(1)酸性红 B。酸性红 B(acid red B)又称酸性枣红、酸性紫红、acid brilliant rubine 2GT、erio rubine B，lissamine red W，solar rubine。染料索引号为 C. I. Acid red 14(14720)。分子式为 $C_{20}H_{12}N_2Na_2O_7S_2$，相对分子质量为 502.44，结构式为：

(2)酸性橙 II。酸性橙 II(acid orange II)又称酸性金黄 II(acid golden yellow II)、cartacid orange G，erio orange II、lurazol orange E，special orange G。染料索引号为 C. I. 酸性橙 7(15510)，分子式为 $C_{16}H_{11}N_2NaO_4S$，相对分子质量为 350.3，结构式为：

(3)酸性翠蓝 2GF。酸性翠蓝 2GF(acid turquoise blue V)又称酸性湖蓝 V(acid sky blue)、酸性天蓝 V、V 字湖蓝、merantin blue VF、sicomet green blue、xylene blue VS。分子式为 $C_{27}H_{31}N_2NaO_6S_2$，相对分子质量为 566.66，结构式为：

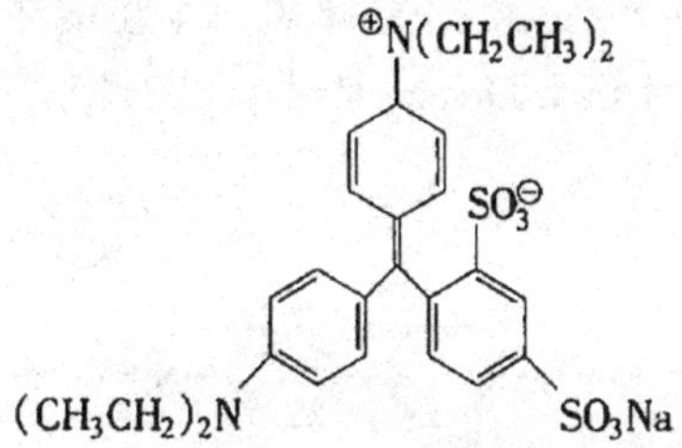

(4)酸性黑 10B。酸性黑 10B(acid black 10B)又称酸性蓝黑 10B(acid blue black 10B)。染料索引号为 C. I. Acid Black 1(20470)。国内商品名有:aciderm black E 10B,eriosin blue black B、lissamine black 12B。分子式为 $C_{22}H_{14}O_9N_6S_2Na_2$,相对分子质量为 616.62,结构式为:

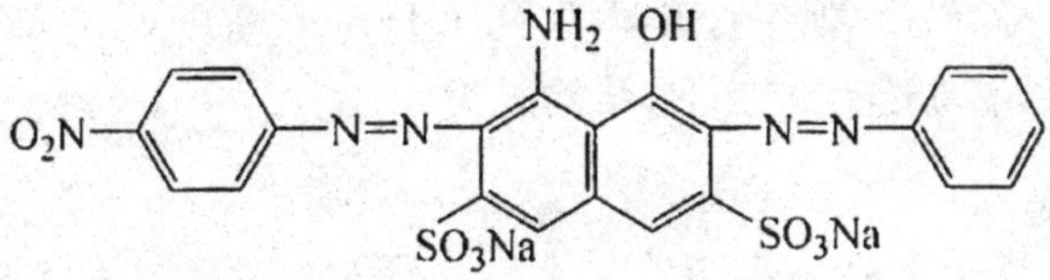

6.5.6.2 直接染料(direct dyes)

直接染料分子中含有磺酸基、羧酸基等水溶性基团,可溶于水,在水中以阴离子形式存在,主要对纤维素纤维有亲和力,染料分子与纤维素分子之间以范德华力和氢键相结合,从而染着于纤维上。直接染料总数的 70%左右是偶氮染料。几乎在所有直接偶氮染料的分子中都不少于两个偶氮基。它们有足够长的共轭键,不少于 8 个共轭双键。直接染料又因其结构或性能的不同,有学者将其划分为:直接染料、高级直接染料、铜盐直接染料、直接重氮染料(实际上是冰染染料)或匀染性直接染料、盐效应直接染料、温度效应直接染料。

直接染料是各大类染料中应用广、染法方便的一种染料。它对纤维素纤维具有较强的亲和力,不需要经过媒染就能充分地直接染着于纤维或织物上,故称直接染料。它们的化学本质类似酸性染料,由于含有酸性基团—SO_3H 等水溶性基团,直接染料易溶于水。分散在水溶液中形成有色阴离子,这些阴离子有明显的缔合能力。成盐阳离子通常是钠离子,其次是铵离子。

直接染料也是皮革染色的主要染料之一。从化学结构来讲,直接染料以偶氮染料为主,另外还有一些如二苯乙烯类、噻唑类及酞菁等结构,但是品种不多,有的仅有个别品种。它们在电解质存在下直接在水溶液中染色,对两性特点的纤维,包括皮革纤维也同样有亲和力。由于相对分子质量较大及较强的缔合能力,直接染料的扩散力小于酸性染料,就其颜色的鲜艳性,直接染料不如酸性染料。直接染料分子的所有原子,都处在同一平面,故直接染料的直线性和共平面性赋予染料和纤维分子间相互作用力。直接染料的分子中有氨基、羟基、偶氮基和其他一些取代基,从而能在纤维和染料间形成氢键。由于线型结构和有大量的能形成分子间键的基团,从而比酸性染料有更好的染色牢度。

直接染料的优点是合成简单、色谱齐全、匀染性好、拼色简易、价格低廉、使用方便,故应用广泛。其缺点是水洗、皂洗、耐晒等牢度都比较差。

下面介绍几种典型的直接染料。

(1)直接朱红 F(direct red F)。又称直接红 F、直接朱红、mitsui direct fast red F；shangdirect red F。染料索引号为 C. I. Direct Red 1(22310)。分子式为 $C_{29}H_{19}N_5Na_2O_7S$，相对分子质量为 627，结构式为：

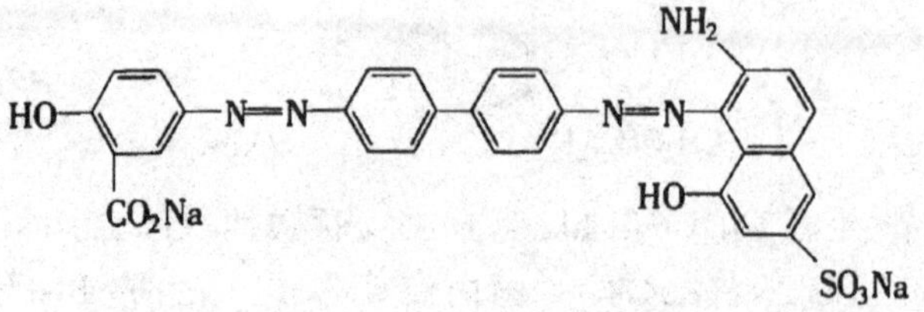

(2)直接耐晒嫩黄 RS(direct light yellow RS)。又称直接耐晒黄 RS、直接黄 FR，tertrodirect light yellow SR，amanil supra yellow LRL，diazol light yellow R，durazol yellow FR，solophenyl yellow AGFL。染料索引号为 C. I. Direct Yellow 50(29025)，分子式为 $C_{35}H_{24}N_6Na_4O_{13}S_4$，相对分子质量为 956.84，结构式为：

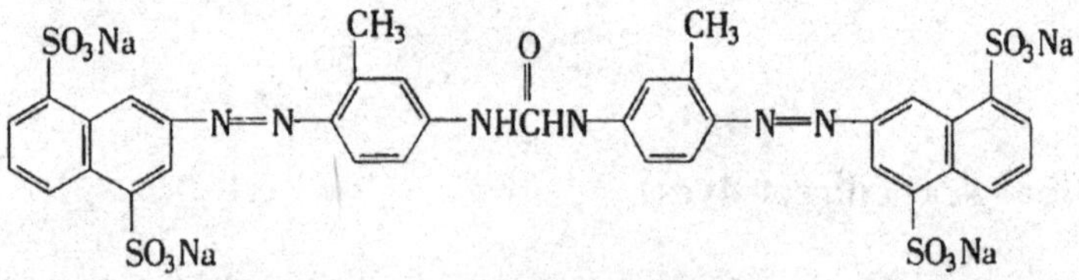

(3)直接耐晒蓝 GC(direct blue GC)。又称 diamine supra blue FGL，diazol light pure blue FF-2JL，solav brilliant blue BL，durazol blue GC。分子式为与 $C_{30}H_{16}Cl_2N_4Na_2O_8S_2$，相对分子质量为 741.50，结构式为：

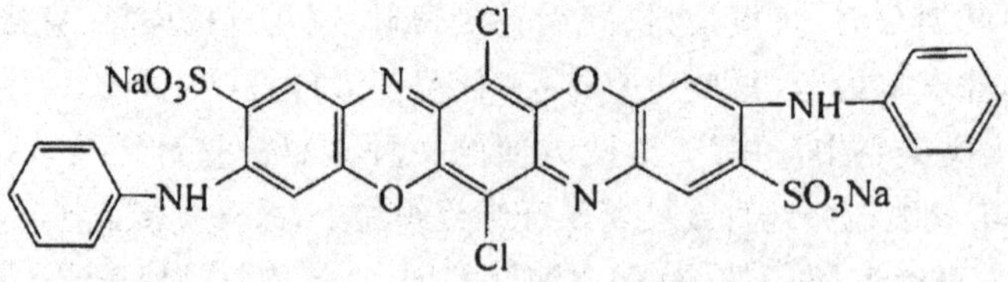

(4)直接紫 4RB(direct violet 4RB)。又称直接紫 N、直接紫 MN、直接青莲 N，atul direct violet N，shangdirect violet N。染料索引号为 C. I. Direct Violet 1(22570)，分子式为 $C_{32}H_{22}N_6Na_2O_8S_2$，相对分子质量为 728.66，结构式为：

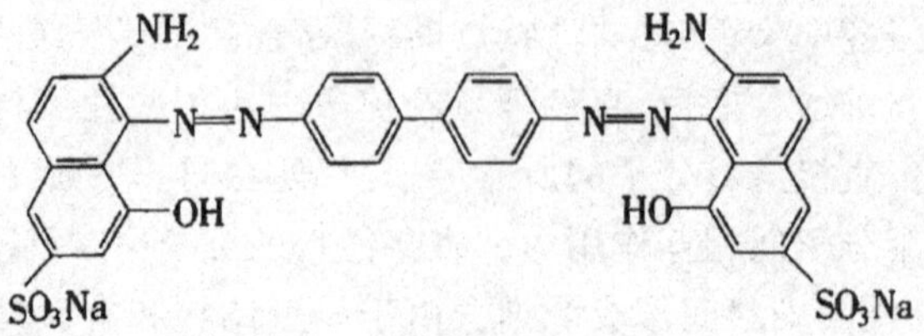

(5)直接耐晒灰 LRN(direct light resistant grey LRN)。又称直接耐晒灰 LBN、直接灰 L-8BR、direct fast grey LBN、pyrazol grey RLN、solopheny greyl RLN。染料索引号为 C. I. Direct Black 56(34170)，分子式为 $C_{36}H_{22}N_7Na_3O_{10}S_3$，相对分子质量为 877.76。结构式为：

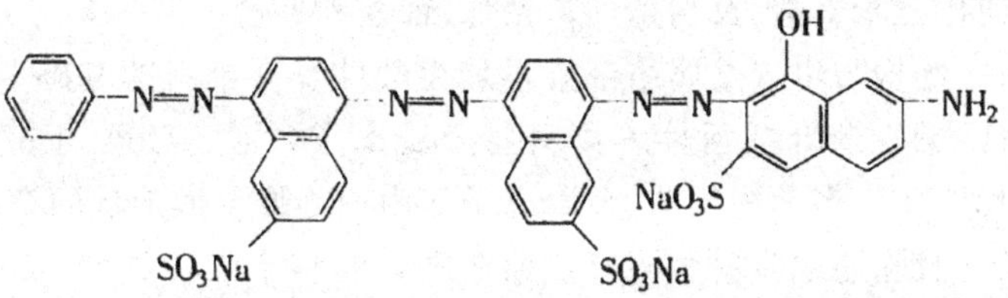

（6）直接藏青。又称直接重氮黑 BH（direct diazo black BH）、atul developed black BT，mitsui direct black BH。染料索引号为 C. I. Direct Black 2(22590)。分子式为 $C_{32}H_{21}N_6Na_{3O}O_{11}S_3$，相对分子质量为 830.70，结构式为：

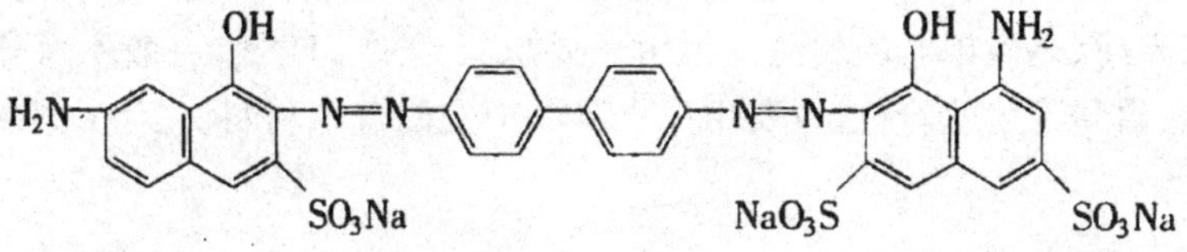

6.5.6.3　碱性染料（basic dyes）

碱性染料又称盐基染料。碱性染料多是三芳甲烷、二芳甲烷偶氮和杂环系化合物。这种染料分子中含有氨基或亚氨基，而能成盐或季铵盐。它溶于水时，可离解而生成有色阳离子，因而在结构上属于阳离子染料。碱性染料用于丝、羊毛的直接染色，或用单宁媒染棉、麻，并用于纸、皮革、羽毛和草编工艺品、复写纸、打字带的染色。

碱性染料对铬鞣革本身几乎没有亲和力，但经有酚羟基的物质（单宁、低度缩合的酚醛树脂等）预处理后，可以上染。因为这样处理后，革中引进了弱酸性的官能团，碱性染料能和它们相互作用。这种染色叫媒染，例如用单宁媒染剂染色。碱性染料的优点是色泽鲜艳，缺点是不耐光、不耐洗、更不耐酸碱。它们容易被重金属的盐、碱、酸以及直接染料等从水溶液中沉淀出来，故碱性染料与上述物质不能同浴染色。

其中比较典型的碱性染料为碱性艳蓝 R。

碱性艳蓝 R 又称盐基艳蓝 R，染料索引号为 C. I. 碱性蓝 11(44040)，分子式为 $C_{29}H_{32}ClN_3$，相对分子质量为 458.03，结构式为：

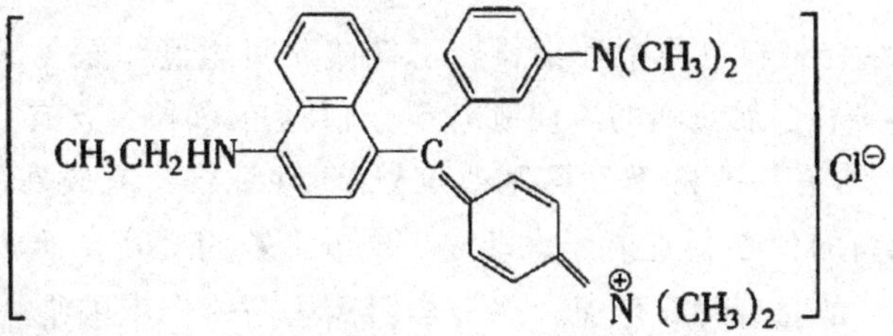

6.5.6.4　金属络合染料（pre-metallised dyes）

金属络合染料在结构上一般为含有可与金属螯合基团的偶氮和蒽醌的染料。金属络合染料是染料和金属的内配合物。用金属络合染料染色是用酸性染料和媒染染料染色的改良方法。在工艺方面与通常的酸性染料染色没有多大区别。所染的颜色有很好的坚牢度。作为配合物形成剂,通常使用三价铬盐,其次是三价钴盐、镍盐和铁盐。

金属络合染料的结构与组成金属络合染料是在酸性媒介染料的基础上逐渐发展起来的,主要是由直接、酸性、酸性媒介或活性等染料与金属离子(Cr^{3+}、Co^{3+}、Cu^{3+}、Ni^{2+} 等)络合而成,实际上是染料母体作为多啮配位体、金属离子作为中心原子而形成的有色金属螯合物。目前金属络合染料已涉及除还原染料和阳离子染料之外的整个染料领域,其中偶氮型最多也最重要。一般按照金属原子(Me)和染料分子(R—X)的比例的不同分为 1∶1 型、1∶2 型。

(1)1∶1 型金属络合染料也称酸性金属络合染料。此类染料相互间能很好地混配,得到宽广的色谱。使用时需在强酸性介质中进行染色,对皮革及毛纤维的牢度稍有影响,但由于染料与皮革纤维能形成配合物,所以染色后色泽耐晒牢度有所提高。这类染料虽然具有良好的坚牢度、和谐的光泽、丰满艳丽的颜色。但由于要求染浴的 pH 低,一般不适合转鼓中皮革着色,可用于羊毛、丝和毛皮的着色,主要用作皮革涂饰中的着色材料。1∶1 型的金属络合染料如下:

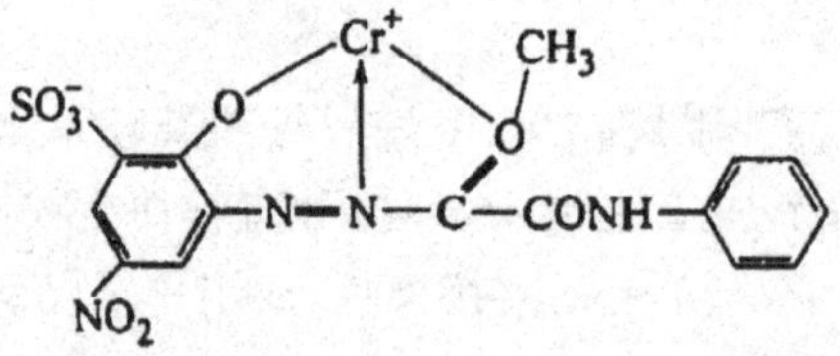

酸性铬黄GRN(C.I.Acid yellow99 13900)

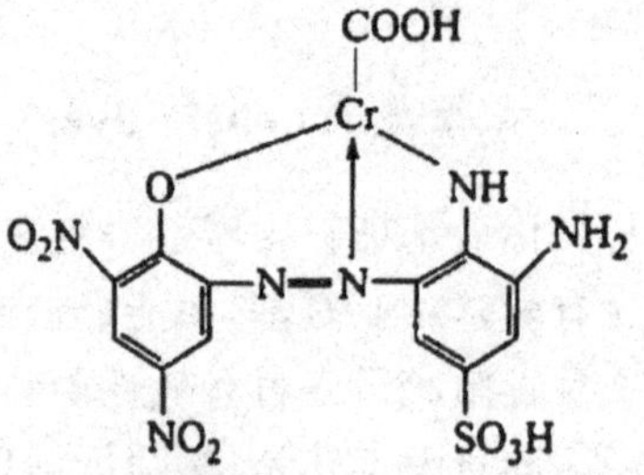

酸性铬棕 TCN

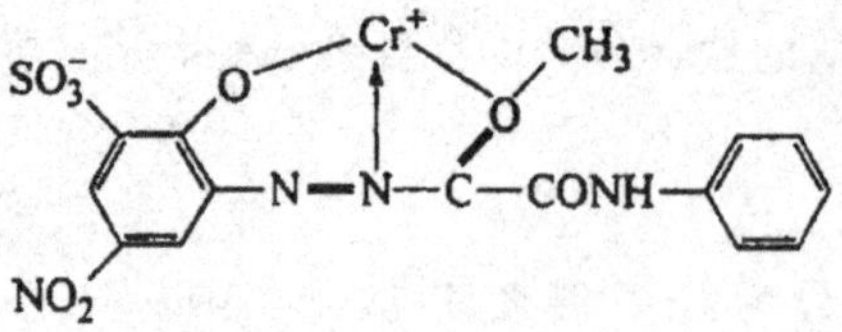

酸性铬橙GEN(C.I.Acid orange 74　18745)

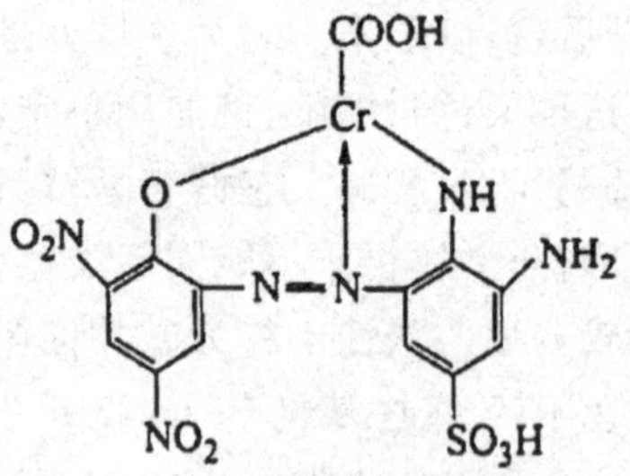

酸性枣红RN

(2)1∶2 型金属络合染料也称中性染料。不仅彼此间能很好混合,而且能和其他类型的染料混合使用。母体染料多属三啮的单偶氮染料,偶氮基的邻位多含有羟基或羧基,染料分子中一般不含磺酸基,只含有亲水的磺酰氨基或烷砜基,保证染料有较高的上染率和湿处理牢度。该类金属络合染料的中心金属离子大多是 Cr^{3+},少数为 Co^{3+}。母体相同而中心金属离子不同时,Cr^{3+} 比 Co^{3+} 的螯合物颜色深。三价金属离子与两个三啮络合物为一价负离子,加上染料分子中有非水溶性的亲水基团,故染料一般能溶于水中,而且对水质比较敏感,应尽量用软化水染色。1∶2 型中性染料由于在中性浴中染色,从而避免了强酸对纤维的破坏作用。

1∶2 型金属络合染料中,有一部分常用于皮革涂饰着色染料,特点是着色迅速,尤其在表面染色时,遮盖能力强。喷染时可加入少量的表面活性剂以助匀染。其耐水、耐汗、耐摩擦、耐光坚牢度均较好。也可用于结合鞣革和植物鞣革的染色。商品中 1∶1 型是固体,1∶2 型是液体。随着络合物相对分子质量的增大其水溶性降低很快。

比较常见的 1∶2 型金属络合染料如下:

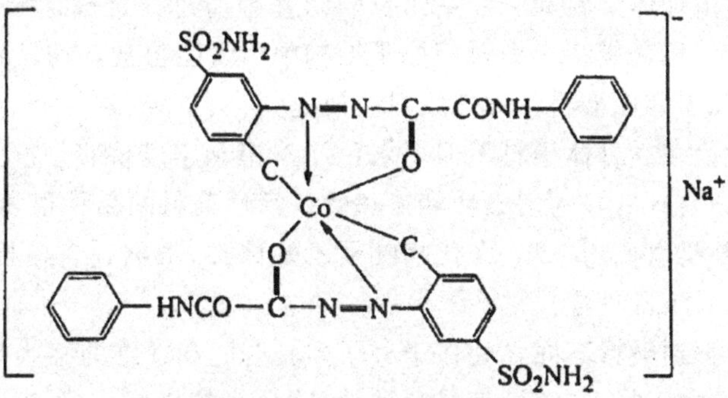

中性深黄GL(Acid yellow 128)

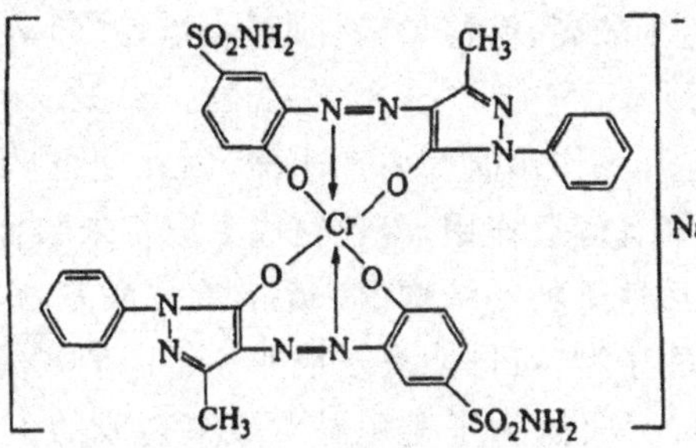

中性橙RL(C.I.Acid orange86)

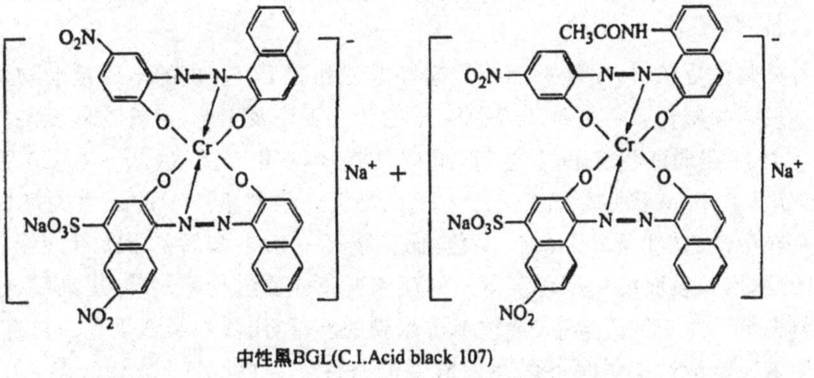

中性黑BGL(C.I.Acid black 107)

金属络合染料染色与媒染染料染色不同之处在于不仅形成纤维-染料-金属这种配合物结构,而且染色一般比媒染更鲜艳。金属络合染料在皮革染色中占有重要的地位,它们对各种鞣法鞣制的革-铬鞣革、植鞣革、结合鞣革等有一样的亲和力。

6.5.6.5　活性染料(rective dyes)

活性染料分子中具有能与纤维分子中羟基、氨基发生共价键合反应的活性基团,是目前使用最普遍、品种最多的染料之一。由于染料与被染物以共价键结合,所以染色坚牢度高。染料分子磺酸基、羧基和硫酸氢酯都能赋予染料分子好的水溶性。染料分子的发色部分,是像酸性染料、蒽醌染料、酞菁染料等特点的各式各样的发色系统。因该类染料引入的活性基团或个数不同而形成很多小类,其每类又有其各自的特点。

活性染料主要是由母体染料和活性基团及联结基等通过共价键连接而形成的一个整体。若给酸性染料、直接染料、金属络合染料等分子结构中引入能与被染物发生化学反应且形成共价结合的基团,即可称为活性染料。母体染料主要是偶氮、蒽醌、酞菁等结构的染料,其中以偶氮类特别是单偶氮类为多。母体染料不但要求色泽鲜艳和牢度优良,而且要有较好的扩散性和较低的直接性,使染料有良好的匀染性和渗透性。活性染料的品种很多,一般按活性基来分类,应用最多的活性基是卤代均三嗪、卤代嘧啶及乙烯砜类,根据其含活性基及染色情况可将其分为 X,K,M,KN,KD 等型号。

活性染料与其他类别染料不同之处在于分子中具有能和纤维的某些基团反应形成共价键结合的活性基,它具有如下特点:活性染料和酸性染料、直接染料一样,都属于阴离子染料;色泽鲜艳,色谱齐全;染料与纤维之间的化学键稳定性高,在使用的过程中不易发生断键褪色,耐日晒、水洗、摩擦坚牢度好,固色率较高,渗透匀染性好,水溶性好,溶解度受盐的影响小,在碱浴中稳定性好。

在染色应用中,活性染料与纤维作用时都要产生酸,因此染色后期必须加碱中和,以促进染色反应的进行。碱对活性染料有固色作用,染色完成后应将未结合的染料除去,以免影响染色坚牢度和降低着色鲜艳度。活性染料的结构中一般含有磺酸基,水溶性较好,对硬水有较高的稳定性。溶于水后染料呈阴离子型,可同阴离子或非离子助剂共用,不可与阳离子物质同浴使用。活性染料可用于铬鞣革的染色,为了避免碱对成革造成的不良影响,很少后期加碱固色。这样实际上是把它当作渗透性能好、耐光坚牢度好的直接染料使用。由于植鞣革在碱性条件下会反栲变黑及植鞣剂与蛋白质氨基反应而占据了活性染料的反应点位置,因此它不适合于植鞣革染色。

在用活性染料染皮革时,要注意两个因素即温度和 pH 值。皮的本质是动物蛋白质,不耐高温和不能在较强的碱性条件下加工,因此,不论什么工序及工艺,最好在较低的温度下进行。对铬鞣革而言最好在弱酸性条件下进行,此时活性染料可选择 X(20~40℃)型、KN(40~60℃)以及部分 K 型和 M 型的活性染料。pH 也是活性染料染皮革的一个关键性问题,大多数活性染料是在中性、碱性条件下染色固色,而铬鞣革一般中和后的 pH 都应小于 6.5,否则会影响皮革的质量,如粒面的粗细程度等。对于铬鞣革先要进行醛复鞣,提高耐碱度后可用 X 型等活性染料染色。对于纯醛鞣革、油软革等耐碱的坯革,用活性染料染色时可在碱性条件下固色。如选用 KN 型活性染料时可以在微酸性的条件下染色(pH 4.5~5.0),在近中性的条件下固色(pH 6.3~6.5)。活性染料所染的皮革色泽鲜艳、均匀,坚牢度比酸性染料高 1~2 级。

活性染料和水反应转变成非活性的形式,特别是二氯三嗪染料,易与水反应。部分染料与水反应后不再可能和蛋白质氨基形成共价键,而仅仅通过吸附作用和蛋白质结合,从而有可能降低染料的染性。由于活性染料分子中含有磺酸基等水溶性基团,所以其水溶性及匀染性良好。又由于活性染料的母体大多是酸性染料,所以其色泽很鲜艳,价格也比较便宜。因为活性染料分子中的活性基团容易水解,因而在贮存及使用的过程中,都有一定量的活性染料因其活性基团水解而失掉其活性,仍留在染液中而造成浪费。

6.5.7 染料生产的现状与发展趋势

据统计,目前世界上不同结构的染料品种达到 8600 多个,近几年世界染料产量约 80~90 万吨/年,染料的年消耗量为 65 万吨左右。世界主要染料生产公司集中在西欧的德国、英国和瑞士三国,染料产量约占世界产量的 40%,且多为高档染料,大部分用于出口,三国的出口量占世界染料出口量的 70%。全世界染料总产值约 50 亿美元,西欧占 70%。在染料的质量、品种、生产技术及研究开发等方面占领先地位的是西欧的染料公司,其染料的高质量及生产技术的高水平主要表现在:产品质量好,色光鲜艳,产品剂型多,应用性能好,批次间性质稳定;生产装置先进,自动化程度高,用计算机控制生产过程,对有毒中间体或原料的操作采用全封闭及机械操作,设备趋于大型化,以提高批次间的稳定性;新品种开发快,重视开发环保型染料,及时淘汰对人体及环境有害的染料;重视技术服务及市场开发,从而使产品有较佳的应用条件并且达到最佳的应用效果,提高产品的市场竞争能力。

20 世纪 90 年代以来由于环境保护的严格要求,使染料成本上升及效益下降得较大。染料市场的竞争很激烈,各国染料制造公司为了获取尽可能大的利润,都在重新制定发展染料的策略,从而使得当今的染料工业呈现出下列发展趋势。

6.5.7.1 传统的染料向高技术功能化染料方向发展

染料不仅用于衣物、纸张、涂料等人们日常生活需要外,其功能也在向高技术方面发展,如用于红外摄影的染料、激光染料、温敏染料,染料在医药、感光材料、军工和国民经济等领域中的应用也日益重要,染料在向高技术领域不断的扩展。

6.5.7.2 在染料的生产中日益注重新技术及新产品的开发

现在国际市场上流通的染料品种大多是老品种,对这些老品种的更新换代是当今染料研究中的主要内容。包括新剂型的开发、质量的升级和新技术的运用等,在新技术中最突出的是催化技术,如相转移技术、金属络合物催化技术、分子筛催化定位技术、酶催化技术等。在染料品种的开发中注重研究用于各种化学纤维特别是超细纤维着色的活性染料、分散染料及环保型染料的研究和开发。纵观近些年来染料的发展状况,突破性的进展还不多,目前市场上起主导作用的依然是老产品。由于染料合成的工序多、工艺复杂、吨位小、品种多等原因,使得染料新品种的开发费用高昂。据德国拜耳(Bayer)公司的专家估算,现在开发一个染料新品种约需经费 80 万美元。开发成功后新产品的推广难度也较大,故目前染料新品种开发已减少。据资料分析,目前新产品、新工艺开发主要集中在活性、分散、酸性染料及有机颜料领域。

针对皮革染色要求而开发皮革专用染料有着很大的市场需求和良好的经济效益。皮革纤维不同于一般的蛋白质纤维和纤维素纤维,它具有较强的电荷性,不同种类的染料对皮革的亲和力也表现出很大的差别。目前的皮革染料一般是从纺织印染业所用的染料中筛选或对其进行一定的改性处理而得到的,皮革进行染色时往往存在着这样或那样的问题,这就促使了皮革专用染料的开发与研制。对皮革专用染料的理想要求是能常温染色,水溶性、渗透性、匀染性好,各种染色坚牢度(耐光、水、汗、洗涤、摩擦、化学试剂等)良好,必要时可以拔色。皮革用染料是以酸性染料、直接染料以及金属络合染料为主。可以预测,能与皮革纤维发生络合的金属络合染料及能和革纤维发生共价结合的活性染料,将在皮革染色上的应用前景广阔。

6.5.7.3 积极开发环保染料并取代禁用染料

当前人们对禁用染料的认识不能仅仅停留在不含有 22 种致癌芳香胺的染料上,还应包括本身有致癌性的染料、过敏性染料和急性毒性染料,在染料中不含有环境荷尔蒙,也不能含有会产生环境污染的化学物质,还不能含有变异性化学物质和持久性有机污染物。不仅如此,对染料中所含的元素如砷、铅、铬、六价铬、钴、铜、镍和汞等都有严格的限制。超过上述要求及标准的即为禁用染料。鉴于环境和生态保护愈来愈成为制约染料工业可持续发展的首要条件,因此各国近年来都在大力研究与开发环保型染料。

环保染料是指符合环保有关规定并可以在生产过程中应用的染料。环保染料应符合以下条件,不含或不产生有害芳香胺;染料本身无致癌、致敏、急毒性;使用后甲醛和可萃取重金属在限量以下;不含环境激素;不含持续性有机污染物;不会产生污染环境的有害化学物;不会产生污染环境的化学物质;色牢度和使用性能优于禁用染料。

比如比较容易通过 REACH 注册要求的环保型分散染料有 BASF 用于涤纶及其混纺织物的连续染色的 Dispersol C-VS 分散染料,日本化药公司适用于涤锦织物染色的 Kayalon Polyesters LW 分散染料,亨斯迈 Cibacet EL 分散染料、BASF 公司 Compact Eco-CC-E(Eco-CC-S)分散染料、德司达 DianixAC-E(UPH)染料。

在已开发的酸性环保染料中红色酸性染料有:C.I. 酸性红 37、C.I. 酸性红 89(弱酸性红 3B、2BS)、C.I. 酸性红 145(弱酸性大红 GL)等。而 C.I. 酸性红 336 和 C.I. 酸性红 361 皆为红色谱的重要品种。橙色酸性染料有:C.I. 酸性橙 67(弱酸性黄 RXL)、C.I. 酸性橙 116(酸性橙 AGT)、C.I. 酸性橙 156(弱酸性黄 3G)。黄色酸性染料主要有:C.I. 酸性黄 42(弱酸性黄 Rs、酸性黄 R)和 C.I. 酸性黄 49(酸性黄 GR200)。蓝色谱的环保型酸性染料大多是溴氨酸衍生物,蓝色新品种较多,如 C.I. 酸性蓝 277、C.I. 酸性蓝 344、C.I. 酸性蓝 350、C.I. 酸性蓝 9(艳蓝 FCF)等。绿色酸性染料是蒽醌型的,国内已开发的新产品有 C.I. 绿 17、C.I. 酸绿 28、C.I. 酸性绿 41、C.I. 酸性绿 81 等。而紫色的则主要有 C.I. 酸性紫 17(酸性紫 4BNS)、C.I. 酸性紫 54(弱酸性艳红 10B)、C.I. 酸性紫 48 等。棕色酸性染料新品种也较多,较为重要的是 C.I. 酸性棕 75、C.I. 酸性棕 98、C.I. 酸性棕 165、C.I. 酸性棕 348、C.I. 酸性棕 349 等。黑色品种主要有 C.I. 酸性黑 26、C.I. 酸性黑 63、C.I. 酸性黑 172、C.I. 酸性黑 194、C.I. 酸性黑 210、C.I. 酸性黑 234、C.I. 酸性黑 235、C.I. 酸性黑 242 等。

近几年来新开发的环保型直接染料有以下几种:

(1)氨基二苯乙烯二磺酸类直接染料。这类染料色泽鲜艳,牢度适中,直接耐晒橙 GGL(C.I. 直接橙 39)是性能较好的环保型染料。直接耐晒黄 3BLL(C.I. 直接黄 106)为三氮唑直接染料,耐日晒牢度达 6～7 级。直接耐晒绿 IRC(C.I. 直接绿 34)上染率高,有优异的染色牢度,耐日晒牢度达 6～7 级,耐水洗牢度达 3～4 级。

(2)4,4'-二氨基二苯脲类直接染料。这类染料无致癌性,日晒牢度高。应用品种较多,属环保型染料。如直接耐晒黄 RSC(C.I. 直接黄 50)、直接耐晒红 F3B(C.I. 直接红 80)、C.I. 直接棕 112、C. I. 直接棕 126、C. I. 直接棕 152 等。

（3）4,4′-二氨基苯甲酰替苯胺类直接染料。这类染料牢度较好，是环保型染料。如直接绿 N-B（C. I. 直接绿 89）、直接黄棕 N-D3G（C. I. 直接棕 223）、直接黑 N-BN（C. I. 直接黑 166）等。

（4）4,4′-二氨基苯磺酰替苯胺类直接染料。这类染料是以二氨基化合物来合成黑色直接染料，染色性能与牢度都很好。它广泛用于棉、麻、粘胶纤维、丝绸、皮革的染色。已开发和筛选出可替代禁用直接染料的产品有 C. I. 直接黑 166（直接黑 N-BN）、C. I. 酸性黑 210（酸性黑 NT）、C. I. 酸性黑 234 等。

（5）二氨基杂环类直接染料。这类染料是以二氨基杂环化合物合成的直接染料，如二苯并二恶嗪类直接染料，这类染料色泽鲜艳，着色强度和染色牢度高，耐日晒牢度达 7 级。有代表性的品种有 C. I. 直接蓝 106（直接耐晒艳蓝 FF2GL）、C. I. 直接蓝 108（直接耐晒蓝 FFRL）等。

上海染料公司开发的直接混纺 D 型染料，也是能达到前述性能要求的环保型染料，目前品种已达 25 种以上，如 C. I. 直接黄 86（直接混纺黄 D-R）、C. I. 直接黄 106（直接混纺黄 D-3RLL）、C. I. 224 直接混纺大红 D-GLN、C. I. 直接紫 66（直接混纺紫 D-5BL）、C. I. 直接蓝 70（直接混纺蓝 D-RGL）、C. I. 95 直接混纺棕 D-RS、C. I. 直接黑 166（直接混纺黑 D-ANBA）等。其中个别品种是铜络合物，游离铜应在 ETAD 规定的极限值（250mg/kg）范围内。

6.5.7.4　天然染料重新受到了重视

天然染料是指从植物、动物或矿产资源中获得的、很少或没有经过化学加工的染料。天然染料根据来源可分为植物染料、动物染料和矿物染料。植物染料有茜草、紫草、苏木、靛蓝、红花、石榴、黄栀子、茶等。动物染料有虫（紫）胶、胭脂红虫等。矿物染料有各种无机金属盐和金属氧化物。按化学组成可分为胡萝卜素类、蒽醌类、萘醌类、类黄酮类、姜黄素类、靛蓝类、叶绿素类共 7 种。

天然染料在古典的色彩文化中，一直扮演着极为精彩的角色。天然染料包括：矿物性、动物性及植物性染料，其中以植物性染料的种类最多，应用的范围也最广泛。古代文献记载染料植物最早可溯至周朝，而后历代王朝更设有专门管理染色的机构。

除了天然的色泽外，植物沉静柔和且富有安定力的气质，加上许多染料植物亦兼具有药草或避邪的作用，使得植物所染出的颜色具有独特的出众魅力。如染蓝色的染草具有杀菌解毒、止血消肿的功效；而染黄色的艾草，在民间是趋吉避凶的护身符；其他如苏枋、红花、紫草、洋葱等染料植物，也都是民间常用的药材。这些兼具药草与染料身份的植物，能使染料具有杀菌、防皮肤病、防蛇虫与提神醒脑等特殊疗效。也正因为原料取大地自然植生，即使在相同时节所萃取出的染液亦没有绝对精准的重复，每分每秒也都呈现着不同的色泽变化，这正是植物染最大的特色。

许多天然色素还因其特殊的成分及结构而应用于新型功能性纺织品的开发。尤其是一些植物染料本身就来源于药用植物，因而它们在卫生及医药领域都有着广泛的应用。天然染料还被用于化妆品制造。例如唇膏中的色泽增强剂，美肤、美发品中的各种染料等。可医治皮炎的艾蒿色织物以及印、韩、日等国用茜草、靛蓝、郁金香和红花染成的具有防虫、杀菌、护肤及防过敏的新型织物。

天然染料无毒无害,对皮肤无过敏性和致癌性。具有较好的生物可降解性和环境相容性。其色泽柔和、自然有特色,在高档真丝制品、保健内衣、家纺产品、装饰用品等领域中拥有广阔的发展前景。开发天然染料不仅有利于保护自然资源和生态环境,而且对开发一些高附加值的纺织品更具有广阔的发展前景。

我国在天然染料的研究和应用方面与国际水平相近,不像其他工业领域存在较大差距,天然染料应用的核心价值是它的安全性和生物医学性。

近年来,随着人们对于合成染料毒副作用的重视,天然染料的提取与利用受到了人们的青睐。但是天然染料不可能完全代替合成染料,原因是天然染料的一些使用性能如色谱品种不全、染色坚牢度较差等是其致命缺陷,天然染料的产量也很有限,不能完全取代合成染料。目前在天然染料研究方面,一是模仿天然染料的结构制备合成染料,减少染料的毒副作用;二是进行天然染料提取、提纯工艺及化学结构的研究,现在许多天然染料的化学结构还不清楚,提取、提纯工艺也很落后,因此,研究和开发天然染料的提取、提纯工艺很有必要,特别是综合利用植物的叶、花、果实及根茎及利用其他工业的生物废料来提取天然染料很有现实意义;三是提高天然染料的染色性能及染色工艺,天然染料本身毒副作用小,但是大多数天然染料染色时需要用重金属盐进行媒染,同样会产生很大的污水,并会使染色后的纺织品含有重金属物质;四是随着生物技术的发展,利用基因工程可望得到性能好、产量高的天然染料,也可以利用生物技术直接生长出彩色棉花,减少染色工序。总体来说,受其产量、性能的限制,天然染料的应用还很有限,也不可能代替合成染料,染料发展的根本途径是合成出生态环保型的染料,减少合成染料的毒副作用。

天然染料以其自然的色相,防虫、杀菌的作用,自然的芳香赢得了世人的喜爱和青睐。天然染料虽不能完全替代合成染料,但它却在市场上占有一席之地,并且越来越受到人们的重视。具有广阔的发展前景。虽然目前要使其商业化并完全替代合成染料还是不现实的,要将天然染料获取及染色注入新的科技,采用现代化设备,加快其产业化的速度,相信天然染料会让世界变得更加色彩斑斓。

6.5.7.5 功能高分子染料的开发与应用日益成熟

高分子染料起源于二十世纪 60 年代,是一种通过共价键将发色团引入高分子链的功能染料,受到人们越来越多的关注。其中水溶性高分子染料不含有机溶剂,具有染料、高分子材料和水性材料三重性能,是高分子染料研究的新方向。在传统着色领域,水溶性高分子染料可单独作为有色聚合物或染料参与着色,不仅具有出色的染色性能,还具有良好的机械性能、易成膜、加工方便和环保等特点。国内高分子染料的研究始于 20 世纪 90 年代初,其中以大连理工大学精细化工国家重点实验室的工作最为系统,主要通过分子改性法把具有反应基团的染料接枝到高分子骨架上形成高分子染料,制备了聚胺型、蛋白质型等高分子染料,可用于纤维、皮革的常规染色。华东理工大学、上海交通大学主要进行了蒽醌、偶氮类小分子染料的修饰体与对苯二甲酸、乙二醇共聚形成聚酯高分子染料,并对其性能进行了基础性的研究。

近年来,随着轻工业和材料工业的不断发展,对染料的开发不仅仅只局限于染料的制备上,更多地考虑其在高新技术领域的应用。传统的染料大部分都是小分子染料,然而小分子染料在染色时都是将颗粒状颜料分散于被染色的材料中,是一种物理过程,在染色的均一性、牢固程度和颜料利用率等方面都存在问题。同时,小分子染料不稳定,在高温下易分解,易挥发,耐溶解性差,不能满足材料器件化要求。功能高分子染料,是通过一定的化学反应将染料分子引入高分子的主链或侧链上而形成,具有高强度、易成膜性、耐溶剂性和可加工性以及对光强吸收性及强电荷迁移能力双重优越性。

功能高分子染料一般具有如下特点:可明显地改善了一般小分子染料易迁移的缺点,尤其是偶氮染料和蒽醌染料的耐迁移性大大提高;在溶剂中的溶解度较低,不易褪色;分子量极大,不能为细胞膜所透过,故不为生物体所吸收,对生物体无害;具有较高的熔点,耐热性大大提高。

在功能高分子染料中,染料分子和被染材料的分子水平结合,使染料的用量大大减少,只要用极少量染料便可获得所需的颜色深度,且色泽更鲜艳,具有很高的耐迁移性、耐溶剂性和耐湿牢度。目前已有报道在纤维、塑料、涂料、食品、化妆品、医药、感光材料、军工和国民经济等领域中的应用研究。所以,功能高分子染料的开发应用是功能性高分子和染料化学的一个新领域。

6.5.8 皮革染色的基本原理

将皮革浸入有一定温度的染料溶液中,染料就从水相中向皮革表面移动并向革内迁移,水中染料的量逐渐减少,经过一段时间后达到平衡,染料进入皮革内与皮革纤维发生结合,从而使皮革着色。因此,皮革的上染过程一般分为染料被革坯吸附、染料向革坯内部扩散或渗透和染料在革纤维上固着三个阶段。

皮革的染色与其他纤维的染色过程既有共性有其特殊性。特殊性主要体现在皮革纤维与其他纤维的差异上。皮革是由蛋白质纤维和鞣剂所构成的复合体,因此,其染色性能由胶原蛋白质和鞣剂的性质共同决定。由于动物皮是天然物,不同种类皮革的纤维组织的编织方式不同,在染色性能上也具有差异。胶原分子的主链和侧链上带有氨基、羧基、羟基和酰胺基等活性基团和非极性的疏水基团,这些基团的存在为染料的结合提供了结合点。胶原蛋白质是两性分子,在不同的条件下呈现出不同的电荷特征,皮革染色常用染料为水溶性染料,在水溶液中也以带不同电荷的离子形式存在,因此,胶原和染料分子的电荷性能是染料对胶原纤维具有亲和力的基础。不同的鞣剂与胶原分子结合后,改变了胶原的性质,主要体现在皮革电荷性的变化和皮内纤维的编织状态、紧实性和空隙性等,从而赋予皮革不同的染色性能。

在染色过程中,染浴中除皮革纤维、染料和水以外,还常常有染色助剂、酸离子和盐的存在,这些材料在染色过程中往往相互间要发生作用。因此,染色过程中要考虑的因素很多,如染料与水之间、染料与染料之间、助剂与助剂之间、助剂与染料之间、助剂与纤维之间和染料与纤维之间等各因素之间的相互作用,其中最主要的因素是染料和纤维之间的相互作用。另外,不同动物皮或同一张皮不同部位间的纤维结构差异,也是皮革染色必须要考虑的因素。这就使皮革染色理论的研究变得更为复杂。

6.5.8.1 皮革的上染过程

如前所述,皮革的上染过程可分为以下三个阶段:
染料从溶液中被吸附到皮革表面。该吸附过程速度较快,而且是上染必要的第一步。

　　染料的扩散与渗透。染料向革坯内扩散或渗透是染色染透的过程。单独的扩散与渗透不受化学影响,可用菲克的动力学扩散定律来解释。这时,影响扩散与渗透的主要因素是革坯组织的状况及染料分散颗粒的体积及浓度。坯革组织紧实或染料颗粒大都使扩散与渗透困难。染料浓度低也使其缺乏动力。事实上,静电力及范德华力也是决定染料扩散与渗透的主要因素之一。其他因素还有机械作用的强度及时间、坯革的柔软度等。

　　染料在革纤维上固着。扩散到皮革内的染料与皮纤维通过物理作用(如分子间的引力)和化学作用(如氢键、离子键、共价键和配位键)而产生结合,被固着在皮革纤维上。这种染料分子和皮革纤维发生的相互作用随纤维(不同的处理方法)和染料的不同而不同。

　　皮革的染色过程中,吸附、扩散、渗透和固着是同时发生、相互影响和相互交替的;染色过程是染料分子对革纤维渗透和结合、物理和化学作用的总效应。但在不同的染色阶段,某一过程又会占优势。在染色过程中,还要求染料对纤维的亲和力是染料向纤维表面扩散、吸附以及染料向纤维内渗透、扩散的动力。如果染料对纤维没有亲和力,就不能染色。所谓亲和力,包括分子间引力,氢键,纤维上活性基团与染料离子的静电引力等。不同性质的引力,往往同时存在。亲和力的大小与染料分子的化学结构、大小形态,以及纤维的种类、性质等有关。

　　染料的固着或上染是一种受热力学控制的过程。许多研究证明,染料的染色热为负值,即上染是放热过程。染色体系中,过程的熵总是降低的,因此染料上染将会受温度影响。温度升高使上染率下降。在制革的实际染色中,升高温度却会使染料结合加快。这种特殊现象是制革中铬鞣革所特有的,可以解释为在低温时,铬被称为惰性离子,不易与配体迅速配合,而当温度升高,尤其大于 50℃后其活动性迅速增强,迅速的交换反应可使负电性染料离子被结合。

6.5.8.2　皮革纤维与染料间的结合方式

　　皮革纤维与染料分子之间的作用包括化学结合和物理结合,化学结合包括离子结合、共价键结合和配位键结合等;物理结合主要有范德华力、氢键和疏水键结合等。

　　(1)离子键结合。皮革纤维具有可以电离的基团,在染色条件下,这些基团发生电离而使纤维带有电荷。当具有相反符号电荷的染料离子与纤维接近时,产生静电引力(库仑力),染料因库仑力的作用而被纤维吸附,生成离子键形式的结合,离子键也为盐式键。比如,用碱性染料染植鞣革时,染色条件下,染料电离而带正电荷,革纤维因与植物鞣剂结合而使得革纤维上负电荷增强,从而使染料与革纤维之间因库仑引力就会产生离子键结合。另外,活性染料、金属络合染料等分子中的阴离子基团与皮革纤维的电离氢基之间,也会形成离子键结合。

　　(2)氢键结合。氢键是一种定向的较强的分子间引力,它是由两个电负性较强的原子通过氢原子而形成的结合。在染料分子和皮革纤维分子中,都不同程度地存在着供氢基团和受氢基团。因此,氢键结合在各类染料对各种鞣法所得皮革的染色中都存在,当然其大小和重要性也各不相同。由于受氢基不同,与供氢基之间形成的氢键又可分成 P 型(或 π 型)氢键结合,P型氢键即受氢基上具有孤对电子,通过孤对电子与供氢基形成氢键结合,如 A—H…B。通过孤立双键或芳香环上共轭双键的 π 电子与供氢基形成的氢键称为 π 型氢键。从结合能来看,π 型氢键通常低于 P 型氢键,但对于具有较长共轭体系的染料分子,则 π 型氢键具有相当重要的意义。

　　染料对铬鞣革染色时,染料分子内的一些羟基、氨基、偶氮基等,有可能与蛋白质结构内的肽键、氨基、羟基以及结合的铬盐离子等,形成氢键结合。

在染色的过程中,两者形成的氢键越多,染料与革的结合也就越牢固。在说明染料和皮革纤维之间形成氢键结合的时候,还必须指出,在染料分子与染料分子,纤维分子与纤维分子,染料分子与水分子,纤维分子与水分子以及其他溶剂相互之间,都可能形成氢键。因此,在染料分子与纤维分子形成氢键时,原来的氢键将发生断裂。

(3)范德华力作用。范德华力是分子间力,可分为取向力、诱导力、色散力三种。范德华力的大小随分子的偶极矩、电离能、极化的难易程度等的不同而不同,分子的极性越大,极化越容易,则分子间的范德华力越大。温度升高,极性分子的定向排列变差,定向力降低。范德华力的大小还与分子间的距离有关,随着分子间的距离的增大,范德华力急剧降低,作用距离为$0.3 \sim 0.4 nm$。

染料分子与纤维分子之间的范德华力比简单分子要复杂得多,这方面的研究还很少。染料和皮革纤维之间的范德华力大小,取决于分子的结构和形态,并和它们的接触面积及分子间的距离有关。染料的相对分子质量越大,共轭系统越长,分子呈直线长链形,同平面性好,并与纤维的分子结构相适宜,则范德华力一般较大。范德华力在各种处理方法所得的皮革、各类染料染色时都是存在的,但它的作用的重要性却各不相同。另外,需要注意,范德华力和氢键引起的吸附属于物理吸附,吸附位置很多,是非定位吸附。

(4)共价键结合。染料和皮革纤维之间的共价键结合,主要发生在含有活性基团的染料(如,活性染料)和具有可反应基团的皮革纤维之间。共价键的作用距离为$0.07 \sim 0.2 nm$。共价键一般具有较高的键能,即生成的键比较稳定。

(5)配位键结合。配位键一般在媒介染料和金属络合染料染色时发生。配位键的键能较高,作用距离较短。离子键、共价键、配位键结合的键能均较高,在纤维中有固定的吸附位置。由这些键引起的吸附称为化学吸附或定位吸附。

(6)电荷转移力作用。电荷转移结合相似于路易氏酸和路易氏碱的结合。供电子体的电离能越低(即容易释放出电子),受电子体的亲电性越强(即容易吸收电子),两体之间则越容易发生电子转移。作为供电子体的化合物有胺类、酯类化合物或含氨基、酯基的化合物(称为孤对电子供电),以及含双键的化合物(称为π电子供电)。作为受电子体的化合物有卤素化合物(称为σ受电子体)及含双键的化合物(π轨道容纳电子)。例如,皮革纤维分子中的氨基与染料分子中的苯环可以发生电荷转移,生成电荷转移结合。

(7)疏水结合。皮革染色时,染料的非极性部分有利于使水形成簇状结构。染料上染纤维使簇状结构部分受到破坏,一部分水分子成自由的水,从而导致熵的增大,熵的增大是有利于染料上染,并与纤维结合的。这种由于熵的变化而导致的染料上染纤维和固色称为疏水结合。在一般的皮革染色中,疏水结合并不是染料与纤维结合的主要因素,但是在疏水性纤维用疏水性染料染色时,疏水结合可能起辅助作用。

当然,染液中染料分子处于不停的运动中,当染料分子由于热运动克服了皮革纤维和染料之间的静电斥力(纤维表面电荷与染料离子电荷符号相同时存在这种斥力,电荷符号相反时则不存在斥力)而接近纤维表面时,纤维与染料之间的分子吸引力发生作用,染料则被纤维吸附。由于纤维分子及其微合结构的复杂性,以及染料分子的复杂性,目前染料与纤维之间的作用力还不能进行定量的计算,以上只是定性的说明。

6.5.9　染色条件对上染的影响

染色条件通常是指染色时间、pH、温度及液体量等。对于实际染色过程,这些条件同时存在并相互关联,不能单独讨论,为了了解某一条件对染色的特殊影响,通过固定某些条件而变化被讨论条件。

6.5.9.1　上染时间

通常指从染料被加入鼓内到基本上完成上染达到平衡的时间,染色时间主要取决于革的种类及其染色的深度。染色的初始阶段染料的上染速度较快,经过一段时间,染料上染速度减缓,逐渐达到平衡状态。不同温度下、不同染料对不同的革的染色时,达到平衡的时间不同。

一般染料的上染速度都快,5min后均超过60%上染,有些已近80%。尽管在30min内各染料上染速度变化有差别,但30min后均已达到了基本吸净。实际生产中,表面上染或者说吸附染料的迅速性被较多地采用,如染色20～30min后进行后继工序的操作,只是在要求染透或深度染色时才延长固定染料的时间。有些染料的上染率低,一般不能靠延长时间来解决,而应考虑改变染色条件,如加固色剂等。

6.5.9.2　染色时的 pH

染色体系的pH指两个部分:一是革坯的pH,对阴离子型水溶性染料而言,尽管铬革坯的染色pH总是在等电点以下,但pH的升高,可以促使铬盐的水解及胶原的阳电荷减少,结果使染料扩散与渗透有利,低pH使革坯阳电荷增加则有利上染;二是染浴的pH。pH高,阴离子染料分散离解程度大,有利于扩散渗透,pH低,则易形成色素酸,聚集性及被吸附性增强有利于上染。因此,染色体系的pH对革坯和染料在染色方面的影响趋势是一致的。染料的品种不同,对pH的要求不同。单纯染色时,自然水的pH在6.5以上即可满足要求,但当在含有其他材料的浴液中就应考虑pH。革坯的pH是决定染料上染的关键,应在染色前已被调整,不同的pH对上染速度影响是较大的。若将革坯的pH由6.5变为3.5时,在10min内上染率就达到甚至超过了当pH 6.5时30min的上染率。在染色初期,在染浴内加入少量的氨水,不仅对染料溶解有利,对表面减缓上染也是有利的;在染色末期降低pH达到固色结果。

6.5.9.3　染浴的温度

染料的上染与温度有关,升高温度有利于染料分子的扩散和渗透。皮革对染料的吸收也随温度的升高而加快。但温度太高,染料会被革迅速吸收,将影响染料的渗透,而且会导致革面变粗。

降低染液温度,虽然染料的扩散能力减弱了,缔合度增加,但革纤维对染料的结合能力也下降,总体趋势为有利于染料的渗透。一般来说,温度越低,着色越慢、越均匀,渗透也越深。实际生产中,较低温度下染色有时是必要的,当革坯不易受到较高温度作用时或要求染料有较均匀上染并有良好渗透时,较低的温度会更有意义。常规的染色温度一般为40℃～60℃,具体温度根据实际情况决定。

6.5.9.4 液比

液体用量的大小意味着染料作用坯革的浓度。在同样染料用量下,采用大液比,染料向革内的扩散渗透能力减少,良好的离解使之反应活性增加,结果倾向于表面上染。少液染色或某种被称为干染(与加脂剂一起在无水下作用)会使渗透能力加强。从匀染角度讲,采用高浓度非离解态染料与革坯作用或采用大液比低浓度时都可获得匀染效果。但从生产实践中发现大液比更多被采用。尤其在用少量染料染色或在浅色调的染色中大液比更为可行。甚至使用染料的量越少,越应注意增加液体量。事实证明,当液体量为坯革重的250%以上时都可获得良好的匀染效果,当然液比的大小也受转鼓的装载量控制。

6.5.9.5 机械作用

机械作用在染色中对染料的分散、渗透及均匀上染起着重要作用。为了加强这种作用,工厂多采用悬挂式转鼓,直径在2~2.5m,转速为12r/min以上。较大直径的鼓会对染料在短时间内均匀分散带来困难而影响匀染,较低的转速也是如此。当然并非鼓径越小越好,装载量受到限制。同样,过快的转速会带来大的机械作用,转鼓会受力过大,对较薄的革坯被撕破的危险性也会增加。

6.5.10 皮革染色的操作实例(黄牛正面革染色)

称重:削匀革称重,作为计算用料的依据

水洗:流水洗20~30min

中和:液比2;温度30~32℃

醋酸钠:0.9%~1.1%(先加入转动10min)

小苏打:0.9%~1.1%

时间:30~40min

用甲基红检查切口:1/3~2/5黄色

水洗:流水洗20~30min

填充:液比2.5~3;温度26~30℃

红根栲胶1.5%~2%

扩散剂N 0.2%

时间:60min

填充后水洗10min

染色。液比2.5~3;温度50℃

染料0.5%

染色操作:将染料溶化后加入转鼓,转动10min后加入0.3%甲酸,再转10min加入0.25%氨水,转5min。加入油脂转动30min。出鼓搭马。

6.6 加　脂

皮革生产中的加脂(也称为加油)是用油脂或加脂剂在一定的工艺条件下处理皮革,使皮革吸收一定量的油脂材料而赋予成革一定的物理、机械性能和使用性能的过程。皮革生产中的加脂是仅次于鞣制的重要工序,加脂的目的是使鞣后的皮革获得柔软的手感,而加脂效果的好坏决定于加脂剂的质量。因此皮革加脂剂在皮革生产中占有很重要的地位,加脂剂也是皮革加工过程中用量较大的一种皮革化学品,加脂剂的研究与开发一直是皮革化学品中的热点之一。

加脂工序决定着成革柔软性、丰满性和弹性,影响着成革的强度、伸长率等物理机械性能和手感特性以及皮革的吸水性、透水汽性、透气性等卫生性能,甚至可以通过加脂来赋予成革防水、防油、抗污、阻燃、防雾化等特殊的使用性能。

实践证明,刚从动物身上剥下的鲜皮,由于含有大量的水分,使得纤维间有较大的距离,所以它具有柔软性。当未经加工的生皮干燥后,由于失去水分使得纤维相互靠近,产生了相互之间的作用力而使其变得硬而脆。鞣制作用可使皮革不易腐烂,增加了力学强度,由于鞣制作用本质是鞣剂在皮革纤维间产生交联作用,因此,鞣制有相对地减少皮革柔软性的作用。鞣制后的皮革在湿态下还比较柔软,如果这时不加脂而直接干燥,皮革就会变得板硬,纤维会发生收缩,很难再吸水软化。这是由于经过浸水、浸灰、脱脂、软化、浸酸和鞣制等工序的处理,那些原先填充于纤维间的富有弹性及分离作用的非鞣质及油脂等不溶物已不存在,使得纤维上的极性基团在失去水分后一部分取代水的位置和铬发生了络合作用,一部分和另外一些皮纤维上的极性基团之间发生了化学键或分子间作用力,使得纤维之间的距离更接近而产生交联、缠绕,因此干燥后出现收缩和回软非常困难的现象。加脂的作用正是要解决这些问题,在鞣制后的加脂工艺中将加脂剂引入到皮革纤维之间,在皮革纤维表面形成一层油膜,使得皮革纤维在干燥后保持一定的距离不再收缩,纤维之间的摩擦力和作用力显著减少,纤维之间可以相对滑动,从而使干燥后的皮革继续保持一定的柔软度,满足使用的要求。因此从本质上讲,加脂剂起的是皮革纤维润滑剂的作用。因此,在皮革生产过程中,凡是能对主复鞣后的皮革纤维起良好的润滑(包括油润感)、柔软、回弹、耐挠曲作用,显著改善皮革的物理机械性能(包括使人感到愉悦舒适的触摸感)等方面的材料,可称为加脂材料或加脂剂。

制革工艺的改进和皮革产品质量的提高,对加脂剂的生产与性能也提出了新的要求。皮革加脂材料发展迅速,现已远远超出以前制革工业中仅以天然动植物油脂作为加脂材料的范畴。现在基本上是采用化学改性的天然油脂加工产品(硫酸化、氧化亚硫酸化、磺化、磷酸化等),为了增加加脂剂的品种,改变仅用天然油脂的局面,弥补天然油脂资源的不足,以石油产品为基料的合成油脂作为加脂剂应用也逐步显示出其独特的性能,品种与用量不断增加。不同的油脂或同一种油脂原料经过不同化学改性的产品都有不同的加脂效果。因此,制革厂可以按照各自皮革产品的不同要求,选择适当的加脂剂,或者采用多种加脂剂搭配混合使用。

随着人们生活水平的提高,皮革制品以其天然、绿色、耐用等优良品质而成为人们首选的日常生活用品,人们对皮革的柔软性、舒适性都有了更进一步的要求,轻、薄、软的皮革面料依然是市场上走俏的产品,因此,加脂剂及加脂操作在轻革制造中越来越受到皮革界的重视。人们心目中的加脂作用已经突破了某些传统的观念,成为改变皮革身骨、手感、风格、用途的一个重要加工手段。未经加脂处理的皮革其使用价值极为有限,尚不能称之为成品革。从某种程度上讲,加脂剂对于皮革,有如增塑剂对于塑料。改善皮革的物理机械性能,提高它们的使用价值,就必须进行加脂处理。几乎所有的皮革都必须进行加脂处理(包括某些裘皮对柔软性的特殊要求)。

6.6.1　加脂剂的基本组成

当今,几乎没有哪一种革是直接使用单一化合物材料进行加脂的。皮革加脂剂往往由多种组分/化合物组成,其主体材料除了含有大量的有机化合物(多属长链的烃类)、天然油脂及其衍生物(包括改性的天然油脂)外,还可以含有聚合物、无机材料、溶剂、助剂等,是一个复杂的混合体系。

根据加脂剂在加脂过程中所起的基本作用,其组成主要包括油脂成分、具有两亲作用的成分(也称为表面活性剂成分)、助剂(包括功能性和辅助性两类)。加脂剂的油脂成分主要是天然油脂及其衍生物、石油加工产品和副产品及高分子材料。油脂成分承载着加脂剂要赋予革纤维柔软性、油润性、手感等极为重要的性能的作用,其不仅影响着皮革的许多重要的物理机械性能,而且还影响着皮革成品的手感与外观。

加脂剂中的表面活性剂成分,实际上就是乳化成分,其作用是使不溶于水的油脂成分能根据需求理想地分散乳化于水中。在加脂过程中,如果需要保障油成分能均匀地渗透、分布于革纤维中,就要保障油成分体系中含有适量的、可满足需求的表面活性剂。加脂过程中可以直接添加表面活性剂,也可以在不溶于水的油成分结构中引入亲水性基团,形成自乳化类型的加脂剂,甚至有的体系的乳化成分为自乳化与外乳化体的复合体系。无论以何种方式组合表面活性剂成分,其用量并不一定越多越好。

加脂助剂则是指加在加脂剂中的辅助材料,包括功能性和辅助性两类。功能性助剂有防霉/防腐剂、抗紫外线剂、抗氧剂、耐电解质助剂、抗静电材料等;辅助性助剂有防冻剂、香精、助乳化剂、溶剂、增稠剂等。另外,还有兼具两功能于一身的助剂。

皮革加脂的主体材料是各种各样的油和脂。不同时代所用油脂的种类和加脂的方式也大相径庭。在古代人们直接将动物油脂和其粪便、血液、脑浆等混合在一起涂抹于皮革上就算是对动物皮进行加脂加工了,到了 18 世纪 90 年代人们开始用皂类物质乳化牛蹄油进行乳液加脂,20 世纪初德国人首次将在纺织染色中使用的硫酸化蓖麻油和油脂一起混合用于皮革加脂,使乳液加脂的技术有了很大的进步,在 20 世纪 50 年代出现了乳化效果及稳定性更好的亚硫酸化加脂剂,使加脂技术有了根本性的变化,20 世纪 40 年代又是德国人将石油化工产品如氯化石蜡、氯磺化石蜡、重油、矿物油等用于皮革加脂,发展起来了合成加脂剂和复合型加脂剂。

在加脂剂的范畴里,油脂是一个广义的概念,从化学组成而言,它是脂(酯)类与烃类化合物的泛称。因此,以天然动植物油脂及蜡为代表的油脂成分、石油及其加工产品(如具有适宜链长的醇、酸、胺、酯等油成分)成为加脂剂原料的来源。此外,某些结构特殊的聚合物类材料正在逐渐发展成为另一类重要的加脂补充材料。

6.6.1.1　天然动植物油脂及其改性产品

从动植物体的有关部位中经分离、压榨、浸出、熔炼等方法所获得的油脂,通常称为天然油脂。天然油脂在自然界中分布广、种类多,是人类食物的主要成分,也是人类获取生命能源的价值最高的食物成分,如果长期缺乏将会引起严重的机能混乱,甚至丧失劳动能力。动物油脂主要储藏在动物的皮下结缔组织和腹腔内,其他部分也有,如鱼的肝脏中就含有大量的油脂。植物(包括木本植物和草本植物)的脂肪主要含在果实和种子中,其他部分(如根、茎、叶及树皮中)脂肪含量较少。

天然动植物油脂至今仍是生产皮革加脂剂最主要的原材料,也是很优良的原料,属一种天然再生资源。常见的动物油脂有:牛蹄油、牛脂、羊脂、猪脂、马脂、鱼油、羊毛脂等。常见的植物油脂有:蓖麻油、菜油、米糠油、豆油、花生油、棕桐油与棕桐仁油等。在天然动植物油中,绝大部分是属高级脂肪酸甘油酯类,也有少数是高级脂肪酸与高级脂肪醇的酯-蜡类,尽管它们的成分都是很复杂的,但并不是单一结构的化学组成。天然油脂是甘油和高级脂肪酸所形成的甘油三酸酯的混合物,外观形态上的差别实际上是油脂分子微观结构差异的体现。其实油和脂是不一样的,一般将在常温下呈液态的叫做油,多为不饱和高级脂肪酸甘油酯;常温下呈固态的叫做脂,多为高级饱和脂肪酸的甘油酯。主要缘故是与分子中高级脂肪酸中所含的双键数及其脂肪酸碳链长短有关,含双键数目较多者如菜油,花生油、桐油等常温下为液态,含双键数目较少者如猪脂、羊脂、马脂等常温下为固态或半固态。表 6-8 列出了加脂用天然油脂的主要组分及特征参数。

表 6-8　加脂用天然油脂的主要组分及其特征参数

油脂	皂化值/(mgKOH/g)	碘值/(gI₂/100g)	熔点/℃	主要高级脂肪酸含量/%					
				肉豆蔻酸	棕榈酸	硬脂酸	油酸	亚油酸	其他
牛脂	192～200	35～59	40～50	3～7	30	20～21	45	1～3	
羊脂	192～195	33～46	40～44	5	24～25	30	36	2～4	
猪脂	195～200	50～77	24～40	3	28.2	11.9	47.5	6.0	
骨脂	190～195	46～56	40～45		20～21	19～21	50～55	5～10	
鱼油	165～195	110～190							不饱和酸 72
牛蹄油	192～196	66～72	−12～−6		17～18	2～3	74～76		
蓖麻油	176～186	83～87	−10～−18			2	8.6	3.5	蓖麻酸 86
菜油	168～178	94～106				1.6	20.2	14.5	芥酸
棉籽油	189～198	99～113	−5～5	0.5	21	2	33	43.5	
米糠油	183～192	100～108	−5～10		12.3	1.8	41	36.7	
蚕蛹油	190～195	130～138	6～10		4	35	12		亚麻酸 27
豆油	189～195	105～130			6.5	4.2	32	50	
花生油	186～196	86～105			7	5	60	23	花生酸 3.6
橄榄油	185～206	79～85					72.2		

天然油脂的相对分子质量为 650～970,其中脂肪酸部分占总相对分子质量的 94%～96%,因此,它的物理与化学性质,主要取决于油脂分子中所含的脂肪酸种类及其与甘油的连

接方式。一般油脂都含有 4～8 种脂肪酸,按照组合排列的规则来计算,甘油三酸酯就有 40～228 种。按含的脂肪酸链数可分为单酯与复酯两类。

单酯为脂肪酸与醇(甘油醇、高级一元醇)所组成的酯类,也称为正脂。这一类又可分为脂、油及蜡三小类。脂在室温时一般为固态,为甘油与脂肪酸所组成的甘油三酯,称脂肪或真脂,又称中性脂。油在室温时一般为液态的脂肪,正确的名称应为脂性油,以区别于与脂类无关的物质,如液蜡、白油等纯石化烃类材料。蜡为高级(一般 $C_n>20$ 以上)脂肪酸与高级一元醇所组成的酯,如虫蜡、蜂蜡、糠蜡、巴西蜡、羊毛脂均属此类。

就化学结构来讲,脂含较多的饱和脂肪酸,碘值低、凝固点高,同时,脂肪酸链越长,油的外观越易于趋向"脂"态,含油较多的不饱和脂肪酸,不易凝固。饱和脂肪酸的通式为 $C_nH_{2n}O_2$,自丁酸开始至三十八酸止,从 4 个碳至 24 个碳原子的存在于油脂中,24 个碳原子以上的则存在于蜡中。

天然油脂中除含饱和脂肪酸外,还含有多种不饱和酸,如一烯、二烯、三烯、多烯,极个别还含有炔酸。双键有顺式与反式几何结构,二烯以上还有共扼与非共轭的不同。不饱和脂肪酸的性质非常活泼,易发生加成、双键转移、氧化、聚合等反应,此点在皮革加脂的制备反应中非常重要。

天然甘油酯的物理性质基本类似,各种油脂皆有一定的黏度,以手触之,有黏着油腻的感觉。每种油脂也常常具有特殊气味和滋味,人们经常由此判断油脂品质的优劣。它们的化学性质和它本身的酯键以及脂肪酸的结构有关,因此都可以发生水解、皂化、加氢、氯化、氧化、酯交换、酰胺化、硫酸化等系列反应,这些反应都是生产油脂化学加工产品类加脂剂的基本原理和步骤,但各种反应的程度和结果都与脂肪酸的组成和结构相关。

常见的饱和脂肪酸和不饱和脂肪酸分别见表 6-9、表 6-10。

表 6-9　油脂中常见的饱和脂肪酸的结构和性质

名称	分子结构式	熔点/℃	沸点/℃	主要存在情况
辛酸(羊脂酸)	$CH_3(CH_2)_6COOH$	16.5	23.6.0	奶油、羊脂、可可脂
癸酸(羊蜡酸)	$CH_3(CH_2)_8COOH$	31.6	293.0	娜子油、奶油
十二酸(月桂酸)	$CH_3(CH_2)_{10}COOH$	44.0	225.0	椰子油、鲸蜡
十四酸(肉豆蔻酸)	$CH_3(CH_2)_{12}COOH$	53.8	248.0	娜子油、肉豆蔻脂
十六酸(软脂酸、棕榈酸)	$CH_3(CH_2)_{14}COOH$	62.6	278.0	棕榈油
十八酸(硬脂酸)	$CH_3(CH_2)_{16}COOH$	70.0	291.0	动植物油
二十酸(花生酸)	$CH_3(CH_2)_{18}COOH$	76.0	328.0	花生油
二十二酸(山嵛酸)	$CH_3(CH_2)_{20}COOH$	80.0	264.0	山嵛、花生油
二十四酸(木焦油酸)	$CH_3(CH_2)_{22}COOH$	84.0	—	花生油
二十六酸(蜡酸)	$CH_3(CH_2)_{24}COOH$	87.7	—	蜂蜡、羊毛脂

表 6-10　油脂中常见的不饱和脂肪酸的结构和性质

名称	分子结构式	熔点/℃	碘值
十八碳烯酸(油酸)	$CH_3(CH_2)_7CH=CH(CH_2)_7COOH$	13.4	89.87
十八碳二烯酸(亚油酸)	$CH_3(CH_2)_4CH=CHCH_2CH=CH(CH_2)_7COOH$	-5	181.03
十八碳三烯酸(亚麻酸)	$CH_3CH_2(CH=CHCH_2)_2CH=CH(CH_2)_7COOH$	-11	273.51
二十碳四烯酸(花生四烯酸)	$CH_3(CH_2)_4(CH=CHCH_2)_3CH=CH(CH_2)_3COOH$	-50	333.50
12—羟基油酸(蓖麻油酸)	$CH_3(CH_2)_5CH(OH)CH_2CH=CH(CH_2)_7COOH$	—	85.17
二十二碳烯酸(芥酸)	$CH_3(CH_2)_7CH=CH(CH_2)_{11}COOH$	33.5	75

从动植物体中直接一次萃取和榨取的油脂一般称为毛油。毛油的质量除与动植物生长状况有关外,油脂提取工艺也是关键影响因素之一。毛油中除甘油酯主要成分外,还含有无机盐、水分、维生素、蛋白质、色素、磷脂、甾醇、蜡等微量的特殊性质的物质。为了提高油脂的品质,对毛油的精炼是必不可少的,油脂的精炼主要包括脱酸、脱胶、脱色、脱臭等内容。

毛油中含有一定量的磷脂、单宁等胶质物质,它们的存在要影响油的色泽、清亮度,有时会产生油沉淀(即所谓的"油根"),通过脱胶完全可以克服这些缺陷。脱胶所产生的粘性胶状物中含有大量的磷脂成分,纯化后的磷脂可按特种工艺方法加工成含天然磷脂的加脂剂。

游离脂肪酸的存在,会直接对食用产生不利,而且要影响到油脂化学加工产品的质量。油脂碱炼主要是达到脱酸的目的,同时也有一定的脱色效果。油脂加工中产生的皂脚(也称油脚)就是碱炼的副产物。活性白土、酸性白土、硅藻土及活性炭等是油脂脱色常用的材料,主要通过吸附作用而达到脱色的目的。除了上述物理脱色法外,采用氧化剂(双氧水、过氧化苯甲酰等)、还原剂(如连二亚硫酸钠)化学脱色法也是可行的。

由于不同的油脂组成是不一样的,同一种油脂由于受气候、产地等的影响其化学组成也稍有不同。油脂的质量更受榨取方法、贮存条件等的影响而有所变化。对于一种油脂是否适合于作为加脂剂,应考虑油脂的下列理化指标:

①皂化值(S. V.)。酯的碱性水解叫做皂化(Saponification),把完全皂化 1g 油脂所需 KOH 的毫克数叫做该油脂的皂化值(Saponification Value),单位为 mgKOH/g。它表征了油脂平均相对相对分子质量的大小,皂化值和平均相对分子质量之间的关系如式(6-1)所示。

$$\overline{M}=\frac{3\times56\times1000}{S.V.} \tag{6-1}$$

皂化值愈大,油脂的相对分子质量愈小。加脂剂的相对分子质量愈大填充性愈好,其渗透性较差;加脂剂相对分子质量愈小,渗透性愈好。

②酸值(A. V.)中和 1g 油脂所需的 KOH 的毫克数称作酸值(Acid Value),单位为 mgKOH/g,用以表征油脂中游离脂肪酸的含量。酸值的高低表示了油脂质量的好坏,新鲜的或精制油脂的酸值较低,油脂在贮存过程中因光、热、或微生物的作用会发生酸败而使其酸值升高。酸值、皂化值与酯值之间的关系如式(6-2)所示:

$$酯值=皂化值-酸值 \tag{6-2}$$

酯值用于表示完全皂化 1g 油脂中处于化合态的脂肪酸所耗用的氢氧化钾的毫克数。作为食用或者加脂用油脂的酸值有一定的标准,一般是酸值越低越好。如天然油脂进行酯交换反应时,要求其游离脂肪酸不大于 0.5%、酸值 A. V. 不大于 2%,以免引起碱性催化剂中毒而影响加脂剂的质量。

③碘值(I. V.)。将100g油脂所能吸收碘的克数称作碘值(Iodine Value)。碘值的大小表示了油脂的不饱和程度,碘值高的油脂分子中含有较多的不饱和双键,易于进行硫酸化或亚硫酸化等反应。加脂剂的碘值较大时,在放置过程中成品革中加脂剂易被氧化,导致加脂革的颜色会发生变化。因此在进行某些化学改性时,应选用高碘值的油脂以利于进行某些化学改性。在用于苯胺革和白色革的加脂材料时,应尽量选用碘值较低的油脂;以防颜色变化而影响革的质量。

④羟值(OH. V.)。羟值是表征油脂中游离羟基的多少,它是通过和乙酸酐反应生成酯和乙酸,再用KOH中和测定得到的。中和1g油脂生成乙酸所耗用的KOH的毫克数即为羟值(Hydroxyl Value)。油脂中含有适量的羟基有利于进行某些化学改性,加脂剂中含有适当的羟基,会增加加脂剂与皮革胶原纤维的结合力,提高加脂效果。另外,羟值还与油脂的黏度密切相关,蓖麻油由于分子中存在着羟基而黏度较大,而油脂及加脂剂的黏度是影响加脂剂的渗透性、填充性的主要因素。

⑤熔点。油脂的熔点是指在规定的条件下脂肪完全成为清晰透亮液体时的温度。一般动物的脂肪在常温下为固体或半固体,直接用于加脂渗透性差,加脂革的表面有油腻感,故应先进行酯交换反应,降低相对分子质量,增加流动性和渗透性;植物油及矿物油的熔点较低,常温下一般为液体,用于加脂渗透性好,加脂革丰满柔软。

从广义的角度讲,利用天然油脂制备皮革加脂剂进行任何一种反应/加工,所得到的油成分、活性成分等都可归属于"天然油脂衍生物"。实质就是在油脂结构上引入多种极性基、亲水基,改善油脂的最终使用性能。这些衍生物主要从天然油脂的脂基、脂肪酸链上进行改性化学反应后得到。这些反应产生的各种各样油脂衍生物具有很好的活性,进而可用来制备各种各样所需的加脂组分或成品。

6.6.1.2　矿物油及石蜡类石油加工产品

矿物油及石蜡是石油的蒸馏产物,制革工业和皮化生产中应用的这类产品主要是石油的高沸点馏分,它们是在分馏粗汽油和轻煤油之后得到的,蒸馏温度在300℃以上。不同来源的石油、矿物油和石蜡的性质有很大区别,在使用时它们的组分对制革有很大影响。其主要是含12~20个碳原子以上的烃类物质,这类物质在工业应用中常称为矿物油。实际上,矿物油的组分是很复杂的,可以简单地将它们分成四大类:饱和直链碳氢化合物,不饱和直链碳氢化合物,饱和环链碳氢化合物,芳香族碳氢化合物。此外还有微量的其他化合物,如二亚乙基化合物、二环己烯(大多是石油加工过程中,特别是石油裂化时产生的),以及碳氢硫、碳氢氮和碳氢氧三元化合物。目前环烷烃在制革生产中也是相当有用的。

非酯类的石油加工产品一般是不能单独用于皮革加脂的,主要是因为它们和革纤维的亲和力很弱,形成的是单分子活性油膜,较甘油酯和单酯酯形成的双分子活性膜的润滑性差些,容易迁移,加脂效果不持久。但它们和天然油脂共同使用时,表现出很多优点,如在革中渗透好,对脂肪有溶解能力,改善革的物理机械性能,氧化性低,并能减轻其他油脂的被氧化性,低温稳定性好,在某些情况下可作乳液保护剂。人们早期是用轻质机械油(润滑油)加肥皂熔融煮化,然后进行加脂。皮革化工行业习惯将所用机械油称为矿物油,但牌号众多,规格各异,后来进一步发展为则多选用液体石蜡,规格型号易统一。液体石蜡是典型的以直链烷烃为主的复杂的混合物,其组成随石油的产地、炼油厂的工艺、控制参数等不同而有差异。

在制革与皮革化学品生产中,常用的这类材料除液体石蜡以外,主要还包括机油、凡士林和固体石蜡。就目前来说,液体石蜡及其氯化石蜡是用得最广泛的,并且通常它们已预先被复配到加脂剂中。此外经常用到的还有氧化石蜡(合成脂肪酸)和石蜡的磺氯化产品。

环烷烃氧化生成环烷酸和羟基环烷酸,有如天然环烷酸的功效。环烷酸粘度更大,增稠力低(不形成等轴结晶),酯化后的产品有良好的渗透性和扩散性,结合量大,革的强度更高。羟基环烷酸再氧化便生成醛酸和酮酸,用其加脂可提高革的收缩温度。

6.6.1.3 合成油脂

随着石油化工技术的发展,合成油脂也广泛地应用于皮革加脂剂的生产,如将碳数为 C_{14-21} 的正构烷烃用 α-烯烃羰基化法、α-烯烃羧基化法、科赫法等氧化为脂肪酸,再与甘油或其他多元醇反应生成高级脂肪酸酯,或将其加工成氯化石蜡(低氯取代的氯化石蜡称为合成牛蹄油)、烷基磺酰氯及其衍生物等,已广泛地用于皮革加脂。

由于天然资源的不足及上述合成油脂工艺技术的发展,近年来在加脂剂生产中已广泛地采用了合成油脂,如合成脂肪酸三甘油酯、二甘油酯、单甘油酯,一元醇或多元醇(一般是二元醇和多缩乙二醇)的高级脂肪酸酯,高级脂肪酸的酰胺化合物及其衍生物等。

用 C_{12-22} 的合成脂肪酸和乙二醇酯化所得到的乙二醇二酯是一种优良的合成脂,它比天然甘油三酸酯的相对分子质量更小,因而更有利于对革的渗透,由于脂肪酸部分的可选择性,也更容易制备耐光的产品,因此是合成加脂剂的一种必不可少的组分。也可利用聚合度不同的聚乙二醇代替乙二醇制备合成脂。合成脂肪酸高碳醇酯为褐色固态油状物,常与其他油脂混合使用,以改善加脂剂的加脂效果,尤其是在手感方面(如蜡感、柔润感及耐储存性能)。

作为副产物利用的合成脂肪酸甲酯也在合成加脂剂或复合加脂剂的生产中加以利用,常常用作加脂剂的一个组分。它的分子更简单,有更稳定的化学组成和物理性质,有良好的渗透能力,而且价廉。

经皂化后的合成脂肪酸常被添加到加脂剂中作稳定剂用,特别是经酰胺化的,有很强的乳化能力。

合成脂肪醇可以和无机酸反应,如和磷酸反应,得到无机酯,或和高级脂肪酸反应生成的单酯,它们都是分别具有特定性能的皮革加脂材料。所谓合成鲸蜡油或鲸脑油便是由油酸等含双键的高级脂肪酸和高级脂肪醇或混合醇反应形成蜡(单酯),再在双键处进行硫酸化或磺化而获得的性能优异的加脂剂。

6.6.1.4 加脂助剂

在制革加工和加脂剂生产中常用的助剂主要是指乳化剂。在加脂剂中复配入一定量乳化剂,不仅可以提高产品与乳化液的稳定性,增强加脂效果,而且有时还会赋予特殊的加脂效应。选择乳化剂的种类依据是由化学结构所决定的 HLB 值,用量要结合加脂剂的性能及生产实践而定。皮革工业中常用的乳化剂早期主要是油脂的加工产品,如硫酸化油、亚硫酸化油等。

皮革乳液加油就是利用表面活性剂的乳化、分散作用,使油脂呈乳液状态而渗入皮纤维之间,因此表面活性剂是加脂剂中最重要、用量最大的助剂。用于皮革加脂的油脂要经过一定的化学改性处理,这样本身含有足够的表面活性剂组分,在水溶液中能形成稳定的乳液进行加脂,不需要再加入表面活性剂,而且多数属于阴离子型表面活性剂,这样的加脂剂就是阴离子型加脂剂。阳离子加脂剂一般是由阳离子型的表面活性剂和非离子型表面活性剂与油脂复配而成。两性表面活性剂与油脂形成的乳液的耐酸、碱、盐稳定性好,向革内渗透的速度快,与皮胶原纤维结合性好,废液中的残存物易生物降解,对环境污染小,两性皮革加脂剂的应用越来越多。

制革用加脂剂生产时常用表面活性剂主要有:烷基磺酸铵、烷基磺酰胺乙酸钠、烷基酚聚氧乙烯基醚(如 OP-10)、脂肪醇聚氧乙烯基醚(如平平加 OS-15)、烷基酚聚氧乙烯基醚琥珀酸单酯磺酸盐、脂肪醇聚氧乙烯基醚琥珀酸单酯磺酸盐、烷基酚聚氧乙烯基醚磷酸酯盐、脂肪醇聚氧乙烯基醚磷酸酯盐、脂肪酸聚氧乙烯基酯(如乳化剂 SG)、蓖麻油聚氧乙烯基醚(乳化剂EL)、吐温系列表面活性剂(如 T-80)、斯盘系列表面活性剂(如 S-60)、咪唑啉型两性表面活性剂和氨基酸型两性表面活性剂等。

另外针对成革不同的用途和要求,在加脂剂中还可以加入防霉剂、阻燃剂、防冻剂、香料等助剂,使加脂剂具有某种功能,如防霉加脂剂、阻燃加脂剂等。

6.6.2 皮革加脂剂的制备及其性能

6.6.2.1 硫酸酯盐型加脂剂

硫酸酯盐加脂剂,其乳化成分为亲水性基团—OSO_3^-/Na^+ 的表面活性成分,是制革工业生产中所使用的传统加脂剂产品,至今仍是用量很大的一类加脂剂品种。硫酸化蓖麻油(又称土耳其红油)是这类硫酸酯盐型加脂剂的代表,现今可以利用多种原料来合成这类加脂剂。

油脂的硫酸化是人们最早对油脂进行化学改性的方法,早在 1831 年,法国的 Fremy E 就对橄榄油及杏仁油与硫酸的反应进行了探讨。1834 年,德国的 Runge F.F 对硫酸化物的中和进行了研究。1836 年,Duma、由醇和浓硫酸制取了烷基硫酸酯。1875 年,英国的 GrumW 首次制成了硫酸化蓖麻油,并将其用于纺织品的染色,它能够增强一种称为 Rot 的红染料的染色效果,Rot 在德语中是土耳其红的意思,所以把这种油称作土耳其红油。在此之后,德国人Stiaswy 首次将硫酸化蓖麻油用于皮革加脂,并以专利的形式卖给了 BASF 公司。1926 年硫酸化蓖麻油开始用于皮革加脂,至今硫酸化蓖麻油仍然是一种常用的皮革加脂剂。油脂的硫酸化技术从发现到现在已经过去一百五十多年了,从制备的技术原理看从开始到现在没有什么变化。

硫酸酯盐加脂剂合成的基本原理:将天然动植物油脂经硫酸处理、饱和食盐水洗涤再用碱中和后,可在不饱和双键处或羟基上引入—OSO_3^-/Na^+ 基团,而制得乳化分散于水的硫酸化油,为阴离子加脂剂。比如,蓖麻油可能以两种不同方式结合,其他未改性油脂的硫酸化主要反应点在双键处。

从理论上讲,硫酸与天然油脂或合成酯类进行的硫酸化反应为可逆反应;硫酸化反应生成的硫酸氢酯,在酸性条件下容易发生水解反应,使生成物向逆反应方向进行。人们曾对油脂的硫酸化反应作了较为详尽的研究工作,证明了油脂的硫酸化反应是一个非常复杂的化学反应过程,除了上述的两种主要反应外,还发生一系列的副反应。影响硫酸化反应的主要因素有浓硫酸的用量、温度、反应时间和油脂的种类,几乎所有的天然动植物油脂都能进行硫酸化反应,为利于正反应的进行,需要减少或移除反应生成的水(与带羟基的天然油脂反应时)。因此,硫酸化反应需要质量分数为 98% 的浓 H_2SO_4,它除了作为硫酸化剂外,还利用它的吸水能力作为反应体系中的除水剂。通常进行硫酸化反应所需加入浓 H_2SO_4 的量要比理论计算量多,一般用油成分质量的 20% 左右。为了尽可能地减少副反应的发生,硫酸化反应也应尽量控制在较低的温度下进行。不同的油成分,其硫酸化反应的温度也有差异,一般在 25~40℃,反应时间约需 4h。不同油脂硫酸化的具体工艺条件也稍有差异。

在油脂进行硫酸化反应的过程中,实际上只有一部分油脂发生了硫酸化反应,还有相当一部分油脂未发生反应而以中性油的形式存在。比较普遍的观点认为,硫酸化部分作为乳化剂即阴离子表面活性剂,与其中的中性油形成稳定细微的乳液,使油脂能够渗透到皮革胶原纤维之间。当浴液的 pH 变化后乳液破乳,渗进的油脂颗粒变大停留于皮纤维之间,从而起到润滑皮纤维的作用。硫酸化程度以结合在油脂分子上的 SO_3 的量表示,轻度硫酸化油含 SO_3 1%~2%(以质量计),中度硫酸化油含 SO_3 2%~4%,高度硫酸化油含 SO_3 大于 4%。当产品中 SO_3 含量为 3% 时,只有 20% 的油脂分子上带有—SO_3H 基团。硫酸化程度与加脂剂乳液的稳定性及乳液颗粒的大小粗细有关,高度硫酸化油形成的乳液呈透亮或半透亮状态,乳液颗粒细小,渗透性好,加脂透彻,加脂革的手感柔软,表面显得干枯;低度硫酸化油形成的乳液颗粒粗大,呈牛奶状,不透亮,渗透性差,加脂革中层渗入少,加脂不透,加脂革表面滋润、有蜡感。制备硫酸化加脂剂的关键是要控制好硫酸化部分和中性油的比例,使硫酸化加脂剂中不仅有足够的乳化剂,而且有足够的中性油,这样才能使其乳液颗粒较细,渗透性好,加脂透彻,加脂革柔软、丰满、滋润。硫酸化加脂剂的乳液稳定性适中,吸净率高,常作为铬鞣剂的加脂剂。

常见的硫酸酯盐加脂剂有硫酸化蓖麻油、丰满鱼油、丰满猪油、硫酸化菜油等。

需要指出的是,硫酸化加脂剂生产过程的盐洗废水的污染问题引起了人们的广泛关注,油脂硫酸化的清洁工艺研究日益受到了人们的重视。在传统的硫酸化工艺中,为了保证硫酸化反应达到的程度,浓硫酸的用量是实际反应量的 2~3 倍,一部分硫酸作为了吸水剂,吸收硫酸化反应时产生的水分。一般浓硫酸的用量是油重的 20%~25%,其中有 70%~85% 的浓硫酸不参与反应,在盐洗中要被洗掉。盐洗时用 15%~20% 左右的食盐水洗涤 2 次,每次用 2 倍于硫酸化油量的盐水。这样每生产 1t 硫酸化油将产生 4t 左右盐洗废水,其中约含食盐 600~800kg,硫酸 140~180kg,因此近些年设法减少或消除硫酸化工艺中的盐洗废水污染问题受到了有关方面的重视。

比较可行的是使用中和盐洗法和盐洗废液循环使用法。中和盐洗法是用低浓度的硫酸钠和含一定量浓度碱的水溶液代替常规食盐水进行盐洗,盐洗时其中的碱与未反应的硫酸中和生成盐(硫酸钠)和水,最后体系中盐的浓度达到要求的 15%~25%,保证油水完全分离。比如,国外有专利报道,在制备硫酸化菜籽油和蓖麻油混合油加脂剂时,可用氢氧化钠和硫酸钠的混合水溶液洗涤硫酸化油,该法除具有盐洗作用外,更重要的特征是具有中和作用,即用氢氧化钠中和未反应的硫酸,因此,又可将这种洗涤法称为中和盐洗法。

在中和盐洗法中,中性盐的用量要少于常规盐洗法,但体系中的碱与硫酸化油中的游离硫酸反应还可形成一部分中性盐。硫酸化油经中和盐洗法处理后形成的体系含有一定的中性盐和少量游离酸,这与常规盐洗中第二次盐洗的体系极为相似。因此,采用中和盐洗法时,只要使得中和反应结束后体系中盐水的总浓度达到洗涤的要求(15%～25%),盐水相对密度明显高于硫酸化油的相对密度,便可实现油水分离,所以,中和盐洗法在理论上是可行的。但需要注意的是,实施中和盐洗法时,因中和反应会有大量的热量产生,应控制加料速度并及时移走体系中的热量,防止温度过高带来的酯键酸性水解等副反应的发生。

中和盐洗法盐洗一次可代替常规的两次盐洗,废液中的含盐量及硫酸浓度大大减少,可以循环使用。盐洗废液循环使用法是用硫酸钠代替食盐,所得废液用碳酸钠中和,使其中的硫酸转化为硫酸钠,用于循环盐洗,减少了盐洗废水的排放量。

6.6.2.2　氯化猪油加脂剂

为了彻底消除猪油加脂剂易产生所谓的"油斑"或"油霜"现象,人们通过研究和生产实践表明,将精制的猪油,经氯化、酯交换、硫酸化等一系列改性方法,可合成出优质的皮革加脂剂。氯化猪油加脂剂耐光性、抗氧化性能优良,凝固点低,塑性好,油脂与革纤维的结合力增强,消除了猪油加脂剂产生脂斑的根源,可赋予成革动物脂的滋润性能和良好的丝光感效应,手感丰满柔软,适用于高档革的加脂,可以代替部分进口产品使用,特别适用服装革的加脂。

根据氯化猪油的生产实践经验,一般油脂样品的相对密度在 1.00～1.05 时,油脂的碘值为 0。结束氯化,脱除残余 Cl_2 温度过高,氯化样品色深,超过 50℃时 Cl_2 就有取代反应的现象产生,对加成反应很不利。正常的氯化产品外观是棕褐色,经过氯化后的猪油及猪油甲酯,物性外观大大改变,具有很好的流动性,即便是在 0℃下也不会结冻,与其他油脂的相溶性不错,这样便可以作为油成分使用。另外,其与皮革具有良好的结合性,油脂不易迁移,使成革的柔软性得以长久保持,且有良好的耐光性、丰满性及油感,与其他天然油脂加工产品具有很好的相容性,可以复配成不同类型的加脂剂产品。

6.6.2.3　亚硫酸化加脂剂

亚硫酸化加脂剂,是综合性能最好、发展势头最强的一类皮化材料。制备它的具体方式主要包括亚硫酸化、氧化-亚硫酸化、SO_3 直接磺化、磺氯酰化、$HClSO_3$ 五种。这一类含硫的加脂剂,虽然所用的油成分以及制备工艺有很大的不同,但是均为在疏水性链结构上引入—SO_3^-/Me^+ 基团,结构通式为 $R—CH_2—SO_3Me$。

在被磺化的天然油脂与高级脂肪酸低级醇酯混合物中,一般要求天然油脂最好是 $C_{16～24}$ 脂肪酸甘油三酯,平均碘值＞20,碘值在 50～200 更佳。例如:猪油、牛蹄油、鱼油、菜籽油、花生油、橄榄油及其混合物。天然油脂占混合物的 50%～70%(质量分数)。混合物中的高级脂肪酸低级醇酯宜选用 $C_{12～20}$ 脂肪酸的甲酯、乙酯、异丙酯、异丁酯或 $C_{1～4}$ 醇的混合酯,要求其在室温下呈液态(熔点＜20),碘值 50～100。例如:C12～18 脂肪酸甲酯(碘值 60～70),$C_{16～18}$ 脂肪酸乙酯(碘值 60～70)及 $C_{10～20}$ 脂肪酸异丙酯(碘值 63～73)等。高级脂肪酸低级醇酯一般占混合物的 50%～30%(质量分数)。

亚硫酸化加脂剂是由德国科学家在 20 世纪 50 年代中期首先开始进行研制的,所用原料为高碘值的精练鱼油,到了 20 世纪 60 年代已经开始生产亚硫酸化鱼油加脂剂。国内从 20 世纪 70 年代开始了鱼油亚硫酸化的研究,1983 年开始了亚硫酸化鱼油加脂剂的生产,所用的原料为进口秘鲁精制鱼油,采用的工艺是德国皮革期刊 Das Leder 报道的孔采尔工艺,即空气氧化、亚硫酸化同步进行的工艺路线。实践证明,该工艺方法适应于碘值在 170 以上的精制鱼油,当碘值低于 170 时工艺就不太稳定,低于 160 时一般很难制备出符合要求的亚硫酸化鱼油。我国的鱼油资源主要为湿法鱼油,其碘值一般在 130~150 范围内,简单的采用空气氧化、亚硫酸化的工艺路线是很难制备出性能良好的亚硫酸化鱼油加脂剂。

针对低碘值鱼油的状况,我国成功地开发研究出了适合低碘值鱼油的氧化亚硫酸化方法,采用了氧化与亚硫酸化分步进行的工艺路线,使用催化剂和氧化剂加强氧化反应的程度,必要时可对鱼油预先进行酯交换反应,以增加流动性和提高鱼油的加脂效果。在改进工艺的基础上,国内已经成功的生产了亚硫酸化菜油、亚硫酸化羊毛脂等,使亚硫酸化技术得到了进一步的发展,氧化、亚硫酸化的时间也从原来的 15h 缩短到 8h 左右。也可采用管道循环的方法进行氧化亚硫酸化反应,所得加脂剂性能及乳化性也非常好。

亚硫酸化加脂剂中的硫原子和碳原子直接相连接,稳定性较硫酸化油高了许多,形成的乳液对酸、碱、盐、铬鞣液和植鞣液有特殊的稳定性,能满足多工序分步加脂对加脂剂性能的要求。亚硫酸化加脂剂的稳定性、渗透性好,适合于深度加脂,加脂革柔软性好。此外磺酸根可和皮革胶原或与铬形成配合物,与革结合牢固。因此亚硫酸化油的加脂性能优于硫酸化油,特别是在耐酸、耐盐、耐铬鞣和植鞣液方面更为突出。目前这类加脂剂国内外很多,国外有德国 BASF 公司的 Lipoderm Liquor 2,Lipoderm Liquor SC,德国汤普勒(Trumpler)公司的 Trupon ED,Trupon DXE 等,国内有宁波海曙皮革化工厂的 YESI-1,YESI-2,YESI-3,YESI-4、青海轻工业研究所的 QB-H 及中科院成都有机化学研究所实验厂的 FG-W 等。

(1)亚硫酸化鱼油。海生动物油-鱼油是皮革加脂原材料中为数不少的一大宗油脂。近几年来,由于对海洋污染程度的加深,捕捞量的增大,造成了我国近海域鱼资源的巨减,加上药用高级鱼油量的增加,致使皮革工业所用鱼油量少、质次、价高,众多因素造成了我国鱼油类加脂剂产品产量少,档次低。所以,提高鱼油品质是提高我国鱼油类加脂剂质量的关键。

亚硫酸化鱼油的最大特点是有高的乳化能力,其乳液耐酸、耐电解质、耐铬液等,pH 应用范围广(2~10),对皮革纤维具有很好的渗透能力,加油后油脂分布均匀,有较好的柔软性和滋润性,成革手感丰满,油性足、无油腻感与脂斑,丝光感强等特点,用于服装革、软革和绒面革的加脂,是各种软革的常用加脂剂。其典型产品如 Arias 公司的 Eureka 400R,Tnunpler 公司的 Truponol OST,BASF 公司的 Lipoderm IC 等都是性能较好、使用较广泛的亚硫酸化鱼油产品。

制备方法:传统的亚硫酸化鱼油生产工艺是德国的孔采尔方法,此工艺仅适用于碘值在 140 以上的精制鱼油。其原理是:鱼油在一定温度条件下,经催化剂作用,乳化剂分散,再进行氧化与亚硫酸化反应,整个过程中氧化和亚硫酸化反应同步同时同浴进行,总反应时间在 25h 以上。这种方法简单,易掌握,但产品中无机盐的含量较多,生产周期长。

随着人们对油脂氧化机理进一步的认识,近几年人们研究成功了鱼油亚硫酸化新工艺方法,氧化过程中使用的是一种新型的附载型催化剂。该方法不仅适应于高碘值的鱼油,而且也可以应用于碘值较低(120~140g I_2/100g)的鱼油,扩大了鱼油原料的应用范围。对于低碘值类油脂的亚硫酸化则使用经改进的氧化亚硫酸化工艺,改进后的工艺将氧化和亚硫酸化分开进行,实质上是加强了氧化反应,先对低碘值的鱼油进行强制性氧化,再进行亚硫酸化反应。因此这种工艺还适应于菜油、羊毛脂等。该工艺方法是先氧化,再亚硫酸化,氧化与亚硫酸化分步进行,生产周期短,仅8～9h,产品中残余无机盐含量很低。

(2)亚硫酸化羊毛脂加脂剂。羊毛脂是一种从洗涤羊毛的废水中回收和精制而得到的一种副产物。常温下为半固态,精制品色泽呈淡黄,粗品颜色较深,有特殊气味。熔点为36～42℃,皂化值82～127,碘值15～47。从化学组成来看,羊毛脂是由多种羟基脂肪酸、脂肪酸和大致等量的脂肪醇、胆甾醇所形成的酯(占86%～94%)和少量的游离酸、游离醇以及烷烃(占4%～6%)所组成。酯中羟基酯约占40%,主要为α-羟基酯,羊毛脂酸中约含有150种单体酸,其中的羟基酸占到了40%。

羊毛脂具有很好的滋润肌肤的功能,因此被大量应用于化妆品等日化产品中。近些年来,随着皮革产品档次的提高,对羊毛脂原料性能的进一步了解,羊毛脂在加脂剂中作为一个组分有其独特的效果,羊毛脂也成为开发研制高档皮革加脂剂的首选原料之一,有代表的羊毛脂加脂剂产品国外有特龙普勒公司的 Truponol Lmp,拜尔公司 Coripol BZN 等。国内羊毛脂加脂剂产品主要有亭江化工厂的亚硫酸化羊毛脂、浙江普陀化工厂的磺化羊毛脂和宁波皮化厂的丝光灵加脂剂等。

(3)亚硫酸化蓖麻油。亚硫酸化蓖麻油俗称透明油,系天然精练蓖麻油经顺丁烯二酸酐适当的化学改性和磺化反应而成的阴离子型皮革加脂剂,属琥珀酸酯磺酸盐类结合型加脂剂。适合于猪、牛、羊各种服装革、软鞋面革及植鞣革的加脂,耐酸耐碱性好,抗铬盐能力强,分散性优良,具有良好的渗透性,能将其他油脂带入皮革纤维的内部,使革长期保持柔软,避免油脂迁移。从化学结构上看对铬鞣革有多点结合效应,可称之为鞣性油,单独使用油性差,一般与其他油脂搭配应用。

(4)亚硫酸化菜油。这类产品的典型代表是 SCF 结合性加脂剂,它是由中国皮革研究所在"七五"期间以菜油为原料经过酰胺化、酯化、亚硫酸化等反应而得到的,该加脂剂加脂性能优良,应用广泛。目前结合性加脂剂的原料已从菜油发展到其他天然油脂,如猪油、鱼油、羊毛脂、棉籽油、豆油及合成脂肪酸等。由于含有羧基、磺酸基、羟基等多种活性基团能与皮胶原蛋白质或铬革纤维结合,所以该加脂剂具有优良的结合性能。由于引入活性基团使油脂碳链增长,在保证产品具有足够好的结合性的同时,又解决和减轻了油脂在皮革生产中和贮存过程中迁移和流失的问题,从而能获得较好柔软效果,使加脂成革柔软丰满,丝光感强,适用于高档猪、牛、羊服装革、软面革等各种皮革的加脂,成革并有良好耐水洗和耐干洗性能。

随着磺化技术的发展与进步,人们已经将以往主要用于洗涤行业磺化生产的多管三氧化硫膜式磺化设备成功的应用到了天然油脂的磺化。也有报道利用先进的 SO_3 连续膜式磺化技术,将经预处理过的大豆磷脂与气态三氧化硫反应,磷脂分子中引进亲水基,从而将亲水性很差的大豆磷脂改性成具有良好乳化性、水溶性的表面活性剂。目前多管式磺化装置可将几乎所有天然油脂直接磺化制备亚硫酸化加脂剂,广泛用于皮革、日化和石油等工业部门。多管式磺化装置见图6-4。

6.6.2.4 含磷加脂剂

最早用于皮革加脂的天然磷脂是蛋黄。20世纪30年代国外制革专家就一直把它当作一种特殊软革加脂材料。蛋黄中含有较多的天然磷脂,加脂革的柔软性和填充作用明显。目前用于皮革加脂的天然含磷材料主要为来自植物油精炼厂的副产物-大豆磷脂和菜油磷脂。我国居民的食用植物油在北方地区以豆油为主,南方地区以菜油为主。在植物油的精炼过程中,为了使其清亮透明、耐存放,一般要除去其中所含的磷脂等杂质,其中的磷脂主要是卵磷脂和脑磷脂。精炼前豆油中含磷脂1.1%～3.2%,菜油中含磷脂0.7%～0.9%。据统计我国仅大豆磷脂的年产量就有1万吨/年,故我国有着丰富的磷脂资源。

含磷加脂剂分子中含有磷酸根等活性基团,具有较强的耐酸、耐碱、耐盐的能力,能与革纤维中的铬络合,具有永久加脂效果。含磷加脂剂润滑性好,加脂革柔软、丰满,具有一定的填充性,能缩小皮张的部位差,提高革的防水性能。目前制备含磷加脂剂主要有两种方法:一种是利用天然含磷原料如大豆磷脂、菜油磷脂等制备含磷加脂剂;另一种是以非含磷的天然油脂如菜油、蓖麻油、羊毛脂等为原料,通过磷酸化改性在其结构中引入磷酸基团。制革工作者有时易将磷脂加脂剂和磷酸酯加脂剂混淆,其实,两者具有完全不同的结构,前者是以天然磷脂为基础材料复配而成的,磷酸酯加脂剂是合成制备的。

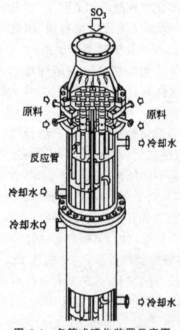

图6-4 多管式磺化装置示意图

(1)天然磷脂加脂剂。天然磷脂加脂剂习惯上又称磷脂加脂剂,一般是将油脂加工过程中获得的磷脂与具有乳化活性的成分、脂肪酸、合成酯等直接复配,组成多元组分的加脂剂;也可以将磷脂进行适度的化学改性,如烷醇酰胺化、磺化磷脂。

天然磷脂加脂剂常见品种有膏状和油状两种。有效物的质量分数 ω_B 为50%左右则外观多为膏状。往往磷脂组分越多,产品外观就越稠。反之,油状产品有效物的质量分数越高,可加入的磷脂组分相应就多些。单纯的磷脂,在无水无油的状态下是粉状物,之所以具有丰满填充性就在之于此,这是其他天然油脂、合成酯等液态酯制备的加脂剂所不具有的性能。

天然磷脂广泛存在于动植物界,是细胞的必需组分,在生物体内有重要的生理作用。磷脂是一类油脂伴随物,主要存在于油料种子胶体组织中,大都与其中的蛋白质、糖类、脂肪酸、胆甾醇、生育酚、生物碱等物质相结合,构成复杂的复合体,不同的油料种子,其含磷脂量也不同。在制油过程中,磷脂同油脂一起溶出,毛油中磷脂含量随油籽的磷脂含量、油脂加工工艺变化而变化,天然磷脂主要富含在大豆油、菜籽油和蛋黄中。磷脂的结构单元除了甘油与脂肪酸外,还有磷酸、氨基醇或环醇。一般磷脂的结构可以看作三甘油酯的一个脂肪酸被磷酸所取代生成磷酸酯,然后再为氨基醇等所酯化。磷脂中的氨基醇最常见的为胆碱和胆胺,由它们分别组成卵磷脂和脑磷脂以及磷脂酸等。主要磷脂的化学结构如下:

$$R_1COOCH_2$$
$$R_2COOCH \qquad O$$
$$CH_2-O-P-O-CH_2CH_2N^+(CH_3)_3$$
$$O^-$$

卵磷脂(简称PC)(磷脂酰胆碱phosphatidy cloline)

$$R_1COOCH_2$$
$$R_2COOCH \qquad O$$
$$CH_2-O-P-O-CH_2CH_2N^+H_3$$
$$O^-$$

脑磷脂(简称PE)(磷脂酰乙醇胺phosphatidyl ethanolamine)

$$R_1COOCH_2$$
$$R_2COOCH$$
$$CH_2-O-P-$$
$$O^-$$

肌醇磷脂(简称PI)(磷脂酰肌醇phosphatidyl inositol)

同油脂中的脂肪酸组成多样性一样,组成磷脂的脂肪酸也多种多样,不论是不同种类的磷脂或不同油籽的同种磷脂,其脂肪酸的成分均不同。来源不同,磷脂组成亦不同。纯净的磷脂是无臭无味,在常温下为白色的固体物质,实际生产中因工艺、种类和存放的不同而具有淡黄色至棕色,并呈可塑性至流动性。磷脂不溶于水,能溶于植物油、矿物油及脂肪酸中,不溶于冷的植物油和动物油,但可熔化分散至植物油和动物油中。磷脂溶于油中具有明显的亲水胶体性。

从磷脂的结构式可以看出,磷脂本身具有亲水、亲油两种活性基团,可以作为乳化剂(表面活性剂)来使用。但其乳化性主要表现在亲油性上,它的油溶性较好,水溶性较差,几乎不溶于水,当与适量的水混合时即成黄色乳状液,在 pH>8 时的热碱性水中更易吸收水膨胀,直至成胶体溶液。皮革加脂主要是以水乳液的形式进行的,粗制磷脂颜色较深、易霉变、易被氧化、HLB 值较低,限制了磷脂的进一步应用,为了更好地利用天然磷脂,人们对天然磷脂进行了大量的改性研究。

天然磷脂改性的目的就是要提高它的 O/W 性能以及耐酸、碱、盐的性能。改性天然磷脂的应用很广泛,可作为乳化剂、抗氧剂、润湿剂、分散剂、营养补充剂等应用于食品、药物生产、饲料加工、石油、皮革、涂料、表面涂层和橡胶生产中。当用作加脂剂时,可使加脂革具有一定的抗静电性和柔软性,由于它具有两性,可提高皮革的填充性与染料的结合性。目前对天然磷脂改性的方法有三种,即物理改性、化学改性和生物改性。

①天然磷脂的物理改性。物理改性的最大特点是磷脂分子本身并没有发生变化,同时也就存在无法人为改变磷脂功能的缺点。也可选用适当的乳化剂及其他助剂与之形成复合加脂剂,要求具有良好的水乳化性能,满足乳液加油的要求。直接从油脂精炼厂得到的粗磷脂黏度大、色深异味重,必须进行脱色、脱臭等物理处理。可用过氧化氢、次氯酸钾、活化膨润土对其脱色除臭,其中以过氧化氢效果最好。精制后的磷脂直接应用于复配加脂剂,关键在于选用适当的乳化剂及其他加脂组分与之复配。磷脂本身是一种天然的两性表面活性剂,水溶性很差,为了制造天然磷脂加脂剂,一般是采取将其与阴离子表面活性剂和其他油脂复配的方法。如可将磷脂与硫酸化蓖麻油、平平加等复配制备磷脂加脂剂,其优点是可使枯瘦薄板皮明显增厚,成革柔软、丰满,粒面光滑,肉面滋润而不油腻。

物理改性(复配法)制备磷脂加脂剂的方法实例:称取硫酸化蓖麻油(硫酸用量15%)600kg加入反应釜内,升温至45℃,同时不断搅拌,加入豆油(或菜籽油)磷脂400kg,再升温到55℃～60℃,搅拌1h后,加入平平加10kg,百菌清3kg,继续搅拌1h即可。常见的用于复合磷脂加脂剂的添加物还有特殊油品、聚氧乙烯醚、单甘油、甘二酯、改性单甘酯、羊毛脂及其衍生物、溶剂、增塑剂及其他表面活性剂等。

制备磷脂加脂剂的复配工艺并不复杂,关键因素是复配成分的选择。复配成分包括乳化成分、油成分及加脂剂成分。其中浓缩磷脂往往要占有效成分的40%～50%(质量分数),又要保证产品在水中加脂具有足够的乳化与渗透性,甚至超过油感的要求。因此,复配成分的选择与合理配搭是制备这类加脂剂的关键。一般都选择非离子型乳化成分,以及阴离子型加脂剂与之复配。复配过程中各成分的匀化也很重要,需要采用匀化、分散作用较强的装置进行。

②天然磷脂的化学改性。磷脂的化学改性是根据不同的目的要求,使磷脂的结构或脂肪酸组成发生改变,从而改变磷脂的功能特性。浓缩磷脂中有多种官能团,这些基团能够成功地进行水解、氢化、羟基化、乙氧基化、卤化、磺化等,改变磷脂分子的部分结构,提高HLB值,增加流动性、渗透性,降低不饱和度等。对磷脂进行改性获得具有特定功能和用途的磷脂具有重要的现实意义。比较有效的化学改性方法有羟化改性、乙酰化改性、氢化改性、酯交换改性、磺化改性、卤化改性等以及这些方法的不同组合。

a.羟基化改性。羟基化反应通常是在弱酸(如乳酸)存在条件下,高浓度过氧化氢与弱酸作用生成的过氧酸在磷脂的不饱和脂肪酸长链上连接上亲水性羟基。其中,弱酸作为一种催化剂,为反应提供一个酸性环境,防止H_2O_2的分解,保证反应的顺利进行。在磷脂分子中引入羟基可提高磷脂的亲水性,甚至在冷水中也可适度分散,并且得到的产品因过氧化氢的漂白作用而色泽浅淡。

b.酰胺化改性。磷脂的酰胺化改性反应一般是利用磷脂中磷脂酰乙醇胺的氨基与酰氯、乙酸酐或乙酸乙酯等酰化试剂进行反应,生成酰化磷脂,改善其流动性、溶解性和O/W乳化分散能力。磷脂酰胺化的衍生物一般为甲酰胺或乙酰胺。酰胺化反应在50℃～90℃时需要0.5～2.0h,但如果在反应液中添加叔胺,室温下可在数分钟内完成。例如,可将磷脂与少量丙酮混合,在叔胺的存在下加入酸酐反应后,再用丙酮处理则可沉淀出以磷脂酰胆碱和磷脂酰肌醇为主要成分的磷脂,而将酰胺化后的磷脂酰乙醇胺和油分离出来。

c.酰羟化改性。乙酰化的磷脂在乳化性能上有一定改善,但氧化问题得不到解决,而羟化则使磷脂脂肪链上不饱和键变为饱和键,增强了氧化稳定性。如果将二者结合起来,可使磷脂的流动性、气味、外观颜色得到明显改善,其乳化性、润湿性和渗透性明显提高,氧化稳定性也大大增强,从而使用性能得到进一步完善。改性物具有色泽浅淡、流动性好,乳化性分散性优、无异味、较好的抗氧化能力等特点,与加脂剂的其他材料复配相容性好,作为皮革加脂剂的原料,在性能上比浓缩磷脂具有显著的优势。

d.乙氧基改性。利用磷脂分子中脂肪酸链的不饱和键与 N-溴代琥珀酰亚胺反应,制得溴代磷脂中间体,再进一步与不同聚合度的聚乙二醇氨基发生单取代物反应,在磷脂分子中引入不同聚合度的乙氧基基团,可制备出系列内乳化的亲水性乙氧基改性磷脂。

e.羟化乙氧基化改性。采用大豆磷脂为原料,在其分子中含有的不饱和脂肪酸链上,通过对碳碳双键的环氧化反应制得中间体原料,进一步进行开环反应,可合成了羟化乙氧基化双重改性磷脂,其乳化性和分散性均优于未改性磷脂。

f.氢化改性。磷脂的氢化改性反应是利用载于活性炭上的镍、钯等催化剂使脂肪链上的不饱和双键发生氢气加成反应形成饱和键,其最大优势是改性产物氧化稳定性大大提高。如采用二氯甲烷作溶剂,进行氢化反应,得到的改性磷脂为淡黄色,碘值低于 30。再如,加氢工艺以乙醇(或己烷)为介质,将磷脂、乙醇(或己烷)和催化剂混合放入高压釜中,在氢气压 7MPa,温度 75~85℃和搅拌条件下反应,产品碘值通常为 15~20。

g.卤化改性。卤化改性反应是将纯化的天然磷脂加入四氯化碳中,放入装有温度计、搅拌器的四颈烧瓶中,加入卤化试剂及少量引发剂,在氮气保护下反应。氯化加成后,大大降低了磷脂的不饱和度,增加了氧化稳定性。

h.磺化改性。通常以大豆磷脂为原料,采用 SO_3 气相膜式磺化技术,经酯化、磺化、中和、脱色、调整等一系列工艺制备出磺化改性磷脂,其 HLB 值可达 14~16,在水中极易溶解或分散成乳状液,具有良好的乳化力和渗透性能。加脂剂内的磺酸基含量越高,则其乳化能力越强,渗透性和乳液稳定性均有所增加。可用作皮革加脂剂的复配主要组分,其分子结构中所含有的众多活性基团,如磺酸基、磷酸基、季铵基、氨基、羧基、羟基等,对于乳液粒子在皮革内的渗透和吸收起着重要的影响作用。该加脂材料处理后的皮革柔软度和丰满度好,手感滋润。

i.硫酸化改性反应。硫酸化反应是在磷脂的不饱和脂肪酸双键上引入硫酸基等亲水基团,从而破坏磷脂的原有胶束结构,提高它的亲水、乳化、渗透、流动等性能。根据磷脂改性后的不同用途,常采用氯化-硫酸化、醇解-硫酸化、溶剂稀释-硫酸化工艺、还有硫酸皂化工艺进行改性。其硫酸化改性原理与皮革加脂剂制备过程中常用的蓖麻油、菜油等的硫酸化原理类似。

③天然磷脂的生物改性。利用生物技术对天然油脂进行改性的研究也已做了大量的工作。有希望并具有工业价值的是用酶对磷脂进行酯合成和酯交换反应的改性,它具有反应条件温和、无污染、反应进行完全、速度快、改性磷脂的乳化性和分散性能好等优点。在国外市场上已有大量由酶制剂改性的大豆磷脂,其作为 O/W 型乳化剂应用非常广泛。

用于磷脂改性的酶有专一性较宽的酯酶和磷酸酯酶,但最有意义的是专一性较强的磷脂酶,包括磷脂酶 A_1,A_2,C,D 等。最初的磷脂酶 A_1,A_2 和磷脂酶 D 等是从蛇毒、动物的胰脏中提取,来源有限;微生物磷脂酶的研究发现为磷脂酶的应用提供了方便的来源。磷脂酶和磷脂的酶法改性是目前一个很活跃的研究领域。

磷脂酶能催化磷脂的各种水解反应,并可在一定酰基的受体和供体存在下催化酯化反应和酯交换反应,能对磷脂的结构进行各种改变或修饰,得到不同结构和用途的磷脂。大豆溶血磷脂在乳化稳定性、乳化热敏性、pH稳定性及乳化抗盐性等方面都大为改善。磷脂酶C水解产物已不能称为磷脂。磷脂酶D作用于磷脂的碱基(胆胺、胆碱等)时除水解生成磷脂酸和胆胺、胆碱外,在有水存在的微水体系中可催化转酰基反应,使多种含有伯、仲位羟基的底物与磷脂上的乙醇胺或胆碱基团进行交换形成新的磷脂。这一性质可被用于磷脂的定向改性。转酰基反应同时伴有水解反应,最终产物是磷脂酸和一种新的磷脂。可见,从磷脂改性角度而言,磷脂酶 A_2 和磷脂酶D更有意义。酶解反应由于条件温和、安全性高,是很有竞争力的改性方法。溶血磷脂除保留了普通磷脂的双亲、两性结构外,还由于非极性基团的减少而增强了亲水性能。因此,溶血磷脂较之普通磷脂具有更好的水分散性,适于制备 O/W 型乳状液。

由上述改性方法的阐述可知,根据产品最终性能要求,选择其中一种或几种方法,对浓缩磷脂实施适当地改性处理,然后再用于皮革加脂剂的制备,将能够更加充分显示出磷脂的优良特性。从绿色皮革化学品的角度看,利用生物技术开发出一系列具有填充性、匀染性、防水性、耐酸、耐电解质等多种功能的天然磷脂加脂剂将有更好的发展前景。

(2)合成磷酸酯加脂剂。合成磷酸酯主要的品种及其用途不在制备加脂剂方面,更多的是用于洗涤和化妆品行业。磷酸酯的特殊性能使其被应用到各种专用品配方中,制成各种复配物,所以磷酸酯的发展较快。近十年来,磷酸酯的增长速率略高于表面活性剂的平均增长速率(8%~10%)。产品则由初期的烷基磷酸酯发展到各种醇醚磷酸单、双酯,烷基酚醚磷酸酯,各种乙氧基化脂肪酸磷酸酯,乙氧基化环烷酸磷酸酯等系列产品。

合成磷酸酯加脂剂则与铬鞣革有良好的结合性能,也是一类结合型加脂剂,并且含磷酸基的磷酸化油在与皮革的结合率上和加脂效果某些方面高于含羧基的加脂剂。合成磷酸酯加脂剂渗透性好,耐酸,耐电解质,成革柔软丰满,有弹性,油润感强,结合性高,有一定的增厚效果,其中如高级脂肪醇的磷酸酯加脂剂有较好的防水性能,而且有良好的助染作用。此类产品如特龙普勒公司的 Trumpon PEM ,SANDOZ 公司的 Demail XC、波美公司的 Cutapo IOM 等。国内这方面的产品则极少出现。

磷酸化蓖麻油实例

蓖麻油中的羟基与磷酸化试剂反应生成磷酸化蓖麻油,反应原理与其他羟基化合物一样,反应所得的酸性磷酸化蓖麻油可用有机胺(如三乙醇胺、二乙醇胺、一乙醇胺)和 NaOH、KOH 等中和制得单酯或双酯盐的混合物,作为皮革加脂剂的磷酸化油一般用有机碱中和较好,但成本高,最好是有机胺和无机碱结合起来进行中和,有机胺的中和程度可控制在40%以内。磷酸化蓖麻油是很好的皮革加脂剂,在制革加脂过程中,同硫化油搭配使用效果为佳。也可以与其他加脂剂进行复配生产复合型的含合成磷酸酯的加脂剂。

工艺操作如下:将 200kg 蓖麻油加入磷酸化反应釜中,加热升温至 45℃,在不断搅拌下加入 20kg 五氧化二磷,加完于 60℃ 下搅拌反应 1h,在 70℃ 下反应 1h,在 80℃ 下反应 1h,然后降温至 50℃,用液碱中和,再用乙醇胺调节 pH 至 6.5~7.5,加适量水后,得到磷酸化蓖麻油。产品外观为浅黄色油状液体,含油量大于 70%,10% 水乳液的 pH 在 6.5~7.5 之间,10% 水乳液 24h 不分层,无浮油。

用作加脂剂时,再与 70kg 合成酯、110kg 磺酸化油、60kg40% 的合成蹄油以及适量助剂混合。

不仅仅含羟基的蓖麻油可以磷酸化,其他的油品如菜油、猪油、机油等天然油脂分子中没有羟基,可用乙二醇、聚乙二醇等多元醇与其进行醇解反应,在油脂分子中引入羟基,从而使其可以进行磷酸化反应而制得磷酸化加脂剂。

合成磷酸酯加脂剂用于皮革加脂,可使成品革具有较高的收缩温度,较大的强度。这些足以说明磷酸化油脂与铬鞣革纤维有着特殊、较强的结合能力,耐光性好,加脂革色泽浅淡,丰满性显著提高,皮革的边腹部等松软部分填充性好。因此,合成磷酸酯加脂剂是很有发展前途的一种加脂剂。

6.6.2.5　合成加脂剂

合成加脂剂就是以石油化工所得的重油及石蜡等为基本原料加工制备的皮革加脂剂。在使用时可以直接和乳化剂等用于配制复合型加脂剂,也可先对其进行必要的化学改性后用于加脂剂的制备。

合成加脂剂于1940年前后首先在德国生产,目的是解决天然资源的不足,当时西方多数国家制造皮革加脂剂还是传统地依赖鱼油和牛蹄油。直到1970年以后,由于高品质的鱼油,特别是鲸蜡油资源的缺乏,国外才开始进行合成油类加脂剂的研究,目前在西方发达国家皮革加脂剂基本上都是以合成油脂为主导产品。我国目前主要还是以天然动植物油脂为基本原料制备的加脂剂产品占绝对优势,但由于我国人口众多,随着生活水平的提高,对动植物食用油的需求将会大幅度增加,加之其他工业应用量的增多,这样食用和工业对动植物油供应就出现竞争局面,有时在气候条件的影响下,天然动植物油供应不稳定,价格高。因此,在皮革化学品加脂剂类材料的研究与生产方面,我国今后要利用来源丰富、价格低廉的石油加工产品为基本原料,大力发展合成油加脂剂产品,尽可能最大限度地摆脱依靠价高的农副产品为原料。

从资源的观点来看,合成加脂剂依赖于不可再生的石油资源。据资料介绍,全世界已探明的石油贮量以现在的年开采量计算,还能开采一百多年。从使用过程中对社会环境所造成的影响来看,石油从开采、炼制到深加工,对社会、资源、环境等方面都产生了一系列的消耗、浪费及污染。从加脂效果上看合成加脂剂一般不能单独用于皮革加脂,在实际的皮革生产中都是将合成加脂剂、天然动、植物油脂加脂剂配合起来使用,因此合成加脂剂大部分用于配制复合型加脂剂,合成加脂剂在皮革加脂剂中是不可缺少的主加脂材料。通过物理、化学及生物检验的方法,对各种性能加脂剂加脂的皮革进行研究和实验后,发现成革的质量指标要比天然油脂加脂剂更为稳定。

一般合成加脂剂具有如下优点:

具有优异的耐光性,加脂后的皮革不会因日久而变黄;渗透性好,对酸、碱、盐、硬水介质稳定;皮革手感柔软、干爽;不会在皮革表面留下黏性油斑,因为合成油不含有可皂化的成分,还能溶解固态或半固态的脂肪与脂肪酸;不易因氧化或霉菌、细菌而变质,也不会产生不愉快臭味。

国外在加脂剂生产中合成酯更多地用来代替天然的动植物油脂,其用量可达到60%～70%。合成酯一般是非水溶性的软蜡状产品,常作为中性油拼混生产加脂剂;有时也可以通过硫酸化、磺化、氧化亚硫酸化等反应,直接在分子结构中引入亲水活性基团来制备加脂剂。但是合成加脂剂尚存在一些不足之处,如革表面油感较差,成革显得干燥干枯,也不太丰满,因此在制革加脂过程与操作中,通过与动植物油脂类加脂剂搭配使用,可以达到满意的处理效果。

从化学结构上看,合成加脂剂的原材料(矿物油)主要是一些饱和直链烷烃,在空气中不会氧化变质,没有颜色变化。矿物油的化学改性要比动植物油困难得多,对矿物油的改性手段主要有氯化、氯磺化、羧基化等比较特殊的化学改性方法。合成加脂剂生产目前主要是采用拼混法和乳化法。一般组分有两大类,即水不溶性油分和水溶性油分,各自基本材料是:

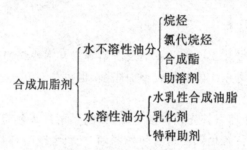

通过选取上述不同的合成加脂剂组分,按一定比例进行复配,可加工成各种性能的合成加脂剂。

合成加脂剂原材料来源及其制备:

饱和烷烃。从油田开采出来的石油俗称原油,一般不能直接使用,按照需要把原油进行分馏得到各种产品。适合作为合成加脂剂用的是机油、石蜡、凡士林这三个类型的分馏产物,其中机油的用量最多,三者的区别就是碳原子数不一样,相同之处都是饱和的直链烷烃。也可从外观状态加以区分,一般常温下为液态的是矿物油或液体石蜡,常温下为固体的是固体石蜡,膏状体的为凡士林。

①机油。机油是主要用作机械润滑油的原料,一般分为5号、7号、10号、20号、30号、50号、70号、90号八个品种。其中高速机油为5号、7号,轻质机油为10号、20号,中质机油为30号、50号,重质机油为70号、90号。号数愈大,分子中碳数愈多,黏度愈高。5号~90号机油均可用于皮革加脂,它们不溶于水,溶于苯、醚等有机溶剂。它们是合成加脂剂的基本原料,可与天然油脂拼混加脂,改善加脂剂的渗透性,促使天然油脂均匀渗入革的内层。矿物油与革结合不牢,易挥发,易洗出,久置成革会变硬。

②石蜡。石蜡是从石油、页岩油或其他沥青矿物油的某些馏出物中提取出来的一种烃类混合物,主要成分是固体烷烃,无臭无味,为白色或淡黄色半透明固体。石蜡是非晶体,但具有明显的晶体结构。另有人造石蜡。

石蜡是石油加工产品的一种,是矿物蜡的一种,也是石油蜡的一种。它是从原油蒸馏所得的润滑油馏分经溶剂精制、溶剂脱蜡或经蜡冷冻结晶、压榨脱蜡制得蜡膏,再经溶剂脱油、精制而得的片状或针状结晶。石蜡按其状态可分为液体石蜡、固体石蜡和微晶蜡三大类。

液体石蜡的熔点低于27℃,主要是碳原子数为C_{9-24}正构烷烃,是一类重要的化工原料,主要用于制高级脂肪酸、高级醇、火柴、蜡烛、防水剂、软膏、电绝缘材料等。我国每年生产液蜡20万吨,年需求量为10万吨,供大于求。

固体石蜡的熔点由 28～70℃，主要为碳原子数为 $C_{20～40}$ 的正构烷烃。按熔点又可分为软蜡(熔点低于 45℃)、中熔点蜡(熔点为 45～50℃)和硬蜡(熔点为 50～65℃)。我国硬蜡中每一个品级的熔点温差为 2℃。用于皮革的主要为软蜡和中熔点蜡，可以乳化蜡的形式复配于加脂剂中改善加脂剂的填充性和加脂革的手感，也可用于制备氯化石蜡、烷基磺酰氯等用作加脂材料。另外石蜡以乳化蜡及手感剂的形式在皮革涂饰中也有重要的应用。

微晶蜡(即地蜡)主要是从渣油中分离出来的固体烃，其熔点为 50～80℃，沸点高于450℃。主要用于调配特种蜡和热溶胶黏剂，也可与加脂剂拼混以提高加脂革的抗水性。

③凡士林。凡士林的发现早在 1859 年，其原名为"petroleumjelly"，其中"petroleum"是石油，而"jelly"则是像果酱般的胶状物，原本为石油探钻的副产品之一。之后，有一位名为Robert Chesebrough 的科学家将这些白色的胶状物分离出来，并将之命名为"Vaseline(凡士林)"。

它是从浅色石油中制得的白色至黄色浆状物，性质与石蜡相似，主要成分为 $C_{16～32}$ 碳原子烷烃及少量的烯烃，可与其他油料配合用于皮革加脂。主要由石油的残油经硫酸和白土精制而得，也可以由固体石蜡烃和矿物润滑油调制而成。凡士林的化学成分长链烷烃。凡士林的学名叫石油脂，它的主要原料是从原油经过常压和减压蒸馏后留下的渣油中脱出的蜡膏，同时还需按照要求掺和不同量的高、中黏度润滑油。从石油渣油中脱出来的黄色蜡膏中含有诸多杂质，而无论是药用或是化妆用，都不容许含有任何对人体有害的物质，也不能有异味，所以还必须要加以深度的精制，充分脱除各种杂质后才能使用。

氯代烷烃。通过氯化获得含氯量在 10%～40%范围内的氯化石蜡。皮革加脂用氯代烃类的原料是各种馏分的石蜡烃类，固体石蜡的碳数要求一般在 $C_{20～30}$，液体石蜡为 $C_{10～20}$。

氯代烷烃是合成加脂剂常用的组分，其中含氯量在 20%～30%的最常用，由于其加脂性能接近天然牛蹄油，被称作合成牛蹄油。它的分子中含有氯原子，与革结合力比未氯化时好得多，加脂革柔软，耐光性能好，含氯量较大的氯化石蜡的加脂革还具有良好的阻燃性。当氯含量增加时，其阻燃性也相应提高，但乳化将变得困难，渗透性降低。氯化石蜡由于 C—Cl 键的偶极特性，与一般矿物油相比，它与革的结合能力较好，柔软感好，因为其原料为饱和烷烃，故性质稳定，对空气的氧化和光的照射等作用均比较稳定，尤其耐光性比天然油脂加脂剂强，适合于制造浅色革或白色革。目前，皮革化工厂通常将该产品作为一个主要组组分复配入合成加脂剂以及软革类复合加脂剂之中。此外，氯化石蜡还用作润滑油的添加剂，橡胶、塑料、油漆的增塑剂，织物和纤维的润滑剂，复写纸的挠性涂层等。

皮革氯化石蜡为浅黄色液体，不溶于水和乙醇，能溶于多种有机溶剂，120℃以上要分解，放出氯化氢。氯代烷烃是合成加脂剂中常用的中性油成分，具有优良的加脂性能，现代许多商品中各类型合成加脂剂中都含此类材料。

合成脂肪酸及其酯。合成脂肪酸就是用石蜡氧化制取合成脂肪酸，我国有丰富的石蜡资源，为发展合成脂肪酸提供了可靠的物质基础。合成脂肪酸是一种饱和酸，碳链长度为$C_{12～30}$，可与乙二醇、聚乙二醇、甘油及醇胺类物质反应，获得具有良好加脂效果的乙二醇酯、聚乙二醇酯、甘油酯和烷醇酰胺。

众所周知，鲸脑油、鲸蜡油以及羊毛脂等都是加脂剂优质的原料，从化学结构看，它们是高级脂肪酸与高级脂肪醇所生成的醋，是一种天然蜡。为了弥补天然蜡资源的不足，改进和提高蜡类加脂剂的性能,与天然蜡结构相近的合成蜡备受人们的重视,一些产品也已面市,如合成鲸蜡油类加脂剂是以此合成蜡为主要原料进行化学加工而成。合成蜡所用的高级脂肪酸一般是硬脂酸或油酸,高级脂肪醇以 $C_{12\sim18}$ 的混合醇为佳。由于羧基和醇羟基反应活性很低,高温抽真空酯化的方式较困难,时间长,温度高,颜色深,效率低。目前较流行的合成方法是,严格控制脂肪酸与脂肪醇用量,使羧基和醇羟基的摩尔比为 1:(1.02~1.05),在催化剂作用下,用甲苯提水的方法促使酯化反应。该方法时间短,效率很高,转化率可达 90%~95% 以上,产品色泽浅淡。

以油酸同多元醇(如乙二醇、聚乙二醇等)酯化生成的合成酯为例,既可作为皮革加脂剂的组分,也可再进一步改性后作为皮革加脂剂。油酸同乙二醇反应所得的双酯是合成加脂剂中的一个重要组分。市场上常见的合成酯加脂剂有上海皮革化工厂的 SE,Trumpler 公司的 Trupon SWS 及 Trupon EER 等。油酸与聚乙二醇酯化后再行硫酸化、磺化或氧化亚硫酸化所制得的加脂剂能很好分散皮革胶原纤维,赋予皮革极好的柔软性。国外还将油酸聚乙二醇酯的氧化亚硫酸化产品作为耐酸加脂剂,用于鞣制工序,促进铬在革内各层均匀分布,增力皮革的丰满性和柔软性。

水乳性合成油脂。它可以在水中形成稳定的乳液,或者能溶于水中,这类材料均具有极强的乳化能力,是目前制造合成加脂剂大量使用的乳化性合成油。这类水乳性合成油脂主要有长链烷基磺胺乙酸钠和烷基磺酸铵,它们都是烷基磺酰氯中间体原料的深加工产品。

水乳性合成油脂中间体-烷基磺酰氯。烷基磺酰氯(RSO_2Cl)是一种带有活性基—SO_2Cl、与皮革纤维结合力较强的加脂剂,被称为具有鞣性的加脂剂,可以代替鱼油鞣制,也可以与其他鞣剂结合鞣革。常用的烷基磺酰氯含活性物在 45% 左右,密度为 0.9~0.97g/mL,外观为黄色或棕褐色,pH 值为 4~5。烷基磺酰氯既可作为加脂剂的组分,又是一个很有发展潜力的中间体。皮革化工所用烷基磺酰氯是黄色透明液体,不溶于水,活性物含量在 45%~50%。烷基磺酰氯直接用烷基磺酰氯作为加脂剂时,一般要求活性物含量较高,可高达 100%。如我国生产的加脂剂 CM,Trumple 公司的 Resistol 即属此类。烷基磺酰氯可与皮革纤维上的氨基进行反应性结合,用它加脂不会被有机溶剂萃取出来,能起到永久加脂的作用,可赋予皮革良好的丰满性和柔软性,增加皮革的丰满性和柔软性,提高皮革的撕裂强度。另外,烷基磺酰氯可与其他加脂材料复配使用,如与氯化石蜡、氯磺化动植物油、脂肪酸甲酯等一起用于牛皮加脂,能有效地改善加脂革的防水性能。

烷基磺酸铵。用活性物含量为 50% 的烷基磺酰氯与液氨经酰胺化反应即得烷基磺酸铵。烷基磺酸铵是烷基磺酰氯衍生物中用量最大的一种,一般不单独使用,而是和其他加脂材料复配成复合型加脂剂。烷基磺酸铵系阴离子乳化剂,成本低,可代替烷基磺胺乙酸钠。具有较强的乳化能力、渗透能力、结合能力和助软能力,乳液稳定。烷基磺酸铵可以用来提高染色革的耐光性。

烷基磺酸铵在皮革加脂剂中用量虽然较大,但在性能上也有缺点,一是它的相对分子质量小,结构简单,经其加脂的革丰满性较差。二是分子中缺乏能与皮纤维牢固结合的官能团,而且它在酸碱性的条件下均能乳化于水中,故用其加脂的革随着时间的推移加脂效果变差。主要是由于烷基磺酸铵会慢慢地向革面迁移及易被水和有机溶剂洗脱出来。

制备原理:严格地讲,在有水存在的碱性条件下 R—SO_2Cl 先进行的是水解,得到 R—

SO_3H,然后再进行中和。得到的一系列反应后产物是一个混合物,其中含有残余微量的烷基磺酰氯、液体石蜡及烷基磺酸铵,其中烷基磺酸铵是主要组分。化学反应式如下:

$$R{-}SO_2Cl + HOH \xrightarrow{OH} R{-}SO_3H + H{-}Cl$$

$$R{-}SO_3H + HCl + 2NH_4OH \longrightarrow R{-}SO_3NH_4 + NH_4Cl\downarrow + 2H_2O$$

先根据 $R{-}SO_2Cl$ 活性物的含量、氨水浓度,计算加入的量,整个过程缓慢加入氨水,设备要具备良好的冷却功能。温度保持在 45～50℃,反应 2～3h 即可。根据活性物的含量,计算出氨化后副产物 NH_4Cl 的量,补加适当的清水形成饱和盐水,然后进行分离。否则,NH_4Cl 将对加脂剂的乳化、渗透、加脂等一系列性能产生极其不利的影响。

生产工艺如下:

①氨化:将计量的烷基磺酰氯用泵送入氨化反应釜,开启搅拌及夹套冷却水,维持反应温度 30～40℃。随后从高位槽缓慢加入氨水(15%以上浓度),氨水用量一般为 40%～50%(占烷基磺酰氯),约 40～60min 内加完。注意调节加料速度,否则容易发生溢锅现象,加完氨水后再反应 1h。反应过程中经常取样分析反应物的 pH 变化情况和乳化性能,且体系呈碱性时即为氨化反应终点。

②除盐:将反应物泵送入洗涤槽内,加入计量的 50℃左右的食盐水洗涤,搅拌 30min,静置 4～6h 后分去下层氯化铵的水溶液,上层淡棕色或红棕色油状物即为烷基磺酸铵。

产品外观为红棕色油状液体,水分 25%以下,pH7～9,10%的水乳液 24min 无浮油。

烷基磺胺乙酸钠。烷基磺胺乙酸钠具有较强的乳化能力,渗透能力、结合能力和助软能力,具有耐光、耐稀酸稀碱的优点。常用于与其他合成油或天然油脂复配生产合成加脂剂或复合加脂剂。有时也作为制革浸水助剂和渗透剂使用。

(6)天然油脂的磺氯化及其产品

用天然油脂进行磺氯化反应制备加脂剂一直是皮革化工材料研究者的追求。在国内,油脂产量仅次于菜籽油、豆油和蓖麻油的就是猪油,但是在 20 世纪 90 年代以前,无论用什么方法均无法将猪油很好地制备出具有良好乳化性能的加脂剂。当初除了醇解制备丰满猪油(其中额外还要配制许多乳化性好的材料)外,其次就是醇解后进行氯化处理,单独作为一种油成分使用。

从目前的发展趋势分析,利用烷基烃类原料将要受到自然资源的限制,如烷基磺酰氯化烷烃来自于石油,不可再生。天然油脂是可再生资源,而且采用天然油脂合成加脂剂,加脂性能更有综合性,具有良好的耐光性,可大大减少甚至避免革在存放过程中产生异味,可以进行生物降解等,这些特点无疑将吸引人们更多的关注。

天然油脂基本上都具有一定的不饱和程度,碘值的高低对磺氯化反应影响很大,较高碘值的油脂在磺氯化反应过程中,分子上的双键要消耗一定的氯气,这样将会对磺氯化反应的正常进行不利,必须对不饱和度较大的油脂预先进行处理,使整个油脂的链结构饱和度增加,这样才有利于磺氯化过程的进行。由于猪油碘值较低,所以目前在这方面研究较多的还是猪油。

猪油磺氯化产物进行氨水氨化即可制得猪油磺酸铵。这类产品可形成自乳化体系,有良好的乳化能力,猪油甲酯磺酸铵需要与其他的油成分、活性成分一起再组合,制备成成品使用,单独用其加脂油润性是很差的,此时就是一个活性组分。多与多种加脂材料复配成不同性能的加脂剂,且之间都具有很好的相溶性。此类材料与皮革有优良的结合性,油脂不易迁移,使成革的柔软性得以长久保持,有良好的耐光性,丰满性与油感也是相当好的。

猪油甲酯的基本结构特点决定了其析盐和低温物性不同于烷烃,根据前人做的研究发现,铵化过程与烷基磺酰氯相比有差别,主要是副产物 NH_4Cl 盐的分离不如烷基磺酸铵产物中 NH_4Cl 分离容易。体系的黏度较大,NH_4Cl 结晶层析速率较慢,晶粒细小;如果环境温度≤10℃,更不利于分离,尤其是部分未反应的油脂也会层析与盐混合。因此,进行 NH_4Cl 分离需要采用更严格的处理方式,精确地添加水量和助剂到猪油甲醋磺酸铵中,并要控制适宜的温度。

工业猪油经酯化处理后,可直接进行磺氯化反应,磺氯化的设备及其工艺流程基本类同液蜡的磺氯化。最佳的磺氯化反应条件一般是:反应温度 75~80℃,Cl_2 与 SO_2 的流量比为 1.0:1.0,紫外灯照射并反应 4h 以上,当反应物的相对密度达到 1.117~1.142 之间时,磺氯化反应即可结束,然后对产物进行脱气处理。磺氯化猪油用氨水氨化深加工成猪油磺酸铵的工艺方法类同烷基磺酰氯的氨化过程。

猪油甲酯磺酸铵基本质量指标:外观为棕黄或红棕色稠状液体;有效物质量分数,约70%;水分≤30%;1∶9 的乳液的 pH 为 7.0;1∶9 的乳液室温存放 24h 不分层、不破乳。本身因少量的硬脂酸甲酯在自然存放、温度≤10℃时可能出现透明度下降的现象,有少量悬浊物产生。

(7)聚合物类加脂剂

聚合物类加脂剂于 20 世纪 90 年代初期在制革生产中开始应用,属一类新型的多功能型加脂剂。这类加脂剂大多数是由丙烯酸、甲基丙烯酸及其长链酯或马来酸酐脂肪醇单酯与其他乙烯基型单体(有时也有添加蓖麻油一类天然油脂成分的类型)共聚而制得的具有亲水-亲油结构的共聚物(包括均聚物在内的混合物体系),该共聚物进一步进行改性与调配(调节油成分、乳化成分与 pH),可制成兼具复鞣、防水、加脂性能的加脂剂。

比如,丙烯酸树脂中引入了硫酸化蓖麻油等链节后,其处理后皮革的柔软性和弹性会较突出。这也成为聚合物型加脂剂合成制备的一种方法。当在复鞣剂的共聚链上引入具有润滑柔软作用的脂肪链后,分子链上既具有亲水的基团(主要是羧基),又具有长脂肪链亲油基团,即带有长脂肪链的酯基、醚基等疏水基团。这类两亲性树脂具有复鞣加脂剂的效果,既有复鞣填充作用,又具有润滑加脂作用,理论上讲可代替加脂剂和复鞣剂。通过控制共聚物链上亲水基和长链亲油基的比例,可以获得一系列的复鞣加脂剂,满足不同革的要求。实际上也是一种高分子的可控聚合,通过选择合适的单体及极性基团,使得合成出的聚合物具有两亲结构,表现出高分子表面活性剂的加脂性能,这类复鞣加脂剂分子中具有较多的羧基,靠羧基与铬鞣革中的铬结合,结合力极强,在革中稳定,不会迁移而使皮革干枯,具有持久的柔软作用,耐干洗。当渗透进皮革纤维中的复鞣加脂剂上多余的羧基被多价金属盐封闭后,能赋予皮革优良的防水性能。

此类加脂剂的使用,简化了制革生产过程的部分工序,是制备高档防水绒面革及其他防水革的一类较好的加脂剂品种。经此类加脂剂加脂后的革,具有较明显的填充性能,并具耐溶剂抽提能力。此类加脂剂可进一步发展成耐洗型加脂剂。聚合物类加脂剂属新发展起来的品种,国内只有很少数品种,FRT 复鞣加脂剂是这类产品中的一种代表性产品。

这类产品目前还有一些问题需要解决,如该产品的储存稳定性及乳液的稳定性,使用过程中的配套工艺以及防水性能等。从理论上讲,这类加脂剂的原料来源较丰富,而且通过单体品种的交叉可发展更多的产品,但实际上这类产品与以酯类或烷烃类为油原料的加脂剂类相比,是一类品种很少的加脂剂类别,有待在成本、制造技术以及实际应用方面不断完善。

6.6.3　加脂剂的复配

单独地使用一种加脂剂满足制革加工高质量的要求是不现实的,也不能满足现代制革生产的需要。制革厂在加脂实践过程中,根据成品革质量要求,也是选用不同品种性能的加脂剂以不同配比进行混合加脂。现在国内外一些综合性能好的加脂剂也都是采用一定的复配技术,将具有不同结构和性能的组分复配精制成复合型加脂剂,而且拼混组分的个数越来越多。除完成上述主要的乳化组分的合成外,真正意义上的加脂剂还需要适当的复配,相关的组分(包括油成分、乳化组分及其助剂等)对加脂性能影响显著。在复合技术中,除复合时的温度、时间、加料方式以及搅拌效果等条件外,各组分的比例最为关键,它直接影响着加脂效果、油脂渗透、与革的结合性、革的强度、革的手感以及加脂剂其他功能的发挥。近年来加脂剂除传统型产品外,其他新型加脂剂的研制与生产也都是朝复合型(亦叫拼混型)及多性能方向发展。

加脂剂的复配成分与加脂性能的影响:

6.6.3.1　油成分对加脂性能的影响

从复配的加脂剂组分来看,它们是用一般的动物油及其改性产物、植物油及其改性产物、矿物油及其改性产物和一些添加剂、助剂等复合而成。从现有加脂剂的成分来看,几乎都是复合型加脂剂。复合型加脂剂的应用,简化了加脂配方选择方面的麻烦,提高了皮革的质量。过去在实际生产中,在加脂工序中选用的加脂剂少则五六种,多则七八种是常有的情况,而且由于加脂剂引发的质量事故屡有发生。现在一般皮革厂只需选用1~3种的加脂剂就完全可以满足要求,而且质量稳定。在材料的组成及性能上做到取长补短,满足制作某一类型皮革的要求。如用于制作软面革的复合型加脂剂,应选用渗透性和润滑性好的加脂材料;用于制作有一定身骨及弹性的皮革的复合性加脂剂,应选用部分动物油并可搭配少量生油;要求有一定防水性能的复合型加脂剂,可选用长链脂肪酸金属盐、有机硅加脂剂等组分。

由前所述,油成分分为两大类:第一类为脂类及其衍生物,其主体为天然油脂及其衍生物;第二类为烃类及其衍生物,其主体为矿物油加工产品——液体石蜡及其衍生物,也包括有机合成的材料(其中仍然包含有机硅及有机氟类)。

加脂剂的品种和类型很多,从加脂效果来看各有优缺点。天然油脂中的植物油类加脂剂,由于植物油的不饱和脂肪酸含量较高,在常温下呈液态,从而具有较好的流动性,易于向皮革内部渗透,且均匀分布,赋予皮革良好的柔软性、较大的延伸率以及良好的手感,在这方面与矿物油类加脂剂有类似之处。但与动物油类加脂剂相比,植物油类加脂剂的填充性、油润感、蜡感以及绒面丝光感都较差,皮革的疏水性能也较小,加脂革有久贮变硬的缺点。由于陆产动物油脂的饱和脂肪酸含量较高,在常温下多呈固态或半固态,流动性较差,故而动物油类加脂剂多呈稠状,往往加脂后皮革表面的油润感强于植物油类与矿物油类加脂剂。研究表明,加脂剂的耐光性与油成分中的双键数量与构型以及形成自由基的方式有关。以不饱和天然油脂为油成分的加脂剂,其耐光性均低于以液蜡(饱和直链烃)为油成分的加脂剂。因此,不饱和天然油脂类碘值越低,耐光性越好。

合成加脂剂的化学性质稳定,渗透速度快,加脂革柔软、润滑,但也有加脂革手感干枯、加脂剂易迁移、不耐贮存的缺点。合成加脂剂的烃类油成分同类间的差异,主要集中于烃链(脂肪链)的长短、带支链与不带支链以及是否带极性基团三方面。以烃类为油成分的加脂剂,其油成分中的不饱和烃成分越少越好。因为不饱和烃成分过多会降低其稳定性、耐光性、耐氧化性、抗霉性等性能。烃类油成分的碳链长短对加脂性能的影响,也与酯类油成分碳链对加脂性能的影响类似。由于含碳链长短的不同,其加脂性能也有所差异。因此在皮革加脂时,总是将不同类型的加脂剂按一定的比例复配成复合型加脂剂,取长补短,达到最佳的加脂效果。

而发展中的特殊类型加脂剂,其中包含有机硅及有机氟的加脂剂。这类加脂剂具有优异的防水、防油、防污、柔软、滑爽等性能,以酯类与烃类为主要油成分的加脂剂类很难具有这样的优点。由它们制成的加脂剂,其突出特点为具有优异的防水、防油、防污性能("三防"性能),其中含氟类最好、含硅类次之,含硅类还具有特别优良的滑润与柔软性能。同类型油成分在结构与组成上的差异,主要反映在上述特性的强弱程度及耐储存性能的不同。

6.6.3.2 复配时乳化成分对加脂性能的影响

加脂剂的乳化成分可粗分为离子型与非离子型两大类,在离子型中又分为阴离子型、阳离子型与两性型。因传统铬鞣法的制革工艺主要采用阴离子型加脂剂,使得阴离子型加脂剂在加脂剂品种中占主导位置。加脂剂的乳化成分既起乳化中性油成分的作用,也具有一定的加脂作用。在性能上(尤其是在表面活性方面)与表面活性剂类似,因此在选择与使用各种类型的加脂剂时,可以参考相同类型的表面活性剂的表面活性。从另一个角度看,加脂剂乳化成分实际上可看做是在油成分中引入极性基团的过程。各类乳化成分对加脂性能影响的差异很大程度就显示了其在加脂性能上的差异。

实验结果表明,阴离子型乳化成分所带的反应性极性基团,如—COONa,—PO_3Na_2等,均与铬鞣革有很强的亲和力,从而一定程度上赋予加脂剂同铬革结合的能力。—OSO_3Na因为电离能力强,与铬革结合的能力弱。

阳离子型乳化成分,对革的透气性能影响最小,用阳离子型加脂剂加脂的革,能较好地保持天然皮革的透气性能。研究表明,革中油脂质量分数高于13%时,革的透水汽性能降低,其中阳离子型乳化成分影响最小。

两性型乳化成分具有优良的易生物降解的环保性能,并具有较好的柔软与油润感。阳离子型与两性型乳化成分,对阴离子型染料都具有助染与匀染作用。

阴离子型、阳离子型与两性型乳化成分的表面活性方面的差异对加脂性能的影响集中反映在相应的加脂剂品种在乳化、渗透、分散以及润湿性能等方面的差异上。

实际上,任何离子类型的乳化成分赋予加脂乳液的电荷,对乳液向革内分散渗透的均匀性、吸附性的影响,均与革纤维电荷有紧密的关系。如果铬鞣革先经过中和与水洗,再用阴离子型乳液进行加脂,并且加脂过程均匀地、缓慢地进行,加脂剂则可渗透至皮革的内层。如果用油脂微粒外围带阴离子的乳液,直接对带正电荷的铬鞣革进行加脂,乳液微粒就会聚集在带阳电荷的皮革表面,油脂则基本上分布在革的表面层,从而使油脂过多地沉积在皮革表面,极易导致涂饰层粘着不牢而易脱落,严重影响皮革质量。相应的,非离子乳液对电荷不敏感,就容易向革身内部渗透,之所以非离子乳化组分与多种加脂剂复配,目的就是增强抗电(荷)解质能力。

即使在同一类型中,乳化成分中的活性基团在脂链中的位置对加脂性能也有一定影响。目前的研究结果表明,亲水基团在脂链一端的,较亲水基团在脂链中间的具有更强的表面活性。而对于阳离子型(胺盐型与季铵盐型)乳化成分而言,季铵盐型具有更佳的表面活性及更强的阳离子性能,适用的 pH 范围更广泛,性能更稳定,因此在可选择的条件下,应尽可能选择季铵盐型乳化成分来制备阳离子型加脂剂。两性型乳化成分对加脂性能的差异与阳离子型类似。

非离子型乳化成分由于结构上的差异而导致加脂性能的不同,主要反映在非离子型乳化成分类别对加脂性能的影响上。非离子型乳化成分的几种类别:聚氧乙烯型、多元醇型及烷醇酰胺型,具有各自的性能特点。非离子型乳化成分具有更宽的适用范围,乳化、分散、渗透、润湿等性能均较优良,因此常用作各类加脂剂外加的乳化成分,用以改善或提高相应加脂剂的乳化、渗透、分散等性能,尤其是针对阳离子型加脂剂类。从石油化工的发展来看,聚乙二醇型非离子型表面活性剂为最常用的一类;而以脂肪醇为原料的一类,如平平加、JFC 渗透剂,因具有优良的表面活性与易生物降解性能以及油基部分(脂链部分)与油成分的相似性,在加脂剂的乳化成分中用得更为普遍,其加脂效果也较好;烷醇酰胺则具有很好的柔软、抗静电作用;多元醇型中 Tw 是具有优良的乳化性和助软作用的一类,有时因为成本较高,作为加脂剂的乳化成分用得不太多。

6.6.3.3　加脂助剂成分对加脂效果的影响

加脂剂除油成分与乳化成分两种主要成分外,还添加其他成分。这些添加成分一般所占比例较小,都在 1‰左右或更少。比如,为改善或提高加脂剂的乳液稳定性及表面活性,常添加少量非离子型表面活性剂,如平平加、AEO, AES, Tw 等系列非离子型表面活性剂,并且还可在一定程度上改善染色性能。阳离子型乳化成分的表面活性差,必须加入非离子型表面活性剂。

加脂剂中的防霉剂,对提高皮革的抗霉性能,提高天然油脂类加脂剂耐储存性能和抗霉变、抗酸败能力具有较显著的作用。防霉成分虽在加脂剂中所占比例很小,但却是重要的成分之一,如粉状的二氯乙烯基水杨酰胺类 SD、HB(液)、A-26 等,PM(吡啶类化合物)、BJQ-114 等。

加脂剂中添加抗氧化成分则是为防止加脂剂(尤其是以天然油脂为基础油成分的加脂剂类)在储存或使用过程因氧化作用而产生酸败、变质等不良情况而添加的一种重要成分。抗氧化成分对皮革的加脂作用不是直接的,主要作用于加脂剂本身,但也是重要的成分之一。加脂剂含有某些有机溶剂,如常用的小分子的醇(包括烷基醇胺、多元醇、醇醚溶剂),可以在调配、分散或稀释加脂剂时使之具有更好的加脂效果,如在促进加脂剂在革内的渗透与分散、使加脂剂更均匀地分散于水介质方面,这些助剂起着"意想不到"的重要作用。

加脂剂组分的复配及基本原则:

从广义角度上讲,在一个加脂剂产品里,最关键的两大类组分—油成分和乳化成分,二者之中任意一类只要存在不同的组分或者同种组分不同规格,均可称它是复配的。随着制革生产要求的不断变化和皮革化工材料生产技术水平的提高,现在复配型的产品越来越多,目前绝大多数产品均可归属复配的范围,几乎很少用单一材料来制备制革加脂剂。加脂剂复配的基本原则如下:

(1)电荷相同相容原则。不能将单一的异性电荷组分放在一起,为此,非离子加脂剂可以与任何电荷的加脂剂复配。两性加脂剂与阴离子或者阳离子加脂剂复配时,应该考虑到各自体系的 pH 大小,否则,会产生沉淀;强阳离子弱阴离子型或者强阴离子弱阳离子型加脂剂,与阴离子加脂剂复配时,对 pH 的变化更敏感。

(2)组分物性相似相近原则。不同组分复配时,要充分考虑相对密度差异、凝固点高低,这非常重要。饱和油脂,尤其是长链的油脂、直链烃,凝固点较高,因此,复合时凝固点不能悬殊太大,凝固点高的组分比例不能占得太多,否则,产品相溶性无法保证,温度低易层析出来。相对密度的问题也与此类似。

(3)组分结构、极性相似相近原则。磷脂比天然油脂有更明显的极性结构,相溶性很差,复配时不能够多加;同理,有机硅和有机氟材料之所以与很多加脂剂不能组合,也是因为极性非常悬殊,表面自由能很低,必须对它们改性后才可以使用。

(4)亲水基(如引入位置、化学稳定性)决定复配性能原则。以天然油脂为例,经醇解与顺酐酯化再亚硫酸化的组分(亲水基在端部),与氧化—亚硫酸化和双键硫酸化的组分(亲水基在中部)相比,顺酐酯化物亚硫酸化组分与其他油脂的相溶性差一些,其相对密度比其他磺酸基略大。同样亲水基的化学稳定性也十分重要。以阴离子加脂剂为例,组合时要充分考虑 $R—COO^-$,$R—PO_4^{2-}$,在酸性介质中电离能力较弱,复配时要考虑加入有助于抗酸性的组分;对于存在多价态金属离子的水性体系,更要防止直接接触,需要组合非离子活性组分,增强乳液的双电解层的抗电解质稳定性,否则亲水基立即生成不溶性的盐沉淀。$R—OSO_3^-$ 要考虑与抗酸性强的组分组合,使用时还要兼顾抗分解性;而 $R—SO_3^-$ 在酸性介质中电离能力较强,与多价态金属离子不会生成不溶性的盐,但是,与 $R—COO^-$,$R—PO_4^{2-}$ 和 $R—OSO_3^-$ 相似,遇金属离子(尤其是多价态金属离子)很容易削弱乳液的双电解层的电位。因此,鉴于它们之间的差别,在复配时添加的组分要有一定的差别。

综上所述,复配不一定是使乳化能力越强越好,乳液越稳定,加脂结果并不一定就越好。复配的目的是兼顾保障产品自身具有良好的化学稳定性与物理稳定性的基础上,能够满足转鼓中的乳化分散与渗透吸收,最终赋予革制品柔软、回弹、丰满的优点。

6.6.4 制革加脂的功能性

随着人们生活水平的提高及皮革加工技术的发展,皮革及其制品以其优良的使用性能越来越为人们所喜爱,它的用途也越来越广泛。皮革除用于皮鞋和服装、手套外,近年来在沙发、箱包、汽车座垫、装饰等方面的需求量也很大,增长的速度很快。随之而来的是人们对不同用途的皮革的功能性提出了不同的要求,如作为服装、手套、箱包用革的柔软性、耐光性、防水性等比以前要求更高,汽车座垫、沙发及室内装饰用皮革则要求具有柔软、富有弹性、丰满、阻燃、低雾值等性能。皮革的这些特性只能通过加工皮革过程中所用化学材料来实现,因此现在所用加脂剂除了满足加脂作用外,还要有某些特殊的功能如填充、耐光、耐洗、结合、防水、阻燃、助染、防霉等。

6.6.4.1　加脂材料的填充性

由于原料皮在组织构造方面的特点和差异,制革加工过程处理不当等众多原因,造成了皮革纤维材料的非均一性多空特征,具体表现在皮与皮之间厚度以及柔软等手感方面的不同,而且在一张皮革的不同部位也有差异。因此,加脂剂的填充作用,尤其是对皮革边肷和空松部位的填充很受制革者的欢迎。

不同品种的加脂剂具有不同的填充能力,这主要是由于加脂剂中的中性油具有不同的填充性能,如较大分子烷烃的填充性最好,其次是牛蹄油和羊毛脂,矿物油的填充性最差。对某些油脂类化合物进行适当的硫酸化与亚硫酸化或添加乳化剂与助剂均能提高填充能力。此外,聚合物型加脂剂也有很好的填充性能。

现在普遍认为填充机理有物理和化学方式两种,物理方式为材料在纤维间的沉积与堆积,其效果随坯革干燥后的机械积压与熨平将会减弱,而化学键交联作用促使了皮纤维大分子间距的扩增,其效果是不可逆的,以后机械力作用影响甚微。制革生产中可用厚度仪评估制革皮革加脂前后厚度差(或增厚率)以确定加脂剂的填充性或丰满性。

在加脂剂的研究中发现,脂肪醇磷酸酯、脂肪酸酯、环烷酸酯等都具有很好的填充能力,同时能改善皮革的弹性。德国 Trupon EZR 加脂剂的填充性能比较突出,其中含有脂肪酸高级醇酯、高分子烷烃、羊毛脂等。羊毛脂及其衍生物都是很好的加脂剂,柔软、油润,填充性好,也有防水特性,如亭江化工厂的亚硫酸化羊毛脂、浙江普陀化工厂的磺化羊毛脂以及广州新会市皮革化工厂的 NF-3 磷酸化羊毛脂等。在加脂剂中复配一定量的天然浓缩磷脂也有满意的填充性,如果将加脂剂与革屑消解物、栲胶及树脂等复配也会具有相当好的填充效果。

加脂剂要具有良好的填充能力必须具有好的乳化、渗透能力,能够渗透进皮革胶原纤维之间,具有好的分散皮革纤维的能力。因此,乳化、渗透是分散皮革纤维的前提,分散又是填充性能的前提。填充性能的好坏和加脂剂的结合性能密切相关,结合型加脂剂的填充性能往往也很好。改性 SCF 结合型加脂剂的填充效果在边腹部可以达到 30% 以上,改变了皮革的部位差,提高了利用率。

6.6.4.2　加脂材料的防水性能

由于革纤维大分子具有许多诸如羟基、羧基、氨基、肽基等亲水基团,另外,在制革加工过程中,栲胶、合成鞣剂、染料、表面活性剂、硫酸化或亚硫酸化油脂等,都含有大量较强的亲水基团,尽管加脂操作能够增加革的防水性能,如果不采用防水性材料以及特殊防水处理工艺,革的吸水性还是很大的。这对皮革制品的耐候性、适应性及使用范围方面都产生了极不利的影响,为了提高皮革及其制品的实用性能,人们对于皮革的防水性能提出了越来越高的要求。

在皮革湿加工阶段,即染色加油以前的工序中所用的皮革化学品的亲水性都很好,客观上导致皮革的耐水性趋于下降。由于皮革遇水后的性能会发生一定的变化,近年来人们对于皮革的防水性能提出了较高的要求。

皮革防水的概念以及程度主要有下列三种：

不润湿性：即防止革纤维表面被水润湿的性能，国外又称为拒水性。

不吸水性：即防止革吸收水分和防止水在革内渗透的性能，国外又称为抗水性。

不透水性：即防止水从革的一面透到另一面的性能，国外又称为防水性。

不润湿性主要指表面防水性能，宜采用涂饰和表面加脂的工艺获得。不吸水性和不透水性主要指革内层防水性能，宜采用专用的防水剂与防水性加脂剂进行处理，非防水性的革，遇到水时首先革面润湿，然后水被革吸收并向革内渗透，最后水透过革从另一面排出，这是一般水遇到皮革后的情况，也是上述三种作用的连续过程。

为了提高皮革的防水性能，最初是用未经化学处理的油脂、石蜡等材料处理皮革，但它影响皮革的手感和透气性，久置后油脂易变质或迁移而使皮革干枯易断裂。现在国内外普遍使用疏水性加脂剂来提高皮革的防水性，它能够结合或吸附于革纤维表面，使其表面张力显著下降至低于水的表面张力，而起到拒水作用。

当然，皮革防水不仅通过防水加脂剂和防水性的涂饰材料来进行，也可以用防水性的复鞣剂进行处理。国外代表产品有美国罗姆哈斯公司的 Lubritan WP 系列，是一种具有加脂防水复鞣功能集一体的材料，它为丙烯酸高碳醇的酯与其他丙烯酸单体的共聚物，国内也有同类产品问世，如 FRT 加脂复鞣剂。

6.6.4.3 加脂材料的阻燃性能

皮革作为一种性能优良的材料，早已被广泛应用于生产生活的各个领域。因为其本身具有卓越的透气、绝热、耐陈化、耐汗、耐磨及防穿刺等综合性能，因此皮革十分适用于森林防火装备的制造、高层建筑的内装潢以及飞机、汽车内装饰和办公家具的制造。近年来，国内外火灾发生越来越频繁，火灾造成的人员和财产损失也越来越严重。而随着生产生活水平的提高，人们对安全防火也越来越重视。为了避免火灾的发生，降低火灾的可能损失，各种阻燃材料得到了广泛的应用。现在，我国阻燃材料质量标准体系已经建立起来并在不断完善，在阻燃材料通用标准方面已经制定了铁路客车、民用飞机机舱及坐椅垫、汽车内饰材料等的阻燃标准。在以上提到的某些特殊领域使用的皮革，在达到一般皮革所具有的手感、物理机械性能及挥发雾化指标的同时，还需要适当的阻燃处理，才能符合客户安全防火的要求及政府有关法规标准。

加脂剂是影响皮革阻燃性的一个重要因素，使用加脂剂进行加脂处理后，发现皮革的抗燃性会明显下降。加脂剂与皮革胶原纤维形成牢固结合的可能性，相对于复鞣剂与皮革胶原纤维的结合可能更低，在加热过程中更易迁移至皮革表面，直接成为燃料，从而增加了皮革的易燃性。

油脂对皮革可燃性的影响主要决定于油脂本身的挥发性、燃点和燃烧热等因素。有研究表明，随着油脂含量的增加，各种类型的油脂都不同程度地降低了对皮革的阻燃性，加脂后皮革燃烧的容易程度为鱼油＞菜籽油＞磷脂＞SCF 加脂剂＞豆油脚磷酸酯。

国内对皮革阻燃技术研究较少，皮革阻燃材料的开发更少，高档的阻燃皮革和制品主要依靠进口，现有的应用于阻燃皮革生产的阻燃剂全部来自其他行业，如塑料、纺织等行业应用的阻燃剂产品。

皮革本身是一种天然高分子材料，由于在生产过程中采用了不同的机械、物理、化学处理，使用了不同种类和数量的皮革化工材料如鞣剂、加脂剂和涂饰剂等,而这些处理对成革的燃烧性能影响很复杂,皮革的燃烧性不仅取决于胶原纤维的热裂解,同时也取决于诸如复鞣剂和涂饰剂的热裂解和裂解产物,有些能提高革的燃烧性,也就是说成革燃烧性不仅仅由加脂材料确定的,因此在复鞣和涂饰等工序也需考虑添加上述阻燃材料。

6.6.4.4 加脂材料的耐光性能

在白色革和浅色革的制革生产中,特别是要做好白色革不是一件容易的事,因为成革的耐光性与否受各种皮革化工材料的影响,材料的耐光性对白色革和浅色革特别重要。对于轻涂或不涂的白色革与浅色革来说,耐光性的优劣受皮革所含全部专用化学品(如鞣剂、加脂剂、填充剂、涂饰材料等)等众多因素的影响,其中加脂剂的影响相当重要。当然,对于涂饰后的白色革或浅色革来说,情况就比较复杂,尤其是涂饰层较厚的鞋面革,加脂剂对革的耐光性影响不占主导地位,而涂饰层材料起决定性作用。

在皮革制造过程中,加脂剂的用量很大,一般认为加脂剂能够直接影响成品革的色泽和耐光性能,引起皮革老化、泛黄。引起皮革老化泛黄的因素很多,阳光的照射、热、溶剂的浸蚀、空气等各种作用都会引起皮革老化泛黄现象,但阳光的照射是引起这种现象首当其冲的因素。在皮革制造中,加脂剂的用量很大,它能直接影响革坯的色泽、耐光性与耐老化性,因此加脂剂本身的耐光性应是制作白色革或浅色革首先考虑的因素之一。加脂剂的耐光性能与加脂剂分子结构中的双键易于氧化和形成自由基有关,氧化的结果使其结构发生了变化,从而显示出不必要的颜色。天然油脂加脂剂要比合成加脂剂的耐光性能差,原因是天然油脂中双键数量多,易于氧化和形成自由基。而油脂分子中的双键在光的作用下可发生双键迁移,使加脂剂分子中的共轭双键数增加,也可造成加脂剂颜色变深且易于氧化。氧化作用的难易不仅受油脂分子不饱和程度的影响,而且还取决于双键的分布情况及数目。由于天然动植物油脂结构中含有较多的不饱和脂肪酸,传统的观点认为以它们为主要原料所得的加脂剂耐光性差,而合成加脂剂由于是以饱和的矿物油为主要原料,它们的耐光性较好。为了克服天然动植物油脂耐光性差的缺点,比较成功的做法是先将天然动植物油进行氢化和氯化,使部分双键饱和,再进行亚硫酸化、氯磺化、酰胺化、酯化等即可得到耐光性好的加脂剂。白色和浅色革用的耐光性加脂剂,一般用高级脂肪醇与油酸或者饱和脂肪酸酯化后再进行复配或者化学改性获得。

6.6.4.5 加脂材料的低雾化性能

加脂材料的低雾化性能是生产家具革,特别是汽车、飞机等座垫用革的特殊要求。低雾性加脂剂是防止部分加脂剂组分在皮革使用过程中挥发雾化而吸附于视窗玻璃上影响视觉的一类加脂材料。以汽车座垫革为例,其中均含有一些低沸点的化合物组分,在一定条件下会挥发出来,凝结在汽车挡风玻璃上形成一层薄雾,导致司机的视线模糊,这就叫起雾。特别是在天黑当司机面对对面汽车的灯光时,这种雾会更严重地影响司机视线而容易引发交通事故。因此,随着皮革工业的发展,人民生活水平的提高,家用汽车的普及,低雾值加脂剂的研究受到了重视,也具有广阔的市场前景。

该类加脂材料中不应含有小分子有机物,如某些矿物油、溶剂等添加物,而且从主要组分的分子结构考虑,则应在分子中引入足够的活性基团以加强材料本身与革纤维的结合力,防止挥发雾化。

常见加脂剂中的鱼油类加脂剂可用于汽车座垫革的加脂,磷酸化油与皮革胶原纤维结合力很强,能赋予皮革优异的低雾值性能;磺酸化氯化石蜡合成加脂剂也是一类雾值很低的加脂剂,而且耐光、耐热、阻燃性能均好。—COOH基的加脂剂烷基氨基丙烯酸钠(RNHCH$_2$COONa)型加脂剂是一类低雾值、耐干洗性好的加脂剂。

有关低雾值类加脂剂,国外研究机构进行了比较详细的研究,防雾值加脂剂产品已经应用到汽车座垫革、家具革中。比如美国 Rom & Haas 公司的 GX,SP 等,德国 BASF 的 Lipoderm CMG 等产品都是具有低雾化值的加脂材料。与国外相比,国内在低雾值加脂剂方面的研究较少。如栾寿亭等人研制的 DS-Ⅱ低雾值高效复鞣加脂剂。该产品主要成分由丙烯酸与多元丙烯酯及硫酸化动植物油等共聚反应而成,主要适用于各种高档软面革及汽车飞机座垫革、沙发革、衬衣革的复鞣加脂。该低雾值高效复鞣加脂剂使成革手感柔软、丰满、富有弹性,粒面细致,革面光滑,质轻。革坯具有明显的发泡增厚填充效果和优良的低雾值性能。而且该产品可以单独使用,成革防水效果良好,也可以和其他加脂剂配合使用。

6.6.5 加脂条件对加脂效果的影响

成功的加脂,不仅取决于所选择加脂剂的化学结构和性能,而且也取决于乳液的稳定性和粒子大小。此外,加脂的好坏还受到加脂条件的影响,如液比、温度、pH、机械作用、操作时间等。

6.6.5.1 液比

加脂乳液的浓度影响乳液中各组分的渗透深度。液比小,加脂剂的渗透和分布较好,成革柔软,但浴液中油脂浓度高时,会使皮革松软部位(如边腹部)吸收油脂较多,从而增加了革的部位差,因此如果加入油量大时,常分几次加入;大液比加脂,油脂渗透性差,主要是表面加脂,成革紧实,粒面干整,细致。因此对于软革,加脂液浓度要高以促进油脂的渗透;而对于紧实的革,则要求顶层加脂来改善表面手感和贴板离板性时,通常采用大液量加脂。

一般认为,加脂时液比小于1(以削匀革重计)为小液比,液比大于 1.5 为大液比。液比还与加脂革的批量有关。一般小批量的革,液比可以降到削匀革重的 0.5,而对大批量革,液比应大一些。在大多数情况下,主加脂时液比控制在 0.5～2.0 比较合适。

6.6.5.2 温度

低温加脂,在不影响乳化情况下,油脂在革内的渗透和分布较好,但吸收变差,温度低于30℃,油脂的吸收则很困难;高温加脂可以增加油脂的吸收,但渗透性变差,高温加脂往往还会使革面积有所降低,革粒面变粗。加脂温度一般控制在 45～55℃。

6.6.5.3 pH

加脂时革的 pH 对加脂剂的渗透和固定有很大的影响,而革的 pH 是由中和程度决定的。加脂浴液的 pH 直接影响加脂乳液的稳定性。皂类加脂剂在 pH 低于 4 时由于乳化剂的羧基被封闭而丧失乳化性,使乳液破乳。硫酸化油在 pH 较低时,硫酸酯键会水解而失去乳化性,乳液破乳。浴液 pH 低时,会降低革的 pH,增加其正电荷,使阴离子加脂剂乳液很快被革固定在表面,难以渗透。铬鞣革主要用阴离子加脂剂加脂,对于该体系,一般来说 pH 越高,加脂剂渗透好,吸收差;pH 越低,油脂的固定越好,渗透越差。因此在加脂初期适当提高 pH(一般在4.5 以上)以保持乳液稳定性,利于渗透,加脂末期加酸,降低 pH,促使乳液的破乳和增加革的正电荷,促进油脂在革内的固定、吸收。酸的用量随加脂乳液的稳定性而变化,稳定性好的乳液往往要加入更多的酸才能达到良好的吸收(一般 pH 不低于 3.5),但酸的用量是有限制的,如用量太大将会引起脱铬,因此对加脂乳液始末 pH 都要严格控制,以得到稳定的油脂吸收效果。

6.6.5.4 机械作用和时间

轻革的乳液加脂一般是在转鼓中进行的,转鼓在转动时的机械摔打作用可以促进乳液向革内的渗透,加速革对油脂的吸收,也促进乳液的破乳,但过强的机械作用会造成革松软,在液比小的情况下会造成松面。加脂时间随革的种类、厚度和加脂剂用量的不同而变化,一般控制在 30~90min 内完成。时间太短油脂的吸收、渗透不好,时间太长会使革受机械作用过大而产生一些负面影响。

另外,要控制加脂与挤水之间的时间间隔,一般加脂后的革要静置10h 以上尽量让革中油脂被固定后再进行挤水等操作;加脂革进行贴板或真空干燥,油脂也会迁移到革面,造成磨革困难,涂饰层年着力低的问题;革制品在存放或洗涤(水洗、干洗)过程中,会由于油脂的散失而变硬,甚至变形,因此,随着对革制品要求的日益提高,要求在加脂时选用加脂效果好而且与皮革结合牢的加脂剂。

6.6.6 皮革加脂的实施方法

6.6.6.1 铬鞣革的乳液加脂方法

铬鞣轻革主要是采用乳液加脂的方法。传统的加脂是在复鞣、中和工序之后,与染色同浴进行,也就是通常所说的"主加脂",是最后一道湿整理操作工序。

随着对皮革柔软度要求的提高,需要革内含有较多的油脂且在革内均匀分布,采用一次性加脂很难达到理想的效果,因此,现在的制革工艺趋向于多阶段分步加脂。分步加脂与一次性加脂相比,可以使皮革吸收更多的油脂,使油脂在革内分布更均匀,成革具有更好的柔软性,同时还可以避免一次性加脂在加脂剂用量较大的情况下,革表面油脂沉积过多使革油腻、影响涂层黏着的问题。实践证明,分步加脂在总油脂用量相同的情况下,柔软效果明显优于传统的一次性加脂方法。

分步加脂不仅在染色或染色后的主加脂阶段对革加脂,而且可在浸酸、铬鞣,复鞣、中和等工序中进行加脂。分步加脂对加脂剂要求更高,要求加脂剂有一定的耐电解质性能和与相应各工序中的其他材料的相容性,以确保加脂剂乳液在该工序的操作条件下具有一定的稳定性,能顺利进入革内。因此,主要选用稳定性较好的非离子型加脂剂、亚硫酸化加脂剂和耐电解质加脂剂。

以黄牛全粒面软鞋面革的加脂为例：

软鞋面革要求成革柔软、丰满、粒面细致，具有一定的弹性，要求加脂剂稳定性、渗透性好，能深入革的内层。加脂剂用量较大，一般为削匀革重的 6%～10%（以加脂剂有效物 100% 计），常采用分步加脂法，促进油脂在革内均匀分布。鞋面革一般采用贴板、真空干燥，要求加脂剂有良好的结合性，加脂剂用量不要太大，以免引起松面或油腻，可选择填充性较好的加脂剂。

(1)加脂前准备：黄牛铬鞣蓝湿革，削匀（厚度 1.2～1.4mm），铬复鞣水洗、中和至 pH 5.0。

(2)复鞣：水(40℃)　100%

丙烯酸树脂复鞣剂 3%～4%

合成加脂剂 1%～2%　20min

分散性合成鞣剂 2%～3%

栲胶 2%～4%

填充性树脂鞣剂 2%～3%　60min

(3)水洗：10～20min

(4)染色：水(50℃)　100%

染料　1%～3%　30min

(5)加脂：

复合型加脂剂　2%

亚硫酸化鱼油　2%

硫酸化牛蹄油　2%

SCF 结合型加脂剂　3%

FRT 复鞣加脂剂　3%　60min

甲酸(85%，稀释)　1%　15min×2+20min，pH 3.8

阳离子加脂剂　1%　30min

(6)水洗，出鼓，搭马静置。

6.6.6.2　重革的加脂

植物栲胶鞣制的底革、带革等重革，厚重、紧实、带阴电荷。这类革要求吸水性不要太强，因此，重革一般不用水包油型乳液加脂法加脂，直接用生油干加脂或用油包水型乳液加脂。

如植鞣底革加油多采用转鼓热加油。该法的操作要点是将革挤水或挂晾，使革含水量为 50%～55%，抹油或不抹油均可，将皮革投入鼓中，油料倒入鼓内转动 30～60min，并通入热空气，使内温达 45～50℃，最好正、反转动，使加油均匀。

也可使用手工涂油是在案板上进行的。将革肉面向上平铺于案上，接着用软刷或抹布将油脂涂在肉面上，形成薄层，涂油时应注意紧实部位多涂，松软部位少涂，然后将革悬挂在烘干室中干燥（温度为 40～50℃）。一般如果湿度和温度掌握合适，1～1.5 天油脂会全部吸入革内。

6.6.7　加脂中常见的问题

加脂是制革生产过程中的一道重要工序。加脂材料品种多、性能各异,加脂过程受很多因素的影响,操作不当会出现一些问题,给成革带来缺陷。

6.6.7.1　加脂液中油脂吸收差

加脂废液中存在较多的油脂,呈乳状浑浊,造成该现象的原因主要有以下几个方面:

(1)加脂剂用量过多,革干燥后松软、弹性差,因此,要适当降低加脂剂用量。

(2)坯革的前处理问题,中和过度,导致革对加脂乳液的亲和力降低;加脂前,革经过大量阴离子材料处理,坯革的阴电荷性太强,阴离子加脂剂不能与革很好地结合,因此适当降低中和程度,在加脂前适当用阳离子性材料处理,增加革的阳电荷性,促进革对加脂剂的吸收固定。另外,革身太紧实也影响加脂剂的渗透,导致革对加脂剂吸收性降低。

(3)加脂剂乳液太稳定,在革内不易破乳。应当选择稳定性合适的加脂剂配方,在加脂末期尽量降低 pH(一般不低于 3.5)或加入阳离子材料促进乳液破乳。

6.6.7.2　油腻

若加脂操作不当,革表面结合油脂过多,则表面油腻、发黏,肉面绒毛粘接在一起,造成油腻的主要原因有:

(1)加脂乳液稳定性差,不耐酸或电解质,在革表面即发生破乳。

(2)中和程度不够,pH 低,革坯表面阳电荷性强,阴离子加脂剂与革主要在表面结合。

(3)水的硬度大,或加脂浴液中中性盐含量高。加强加脂前的水洗,选用含中性盐少的染料。

(4)加脂剂用量大,加酸固定过早,太快或加阳离子油时浴液中仍有大量的阴离子加脂剂,乳液在浴液中破乳而产生表面油腻。因此,最好在加酸固定时分次加入,用阳离子材料表面处理时,换浴后再进行。

6.6.7.3　白霜

皮革在加脂湿整理工序储存一定时间后,加入革中的一些物质在革表面结晶形成白色斑点。这表现为不同状况。

(1)盐霜:革内的矿物质如氯化钠、硫酸盐,植鞣革中的硫酸镁等中性盐随革内水分的挥发而迁移到革表面,形成盐霜。通过加强各工序后的水洗,尽量洗出革内的中性盐,可解决盐霜问题。

(2)油霜:使用饱和脂肪酸含量高的动物油加脂剂加脂,革在放置过程中,与革不结合的饱和脂肪酸化合物迁移到革面形成油霜,在加脂剂配方中加入一些矿物油或合成加脂剂可避免油霜的生成。

6.6.7.4 油斑

加脂过程中产生的油斑主要是由于加脂方法不当,使乳液过早破乳,油脂不均匀地沉积在革表面形成的,或者加脂革坯处理不均匀而引起的,对于染色革则表现出色花。

6.6.7.5 树脂状斑点

用碘值高易被氧化的油(如鱼油)加脂革易出现树脂状斑点,呈黄色或棕色颗粒状,有些滑腻,有时形成一脓包。

6.6.7.6 革在储存过程中柔软性降低

主要是革在储存过程中油脂散失的原因。因此,在加脂时要选择与革结合性良好的加脂材料。

6.6.7.7 革变黄

对于白色革或浅色革,放置一段时间后有时会变黄,特别是在阳光暴晒下,其主要原因之一是所加油脂的碘值高,发生了氧化。因此在加脂剂或其他材料选择时,要充分考虑它们的耐光性。

6.6.7.8 革有异味

油脂氧化或酸败过程中,使革带有异味。选用品质好的加脂剂,同时,革存放时要保持革的干燥。

参考文献

[1]廖隆理.制革化学与工艺学[M].北京:科学出版社,2005.

[2]但卫华.制革化学及工艺学[M].北京:中国轻工业出版社,2006.

[3]卢行芳.皮革染整新技术[M].北京:化学工业出版社,2002.

[4]俞从正.皮革生产过程分析[M].北京:中国轻工业出版社,2006.

[5]张哲,林书昌,杨佳霖.天然染料的染色特性及其在制革工业中的应用进展[J].西部皮革,2014(04):12-14.

[6]石碧,陆忠兵.制革清洁生产技术[J].化学工业出版社,2004.

[7]马宏瑞.制革工业清洁生产和污染控制技术[J].化学工业出版社,2004.

[8]马建中.皮革化学品[J].化学工业出版社,2002.

[9]冯国涛,单志华.加脂剂在制革中的应用[J].西部皮革,2005(06):21-26.

[10]龚英,陈武勇,成康.表面活性剂在制革准备和染色中的研究进展[J].中国工程科学,2009(04):31-35.

[11]李志仁杨贵芝王宁.制革染色废水的处理工艺[J].甘肃环境研究与监测,1994(02):23-24.

[12]王树声.皮革现代染色技术——日本制革专家荻原长一谈皮革生产的理论与实践之三[J].皮革化工,1985(04):7-9.

[13]马佳,周玲,何贵萍,等.制革化学品的生物降解特性研究(Ⅰ)——加脂剂的可生物降解性[J].皮革科学与工程,2009(06):9-13.

[14]刘步明,罗怡,马亚军.芳香族甜菜碱型加脂复鞣剂在制革中的应用[J].皮革科学与工程,2006(04):62-67.

[15]胡杰.国内制革加脂材料的应用与发展[J].湖南化工,1996(01):13-15.

第七章　干整理

制革的整理过程除了包括前述的湿整理(复鞣填充、染色、加脂等),还包括干燥、做软、磨革、熨平、压花、打光、摔纹等干整理工序,这些工序往往贯穿整个湿革干燥直到皮革完成的全部加工过程,是制革生产的重要组成部分。坯革经过湿态染整之后,已羟基本上具备了皮革应有的物理、化学性能和感观特征。干整理工程的主要任务就是在保持坯革已有的基本性能、特征的基础上,通过适当的加工来进一步完善并赋予成革以应有的性能和特征。

7.1　干燥

7.1.1　干燥的目的

干燥的主要目的是除去革中多余的水分,使其达到成革对水分含量的要求,使革最后定型,便于干态整理和涂饰。干燥是皮革由湿态加工过渡到干态加工的中间操作,是许多复杂的物理与化学现象的总和,起承上启下的作用,并引起革内部结构发生一系列变化。经过湿态整理出鼓的革中水分含量在 $70\% \sim 80\%$,经过控水水分含量可降低至 $60\% \sim 70\%$,再经挤水、伸展使水分进一步降低至 $40\% \sim 50\%$,成革要求水分含量 $12\% \sim 18\%$。因此革中有 $20\% \sim 30\%$ 的水分需要通过干燥除去。随着革中水分减少,纤维间距离缩小,革内聚力增大将引起革体积明显收缩,纤维结构发生变化。动物皮纤维编织的各向异性使纤维间毛细管走向不一致,所以在干燥时沿各个方向的收缩程度不尽相同,其中沿厚度方面的收缩程度大于横向收缩,横向收缩又大于纵向收缩。

干燥方法、干燥条件控制也影响革在干燥时收缩的程度。干燥过程中,由于水分的除去,革内鞣剂、复鞣剂、染料和加脂剂等材料上活性基团进一步与皮纤维结合,加脂剂乳液破乳更完全,分布更均匀,使皮革结构更加稳定。例如,使铬鞣剂与胶原的多点结合、配价键结合增多,植鞣革的鞣制系进一步提高,染色坚牢度提高等。但是干燥也可能使未结合或结合不牢固的鞣质或其他可溶性物质如植物鞣剂、合成鞣剂、中性盐、油乳液、染料、填充材料等向革外层迁移,重者引起革面硬脆,颜色加深,产生色斑,造成所谓的"油霜""盐霜"等缺陷。革中水分含量越多,干燥速度越快,这些物质的迁移现象就越严重。

显然,皮革干燥不是一个简单的除去革中多余水分的物理加工,而是伴随着湿操作加工中的一系列化学作用,也较大的影响成革的物理性能,如延伸性、粒面的细致平整度、丰满性、弹性以及得革率等重要的特性。因此控制好干燥对获得优良的成革至关重要。

7.1.2　湿革中水分的结合形式

从组织学看,革的组织构造是由皮胶原纤维束构成的立体网状结构,纤维束之间存在着大小不一的空隙,形成一个十分复杂的多孔结构。在制革过程中,各种物质都是通过空隙渗透到皮革的内部并与皮胶原发生作用的。通常,即使不再滴水的坯革中也含有大量的水分,一般为大于60%。湿革中所含水分根据其与革的结合形式,可分为自由(吸附)水分、毛细管水分和化学结合水分。

7.1.2.1　自由水分

自由水分又叫吸附水分。这种水分附着在革的表面和充满于坯革粗大的孔隙内,它和坯革纤维完全不结合。因此,这种水在任何温度下,自由水分的蒸气压等于纯水在此温度下的饱和蒸气压。自由水分可以溶解其他物质,可以采用普通的方法将其从革中除去。例如,可采用机械除水法(挤水机挤水)。除去革中的自由水分,革的面积不会变小,即不会引起坯革的收缩,此外,对革的性质也无显著影响。

7.1.2.2　毛细管水

即除了毛细管壁上与革纤维水合的水以外的、处于皮革纤维毛细管中的水分。革中的毛细管及毛细管水与革的手感、卫生性能有极其密切的关系。毛细管水是通过表面张力与革纤维结合的,所以与纤维的结合力大于吸附水,而小于水合水。毛细管水的饱和蒸汽压小于敞开水的饱和蒸汽压。毛细管半径越小、毛细管水的饱和蒸汽压越低;毛细管中液体的表面张力越大,毛细管中液体的饱和蒸汽压越低;毛细管水的饱和蒸汽压越低则与革纤维结合越牢,干燥时越不容易被除去所以除去。毛细管水较除去自由吸附的水困难,除去毛细管水时毛细管收缩,引起纤维黏结和革的收缩。回潮时,革可以通过与液体水直接接触获得毛细管水,也可以通过空气中水蒸气冷凝获得毛细管水。革纤维分散的越好,革纤维中显微毛细管越多,毛细管半径越小,毛细管分布越均匀,则革的毛细现象越明显,革越丰满,革的卫生性能越好。

7.1.2.3　水合水

水合水是指通过氢键、范德华力等与革中具有极性的基团牢固结合的水。革中除有胶原上的极性基团外,还有鞣剂、复鞣填充材料、染料、表面活性剂、加脂剂等其他化学试剂上的极性基团。水合水与革纤维的结合力比毛细管水的还要大,其蒸汽压比普通水的饱和蒸汽压低许多,不容易挥发,干燥时不容易被除去,如果采用强烈手段如真空干燥将水合水除去,会引起革纤维黏结和强烈收缩,使皮板变硬;由于水合水的极性已经被其他极性基团束缚,所以不能作为溶剂溶解其他物质。

7.1.3　皮革的干燥过程

皮革的干燥过程是一个复杂的物理、化学过程。一方面,皮革的干燥通常是借助于热能的传递使湿革中所含的水分发生相变(即由液态转变为气态)以除去水分的过程。这一个过程可以认为是扩散、渗透和蒸发两个过程的总效应;另一方面,在皮革干燥的过程中,已进入革内的鞣剂、染料、加脂剂及其他助剂等,进一步与革纤维上的活性基团发生结合作用,以提高革的稳定性、改善革的性能。

皮革干燥过程包括传热和传质两个方面。所谓传热,就是提供热能,使革内的水分吸收热能之后气化,成为水蒸气。传热方式有对流传热、传导传热和辐射传热三种方式。汽化后的水蒸气要求被排除,又称为传质。排除水蒸气的方法可分为两大类:第一类方法是以空气为载体带走水蒸气,这类方法一般在常压下进行,机器不需密封;第二类方法是利用抽真空的方法直接抽走水蒸气,这类方法是在负压下进行,机器需要密封。

对流传热传质方式的干燥方法在皮革干燥中应用最为普遍,而且大多数皮革干燥方法都是以空气作为干燥介质,即皮革干燥的主要方法是使皮革和未饱和的空气接触,利用流动的空气把皮革中的水分带走。

7.1.4　皮革的干燥方法

7.1.4.1　挂晾干燥

挂晾干燥就是将湿革挂于竹竿、木杆或夹着在固定于金属框架上的铁丝的干燥方法。其优点是:坯革手感较好。缺点是:粒面较粗,坯革收缩较大,皮革伸长率较大。它特别适合于手套革、服装革、软面革等软革的干燥。

挂晾干燥属于对流干燥,在挂晾干燥的过程中,湿革本身可以自由收缩,传热和传质都靠周围的空气。根据挂晾干燥时传热和传质控制方式的不同,又可分为自然挂晾、烘道/上房挂晾干燥以及热泵干燥三种方法。

(1)自然挂晾。将湿革挂于四面通风的晾棚或室内,不采取强制加热或对流措施,单纯依靠空气的对流使湿革缓慢干燥。该方法的干燥速度随天气的变化而变化,最终革中的平衡水分完全取决于当时空气的相对湿度。

(2)烘道/上房干燥。将湿革挂于烘道或烘房内,通常采取人工加热和鼓风措施。鼓风和加热一般采取通流法。通过加热,可促进湿革中水分的汽化,而鼓风对流,则足以确保将湿革周围的湿空气排除。此方法通过人工加热和鼓风,可粗略地控制干燥速率,达到皮革均匀干燥的目的。此法的优点是经干燥的革粒纹紧实,具有较好的弹性和较为舒适的手感,但要求提供热能。

(3)热泵干燥。热泵干燥法也称低温除湿干燥法,它实际上是以空气为干燥介质的对流干燥,只不过是把热泵原理应用于干燥过程中。将湿革挂于密闭的干燥室内,通过热泵对密闭干燥室内的空气进行加热和除湿,自动、准确地控制室内空气的温度和湿度,从而有效地控制皮革的干燥速度和干燥后革的水分含量。

以上三种挂晾干燥方法,都属于对流干燥。对流干燥的原理是:携带热量的干燥介质将热能以对流的方式传递给湿革的表面,湿革获得热量且革内的水分气化,水蒸气自皮革表面扩散到热空气主体中,又将汽化后逸出的水蒸气带走,使湿革得以干燥。影响对流干燥的因素主要有三个方面:第一,干燥介质(空气)的状态与特性,如空气的湿度、温度以及流动速度等;第二,皮革的状态与特性,如皮革的初始水分含量、温度、厚度以及革内所含吸湿性物质的量等;第三,干燥介质(空气)与皮革接触方式。在这些诸多影响因素中,干燥介质(空气)的相对湿度、温度、流速以及空气与皮革的接触方式等占据主导地位。

7.1.4.2　钉板干燥

钉板干燥是传统的干燥方法之一。其操作要点是:首先,将湿坯革平铺于大木板上,然后沿坯革的边缘,用铁钉将革拉伸、绷紧后钉于木板上以固定。钉板的顺序一般是先四肢部以定位,再钉腹肷部。钉板完毕后,可以晾晒或进烘房干燥。此法的优点是革身平整、延伸性小。缺点是手工操作,劳动强度大、工作效率低。

7.1.4.3　绷板干燥

绷板干燥实际上是在钉板干燥的基础上发展起来的,两者原理基本相同。绷板干燥是将坯革的四周用专用夹子夹住后绷开固定于金属框架上,然后在专门的烘道或烘室内进行干燥的方法。根据绷板干燥所采用设备的不同,可将其分为箱式(或柜式)绷板干燥、半自动绷板干燥和全自动绷板干燥。

箱式(或柜式)绷板干燥是在箱式(或柜式)绷板干燥机上进行的。将坯革绷开在金属绷板上后,推入箱式烘室中干燥,再拉出第二块金属绷皮板,将坯革绷开在金属绷皮板上后,推入箱式烘室中干燥……如此循环往复,达到皮革干燥的目的。

自动绷板干燥在自动绷板干燥机上进行,将一单个的绷板联起来组成一条环形传送带。先将坯革借助入力绷开并夹挂在绷皮板上,每块绷皮板可以按要求向两边伸张,以使皮革进一步受到绷伸。绷皮板的拉伸可以借液压或气动装置实现,也可通过机械装置实现。

7.1.4.4　真空干燥

真空干燥是在真空干燥机内进行的干燥方法。

真空干燥机一般由机架、真空干燥箱、加热供水系统、气动驱动系统、真空抽气和冷凝系统、电器控制和供电系统等组成,其核心部分为真空干燥箱,它包括罩盖、加热面板及其加热箱。迄今为止,国内常用的直空干燥机主要有单板真空干燥机、双板真空干燥机及三板真空干燥机。真空干燥属于传导供热法干燥的一种,是在负压下的接触法干燥。

在实施真空干燥操作时操作者将湿革平铺在加热面板上,通过以蒸汽对加热面板加热。将移动罩盖盖在加热面板上,形成一个密闭的干燥室,对这密闭干燥室内抽真空,造成干燥室内的负压状态,使湿革周围的气压降低。这样,湿革中的水分就可以在较低的温度下沸腾气化。同时抽真空这一操作还可以把已经汽化的蒸汽快速而大量地排除,使湿革周围始终处于负压状态,使革的内层和外层之间、革的表面及其周围的介质(极少量的空气和蒸汽)之间始终保持较大的湿度梯度,这就更加加快了湿革中水分移动的速度,从而达到快速干燥的目的。

7.1.4.5　贴板干燥

贴板干燥又称铝板干燥或热板干燥,属于传导干燥方式,是一种不用黏合剂的贴板干燥。铝板也可以用其他金属板材代替,如钢板等。

贴板干燥器是由铝板(或钢板)、水浴槽和供热管线三个部分组成。水浴槽为长方形或半圆形,工作时,将槽内盛一定量的水,通入蒸汽加热水浴,保温。然后将湿坯革平铺在铝板上,以钝口刮刀将湿坯革推开,推平展,除去部分自由水分,并尽量将坯革平展。铝板的温度一般控制在70~90℃之间。干燥时间的长短可根据铝板的表面温度、湿坯革的状态及终点水分含量的要求来确定。

7.1.4.6 远红外线干燥

远红外线干燥是一种利用红外线照射皮革,使湿革中的水分汽化,再以空气带走蒸汽从而实现皮革干燥的方法。它属于辐射干燥方式。

当红外线的发射频率和皮革中分子运动的固有频率一致时,就会使皮革内水分子的运动加剧,温度升高、气化,从而实现了皮革的干燥。在利用红外线干燥时,红外线一部分进入皮革,使革表面和内部都能得到热能,由于湿革表面的水分不断蒸发而吸收热,使皮革表面的温度降低,造成皮革内部温度比表面温度高而形成温度梯度。由于皮革的热扩散面温度降低,造成皮革内部温度比表面温度高,形成温度梯度,因此皮革的热扩散方向是由皮革内部指向皮革表面的。

7.1.4.7 高频干燥

将湿革置于两块电容极板之间,电容极板同交变电源连通,电容极板间产生电压交替变化的高频电场(即电容极板的极性和极板间电场方向都交替变化)。这时,在成为介电质的湿革的水分子中,正电荷与负电荷中心的位置随电场方向而改变,分子发生骚动、分子间产生摩擦而发热,从而使革中水分得到足够的热量而气化,再由空气将蒸汽带走,达到皮革干燥的目的。由于电源是高频变化,故称高频干燥法。

高频干燥对皮革有穿透作用,能够使处在高频电场作用下的皮革各部分同时被加热,皮革内外同时升温而得到均匀干燥。干燥后的皮革革身柔软、丰满,不会出现传导干燥中表面过热而内部欠热的现象。高频干燥操作简便、控温容易,易实现自动化。但高频干燥耗电量大,一般推荐将高频干燥与其他干燥方法联合使用。

7.1.4.8 微波干燥

将湿革铺放于传送带上,送到曲折波导加热器之间时,湿革便进入微波场内,由于微波场存在高频交替变化的电磁波振动,湿革中的水分子发生分子极化,被激励起来跟随微波场的交替变化而振动,从而相互"激烈"地摩擦而生热,水分子获得足够的热量后气化,由周围的空气带走蒸汽而达到皮革干燥的目的。

从本质上讲,微波加热是分子加热,被加热物质本身就是一个热发生器,它的表面和内部同时产生热量,因而,使得皮革干燥的强度均匀,而且,在加热过程中还具有自动平衡的性能,因此,不会造成皮革表面硬化的缺陷。

然而,微波加热器对于物料有选择性,给推广应用和成批生产带来了一定困难。同时由于微波装置价格较高,元件易损,使用时需防微波渗漏等原因,故目前微波干燥在皮革生产中还很少应用。

7.2　回湿

回湿也叫回潮或回软,是使已干燥的革重新吸收一定水分的操作。回湿的方法主要有锯末回湿、浸渍回湿和湿空气回湿等。其中锯末回湿可以在转鼓中进行,其他回湿方法基本上都是手工操作。

7.3　平展(伸展)

平展的目的是消除坯革的褶皱,使粒面平细、革身平整,减小伸长率,可使革面积略增。平展操作是在平展机上进行的,平展机靠带钝螺旋刀片的刀辊来处理皮革。就机器而言,刀辊的螺旋导角、单位皮革面积上被刀片作用的次数(与刀辊转速、刀片数目、革的传送速度有关)以及刀片对皮革的挤压力(与刀辊与供料辊的间隙有关)等因素对平展作用的效果影响极大,必须根据革的品种和平展前的状态选择相应的适宜参数。

挤水平展是近年来被认为牛革制造的重要设备,革坯干燥之前用挤水平展机处理使之水分即时降至60%以下,优点在于节省时间、能量,同时成革面积增加,松面率降低。

对于服装革的平展,近来使用着一种叫做热辊平展机的机器。这种机器在对皮革进行平展作用的同时还起到熨烫作用,经其加工后的革表面平整、光滑,但这种机器的平展作用力一般不大。且不宜用作轻革的第一次平展。热辊平展机的传送辊(也叫热熨辊)是一只表面镀铬的钢辊,其内部通有热油液。工作时,熨辊内的油液循环到辊外,并被加热,再流回辊内,把辊的表面加热。用这种的方式可使熨辊的温度保持稳定,分布也比较均匀。

7.4　拉软

拉软也叫刮软,是常用的作软方法,它是通过拉软机的工作机构对革不断地咬合、刮拉而达到松散纤维的目的。拉软机主要有以下几种型式:臂式拉软机、振荡式拉软机、立式拉软机等。国内制革生产中使用振荡式拉软机居多。

振荡式拉软机是一种高效率的通过式作软设备。它靠分布在两块平行金属板(其中下板作垂直方向的振动)上的齿桩相互的咬合进行拉软的。由于操作时革被夹持于两条胺纶传送带之间由上下齿桩板进行处理,并不直接与齿桩接触,避免了革面受到机械损伤。这种机器的特点是通过式工作,生产效率高,如国产 GLRZI-150 型振荡式拉软机每小时能加工猪革900～1300 张。此外,机器的操作也很安全省力。振荡式拉软机最适合经真空干燥或绷板干燥后的铬鞣革或油性革的拉软,革经振荡拉软机处理后可达到预期的作软要求,并且面积还能增加2%～6%。

7.5　摔软

摔软是在转鼓内进行的,常用于绒面革、服装手套革等的作软。将回湿后的革置于转鼓中,通过转鼓的抛摔,革内各部分的纤维组织受到弯曲、拉伸、搓揉等作用而被松散。为增加摔软效果,鼓内通常加入一些固体介质,如皂荚子、大豆、硬橡胶球等作为助软物,如果再添加适量的蒙旦蜡还能增加光泽。用作摔软的转鼓一般为悬挂式转鼓,需在较高的速度下运转,如直径 2.5m 的转鼓用于摔软时,转速可达 26r/min。

7.6　磨革

磨革包括磨里、磨面和磨绒,如果是对染色后的革进行磨里,有时则叫磨色。磨革加工主要是为了改善革的外观,是一项生产绒面革和修面革所不可缺少的关键性机械加工工序。磨革操作是在磨革机上进行的,常用磨革机的主加工部件是一根表面缠绕一层砂布或砂纸的磨革辊。工作时,磨革辊作高速旋转和轴向振摆的运动,革的表面与磨革辊接触时,即被磨削。

磨革效果的好坏与砂布(纸)上磨料的性状、磨革辊外圆线速度、轴向振摆频率、摆幅、革的传送速度、革与磨革辊接触时的压力以及革的状态等因素有关。

常用的磨革机有以下几类:非通过式磨革机、通过式磨革除尘联合机和湿磨机。

7.6.1　非通过式磨革机

国产的非通过式磨革机有两种主要规格,它们的加工宽度分别为 210mm 和 600mm。这种磨革机主要用于磨革里或革面。由于工作宽度较窄,操作比较灵活,操作者可根据革面伤残的分布情况随时调整磨削量。尽管这种磨革机存在效率不高和劳动强度大等缺点,但因其操作灵活和价格低廉而得到很数制革厂的选用。这种磨革机的最大不足之处是一张革需分几次加工,这除了降低效率外,还容易在两次加工的接合处形成接痕。

7.6.2　通过式磨革除尘联合机

国产的这种磨革机工作宽度为 1500mm,采用液压传动。这种磨革机除可用来磨面、磨里外还可用来平衡整张革的厚度,使各部位厚度均匀一致,这相当于精密削匀机的作用。这种机器还有一个特点,即磨革和扫灰两道工序一气呵成。除了生产效率高、操作省力外,这种磨革机的加工效果也不错,革面上不会存接痕。

7.6.3　湿磨机

目前,国内少数制革厂还使用着一种湿磨机。湿磨是指对未经过干燥的湿革进行的磨里加工,革这时的湿含状态与削匀前的蓝湿革相同。湿磨的主要目的在于调整革的厚度,经湿磨后的湿革革里干整,厚度均一,优于削匀的加工效果。近年来,用湿磨砂布装在通过式磨革机磨革辊上,为防止过热,磨辊内用水或油进行循环冷却,使磨绒效果大大提高。

7.7　打光

打光是使皮革粒面变得平滑有光泽,并增加紧实性的机械加工。根据加工对象的不同,打光又分为轻革打光和重革打光两种。

7.7.1　轻革打光

轻革经涂饰后打光,不但可获得较高的光泽,而且还能使涂饰剂中的蛋白凝固,加强了涂层的防水性和耐干湿擦性能。轻革打光时要控制好水分含量,若含水较重,打光困难,加工获得的革面光泽不好,甚至造成皱面。适宜的含水量为 $16\% \sim 22\%$ 。

7.7.2　重革打光

重革打光的目的是使重革革身紧实,粒面平坦,有光泽,提高防水性、耐磨性及抗张强度。重革打光时也应严格控制坯革湿含量。含水过重,打光时会引起植鞣革反拷,革面发黑;若含水太少,则操作时会造成革纤维断裂或革松软。打光前重革的含水量一般控制在 $22\% \sim 26\%$ 为宜。重革打光通常分两次进行,回湿后打光一次,堆置过夜后再进行第二次。第一次打光时的压力应调整得小些。

7.8　滚压

滚压是一道特殊的机械处理工序,分冷板滚压和热板滚压两种。滚压的目的与打光相似,即压实纤维,使粒面平坦、有光泽。冷板滚压用于底革,是制造底革的最后一道工序;热板滚压用于轻革,现这种加工方法已很少使用(被熨平取代)。

底革滚压机对革的作用力相当大,每厘米宽的接触面上最大可达 9500N 的滚压力。增加压力和减慢钢轮滚压速度可以增强操作效果,但压力过大或以全压力操作时,易压碎革边。底革经滚压后,厚度减少可达 30%,而面积能增加 $4\% \sim 6\%$,抗张强度、耐磨性、抗水性、衔钉强度等指标有不同程度的提高,透气性则下降。

7.9 熨平和压花

用来进行熨平和压花的设备有熨平机(或熨平压花机)和压花机。熨平机(或熨平压花机)分板式熨平机和通过式熨平机两种,专用于压花操作的压花机是辊式的机器。

7.9.1 板式熨平机(或板式熨平压花机)

板式熨平机的加工部位是一块表面镀铬的钢熨板,熨板由蒸汽或电热元件加热,工作温度通常调在 160℃ 以下。操作时,革铺放在由液压油缸升降的工作台上,当工作台上的革与热熨板接触后即被施予很大压力,通常要让革在这种受压状态下维持数秒钟的熨压,保压时间的长短需同熨板温度和压力一起考虑。实践证明,在高温高压下熨平对松软的革来说容易导致松面、管皱。因此对一般只要求提高革身平整为目的的熨平加工,以低温、低压熨平为宜,这样对成革身骨有利。还需指出,如果将镀铬光熨板换成表面刻有特殊花纹的花板,熨革操作就变成了压花操作,因此通常也把板式熨平机叫做板式熨平压花机。这种机器一般都配有若干块花纹图案各异的钢花板,需用时很容易更换。

7.9.2 通过式熨平机

通过式熨平机(或通过式熨平压花机)的主要工作部件是上、下两根大直径(800mm 左右)的钢制空心辊筒。上辊为热熨辊,表面镀铬,内部装电热元件或通热油液;下辊为压力辊,支撑在两只推力油缸上。在下辊和其他几根辊上套了一条毡带,后者起传送皮革和熨平加工时的衬垫作用。

由于结构上的原因,通过式熨革机的熨革压力一般没有板式熨革机的大,因此对于某些需要在高压力下的熨平或压花加工,一般还是采用板式熨平机为宜。通过式熨革机的熨辊温度可在 60～90℃ 内调节,对于以热油液为传热介质的熨辊温度,最好不要超过 80℃。通过式熨平机的传送速度也是可调的,降低传送速度相当于延长了熨压作用时间,但会产率下降。

参考文献

[1]但卫华.制革化学及工艺学[M].北京:中国轻工业出版社,2006.

[2]廖隆理.制革化学与工艺学[M].北京:科学出版社,2005.

[3]卢行芳.皮革染整新技术[M].北京:化学工业出版社,2002.

[4]成都科学技术大学,西北轻工业学院.制革化学及工艺学[M].北京:中国轻工业出版社,1982.

[5]冈村浩,张文熊.制革机械设备的节能[J].中国皮革,2005(05):56-58.

[6]罗国雄,吴永声,李波.制革设备故障的科学诊所方法[J].西部皮革,1996(04):

29-34.

　　[7]许龙江.中国皮革工业的发展和展望[J].西北轻工业学院学报,1994(03):1-2.

　　[8]张春兴,徐长明,曲天勇.我国制革机械状况浅析[J].皮革科技,1987(12):19-20.

　　[9]李果.制革机械加工的特点和条件[J].皮革科技,1982(03):21-23.

第八章 涂 饰

8.1 涂饰概述

皮革的涂饰是在皮革的表面覆盖一层具有保护功能的薄膜。其主要作用是赋予皮革高度的美感、修饰皮革表面的缺陷、提高皮革的使用性能、增加皮革的商品品种。涂层的性能质量对于满足消费者的要求,提高革制品的质量,增加企业经济效益,起到相当重要的作用。

皮革涂饰应满足一系列的综合要求,例如要赋予皮革高度的美感,颜色均匀一致,色泽自然、柔和;手感滋润,并根据不同需要而有蜡感、滑爽感等;涂层应与皮革有牢固的黏结性能,薄而柔软并具有弹性,同时应有好的耐磨性、抗水性、耐溶剂性、耐光性、耐挠曲性、耐候性等;涂层应有良好的卫生性能,即要有良好的透气性和透水气性;要体现皮革的天然粒纹,还应根据人们的现代审美要求,产生各种效应,如美术效应、双色效应、仿古效应、擦色效应、水晶效应、金属效应等;涂层应不易沾污,耐干、湿擦,易保养等。

除了移膜(贴膜)涂饰,皮革的涂饰过程都不是一次完成的,往往需要经过数次才能完成。据此,皮革涂饰剂又可分为底层涂饰剂、中层涂饰剂、面层或顶层涂饰剂。

底层是整个涂层的基础,主要作用是黏合着色剂在皮革表面成膜以及封底。因此,底层涂饰剂要求黏着力要强,能适当渗入革内,以使涂层薄膜与革面牢固结合,并能牢固黏结着色材料,以免产生掉浆,不耐干、湿擦等质量缺陷。底层涂饰剂还要有较强的遮盖能力、对坯革的缺陷能给予遮盖,并使坯革着色均匀一致,色泽鲜艳、明亮、饱满。底层涂饰剂成膜性也要好,薄膜应有较好的柔软性和延伸性,对革的天然粒纹影响小,并能将革面与中、上层涂饰层分开,使中、上层涂饰剂及其他助剂如增塑剂不会渗入革内。底层涂饰剂的浓度较大,固含量在10%～20%之间,底涂层厚度占整个涂层厚度的65%～70%。

中层涂饰的作用是使涂层颜色均匀一致,弥补或改善底层着色的不足,最后确定成革的色泽,形成具有所需光泽的、各项坚牢度良好的、有一定机械强度的涂层。中层涂饰往往也能使皮革产生各种各样引人注目的效应。因此,中层涂饰剂所形成的膜要求硬度要大、耐摩擦、手感好、色泽鲜艳,中层着色剂的分散度要大,若为效应层则着色材料常是透明的。一般中层涂饰剂的浓度较低,固含量约为10%或更低,中涂层厚度约为整个涂层厚度的20%～25%。

面层的基本作用是保护涂饰层,赋予革面良好的光泽和手感。因此,面层涂饰剂所形成的膜要求硬度大、不发黏、光泽好、耐摩擦、手感滑爽、抗水和一般有机溶剂、能承受各种机械作用。面层涂饰剂的浓度更低,固含量仅为2%～5%,厚度也最薄。

绝大多数皮革产品,如正面革、修面革、苯胺革、美术革等都需要涂饰。当然,并非所有坯革都要进行底、中、面三层涂饰,粒面质量较好(无伤残或极少伤残)的坯革,如苯胺革、轻涂饰正面革等则涂一、二层即可。只有少数几种皮革产品,如绒面革、劳保手套革、底革等不需要涂饰。

8.2 涂饰材料的组成

涂饰剂是能通过揩、刷、喷、淋等方式在皮革表面上形成一层薄膜的色浆,其基本组成主要包括成膜材料、着色材料和涂饰助剂三大部分。涂饰材料通常是在皮革加工现场根据生产要求选取上述四大类材料调配而成。

8.2.1 成膜材料

成膜材料通常称成膜剂、黏合剂等。它是涂饰剂的主要成分,一般为天然的或合成的高分子材料,成膜材料包括丙烯酸树脂、聚氨酯(PU)树脂、硝化纤维素、蛋白质类成膜物等,是涂饰剂的基础,可以单独成膜,涂膜的主要功能就是能在皮革表面形成均匀透明的薄膜,起到整饰、保护、耐用和美观的作用。这种薄膜不但自身可以和皮革牢固地粘着,而且还可以将涂饰剂中的着色物质等其他组分同时粘结于皮革的表面。

作为皮革涂饰的成膜物质,应具有以下性质。

(1)着力强。成膜剂形成的薄膜对涂饰剂中的其他组分及皮革的黏着要牢固,以使成品在使用期间涂层薄膜不会脱落。

(2)薄膜的弹性、柔软性及延伸性应与皮革一致。皮革是一种具有一定延伸性的柔软材料,如果薄膜的这些性能与皮革不一致,皮革变硬,薄膜会产生裂纹。

(3)薄膜应具有容纳力。薄膜对着色剂、增塑剂等要有足够的容纳能力,在干燥或成膜过程中,涂饰组分不应沉淀出来,增塑剂不应渗入革内而应留在薄膜内。

(4)薄膜具有很好的坚牢度。薄膜作为保护性涂层,必须具有一定的耐酸碱、耐干湿擦、耐水洗、耐干洗、耐洗涤剂、耐汗、耐光、耐热、耐寒、耐曲折、耐磨、耐刮、耐老化、防水、防火、防雾化、抗有机溶剂等各种坚牢度,对皮革起到很好的保护作用。

(5)薄膜具有良好的卫生性能。薄膜应允许空气和水汽通过,不能因涂饰而影响天然皮革的优良品质,这对于鞋面革、服装革、家具革尤其重要。

(6)薄膜光泽好。薄膜本身要有光泽,或在打光、熨平或擦光后应具有这种性能。

同一种成膜物质很难具备上述所有性能。有的成膜物质有较好的光泽,但黏着力较差;有的成膜物质光泽、黏着力均较好,但容纳增塑剂的能力较差,涂层不耐老化。为了获得所希望的结果,可根据需要将两种或多种成膜剂配伍使用,或者添加适当的助剂获得所要求的性能。

8.2.1.1 蛋白质类成膜物

蛋白质类成膜物质包括乳酪素、改性乳酪素、乳酪素代用品——毛蛋白、蚕蛋白及以胶原溶解产物为基础的成膜物质。它们形成的涂层耐热、耐有机溶剂,与革黏结性能良好,耐压耐高温熨烫、可打光;涂层光亮,能保持革的天然粒纹和手感,具有透气性和透水汽性,可保持皮革固有的优越的卫生性能。以水作溶剂,使用方便、无毒、无污染、不易燃。但是,蛋白质成膜物也存在一些缺点,如成膜脆硬、延伸性小、耐挠曲性和耐水性差等,为了克服其耐水性差的缺点,常在涂饰后期用甲醛、铝盐进行固定,以提高耐水性。但目前甲醛已经禁限使用,为克服蛋白质成膜物的缺陷,对其进行改性势在必行。

乳酪素又称干酪素或酪朊,简称酪素,它是一种含磷蛋白质。乳酪素主要来源于脱脂牛乳,其分子式大致为 $C_{170}H_{268}N_{42}SPO_{51}$,平均相对分子质量取决于制备方法,一般为 75000~350000。将脱脂牛乳在 35℃时加入稀盐酸或稀硫酸,调节 pH 至 4.6 左右,则乳酪素可以完全沉淀,经压滤、烘干、粉碎即为工业用乳酪素。

酪素及其改性产物仍然是目前工业上应用最为广泛的蛋白质成膜物。其最显著的优点是卫生性能好,即透气性和透水汽性佳,可保持真皮的天然外观和舒适的天然触感。再者其成膜可经受打光和熨烫,且耐有机溶剂,特别适合用于全粒面革和苯胺革的熨平涂饰和打光涂饰。其缺点是膜较硬脆,延伸率小,易产生散光、裂浆等问题,不耐湿擦。

(1)酪素的性质。纯酪素为白色或淡黄色无气味的硬颗粒或粉末,相对密度为 1.259。酪素是两性分子,等电点为 4.6,但含有较多的谷氨酸和天冬氨酸,使酪素显示的酸性比碱性要强得多,因此,它是较强的酸,能从碳酸化合物内取代碳酸,1g 酪素能同 $1.125×10^{-4}$ mol 的金属氢氧化物化合。

纯酪素不溶于乙醇或其他中性有机溶剂,也几乎不溶于水(溶解度为 0.9%~2.1%),但可以在水中膨胀,膨胀后的酪素容易在酸、碱溶液中溶解,但浓酸会使之水解。在弱碱性溶液中强烈膨胀,并逐步溶解,形成黏稠的酪酸盐溶液。溶液的黏度随浓度的增加而提高。酪素溶液在存放时,由于水解而会降解和腐败,所以,常加防腐剂。降解导致黏度和乳合能力的急剧下降。有酸、碱、酶存在时,水解速度加快。

酪素溶液在干燥时,先形成具有高弹性的含水胶体,随着水分的失去,便失去弹性,成为干凝胶。其易裂,常加入增塑剂如硫酸化蓖麻油、甘油、蜡乳液、硬脂酸三乙醇胺和乙二醇等,其中最有效的是乙二醇和甘油。如果先按 m(氨水):m(酪素)为 1:10 的配比,将酪素用氨水溶解,再用酸沉淀、过滤、洗涤和脱水精制后,酪素溶液更加透明、光亮。

(2)酪素溶液的配制。酪素与碱金属形成的盐,其薄膜是可逆的(可溶于水),而与碱土金属形成盐的薄膜则是不可逆的。溶解于氨水中的酪素所成的膜是不可逆的。酪素和硼砂形成的溶液易于保存,有抵抗腐败的作用。所以,在皮革涂饰中常用工业氨水、硼砂来溶解酪素。

酪素使用时一般配成 10%的溶液。先将酪素用少量冷水浸泡一段时间,使其溶胀,然后加热水,缓慢滴加氨水或硼砂溶液,使酪素完全溶解。用氨水溶解时,工业氨水(25%)用量为酪素用量的 10%左右;用硼砂溶解时,用量约为 20%。如果酪素质量差,氨水或硼砂的用量可酌情增加。酪素溶液的 pH 一般控制在 7.5~8,过高或过低都会引起酪素的水解,例如当溶液的 pH 小于 3 或大于 8.5 时,酪素的水解速度明显加快,酪素分子变小,易于渗入皮革,酪素溶液的黏度、黏着力、成膜性降低,深度水解时则完全丧失黏着力和成膜性能。所以,配制酪素溶液时,一定要严格控制溶液的 pH,碱量不能太大,避免酪素的水解。另外,酪素溶液应随配随用,尤其在气温较高的夏天,不宜长期存放,否则,细菌或酶也会引起酪素溶液的水解。

(3)酪素薄膜的性能。乳酪素溶液是一种亲液溶胶,涂饰时可部分渗入革中与革纤维绞缠在一起;酪素分子中含有较多的极性基团,与皮革表面有较强的分子引力。因此酪素薄膜对皮革表面的黏着力较强。但是,乳酪素所成的薄膜是不连续的,酪素分子的强相互作用妨碍了大分子链的相互滑动及各链节的自由活动,干后形成干凝胶,薄膜硬脆。虽然酪素薄膜容易打光,具有高度光泽,但若在涂饰剂中不加入增塑剂,酪素涂层薄膜则无弹性,延伸性小,柔软性差,因此,单纯的酪素实际上是一种成膜性能不是很好的黏合材料。

由于酪素膜是不连续的,而且酪素大分子链上有大量的亲水基,如—NH_2、—O—、—OH、—COOH 等,其膜耐水性差,涂层不耐湿擦。但当人们穿着皮革制品时,皮肤会散发出水蒸气,酪素分子中的这些亲水基团能吸附水分子,并逐渐传递到涂层薄膜的另一面,将水汽传递到空气中,使得薄膜具有良好的透气性和透水汽性。

(4)酪素的改性。酪素是高相对分子质量的氨基酸缩合物,由肽键互相连接而成,其侧链中含有羧基、氨基和羟基等官能团,为了克服酪素成膜性差、亲水性强、易降解等缺点,并保持其优点,可对酪素进行适当的改性。首先要将酪素配制成酪素溶液,然后加入己内酰胺、丙烯酸及其酯类、聚硅氧烷或者 PU 等进行单一改性或复合改性。

8.2.1.2　丙烯酸树脂成膜物

丙烯酸及其酯类的聚合物早已被人们广泛地应用于皮革工业,1936 年丙烯酸树脂乳液即开始作为皮革涂饰剂的成膜物,以后用丁二烯、偏氯乙烯、乙酸乙烯酚、苯乙烯等其他单体与丙烯酸酯共聚改性,生产出一系列丙烯酸树脂涂饰剂,如巴斯夫(BASF)、拜耳(Bayer)、斯塔尔(Stahl)、罗姆哈斯(Ribn&Hass)等大公司每家都有一二十种产品。丙烯酸树脂能适应低、中、高档各个层次皮革的涂饰,仍是所有皮革涂饰剂中被皮革厂用得最多的涂饰剂。这与其自身性能的优越性、生产技术的成熟性、单体来源的丰富性以及生产成本的低廉性等优势是直接相关的。一般来说,丙烯酸树脂乳液具有良好的成膜性能,能很好地将着色材料包裹在涂膜中,与皮革具有良好的结合力,成膜透明光亮、柔韧且富有弹性,耐挠曲、耐光、耐老化、耐干/湿擦。但由于早期皮革涂饰使用的是线形结构聚丙烯酸酯,是热塑性聚合物,对温度很敏感,即存在热粘冷脆缺点,难以适应皮革加工和使用过程中较宽的温度范围条件,现在使用的丙烯酸树脂绝大多数都是通过各种方法改性的品种,能满足当今高档皮革品种涂层的高物性要求。

(1)丙烯酸树脂性能与单体的关系。丙烯酸树脂的性质与丙烯酸酯单体的种类(特别是酯基中烷基的不同)、聚合物中未酯化的游离羧基以及游离的丙烯酸的存在情况有关。表 8-1 列出了不同聚丙烯酸酯分散体所形成的膜的性质与丙烯酸单体种类的关系。

表 8-1　不同聚丙烯酸酯分散体所成膜的性能

性能指标	聚合物种类			
	聚甲基丙烯酸甲酯	聚丙烯酸甲酯	聚丙烯酸乙酯	聚丙烯酸丁酯
pH	—	6.9	5.0	5.2
酸值	—	—	7.5	3.4

性能指标	聚合物种类			
	聚甲基丙烯酸甲酯	聚丙烯酸甲酯	聚丙烯酸乙酯	聚丙烯酸丁酯
相对黏度	—	11.8	11.6	11.4
薄膜粘性	不粘	微粘	粘	很粘
软硬度	很硬	硬	软	很软
脆裂温度/℃	很高	+5	−25	很低
24h 湿含量/%		36	26	—
抗张强度/N·mm2	6334.9	707.4	23.1	2.1
伸长率/%	4	750	1800	2000

一般来讲,随着酯基中烷基碳数的增加,所成薄膜的粘性和伸长率增加,而硬度、抗张强度和脆裂温度降低。而带支链的聚甲基丙烯酸酯比不带支链的丙烯酸酯的薄膜更硬。因此采用单一聚丙烯酸酯均聚物用于皮革涂饰是不适宜的。用于皮革涂饰的丙烯酸酯乳液通常是采用两种或两种以上的丙烯酸酯单体的共聚物。选择不同性质的单体,调整比例,进行多元共聚改性是丙烯酸酯类成膜物质提供自身性能的实用方法。一般采用均聚物玻璃化温度(T_g)低的丙烯酸酯类如丙烯酸丁酯或辛酯以提高共聚物的耐寒性和柔软性、手感等,选用其他乙烯类单体如丙烯腈、苯乙烯、丁二烯、氯丁二烯等以提高共聚物的力学性能,如坚硬性、柔软性、耐水性及翁着性等。乙烯基单体的引入,既可降低共聚物分子链间规整度,还可以引入各种极性或非极性的侧链和双键的链节,从而可显著改善丙烯酸树脂共聚物的诸多性能。

(甲基)丙烯酸酯单体随着侧链酯基碳原子数的增加,相应聚合物的冷脆点会降低到一个最低点,然后又逐渐上升。经验表明,甲基丙烯酸酯的碳数为12、丙烯酸酯的碳数为8时分别达到最低冷脆点。

(2)丙烯酸树脂性能与聚合度的关系。通常,在未考虑交联等因素的情况下,相对分子质量越大,聚合物膜的拉伸强度、弹性、延伸率等物理机械性能就越好。因为随着聚合度的增加,分子链增长,相应的分子链间的缠结度就增加,形成的膜的致密度也就增加,从而膜的韧性、回弹性和耐老化性等得到提高。聚合物成膜后光泽的持久性、抗化学腐蚀性、硬度等均随相对分子质量的增大而提高,而在碳氢化合物溶剂中的溶解性能、柔软性能及黏结性能等则降低。通常通过制备高相对分子质量的聚合物以满足涂层的高物性。但是,当相对分子质量大于10万以后,聚合度对膜物性的影响就不明显了。在生产聚丙烯酸酯的过程中要注意控制聚合物的聚合度,并尽可能使聚合物的聚合度保持稳定一致。一般而言,聚合度控制在100~200,相对分子质量在1000~20000比较合适。所以,在进行丙烯酸酯的乳液聚合时,应严格有效地控制温度、引发剂用量、加料方式及速度等,尽可能保证得到较大的相对分子质量。

(3)丙烯酸树脂涂膜的性能。①热稳定性。丙烯酸树脂涂饰剂应具有良好的耐低温和耐高温性能以满足皮革加工和使用的要求。皮革加工时的熨烫温度可高达100℃,涂膜应具有良好的离板性;使用温度在40~50℃时不发黏,低温−25℃时涂膜不脆断。

从聚合物的物性考虑,玻璃化温度高,往往具有较好的硬度、拉伸强度和耐磨性,但在环境温度较低时,脆性较大,柔韧性较差;反之,则延伸性、柔软性、耐寒性和附着力较好,但在较高温度时易变软、发黏和吸尘等。作为皮革涂饰成膜剂,应具有良好的耐低温和耐高温性能以满足皮革加工与使用的要求,因此可选用不同的单体合成出所希望的玻璃化温度适宜的聚合物。

玻璃化温度(T_g)是指固态聚合物从玻璃态向橡胶态的转化温度。尽管 T_g 随相对分子质量的增大而增高,但从某种程度上讲仍然是一个常数。聚合物的化学结构极大地影响其 T_g。通常单体的侧链越长,T_g 越低,而侧链的支化使 T_g 升高。交联密度增大,通常 T_g 增高。

对于丙烯酸共聚物而言,如果知道共聚物的组成和各丙烯酸单体均聚物的 T_g,则共聚物的 T_g 可用下式表示:

$$\frac{1}{T_g} = \sum \frac{w_i}{T_i}$$

该方程较好地揭示了共聚物的质量组成与 T_g 之间的线性关系。

丙烯酸树脂共聚物的 T_g 由各共聚单体组分所决定,通过改变共聚物组成,可以调节共聚物的 T_g 及其柔韧性。在皮革涂饰时,常选用两种或两种以上的树脂进行共混,以改善涂膜的耐低温性能。如皮革底层涂饰配方中使用较多的软性树脂,而顶层涂饰配方中则使用较多的硬性树脂。

②脆点。脆点与聚合物的 T_g 密切相关。涂膜在其脆点以下挠曲,将会发生破裂甚至脱落。添加增塑剂可以降低聚合物的脆点,但降低脆点更有效的办法是采用共聚合实现内增塑。

③抗水性。涂膜的抗水性不仅与聚合物的组成有关,还与膜中所含的其他组分,尤其是乳化剂和保护胶有关。聚合物链的亲水基增加,则涂膜的耐水性下降。过多的乳化剂和保护胶也会使涂膜的耐水性下降。另外,乳胶粒的堆积密度、粒径的大小和成膜的方式也影响涂膜的耐水性。

丙烯酸树脂成膜时与乳液聚合反应中所用乳化剂的种类及用量有关。乳化剂的种类直接影响丙烯酸树脂乳液的稳定性。由阴离子乳化剂如十二烷基硫酸钠等乳化的丙烯酸树脂乳液的聚合物颗粒较细小,乳液的机械稳定性好,不会因强烈振动、搅拌而破乳。但乳液的化学稳定性较差,不耐酸、碱、盐等化学试剂的作用。而用非离子乳化剂所制得的乳液,化学稳定性好,但机械稳定性较差,因为乳液聚合物颗粒粗大。所以制备丙烯酸树脂乳液时,配合使用阴离子型和非离子型乳化剂为好。另一方面乳化剂的种类和用量对乳液所成薄膜的抗水性也有较大影响。乳化剂的活性越高,在乳液中的含量越多,所成薄膜的紧密度越小,吸水性就越强,抗水性就越差,反之亦然。

④耐光性。(甲基)丙烯酸酯聚合物的突出优点之一是耐光性优越。而聚苯乙烯则有发黄的问题,这是因为在其结构中结合在芳香苯环中的叔碳原子对氧敏感,易氧化生成发色基团。此外,甲基丙烯酸甲酯的耐光性比丙烯酸甲酯更为优越,这是因为其乙烯基上的 α-氢原子已被甲基所置换,容易被氧化的点消除。

(4)丙烯酸树脂的制备。

①丙烯酸树脂的合成原理。丙烯酸树脂成膜材料一般都是通过自由基聚合制备的。自由基聚合在高分子化学中占有极其重要的地位。是人类开发最早,研究最为透彻的一种聚合反应历程。60%以上的聚合物是通过自由基聚合得到的,如低密度聚乙烯、聚苯乙烯、聚氯乙烯、

聚甲基丙烯酸甲酯、聚丙烯腈、聚醋酸乙烯、丁苯橡胶、丁腈橡胶、氯丁橡胶等。

②丙烯酸树脂的乳液聚合方法。自由基聚合有四种基本的实施方法。按反应体系的物理状态自由基聚合的基本实施方法有本体聚合、溶液聚合、悬浮聚合和乳液聚合。它们的特点不同,所得产品的形态与用途也不相同。其中乳液聚合是在机械搅拌及乳化剂作用下,将单体分散在水介质中进行聚合。其主要的优点是用水作介质,危险性低、易于散热,使聚合反应易于控制;聚合速度快;产物相对分子质量高等。乳液聚合是目前制备皮革涂饰剂最主要的方法。

乳液聚合是可用于自由基聚合反应的一种独特的方法,它涉及以乳液形式进行的单体的聚合反应。乳液聚合体系的组成比较复杂,一般是由单体、分散介质、引发剂、乳化剂四组分组成。经典乳液聚合的单体是油溶性,分散介质通常是水,选用水溶性引发剂。当选用水溶性单体时,则分散介质为有机溶剂,引发剂是油溶性的,这样的乳液体系称为反相乳液聚合。

乳液聚合在工业生产上应用广泛,很多合成树脂、合成橡胶都是采用乳液聚合方法合成的,因此乳液聚合方法在高分子合成工业中具有重要意义。

乳液聚合法最大的特点是可同时提高聚合速率与分子量,同时还具备以下优点:以水为分散介质,价廉安全。体系黏度低,易传热,反应温度容易控制;聚合速率快,分子量高,可以在较低的温度下聚合;适宜于直接使用胶乳的场合,如乳胶漆、黏结剂等的生产。

另外,乳液聚合也存在不足之处,即产品中留有乳化剂等物质,影响产物的电性能。需要得到固体产品时,乳液需经过凝聚(破乳)、洗涤、脱水、干燥等工序,生产成本较高。

(5)丙烯酸树脂的改性。单纯采用丙烯酸系单体所生产的树脂为线型聚合物,因而具有一般线型高聚物的共性。线型高聚物分子间缺乏横键交联,随温度变化而出现明显的三态:玻璃态、高弹态和黏流态,当温度较低高聚物处于玻璃态时,高聚物大分子链间及大分子链链段的活动性受到抑制,整个高聚物处于"冻结"状态,因此这种状态下所成的薄膜硬而发脆;当温度升高超过玻璃化温度时,高聚物进入高弹态,这时高聚物大分子链的运动仍然受到抑制,但大分子链的链段则恢复了活动性,因此高弹态时高聚物所成的薄膜具有一定的柔顺性、延伸性和弹性;若温度继续升高到粘流化温度以上时,高聚物处于粘流态,黏流态的高聚物不但分子链的链段可以运动,而且大分子链也可运动,大分子链之间可以互相滑动,薄膜发黏。高聚物的这种对温度的敏感性,反映在丙烯酸树脂的性能上,就是热黏冷脆、耐候性差。对丙烯酸树脂的改性,其主要目的在于克服丙烯酸树脂热黏冷脆、耐候性差、不耐有机溶剂的缺点,以改善皮革涂层的性能。

关于丙烯酸树脂的改性,国内外有关研究人员做了大量的研究和探索,研制出了各种各样的改性丙烯酸树脂产品,大大提高了丙烯酸树脂的使用性能。丙烯酸树脂的改性方法主要有共混法改性、共聚法改性、交联法改性、胶乳粒子结构设计法改性以及光固化法改性等。

①共混法改性。共混改性方法广泛应用于皮革涂饰生产实践中,是一种非常方便且较为有效的改善丙烯酸树脂涂膜性能的方法,也是最简单也是最早用于改性丙烯酸树脂的方法。它是将具有不同性能的涂饰成膜树脂乳液/溶液进行共混,优势互补,显示出协同效应。例如,将酪素蛋白溶液与丙烯酸树脂溶液共混后涂饰,可提高皮革涂层的离板性、耐热性、透气性和透水汽性等;将聚氨酯水分散体与丙烯酸树脂乳液共混,可使涂层具有良好的柔韧性、弹性和耐温度变化特性等;将有机硅聚合物水乳液与丙烯酸树脂乳液共混,可大大提高涂层的防水性、耐热熨烫性和耐磨性等;丙烯酸树脂与酪素溶液共混,常常用于正面革、修面革的涂饰,对

于改善涂层教板缺陷、提高耐热性、透气性和耐干湿擦性等具有较明显的效果。有人将丙烯酸树脂、聚氨酯、乙烯树脂及少量硫酸化油共混,应用于天然革的涂饰,可以明显改善涂层的防水性和耐磨性。丙烯酸树脂乳液加防水加脂剂与脂肪醇乳液共混用于皮革涂饰可以得到耐水优异、强度高的革,研究表明,丙烯酸树脂或丙烯腈-丁二烯-亚乙烯氯与酪素共混的比例为(1.8~11.8)∶1时,涂层的耐磨性、耐干湿擦和透水汽性增加,但共混物中随酪素量增加会降低涂层的耐挠曲性、耐低温性和耐湿擦性。

然而,由于不同的树脂乳液之间具有不同的相容性,在运用共混改性法时要求要依据聚合物的特性与皮革品种的不同精心选择材料与配比。

②共聚法改性。这种方法的原理是,选择不同性质的单体,调整比例,进行多元共聚,或在丙烯酸树脂分子链上进行接枝共聚,以调整和改变丙烯酸树脂的化学组成和分子结构,从而获得成膜性能软硬符合要求的高聚物。一般采用均聚物玻璃化温度(T_g)低的丙烯酸酯类如丙烯酸丁酯或辛酯以提高共聚物的耐寒性和柔软性、手感等,选用其他乙烯类单体如丙烯腈、苯乙烯、丁二烯、氯丁二烯等以提高共聚物的物理机械性能,如坚硬性、柔软性、耐水性及黏着性等。乙烯基单体的引入,既可降低共聚物分子链间规整度,还可以引入各种极性或非极性的侧链和双键的链节,从而可显著改善丙烯酸树脂共聚物的诸多性能。有关常规乙烯基类单体对丙烯酸树脂的性能贡献前已述及。

有机氟改性丙烯酸树脂乳液、通常用含氟(甲基)丙烯酸酯单体与无氟(甲基)丙烯酸酯类单体进行乳液共聚的方式,在丙烯酸酯聚合物分子链上引入含氟烷基侧链,使得改性树脂乳胶膜在保持原有的本体特性和良好粘结性能的基础上,具备独特的低表面能、憎水憎油性、自清洁性和自润滑性等表面性能,从而赋予皮革涂层良好的防水、防油、防污性能,优异的耐湿擦性。其原因在于含氟烷基侧链在胶膜的聚合物—空气界面上富集并形成致密的定向排列。因为含氟丙烯酸酯单体的反应焓、Q-e值与无氟丙烯酸酯单体相近,它们的共聚性良好,改性技术完全可以采取现有丙烯酸树脂乳液的合成技术,如常规乳液聚合、无皂乳液聚合、核壳乳液聚合、互穿网络共聚技术以及纳米粒子改性技术等进行共聚改性。

也可以在丙烯酸树脂分子链上进行接枝共聚,接枝共聚是一种聚合物分子链成为另一种聚合物分子链侧链,不大幅度改变主体聚合物的性能,就可使要求的性能因侧链的存在而明显地改善。比如,吉林省皮革研究所研制的GA-1涂饰剂,它是以具有较好的耐高低温性、耐溶剂、较高的抗张强度和延伸率、较好成膜性、光泽和透明性的聚乙烯醇为主链,与丙烯酸树脂接枝共聚,并用甲醛与丙烯酰胺适当交联制成的乳液,其薄膜的耐寒性较好,能耐−40℃的低温,其他性能也很优良。上海皮化厂研制的SB树脂,是国内应用接枝共聚技术改性丙烯酸树脂的较为成功的实例。SB树脂是以BN丙烯酸树脂为基础进行接枝共聚反应生成的改性树脂。其合成工艺中采用了游离基聚合链传递接枝聚合的方法,即先合成BN树脂主链,然后加入苯乙烯单体,使其发生接枝共聚,形成在主链上带有支化结构的改性树脂,其最低脆裂温度为−30℃,最高可耐受160℃高温,耐寒耐热性均得到明显改善,耐磨性和光泽也较好,是皮革较好的中层和顶层涂饰剂。

③交联法改性。交联被认为是改进丙烯酸树脂乳液性能最有效的方法之一。交联显著影响涂层的耐热性、柔韧性、弹性、强度、断裂伸长率、吸水性、耐干/湿擦性等。通常,交联度提高,弹性模量和拉伸强度也提高,断裂伸长率降低。一般认为,涂膜的物性要与皮革相适应。

通过交联剂的作用,使大分子链之间适度交联,提高耐温变性、抗溶剂性等。

交联法改性的原理是利用含有两个或两个以上官能团的化合物,参与丙烯酸酯单体的共聚,由于游离官能团的作用,使共聚物线型分子间生成横键交联,进而形成立体网状结构,所得聚合物转变为体型分子,从而提高了其成膜的机械强度、耐水性、抗有机溶剂性,降低了薄膜对温度的敏感性。这个过程称为丙烯酸树脂的交联法改性,所用的含有两个以上官能团的化合物,称为改性剂或交联剂,所得产品称为改性丙烯酸树脂。常见的交联法改性方法如下。

a. 自交联型聚丙烯酸乳液。选择能产生交联作用官能团的单体作为共聚组分。主要有四类这样的单体,其一是羟甲基丙烯酰胺或丙烯酰胺+甲醛;其二是丙烯酸缩水甘油酯或甲基丙烯酸缩水甘油酯;其三是丙烯酸羟乙酯或甲基丙烯酸羟乙酯;多乙烯基化合物,如(聚)乙二醇二(甲基)丙烯酸酯、二乙烯苯等。

根据皮革涂饰的需要,最为理想的改性丙烯酸树脂应符合这样的要求,在树脂乳液中,线型分子上带有两个或两个以上的能相互反应的活性亲水基团,此亲水基团因被水化膜包围而很少交联,而在干燥过程中,随着水分的失去,交联反应逐渐增加。这样,在涂饰过程中和干燥前,树脂薄膜能保持一定的塑性,当完全干燥后,树脂薄膜就转变成疏水的网状结构,从而赋予涂层以较好的耐有机溶剂、耐干湿擦、耐热、耐寒性能以及较高的强度和弹性。除了常见的甲醛-丙烯酰胺交联剂外,多官能团的聚环氧化合物,其他 N-羟甲基化合物或它们的酯、铬化合物等都可作丙烯酸树脂改性的交联剂。

b. 外交联型聚丙烯酸乳液。首先合成含有羟基或羧基功能基团的丙烯酸树脂乳液,然后外加交联剂进行交联,改善涂膜的强度、耐热性、耐水性等。外加交联剂的聚丙烯酸乳液,一般为双组分体系。外交联型聚丙烯酸酯乳液所带活性基有多种类型,主要有羟基、羧基两种,有时两种活性基并存。含活性基的单体主要有丙烯酸羟烷基酯、丙烯酸缩水甘油酯、丙烯酰胺以及含氮丙啶基的丙烯酸酯环氮己烷乙酯等。含羧基的聚丙烯酸酯乳液常用三聚氰胺衍生物为交联剂。

c. 金属离子交联型聚丙烯酸乳液。金属离子交联型乳液又称为金属交联乳液或离子交联型乳液。这种乳液主要由某些多价金属氧化物、氢氧化物或盐类将含羧基的聚丙烯酸酯部分中和得到。其特点是交联密度大、透明性好、耐溶剂性和柔韧性好。一般是先制得含羧基的丙烯酸树脂乳液,然后适量加入适宜的多价金属氧化物或金属盐,如 Zn^{2+}、Cu^{2+} 等离子。如何控制该类乳液体系的稳定性是此交联反应的关键所在。

需要指出的是,交联法改性其反应的程度是可以人为控制的,程度不同,改性树脂所成膜的坚牢度、弹性不同。交联程度增加,薄膜的弹性模数和拉伸强度都会提高。由于皮革涂饰要求树脂薄膜具有与皮革相适应的柔软性、弹性和延伸性,所以交联法改性时交联程度必须适宜,为了保持薄膜的弹性,引入聚合物中能产生交联作用的官能团的量不应超过树脂量的 3%~5%,即轻度交联。否则,如果交联过度,改性树脂就完全丧失了热塑性,薄膜缺乏柔软性和弹性。另外分子过大,乳液变粗,涂层表面粗糙,不易熨平,出现种种质量问题,达不到预期效果。

④乳胶粒子结构设计法改性。胶乳粒子结构设计法改性是丙烯酸树脂乳液的最新改性方法。它是高分子化学 IPN(Interpenetrating Polymer Network)即互(相)穿(透)聚合物网络技术在丙烯酸树脂改性方面的具体应用。1844 年 Good year 首先发现了橡胶硫化,但当时人们

并不理解聚合物的链状结构,所以无法理解 IPN 的拓扑结构。直至 1920 年,H. Staudinger 历史性的工作描述了聚合物的链状结构,为 20 世纪 40~50 年代聚合物的共混物、接枝共聚物和嵌段共聚物的蓬勃发展打下了坚实的理论基础。IPN 技术首先由 Standinger 于 1951 年提出设想,1960 年 Millar 等人付诸实践的,70 年代以来 IPN 技术在高分子领域得到迅速发展。近年来 IPN 技术在皮革涂饰剂的制备特别是丙烯酸树脂改性方面获得巨大成功。美国 Rohm & Hass 公司的第二代丙烯酸树脂,上海皮革化工厂研制的全候型 A 系列(AB-1,AM-1,AT-1等)皮革涂饰材料,中国科学院成都有机化学研究所研制的 ASE 型改性丙烯酸树脂皮革光亮剂都是 IPN 技术中的层状胶乳互穿聚合物网络技术,或称核-壳乳液技术在丙烯酸树脂改性方面具体应用的例子。

互穿网络聚合物(IPN)是两种共混的聚合物分子链相互贯穿并以化学键的方式各自交联而形成的网络结构。互穿网络技术是高分子材料共混改性的重要方法。聚合物网络之间同时存在交叉渗透、机械缠结与化学交联,导致"强迫互溶"和"协同效应",能显著提高聚合物的耐磨、耐候、拉伸强度、黏结强度等性能,是改善共聚物性能的一种简捷方法。

一般来说,IPN 含有的两种聚合物至少一种是网状的,实际上一种聚合物必须在另一种聚合物直接存在下进行聚合或交联或既聚合又交联。构成 IPN 的两种聚合物相均为连续相,相区尺寸一般在 10~100nm,远远小于可见光的波长,故常呈透明状,这种相结构使得 IPN 的玻璃化转变区发生偏移并变宽,从而可能兼具良好的静态和动态力学性能及较宽的温度使用范围。

互穿聚合物网络(IPN)是两种高分子网络贯穿形成的交织网络。根据网络结构和制备方法大致可分为如下几种:

a. 完全互穿聚合物网络。在这种网络中两种高分子都是交联的。由组分的加入形式不同又可分为同步 IPN 和分步 IPN。前者是同时加入单体、引发剂和交联剂,然后两种聚合反应以互不影响的形式进行,形成交联网络并相互贯穿,例如环氧树脂和丙烯酸树脂的各种原料均匀混合后,加热便可使它们分别进行缩聚和自由基聚合反应,最后各自交联。也可以使其中一种高分子先形成预聚物,然后再使之交联。而分步 IPN 则是先合成一种轻度交联聚合物网络,然后加入另一种单体及其引发剂、交联剂,使第一种交联网络溶胀,之后发生聚合和交联。这种分步 IPN 往往由于单体在对另一种聚合物网络的溶解中形成浓度梯度,而导致网络交织密度不同引起宏观性能变化范围较宽。

b. 半互穿聚合物网络。在这种网络中,一种高分子形成交联网络,另一种高分子则是线型或支链结构。半 IPN 同样可以用同步或分步方法来制备。实践中往往是同时合成两种线型高分子,再使其中一种产生交联。例如可将聚氨酯和聚丙烯酸酯混合后,通过加热使聚氨酯交联。也可以先形成一种交联网络,而以另一种单体将其溶胀并聚合为线型高分子或支化大分子。

c. 杂混 IPN(Hybrid IPN,也叫接枝 IPN-graftIPN)。理想的 IPN 的组分不存在任何的共价键,但有意识的在组元网络间引入某些共价键,会有效地改善组元聚合物间的相容性和形态结构及热力学性能,这类 IPN 被 Frisch 称为杂混 IPN,也叫接枝 IPN。杂混 IPN 通常是以实现工业化的聚合物或天然高分子聚合物(如酪素、明胶、硝化棉类)为母体,加入另一种单体及引发剂、交联剂,使其在原母体聚合物链上进行接枝共聚而形成互穿网络。明胶、酪素、硝化棉等用该种方法改性均获得了成功。四川大学利用这一技术研制成功了聚氨酯-丙烯酸树脂互穿网络皮革涂饰剂,其方法是先合成具有核-壳结构的丙烯酸树脂乳液,并在丙烯酸树脂链上引入能和聚氨酯预聚体端基(—NCO)发生反应的官能团,如—NH—,—NH$_2$,—OH 等,然后将含端基的预聚体分散其中,在分散过程中,端基既和水反应扩链,又与丙烯酸树脂链上的活性氢反应发生接枝或交联,在扩链过程中增长的聚氨酯链和丙烯酸树脂链相互渗透,相互交叉缠结形成三层微相互穿网络。

　　d.层状胶乳互穿聚合物网络(胶乳 IPN-Latex Interpenetrating Polymer Net works)这种方法是以一种交联聚合物作为"种子"胶粒,然后加入另一种单体、交联剂和引发剂,在胶乳表面进行乳液聚合和交联。这种复合胶乳分相而不分离,中间是胞核,外层是胞壳,壳外包覆着乳化层,形成层状乳液即核-壳结构乳液,而网络相互贯穿则发生于两相界面。

　　前述的由本体聚合与溶液聚合法制备的完全 IPN 和半 IPN 均属于热固性材料,具有不溶不融的特点,难以成型加工,所以在皮化材料中价值不大,而胶乳 IPN 技术也即核-壳乳液技术则在丙烯酸树脂改性方面取得较好实用效果。

　　核—壳乳液是由性质不同的两种或多种单体,在一定条件下,按阶段聚合,使乳液颗粒内部的内侧和外侧分别富集不同成分,通过核、壳的不同组合,得到一系列不同形态的非均相胶乳粒子,从而赋予核、壳各不相同的功能,得到不同性能的复合乳液聚合物。核—壳乳液形态也千差万别,仅从组成核—壳的软硬上就可分为软核—硬壳、硬核—软壳、硬核—软壳—硬壳或软核—硬壳—软壳等多种结构,从核、壳的厚薄可分为厚核—薄壳,薄核—厚壳等结构。影响核-壳乳液形态结构的因素很多,单体亲水性差异,加料的顺序及方式,乳化剂、引发剂、交联剂的用量及加入方式,核层和壳层聚合物间的相容性等都影响其形态结构。核—壳乳液胶粒形态结构不同,导致聚合物材料热力学性能以及在溶剂中的行为存在着很大差异。

　　核—壳乳液较丙烯酸酯的无规共聚物乳液有如下优点:核—壳乳液产品中存在相分离,至少存在两个玻璃化温度,且两个玻璃化转变峰趋于一致并变得较宽;乳液的最低成膜温度与其中硬性组分的含量之间不存在线性关系,在某一临界组成之下,其最低成膜温度低于无规共聚物的最低成膜温度,因此所成薄膜具有较好的耐寒性;核—壳乳液所成薄膜的力学性能好,在100%伸长率下的拉伸强度比总组成相同的无规共聚物乳液所成薄膜大 4 倍,并具有较高的弹性模量。例如软核硬壳乳液,其核中聚合物可提供柔软性、粘附性和耐冷脆性,而壳中聚合物可提供耐磨性、耐热性和耐溶剂性,因而其综合性能优良。

　　通过设计各种不同的胶乳粒子结构对丙烯酸树脂进行改性,可以很好地提高或改善丙烯酸树脂的性能,使其得到更为广泛的应用。如以丙烯酸树脂接枝有机硅高分子胞壳,将极大地改善涂层的防水性、滑爽性和耐热性;含氟丙烯酸树脂核-壳乳液将赋予涂层优良的防水、防油、防污性能及自清洁性能;聚氨酯和丙烯酸树脂形成胶乳 IPN 后,前者成本较高的缺点可以得到克服,后者热粘冷脆、不耐有机溶剂的缺陷可以得到明显改善,两种涂饰剂各自的优势都可以充分发挥。因此,胶乳粒子结构设计法对丙烯酸树脂的改性是乳液合成的先进技术,为丙烯酸酯树脂的改性研究注入了新的活力。

　　⑤纳米粒子改性法。改性丙烯酸树脂常用的 SiO$_2$ 和 TiO$_2$ 等纳米粒子,而纳米 SiO$_2$ 改性技术的研究开发最为广泛和成熟,本节主要阐述纳米 SiO$_2$ 改性丙烯酸树脂的方法。与未改性丙烯酸树脂相比,纳米 SiO$_2$ 粒子杂化改性丙烯酸树脂乳液胶膜的抗张强度、撕裂强度、断裂

伸长率显著提高;涂层的耐湿擦性、透气性与透水汽性以及耐折牢度提高,卫生性能也明显改善。同时,纳米 SiO_2 粒子的加入增大了丙烯酸树脂的交联度,纳米 SiO_2 形成的网络可有效抑制丙烯酸树脂直链大分子的运动,因此可改善丙烯酸树脂热黏的缺点。同时,纳米 SiO_2/丙烯酸树脂杂化乳液在以下几个方面性能得到显著提高:增强增韧性、抗紫外老化性、热稳定性和阻燃性;提高表面硬度、耐磨性、耐刮伤性、耐水性;透明性、自洁性和抗菌防霉性等。

⑥微乳液技术改性。常规的多元单体共聚、接枝、交联方法制得的乳液,其乳胶粒子的粒径在 $0.1\sim1.0\mu m$ 之间,而微乳液的乳胶粒子粒径为 $0.01\sim0.1\mu m$,乳液分散度好,涂膜流平性好,光泽好,成膜乳化剂含量少。微乳液工艺一般是把常规聚合丙烯酸树脂的乳液加热到 $70\sim90℃$,然后加入一定比例的水溶性低毒或无毒助溶剂(如异丙醇、乙二醇、乙醚等)高速搅拌均化,再用一定浓度的氨水使共聚物的羧基离子化,即可得到半透明或透明的微乳液。丙烯酸树脂微乳液用于皮革涂饰,涂层薄,真皮感强。

8.2.1.3 聚氨酯(PU)成膜物

聚氨酯(PU)全称聚氨基甲酸酯,主要是指由异氰酸酯与羟基化合物通过逐步聚合反应而生成的聚合物,其主链上含有重复的氨基甲酸酯基(—NH—CO—O)。

聚氨酯是一类诞生较晚的高分子合成材料,虽然早在 1849 年 Wurtz 便由有机卤化物或硫酸二烷基酯与氰酸钾复分解反应合成出了脂肪族异氰酸酯,但直到 1937 年才由德国 Otto Bayer 教授首先发现多异氰酸酯与多元醇化合物进行加聚反应可制得聚氨酯,并以此为基础进入工业化应用,英美等国 1945～1947 年从德国获得聚氨酯树脂的制造技术于 1950 年相继开始工业化。日本 1955 年从德国 Bayer 公司及美国 DuPont 公司引进聚氨酯工业化生产技术。PU 材料得到全世界的普遍重视,各种形式和性能的 PU 材料的合成应运而生,特别是塑料、橡胶、涂料、胶粘剂和纤维的合成对 PU 材料的需求与日俱增。20 世纪 60 年代初将聚氨酯首次用于皮革涂饰。

由二元异氰酸酯与二元醇制得线形结构的 PU,由二元或多元异氰酸酯与多元醇制得体形结构的 PU。选用不同的异氰酸酯和羟基化合物进行适当的配比,可以制得性能各异软硬适度的 PU。PU 树脂具有良好的成膜性、黏着性、柔韧性、耐挠曲性、耐热耐寒性及耐干擦性,与颜料及其他树脂的混溶性较好,是皮革涂饰重要的成膜材料。用于皮革涂饰的 PU 可分为两种基本类型,即溶剂型 PU 和水基型 PU。前者是以有机溶剂为分散相的系统,后者是以水为分散相的系统。

溶剂型 PU 又可分为双组分型、单组分反应型、单组分非反应型等。早期主要用作光亮剂,特点是黏着力强,光亮持久,不用固定,耐磨性好,耐寒性和耐挠曲性都比普通硝化棉光亮剂好。但缺点是需使用大量的溶剂,成本高,污染环境,且安全性差。不符合可持续发展要求,现正逐步被水基型 PU 所取代。

1972 年德国 Bayer 公司率先开发了水性聚氨酯皮革涂饰剂。与溶剂型 PU 相比,水性PU 由于以水为介质,使用时无毒、无污染、不燃烧、价廉,而且在性能上仍具有一般溶剂型 PU所具有的高光泽、高耐磨性、高弹性、高黏结性、耐水、耐候、耐化学药品和对各种底材附着良好等性能。从而,在很大程度上取代了溶剂型 PU,是一种很有前途的"绿色材料"。三十多年来,已有很多水性 PU 产品成功地应用于轻纺、印染、皮革、涂料、胶黏剂、木材加工、建筑、造纸等行业。

水基型 PU 发展迅速,品种繁多,可按不同的方式进行分类。例如,按多元醇的齐聚物类型可分为聚醚型 PU、聚酯型 PU 和混合型 PU 乳液;按二异氰酸酯的类型分,则有芳香族、脂肪族和混合型 PU 乳液;按电荷的性质,又可分为阴离子、阳离子、非离子和两性离子型 PU 乳液;如果按用途来分,则有底涂(包括填充与补伤)、中涂和顶涂 PU 乳液。

另外,根据不同的乳化方法,水性 PU 可分为外乳化型和内乳化型(即自乳化型)。外乳化型是利用外加乳化剂的方法,在高剪切力作用下,将 PU 树脂分散于水中得到的 PU 乳液(分散液)。由于在制品中加入了亲水性的乳化剂,在使用过程中这些乳化剂残留于制品中,使树脂表面的色泽以及耐水性和机械性能变坏;另一方面此属于热力学不稳定体系,乳液稳定性差,贮存时间短。自乳化型 PU 是在疏水性的 PU 主链上引入亲水基,使其在没有外加乳化剂和高剪切力的作用下能够自发地分散于水中。

聚氨酯成膜材料的制备原理:

皮革涂饰用的聚氨酯可分为溶剂型和水性聚氨酯两种基本类型。溶剂型又可分为双组分聚氨酯、单组分反应型聚氨酯和封闭型聚氨酯,溶剂型聚氨酯光亮度好,耐水性好,但由于易爆易燃且污染性大,市场份额在逐年下降。水溶性聚氨酯因安全无毒环保现已成为一种潮流,也是本节阐述的重点,其主要产品为水乳液型的,其制备方法又可分为外乳化法和自乳化法。

总体来讲,异氰酸酯基是一个非常活泼的基团,它能与活泼氢发生重键加成反应,二异氰酸酯与羟基化合物的反应是由羟基上的氢原子转移到异氰酸酯基的氮原子上而实现的,每进行一次反应都能得到稳定的加成中间产物,大分子链是逐步增长的,相对分子质量随反应时间的延长而增大,但始终没有小分子物质生成,因此,此反应属于逐步加成反应。具体实施时一般是由多羟基化合物与多元异氰酸酯反应形成预聚体,再用二元醇或二元胺类扩链剂扩链后经过不同的后处理得到的。

在制备聚氨酯成膜材料的缩聚反应过程中,除发生上述主反应外,还可能发生下列副反应:水或酸存在时,部分异氰酸酯基与它们反应,并分解出 CO_2;过量的异氰酸酯基与氨基甲酸酯基(—NH—CO—O—)进行支化反应;异氰酸酯基的自加成反应。实验证明,后两种副反应在酸性条件下不利于进行,但升高反应温度或延长受热时间,即使在酸性条件下,也能生成支链结构。由于异氰酸酯的化学活性较大,易于发生副反应,从而影响聚氨酯的结构和性能。因此,必须严格控制反应条件,这是获得所需结构与性能聚氨酯的保证。

(1)溶剂型聚氨酯。溶剂型聚氨酯是以有机溶剂为分散介质,易燃、易爆、有毒、污染环境、成本高,因而逐渐被水性聚氨酯所取代。但由于溶剂型聚氨酯的许多物理性能优于水性聚氨酯,因而至今仍用于一些特殊用途皮革的涂饰。

①双组分聚氨酯。双组分聚氨酯分为甲、乙二组分,分别包装存放。甲组分是含有异氰酸酯基的预聚体,乙组分是含有羟基的预聚体,使用时将甲、乙组分按一定比例混合均匀,然后涂饰于皮革上。甲组分中的—NCO 与乙组分中的—OH 互相作用形成聚氨酯高聚物,在革面上形成薄膜,并产生空间交联结构。

在制备甲组分预聚体时,二元异氰酸酯与二元醇组成的反应体系中 NCO/OH 的摩尔比应大于 1,化学反应式如下:

$$nHO\sim OH + (n+1)OCN\sim NCO \longrightarrow OCN(-NHCOO\sim OOCNH)_n NCO$$

　　而在合成乙组分预聚体时,二元异氰酸酯与二元醇组成的反应体系中 NCO/OH 的摩尔比应小于 1,化学反应式如下:

$$(n+1)HO \sim OH + nOCN \sim NCO \longrightarrow HO(OOCNH \sim NHCOO)_n OH$$

　　②单组分反应型聚氨酯。单组分反应型聚氨酯是指分子中含有异氰酸酯端基的聚氨酯,一般采用过量多元异氰酸酯与多元醇化合物预聚并经小分子活性氢化合物扩链后制得的。这种聚氨酯分子链端的异氰酸酯基团能与皮革胶原分子中的羟基、氨基以及空气中的水分反应而固化形成交联结构;另外,也要添加一些活泼氢化合物进行固化,形成交联结构。

　　③封闭型聚氨酯。封闭型聚氨酯的成膜原料与双组分聚氨酯相似,是由多元异氰酸酯和多元醇化合物反应而形成的。所不同的是含异氰酸酯基的甲组分被苯酚或其他含活性氢的单官能团化合物封闭,因此,甲、乙两组可以合装而不反应,成为单组分非反应型聚氨酯,常用的一些封闭剂是苯酚、甲酚和一些芳香胺。当涂饰温度较高(如 100~150℃)或在催化剂的作用下,被保护的异氰酸酯基可解除封闭,与含端羟基的乙组分或其他活性氢化合物作用。

　　(2)水乳液型聚氨酯。水乳液型聚氨酯以水为分散介质,无毒,不污染空气,成本低,自 70 年代应用于皮革涂饰以来,越来越受到制革界的重视。以水性阴离子聚氨酯为例,其制备反应原理如下:

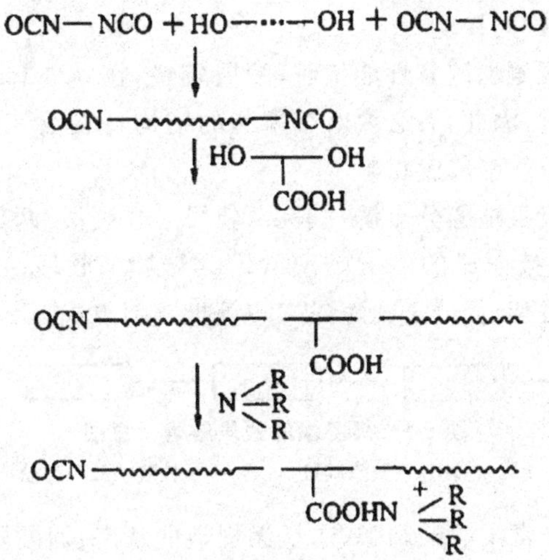

　　水性聚氨酯合成的基本工艺路线为:原料预处理—预聚—扩链/交联—再扩链/(或引入亲水基团)—中和成盐/分散。

　　①原料预处理。主要是对多元醇进行处理。原料中存在即使是极少量的碱金属离子(K$^+$、Na$^+$),都必须除去,处理可用水洗法,否则,生产中极易出现凝胶。再就是要对多元醇进行脱水处理(可在 120℃~130℃,真空小于 0.01MPa 条件下脱水 2~4h),以控制其水分质量分数小于 0.05%。

　　②预聚。用二异氰酸酯与含端羟基的聚醚、聚酯等进行缩聚反应制备预聚体。在实际制备聚氨酯涂饰剂时一般都采用过量的二异氰酸酯与端羟基化合物反应获得端基为—NCO 的预聚体。

　　③扩链。这一步非常关键。预聚体相对分子质量比较小,成膜后的性能还难以满足实际

使用的要求。为了获得聚氨酯优良的性能,则常使用小分子或缩合度较小的二元醇作扩链剂。有时也采用小分子二元胺,或者相对分子质量不大的含端羟基的齐聚物作扩链剂。例如,对于通常的端基为—NCO 的预聚体,用水扩链,则生成含脲基的聚氨;用二元醇扩链,则生成含氨基甲酸酯的聚氨酯;用二元胺扩链,则生成含取代脲基的聚氨等。此过程中产物的相对分子质量急剧增大,为避免黏度过高造成不利影响,可以采用惰性溶剂进行稀释。

④交联。为了使获得的聚氨酯涂膜具有高耐水性和耐溶剂性以及优良的拉伸强度、弹性等,常采取适度内交联的办法,将线形结构转变为网状体形结构。通常的方式是直接加入三官能团或三个以上官能团的化合物进行交联反应,如前所述的三羟甲基丙烷、三羟基聚醚、甘油等。交联剂的加入方式对最终产品的性能具有明显的影响,对于水性 PU 尤其重要。常见的是交联剂在预聚后期或者预聚结束时加入,但注意加入量要严格控制,因为必须慎重考虑交联对引入亲水性离子基团后聚氨酯的水分散能力所造成的影响。

⑤再扩链/或引入亲水基-分散。通常由带双官能团或多官能团同时又带亲水性离子基团的化合物(如最典型的是二羟甲基丙酸),与含端—NCO 基团的预聚物进行再扩链反应,得到大分子的聚氨酯离子型聚合体(简称离聚体),然后中和成盐,在水中分散制成稳定的聚氨酯水分散体,其粒径大小和分布与离子基团的类型等因素有关。需要指出的是,再扩链反应的原理与扩链是相同的,只是所用的扩链剂中带有亲水基团(如—COOH,—SO$_3$H,—NH—等)。

聚氨酯成膜材料的结构与性能:

聚氨酯,尤其是水性聚氨酯因其性能优越,发展较快,在国外有取代丙烯酸树脂类而成为皮革主流成膜材料的趋势。因此,有必要对聚氨酯的结构特点及其与性能方面的关联性进行分析,以便开发出更好的聚氨酯成膜材料。

(1)聚氨酯的结构。聚氨酯的分子链一般由"软段"与"硬段"两部分组成,所有聚氨酯均可看做是软段和硬段交替连接而成的(AB)$_n$型嵌段共聚物。软段一般为聚醚、聚酯或聚烯烃等;而硬段主要由二异氰酸酯、低分子二醇或二胺等扩链剂组成。其简化的示意图见图 8-1。

图 8-1　聚氨酯的嵌段结构示意图
(□——氨基甲酸酯链接　～～～——长链二元醇链段)

在常温下,软段处于非常柔顺的高弹态,呈无规卷曲状态;而硬段则处于玻璃态或结晶态,链段比较僵硬。由于聚氨酯中软段与硬段之间的热力学不相容性,软段及硬段能够通过分散聚集形成独立的微区,且表现出各自的玻璃化温度(T_g),即聚氨酯具有微相分离的本体结构。在一定相对分子质量范围内,纯软段的 T_g 与相对分子质量几乎无关,但聚氨酯中软段的 T_g 对其相对分子质量非常敏感。这是由于聚氨酯中软硬段的热力学不相容而产生微相分离,但微相分离一般是不完全的,即有少量硬段溶解在软段相中,导致软段相的 T_g 升高。与高相对分子质量的软段相比,低相对分子质量的软段与硬段具有较好的相容性,因而有更多的硬段溶解在软段相中,导致相容程度增大,使得软段的 T_g 升高。

聚氨酯成膜材料的性能在很大程度上取决于软硬段的相结构及其微相分离程度。在相同硬段质量分数时,由不同异氰酸酯制得的聚氨酯的微相分离程度不同,这主要取决于异氰酸酯的分子结构和对称性。脂肪族异氰酸酯形成的氨酯链段与软段具有较好的相容性,因而有更多的硬段溶解在软段中,PU的微相分离程度较低;而芳香族异氰酸酯形成的氨酯链段则与软段的相容性较差,导致软硬段的微相分离程度较高。另外,硬段微区的氨基甲酸酯键之间可形成氢键,由于氢键为一非键合力,但它比一般分子链间相互作用范德华力要大一个数量级,且具有类似共价键的方向性,它可造成硬段微区分子链有规律排列即所谓的高分子结晶。结晶的形成可使其强度、硬度升高,因此氨基甲酸酯硬段所形成的微区具有高强度、高硬度的特点,软段形成的非晶区一般成为连续相。这种微区结构早已被电子显微镜、小角激光衍射、中子衍射等现代仪器所证实。微区直径一般在几十纳米,远小于可见光波长,因此微区结构不会造成光散射而影响其透明。

根据聚氨酯软段的不同,聚氨酯可分为聚醚聚氨酯,聚酯聚氨酯及聚烯烃聚氨酯等类型。聚烯烃聚氨酯具有优异的耐水解性,但由于分子中存在双键,抗氧化性较差。聚醚聚氨酯由于主链上具有许多醚键,其柔性和耐水性都优于聚酯聚氨酯。聚醚聚氨酯中硬段的—NH—不仅可以与硬段本身含有的羰基形成氢键,也可以与软段的醚基形成氢键。而聚酯聚氨酯软段中含有极性强的酯,软硬段之间的氢键作用力远大于聚醚聚氨酯,从而其微相分离程度较低。聚酯聚氨酯分子中因含有酯基,在酸性或碱性环境下都容易水解,所以其水解稳定性远远低于聚醚聚氨酯。在其他条件相同时,如果从软段极性及氢键的角度来衡量其微相分离程度,其由大到小的顺序为聚烯烃聚氨酯>聚醚聚氨酯>聚酯聚氨酯。

需要说明的是,聚氨酯的微相分离是一个松弛过程。其既与软硬段的组成、结构及特性等热力学的因素有关,又与体系的黏度、链段的活动性和温度等动力学因素有关。

(2)聚氨酯与丙烯酸酯类共聚物性能比较。聚氨酯与丙烯酸酯类共聚物在聚集态结构上有重大差异,聚氨酯表现为微区多相结构,且一条分子链可以贯穿多个相区,使得相区之间有紧密结合。丙烯酸酯类共聚物为均相结构。聚氨酯与丙烯酸树脂的性能差异很大程度上取决于两者结构的差异。

①玻璃化温度和黏流温度。作为皮革涂饰的成膜材料的聚合物,聚合物的玻璃化温度和黏流温度决定了其耐寒性和耐热性。若温度低于玻璃化温度,则涂层变得硬而脆,易发生断裂;若高于黏流温度,则涂层会出现发黏现象。

聚氨酯有两相结构,因此表现出两个玻璃化温度,非晶区连续相由软的聚醚(或聚酯)组成,有极低的玻璃化温度,一般在-100~70℃,晶区表现有较高的玻璃化温度,一般在80℃左右。但在软段非晶区被冷结之前,聚氨酯材料都能表现为弹性,因此其脆折温度与软段玻璃化温度有关。硬段晶区同样表现为较高的黏流温度。在硬段晶区被熔化之间,它的存在保持了材料的力学性能,因此,对聚氨酯来说软段提供了其耐寒性能,硬段提供了其耐热性能。

丙烯酸酯类共聚物为均相结构,它有单一的玻璃化温度与黏流温度。其共聚物的玻璃化温度与单体均聚物的玻璃化温度及其在共聚物中所占质量分数有关,黏流温度也是如此。因此为了增加丙烯酸酯类共聚物的耐低温性能,同时就会损失其耐高温性能,反之亦然。丙烯酸树脂类成膜材料表现为"冷脆热粘"为其主要缺点。

②力学性能。聚氨酯与丙烯酸酯类共聚物表现出不同的特性,聚氨酯表现为低应变下柔软,高应变下则高强高硬。这是由于在低应变下软段提供了柔软弹性,当应变增加,该软段被完全拉伸后,再进一步的拉伸则是硬段分子链的被拉伸,此时则是高硬高强。也就是说,聚氨酯表现出一种应变增强现象。因此聚氨酯材料可获得十分柔软但有一定强度效果。丙烯酸酯

类共聚物的均相结构无此特性,为了提高涂层柔软性就会损失涂层强度,为了提高硬度就会损失柔软性。

③弹性与回弹性。聚氨酯被拉伸时,首先是软段分子链从卷曲变为伸展,当外力消除时,伸展的分子链又恢复到卷曲状态,而硬段在一定的应力范围内不会出现分子链间的滑动,为软段提供了一个固定点,使其分子链间在拉伸过程中不存在相对滑动。所表现出的弹性非常类似硫化橡胶。而未交联的丙烯酸树脂,分子链之间缺乏固定点,在拉伸过程中就可能出现滑动,表现为应力消除后可能出现永久变形。

④周期应力下的行为特征。聚氨酯成膜材料在周期应力作用下会被破坏出现断裂,这也与其结构有关,在应力作用下,软段被拉伸同时还伴有硬段晶区取向,硬段晶区少量破坏,消除应力,硬段晶区消除取向及恢复,在周期应力作用下,这种消除取向,破坏恢复周期发生,虽然分子间无滑动,却造成链间强烈摩擦产生内部蓄热现象,蓄热又加剧了此过程,最终造成材料破坏,因此聚氨酯本体材料耐曲挠性不十分理想,但对皮革涂层此蓄热现象不明显,原因是涂层极薄,热能可以及时散发,并且硬段晶区恢复过程较慢,在晶区未完全恢复时下一周期已开始。在周期应力作用下硬段晶区结构会不断被破坏,材料变得更加柔软,这种现象被称为应力软化现象,此效应无疑对涂层耐曲挠是有利的,因此聚氨酯皮革涂饰材料耐曲挠性能不但未受其结构特点带来的不利因素影响,而是表现出比丙烯酸酯类共聚物更优的耐曲挠性能。

⑤耐磨性能。聚氨酯常被人们称为"耐磨王",其耐磨性能一般为其他通用高分子材料的十倍以上。其优异的耐磨性能同样来自于其特殊的结构,其硬段晶区提供了优异耐磨性能基础,对此理论解释比较复杂,我们可用一简单例子说明,聚氨酯内部结构很像沥青石子路面,路面的耐磨性能很大程度上来自石子等"钢性"结构。对于皮革涂饰材料来说耐磨性能表现为耐干湿擦性能。

⑥耐有机溶剂性能。聚氨酯硬段形成的晶区是由于分子链间氢键的强烈作用,呈结晶状态的高分子晶态一般不易被溶剂所破坏,而使聚氨酯涂层显示一定耐溶剂性能,如进一步通过化学交联,则可达极优的耐溶剂性能;丙烯酸酯类共聚物无晶相存在,要达到满意的耐有机溶剂性能则必须达到高度交联,过度交联对涂层其他性能有不利影响。

⑦成膜性能。聚氨酯树脂成膜过程与丙烯酸树脂乳液的相似。高分子乳液的成膜过程,首先是水的挥发,使乳液进一步浓缩,乳胶粒子相互接近,在水分基本挥发完后,乳胶粒子则在基体上紧密堆积,且粒子变形,粒子紧密黏合形成强度较低的连续膜,进而粒子间分子链相互渗透,进一步调整,达到热力学稳定结构,从而形成具有一定强度的膜。可见,高分子乳液的成膜性能取决于乳胶粒子的可变形性及分子链扩散运动性能,温度在整个成膜过程中起到了重要作用。研究表明,在各种硬度下聚氨酯乳液的最低成膜温度都小于室温,具有良好的成膜性能,使其在皮革涂饰配方中对其他非成膜物质(如颜料、填料、手感剂等)有极好的包容性,即配伍性能良好。而丙烯酸树脂乳液,随着硬度增加,最低成膜温度提高,达到一定程度后,则在常温下不能成膜。与聚氨酯材料相比,丙烯酸树脂的包容性也相对逊色一些。

8.2.1.4 硝化纤维成膜物

硝化纤维素又名硝化棉、棉体火棉胶等,属硝酸酯类。硝酸纤维素是纤维素与硝酸酯化反应的产物。纤维素酯类是指在酸催化作用下,纤维素分子链中的羟基与酸、酸酐、酰卤等发生酯化反应的生成物。主要有硝化纤维素,即硝化棉(NC)和醋丁纤维素(CAB)。前者易变黄,而后者耐光性好。用作皮革涂饰成膜材料的绝大多数纤维素衍生物是 NC 硝化棉(NC)。

生产硝化纤维的主要原料是纤维素,硝酸纤维素的生产可追溯到 19 世纪,直到 20 世纪初,用于硝化的纤维素主要用棉短绒形式的棉花,高得率的产品需高纯度的原料(α-纤维素>9800)。以后发展到用木纤维素来生产枪药,甚至纤维素纤维也用木材作为原料。制革工业上使用的硝化纤维素一般都用棉花作为原料,故又称硝化棉。纤维素是由葡萄糖单元通过 β-1,4-糖苷键连成的直链天然高分子。纤维素分子中的羟基可以不同程度地被硝酸酯化,根据纤维素的结构可知,每个葡萄糖单元上的三个羟基若全部被硝酸酯化,含氮量可高达 14.2%,但这种产物不稳定,极易爆炸,非常危险。掌握混酸比例、温度可制得含氮量不同的品种,引入硝酸酯基团的多少决定了硝酸纤维素的性质和用途。通常按硝化程度的不同即含氮量的不同将硝化纤维分为四个级别,分别具有不同的用途:含氮量 10.2%~11.2%,能溶于乙醇,不溶于脂肪烃类溶剂,主要用于制造赛璐路塑料及油漆;含氮量 11.2%~11.7%,能溶于甲醇、乙酸乙酯、丙酮及乙醚与乙醇的混合物中,不溶于脂肪烃类溶剂。主要用于制造摄影底片及油漆;含氮量 11.8%~12.3%,能溶于乙酸戊酯、乙酸丁酯、丙酮、甲醇及乙醚与乙醇混合物中,不溶于乙醇及脂肪烃,主要用于制造油漆和假皮,在制革工业中主要用作光亮层涂饰剂,很少用作底层涂饰剂;含氮量 12.3%~13.5%,仅能溶于丙酮,主要用于制造无烟火药和烈性炸药。

皮革行业利用着色的硝化纤维素制造漆革已有上百年历史。20 世纪 50 年代开发出乳液型硝化纤维素,硝化纤维的应用范围进一步扩大,目前,已发展成为皮革涂饰剂中的重要组成部分。

硝化纤维光亮剂的特点是成膜快、光亮、耐酸、耐水、耐干/湿擦、不黏、手感舒适、可不用甲醛固定,具有一定柔韧性。但主要缺点是涂膜较硬,不耐老化,受热或光照时易变黄发脆,耐寒性、延伸率和钻着力较差,而且透气性也较差。

硝化纤维光亮剂按外观形态可以分为溶剂型、乳液型和可调型三类。其中溶剂型硝化纤维光亮剂挥发性组分含量高,有易燃危险,且环境污染严重,虽然仍有使用,但应用范围已经越来越小。它一般是将硝化纤维溶解于溶剂中,添加助溶剂、稀释剂、增塑剂或(和)软性有机树脂等改性制得。而乳液型硝化纤维光亮剂溶剂含量低,使用安全性高,受到重视。其制备的关键是乳化剂体系和乳化设备的选择与使用工艺。而可调型硝化纤维光亮剂具有水油两用的特点,加水可以制成乳液,用于需要亚光光泽要求的皮革;而加溶剂又可制成溶剂型品种,可用于需要高光光泽要求的皮革;当然也可以既加水又加溶剂制得介于上述两者之间光亮度的光亮剂。从储存和使用的安全性、方便性和有效性,以及环保要求等多方面看,可调型硝化纤维光亮剂是最易为人们所接受的。

制备皮革涂饰硝化纤维光亮剂除硝化纤维外还要配合一定的溶剂、增塑剂、乳化剂等组分,现将其主要品种和作用分述如下:

(1)硝化纤维。硝化纤维皮革光亮剂的薄膜性能与硝化纤维的硝化程度有很大关系,也是涂饰层主成膜物,其质量直接影响涂层光泽。另外,硝化纤维在溶剂中的溶解度越高,越有利于涂饰剂涂膜透明度的提高。

常用硝化纤维的含氮量 10.5%~12.0%,运动黏度为 0.5~40s。一般说来,硝化程度高的硝化纤维黏度低,所成薄膜丰满度好,光泽好,但弹性差,适合于鞋面革的涂饰;而硝化程度低的硝化纤维粘度高,对皮革的填充性差,所成薄膜光泽及丰满度差,但耐磨性、弹性和抗断裂性较好。不同品种的皮革需使用不同性能的硝化纤维涂饰剂,才能彼此适应。低粘度硝化纤维在有机溶剂中溶解度较大,可以配制成含固量较高的皮革光亮剂,从而可使涂层有一定厚度,主要用于皮革的光亮层涂饰。高粘度硝化纤维由于光泽差、耐磨、弹性好,主要用于服装革及软绒面革的涂饰。

(2)溶剂。硝化纤维的溶解性能随其含氮量的高低而有所不同,能溶解硝化纤维的溶剂很多,根据溶剂对硝化纤维的溶解性能可分为真溶剂、助溶剂、稀释剂。各种溶剂的溶解力及挥发性等因素对涂饰操作及涂膜的光泽、附着力、表面状态等都有极大的影响。

真溶剂对硝化纤维具备溶解能力,尤其是酯、酮等含氧溶剂。常用的主要有乙酸酯,如甲酯、乙酯、异丙酯、丁酯、戊酯、辛酯、苄酯、乙基乙二醇乙酸酯、丁基乙二醇乙酸酯、无水乙醇、丙酮、环己酮、二异丁基丁酮等。

助溶剂单独使用不能使硝化纤维溶解,但在溶剂中少量加入可增加溶剂的溶解能力,如丁醇、乙醇、乙醚等。

稀释剂也不能溶解硝化纤维,与溶剂、助溶剂混合使用时可起稀释作用,可降低成本,但使用量超过一定限度,则会使硝化纤维沉淀。常用的稀释剂有苯、甲苯、混合二甲苯、乙醇、丙醇、正丁醇、异丁醇等。

溶剂及稀释剂的选择,对硝化纤维分散液的性能影响很大,溶剂习惯上可分为低沸点溶剂(沸点 100℃以下)、中沸点溶剂(沸点 100~145℃)和高沸点溶剂(沸点 145~170℃)。低沸点溶剂可降低涂饰剂的黏度,方便喷涂,固含量可以较高。另外,其蒸发率高,使涂饰剂具有快干的性质,也由于其挥发速度快,影响涂层的流平性,难以形成均匀光亮的薄膜。中沸点溶剂使涂饰剂流动性好,干燥挥发速度适中。高沸点溶剂是最后蒸发的溶剂,可防止硝化纤维和树脂因溶解度下降而影响涂膜的光滑性和光泽度。用高沸点的溶剂,薄膜干燥缓慢影响工效。要获得良好的涂饰效果并降低成本,应根据不同溶剂的溶解性、沸点、相对挥发度、毒性等按适当比例配成混合溶剂。对混合溶剂的总的要求是,既能配成有合适固含量的硝化纤维分散液,又具有合适的干燥速度。设计混合溶剂配方应遵循以下基本原则:

①混合溶剂中最不易挥发的溶剂应当是硝化纤维和增塑剂的良好溶剂,否则当易挥发组分蒸发后,成膜剂和增塑剂就会从溶液中沉淀析出。因此,助溶剂、稀释剂的沸点应低于真溶剂的沸点。

②最不易挥发的溶剂,其蒸发速度应比水慢。当挥发性组分迅速蒸发时薄膜及其周围的温度迅速降低,此时周围空间的水蒸气会凝结在薄膜表面上,这时可能发生下列情况:其一,凝结的水蒸气量不大,且不引起成膜剂沉淀,薄膜一直是透明的;其二,凝结的水蒸气量较大,到一定程度时引起成膜剂局部沉淀,而致薄膜发白。如果最不易挥发的溶剂从薄膜中蒸发出来的速度比水还快,则通常变白现象仍然保留。但是,如果最不易挥发的溶剂从薄膜中蒸发出来的速度比水慢,则在干燥完成时变白现象消失。

当挥发性溶剂组分迅速蒸发时,薄膜及其周围的温度迅速降低,导致周围空间的水汽会凝结在薄膜表面上,薄膜在最后干燥前这种凝结水应先蒸发掉,才能形成漂亮的涂层。

(3)增塑剂。因硝化纤维形成的薄膜柔韧性差,受力时易脆裂,钻着力也较差,常添加增塑剂,增大硝化纤维相邻大分子链段间距,与此同时,增塑剂的极性基团也可与硝化纤维大分子的极性基团相互作用,相应的降低硝化纤维大分子链间的作用力,使其涂膜柔顺性增加,延伸率、附着力、耐寒性等提高。常用的增塑剂有三种类型:油脂,主要是不干性油,如蓖麻油、氧化蓖麻油、菜籽油、亚麻油、环氧化豆油等;低分子化合物,如邻苯二甲酸酯、磷酸酯、己二酸酯、癸二酸酯、脂肪酸多缩乙二醇酯、氯化石蜡等;高分子树脂,如改性聚酯、不干性长油醇酸树脂和聚丙烯酸树脂等。上述第二类增塑剂为各种酯类,往往是 NC 的溶剂,故称溶剂型增塑剂,混溶性好,增溶效果好,缺点是涂膜强度下降幅度大。同时这类增塑剂用量过多易使涂膜发载,且增塑效果持久性较差。第一类与第三类不能溶解硝化纤维,故称为非溶剂型增塑剂。主要起增塑作用,对强度影响较小,并且不易挥发损失。但由于只是物理混合,易于与成膜物分离。增塑剂的品种较多,其中以邻苯二甲酸二辛酯和蓖麻油配合效果较好,若以邻苯二甲酸二丁酯代替二辛酯则可获得更好的光泽。但需要指出的是,因环境友好的要求,邻苯二甲酸酯类已被列为禁限化学品。

(4)有机树脂。仅仅添加增塑剂制备的硝化纤维光亮剂,附着力较差,耐久性也较差,不能满足皮革涂饰的要求,则常加入软性有机树脂改善硝化纤维光亮剂涂膜的性能,如增加附着力,提高光泽度、耐候性、耐水性、耐湿擦性、柔韧性等,同时可很好地解决小分子增塑剂的迁移问题,保持光亮剂涂膜柔韧性、粘力等的持久性。

中、长油度的醇酸树脂可在很大程度上改善附着力、柔韧性、耐候性及光泽等。丙烯酸树脂因可采用不同单体共聚而具有不同的性能,如软性树脂可以起增塑作用,硬性树脂则可赋予较高的硬度及拉伸强度,所以可用来调整涂膜的性能。聚氨酯树脂具有极好预设计性和粘着力等,可以通过物理混合或化学接枝方式引入,显著改善硝化纤维光亮剂的性能。聚氨酯是目前市面上改性 NC 光亮剂的主要有机树脂之一。

(5)乳化剂。乳化剂是乳液型硝化纤维分散液的关键组分,乳化剂除应对硝化纤维、增塑剂及溶剂有良好的乳化能力外,乳化剂必须既能溶于水又与油相有良好的亲和力,在成膜过程中溶剂和水分挥发后的剩余物质有很好的相溶性,以保持薄膜的透明度。生产上阴离子和非离子型乳化剂应用较多,例如十二烷基硫酸钠、磺化矿物油是较好的阴离子乳化剂,非离子乳化剂常用脂肪醇聚氧乙烯醚(AEO 系列)、聚氧乙烯羧酸酯类乳化剂。

可使用的乳化剂体系通常是几种乳化剂的复配体系,可以发挥复合增效作用,强化乳化效果。复配的原则是复配乳化剂的 HLB 值应与待乳化物的 HLB 值相近。乳化剂用量应严格控制,用量少,乳液稳定性不好;用量多,除造成乳化剂浪费外,更重要的是使光亮层发暗,不耐湿擦、易脱落。

另外制备乳液时,乳化剂的加入方式也对乳液稳定性等性能有重要影响。通常制备方法有:乳化剂在油相法;乳化剂在水相法;初生皂法;乳化剂分别在油和水相中,把易溶于油相的乳化剂加入油相,易溶于水相的乳化剂加入水相,然后把水相加入油相的方法。可根据所采用的乳化剂的种类和特点进行选择。

乳状液颗粒度的大小及其分散程度,还与搅拌速度有直接关系。通常搅拌速度不应小于400r/min,宜控制在 500～1000r/min。若速度过低,不能使溶剂溶解的硝化纤维与表面活性剂混合均匀,同时乳化剪切力不足,乳液颗粒不均匀;搅拌过快,则易带入大量空气形成气泡,消泡困难,影响乳液涂膜质量。

(6)稳定剂及水。为了提高硝化纤维乳液的稳定性,往往还要加入一些乳液稳定剂。羧甲基纤维素、聚乙烯醇乳酪素等都是硝化纤维乳液常用的稳定剂。另外,水量多少对硝化纤维乳液性能也有很大影响。制备 O/W 型乳状液。水相量大对乳化有利,但固含量低,涂饰剂不能达到应有的光亮性,反之,油相过多,乳化困难,乳液稳定性差。油相和水相的比例一般在 1:(0.5~0.7)左右较为合适。

8.2.1.5　其他成膜物质

用于皮革涂饰的成膜物质除上述四大类外,还有一些成膜物质,虽然不常用,但在一些特殊情况下也会被使用。

(1)干性油。干性油是漆革的基本材料,可以作为成膜物质应用于漆革涂饰中。干性油是碘值大于 130,含高度不饱和脂肪酸的甘油酯,如桐油、亚麻仁油等。其不饱和键易氧化聚合,形成一层坚韧而富有弹性的薄膜,这种现象称为油脂的干化。

(2)羧甲基纤维素(CMC)。羧甲基纤维素(CMC)是纤维素的醚类衍生物,由纤维素经碱处理,使纤维素膨胀生成纤维素碱,再与氯乙酸钠进行醚化反应得到。

羧甲基纤维素钠(CMC)属阴离子型纤维素醚类,外观为白色或微黄色絮状纤维粉末或白色粉末,无臭无味,无毒;易溶于冷水或热水,形成具有一定黏度的透明溶液。溶液为中性或微碱性,不溶于乙醇、乙醚、异丙醇、丙酮等有机溶剂,可溶于含水 60% 的乙醇或丙酮溶液。有吸湿性,对光热稳定,粘度随温度升高而降低,溶液在 pH 2~10 稳定,pH 低于 2,有固体析出,pH 高于 10 粘度降低。

羧甲基纤维素钠可作为皮革涂饰的成膜物质,也可作为胶粘剂。用于修饰面革的封底,硝化纤维乳液的稳定剂,也可部分代替酪素作为涂饰剂的粘合材料。

羧甲基纤维素钠(CMC)溶解方法:将羧甲基纤维素钠直接与水混合,配制成糊状胶液后,备用。在配制羧甲基纤维素钠糊胶时,先在带有搅拌装置的配料缸内加入一定量的干净的水,在开启搅拌装置的情况下,将羧甲基纤维素钠缓慢均匀地撒到配料缸内,不停搅拌,使其和水完全融合,并能够充分溶化。在溶化羧甲基纤维素钠时,之所以要均匀撒放,并不断搅拌,目的是为了防止其与水相遇时,发生结团、结块、降低其溶解量的问题,这样操作也有利于提高其的溶解速度。

(3)聚酰胺。聚酰胺是 α-氨基酸缩合聚合得到的具有相对分子质量较低的聚合物,溶于水后呈透明黏稠状,不腐败,耐电解质能力强。用于皮革涂饰,其膜有较好的力学性能和卫生性能,在耐挠曲和耐湿擦方面优于酪素。用于皮革涂饰封底能防止增塑剂及染料的迁移。由于聚酰胺分子链上存在—NH_2和—COOH 等活性基团,常用于其他成膜物质的改性。如将其与酪素共混或接枝得到综合性能优于酪素的成膜剂。将共聚酰胺用混合溶剂溶解后喷在全粒面革或人造革上,可得到平整、滑爽、光亮、手感好的成品革。

8.2.2　着色材料

着色材料是皮革涂饰剂的重要组成部分,其作用主要是遮盖皮革表面伤残、修饰皮革表面缺陷、赋予涂层各种各样色泽。皮革涂饰着色材料主要用颜料,也酌情选用部分液体金属络合染料。由颜料、黏合剂和油料按一定配比经研磨而成的颜料膏应用最为广泛。其主要功能是使膜在皮革表面呈现颜色并具有遮盖力,美化革的表面,并在一定程度上提高皮革的机械强度、耐久性等,或者显示特殊的涂饰效应。在苯胺革和半苯胺革涂饰中,因要求涂层薄而且透明,常选用的着色剂则是金属络合染料。

8.2.2.1 金属络合染料

金属络合染料主要用于苯胺革的涂饰,皮革行业习惯上称为喷染染料。特点是着色力好,坚牢度高,耐热、耐光,性能稳定,经其喷染涂饰的皮革色泽鲜艳明快。

金属络合染料是偶氮染料与过渡金属生成的内络合物。根据金属离子与偶氮染料的配比,可分为两种类型,即1:1型金属络合染料和1:2型金属络合染料。具体的介绍已在前述的制革染色材料中阐述,在此不再详细介绍。

最常用的是1:2型金属络合染料,其不溶于水,能溶于有机极性溶剂。将它喷涂于皮革表面,涂层具有耐水、耐光的特点,色泽和耐干/湿擦坚牢度明显提高。

8.2.2.2 颜料

大多数颜料是不溶于水也不溶于有机溶剂的有色物质,外观为有一定颜色的细分散粉末。通常可分无机颜料和有机颜料。无机颜料色谱较齐全,遮盖力强,耐光,耐热;而有机颜料颗粒容易研磨和分散,不易沉淀,有较高的着色力,色彩也较鲜艳,但耐晒性、耐热性和耐候性较差。颜料对被着色的底物不具有亲和力,必须借助于适当的成膜剂或砧合剂固着于底物表面。颜料可以制成溶剂型也可制成水分散型。溶剂型又称油墨,主要用于溶剂型涂饰剂,如前述的硝化纤维清漆。水分散型又称为颜料膏,主要用于乳液型涂饰剂,如丙烯酸树脂乳液涂饰剂等。颜料膏中常加有少量的添加剂,以防止颜料凝聚和沉淀。由于皮革及其制品对重金属的禁限规定,在颜料选择时必须慎重,兼顾特性与生态要求。

颜料是一种具有装饰和保护作用的有色物质,它们不溶于水、油、树脂等介质中,通常以分散状态应用于涂料、油墨、橡胶、搪瓷等制品中,使这些制品呈现出颜色。

(1)颜料的基本性质。颜料是微细的粒状物,其原级粒子的颗粒直径大多在零点几微米到几微米之间,最大不超过100μm,在这些细小粒子内部,其分子有一定的排布方式,绝大多数是以晶体的形态存在。

①遮盖力。遮盖力是指颜料遮盖被涂饰底物的底色而不露底的能力。遮盖力的强弱取决于颜料的折射率和成膜剂的折射率之差(差值越大,遮盖力越强)、颜料对照射光的吸收能力以及颜料本身的分散度(分散度越高,颗粒越细,遮盖力越强。但是,颜料颗粒细小到一定程度,光将能够穿透颗粒显示出透明性)等。

颜料可以遮盖革面上轻微的缺陷和革的底色,增加涂层的机械强度,遮盖力越大,则赋予皮革涂层更加鲜艳饱满的色调。一般认为,颜料遮盖能力最大值时的粒子粒径的恰当值为0.8～1.5μm。颜料的遮盖能力除与粒径大小有关外,还与其形状以及粒度的分布有关。

颜料种类不同,其遮盖力最大值的粒径大小也不同。如红色颜料粒子在530～550nm时,遮盖最大,而绿色是在500～530nm、蓝色是在440～480nm、白色是在400～700nm范围内有大的遮盖力。另外,不同的颜料在涂饰时的用量也不同,遮盖力较强的颜料用量较低,遮盖力弱的颜料则用量较高,因此,在涂饰配方中,颜料膏的比例并不是一成不变的。

②着色力。着色力是一种颜料与另一种基准颜料混合后颜色强弱的能力,通常以白色颜料为基准去衡量各种彩色或黑色颜料对白色颜料的着色能力。着色力是颜料对光线吸收和散射的结果,主要取决于吸收,吸收能力越大,其着色力越强。不同的颜料,其着色力有很大的不同,着色力的强弱取决于颜料的化学组成,一般来说,相似色调的颜料,有机颜料比无机颜料的着色力要强得多。着色力还与颜料粒子的分散度有关,分散度越大,着色力越强。

③颜料的表面性能及分散性。颜料粒子内部的分子处于力场均衡状态,合力等于零。而颜料粒子表面的分子则处于力场非均衡状态,外表面分子均受到一个指向固体内部的力,使表面收缩,趋于表面积最小的最稳定状态,这时表面上的能叫表面能。颜料在展色剂中分散经历了润湿、研磨和分散。在颜料粒子表面、液体和空气存在三相界面,当三相接触点处的接触角为锐角时,颜料可被液体润湿,接触角为零时,则能完全展开。颜料的理想分散状态是惰性颜料粒子稳定悬浮于展色剂中。实际上,颜料粒子的比表面积大,表面能高,又有表面电荷,易吸附各种物质,本身还存在聚集倾向,使粒子存在许多不稳定因素,如絮凝、沉淀等。

④颜料的稳定性。不同化学成分的颜料,其颜色、遮盖力、着色力、粒度、晶型结构、表面电荷以及极性等物理性质均不相同,化学性质也不同。

颜料的耐光、耐候、耐热稳定性直接影响其使用价值。如果涂饰后皮革需要熨烫或打光时不能变色,这就需要颜料有一定的耐高温稳定性。

当然,颜料的其他性质(如密度、相对纯度等)对配制涂饰着色材料都是有一定影响的。一般来说,无机颜料比有机颜料的耐光、耐候和耐热稳定性好,遮盖力强。但着色力和色彩鲜艳度较弱。而有机颜料则着色力较强,色彩鲜艳饱满。

(2)颜料的分类。下面对皮革涂饰剂中常用的颜料分无机颜料和有机颜料两大类分别作简要介绍。

①无机颜料。无机颜料是天然或人工合成的无机化合物,与有机颜料相比,无机颜料的遮盖力强,密度大,耐光耐热性好,无迁移性,来源丰富,成本低廉。缺点是颜色不够鲜艳,着色力低,常用的无机颜料有:

a. 白色颜料。白色颜料由于具备纯洁的白度、对光线的折射率高、粒度和粒度分布适宜的微细粉末、对光和热的作用稳定、化学上呈惰性,在涂料上有相当重要的应用。主要有钛白、锌白、锌钡白(立德粉)、铅白等。其中钛白是最佳的白色颜料,而且金红石型二氧化钛在白色颜料中折射率最高,性能最优。

钛白粉主要化学成分是二氧化钛,是多晶型化合物,在自然界存在金红石型、锐钛型和板钛型三种晶型。金红石型和锐钛型虽均属四方晶系,但因晶型不同有不同的晶体习性。二氧化钛是一种极为稳定的化合物,常温下几乎不与其他元素或化合物作用,对氧、硫化氢、二氧化硫、二氧化碳和氨都是稳定的,不溶于水、酸、碱,只溶于氢氟酸,在长时间煮沸情况下溶于硫酸。钛白是化学稳定性最好的白色颜料。在白色颜料中金红石型二氧化钛的折射率最高,性能也最优越。目前工业上生产钛白主要有硫酸法和氯化法两种工艺,产品均为无味无臭的白色粉末,粒径为 $0.1\sim0.4\mu m$ 的原级粒子(平均粒径为 $0.2\mu m$),有害杂质的含量控制在十万分之几或百万分之几。钛白是最佳的白色颜料,广泛用于涂料、塑料、造纸、化学纤维和化妆品,其中涂料、塑料、造纸这三个行业消耗钛白占总产量的 89.6%。在皮革生产中,钛白粉主要用于白色颜料膏、揩光浆和白色革。

b.黑色颜料。主要有炭黑和氧化铁黑。皮革涂饰主要使用色素炭黑。色素炭黑因着色力不同又分为高色素炭黑、中色素炭黑和低色素炭黑,可根据需求选用。氧化铁黑化学名为四氧化三铁,遮盖力和着色力强,且耐光性好。

炭黑。早在公元前,中国就用植物油不完全燃烧制取炭黑-最古老的工业品之一。如今工业上将烃类在严格工艺条件下经气相不完全燃烧或热解得到的黑色粉末物质,其主要成分是元素碳,还含有少量的氧、氢和硫等。炭黑按用途分为色素用炭黑和橡胶用炭黑,色素用炭黑按着色能力分为高色素炭黑、中色素炭黑和低色素炭黑。

氧化铁黑。简称铁黑,化学名称为四氧化三铁,属于尖晶石型。具有饱和的蓝墨光黑色,遮盖力和着色力均很高,对光和大气作用十分稳定,不溶于碱,微溶于稀酸,溶于浓酸,耐热性能差,较高温度下易氧化为红色的氧化铁。主要用于涂料、油墨、印刷、金属探伤等方面。

c.黄色颜料。主要有铅铬黄、氧化铁黄、镉黄、钛镍黄等。其中铅铬黄色彩鲜艳,遮盖力强,耐溶剂,耐热。而氧化铁黄即羟基铁黄,耐候性、遮盖力良好。

铅铬黄。化学成分是铬酸铅($PbCrO_4$)、硫酸铅($PbSO_4$)和碱式铬酸铅($PbCrO_4 \cdot PbO$)。厂家通常生产柠檬铬黄、浅铬黄、中铬黄、深铬黄、橘铬黄五个标准色。是一种鲜艳色彩的黄色颜料,并具有遮盖力强、耐溶剂、耐热、价格低廉等优点,广泛用于油漆、塑料、涂料、广告色等方面。

氧化铁黄。又称羟基铁黄,简称铁黄,化学式为 $Fe_2O_3 \cdot H2O$ 或 $FeOOH$,色泽带有鲜明而纯洁的猪黄色,并有从柠檬黄到橙色的一系列色光,是一种化学性质较稳定的黄色粉末状碱性氧化物,不溶于碱,微溶于酸,在浓盐酸中可完全溶解。耐光性达 6～7 级,着色力和遮盖力均较高,用于制造业、建筑业的墙面粉饰,也用作油墨、橡胶、造纸着色剂。

镉黄。化学成分为硫化镉或硫化镉与硫化锌的固溶体。有浅黄、正黄、深黄和橘黄等品种。不溶于水、碱、有机溶剂和油类,微溶于稀盐酸,溶于浓酸、稀硝酸。研磨性好,着色力较强,耐光、耐候性优良,不迁移,不渗色。

钛镍黄。晶型与金红石型 TiO_2 相同,将金红石型 TiO_2 晶体结构中的配位中心原子 Ti 部分换成 Ni 就得到钛镍黄晶体结构。对酸、碱、氧化剂和硫化物均有优异的稳定性。

d.红色颜料。铁红是以三氧化二铁(Fe_2O_3)为主要成分的稳定的红色铁氧化物。作为颜料非常耐久,价格便宜,可以制成多种色相,是一种无公害颜料,用量很大。铁红的色相是随着粒子的大小而变化的,粒径大小由制造条件决定。影响鲜艳度的因素是粒径分布,分布的范围越宽,浊度就越高。粒径非常均匀的就鲜艳。一般铁粒子的粒径在 $0.1～0.6\mu m$ 之间。

铁红只要不在特殊的环境中,其物理性质和化学性质都是稳定的,耐酸、碱,对光和热稳定,与有机溶剂、油脂、树脂等不起反应。

氧化铁除用作磁性材料外,还可在涂料、建材、油墨等中作着色材料,在塑料、化纤、皮革、绘画中都是很好的色料。

钼红。钼红也叫铂铬红,其组成是铂酸铅、铬酸铅和硫酸铅的混晶,颜色从橙红色到红色。这种颜料为正方晶系,其特点是在无机颜料中,它的着色力非常好,比铬黄的着色力高 7～8 倍以上,而且遮盖力高 4～5 倍,吸油量小,因此适合于作涂料用。因为是正方晶系,耐蚀刻剂的性能很好,也适宜于印刷,不足之处是耐酸、耐碱性不强、耐热性不高,在展色剂中不能超过 180℃。一般产品的耐光性也不够好。为了克服这些缺点,表面以铬酸铅处理,此类产品由美国杜邦公司生产,已有商品出售。钼红主要用于涂料,还用于树脂着色剂、印刷油墨、绘画色、色笔等。

镉红。镉红也叫硒红,它的耐热性、耐候性和分散性都很好。镉红有硫化锡和硒化锡的固熔体系及硫化锡和硫化汞的固熔体系二类。色相随硒化镉、硫化汞含量的增加从橙色经过红色变为绛紫色。镉红主要用作塑料着色剂,在搪瓷、玻璃、涂料、油墨、皮革等行业都有应用。

银朱。天然产矿物,又名朱砂,是硫化汞石经富集、研磨、水飞、干燥等工序制成。银朱是硫化汞,有两种结晶形态,一种是六方晶系,呈红色,称为红色硫化汞(辰砂);另一种是立方晶系,呈深灰黑色为黑色硫化汞。红色硫化汞是中性化合物,化学性质稳定,不溶于一般稀酸、烧碱、乙醇、水,微溶于煮沸浓盐酸,甚至不易溶于王水。银朱是具有鲜艳颜色的红色颜料,有很高的遮盖力和着色力,但耐光性差。可用于室内涂饰、漆器、印刷、绘画等。

e.绿色颜料。有氧化铬绿和铅铬绿。

氧化铬绿。主要成分是 Cr_2O_3,另一种是氧化铬翠绿,主要成分是水合 Cr_2O_3。氧化铬绿通常有浅橄榄绿及深橄榄绿两种色相,温度高达 1000℃ 而不变色,耐候性、耐酸和耐碱性也非常突出。无毒,是一种常用的颜料。

铅铬绿。由铬黄和铁蓝或酞菁蓝所组成的混合拼色颜料。铅铬绿的颜色依赖于铬黄和铁蓝的比例,含铁蓝 2%~3% 形成浅绿,60%~65% 时则为深绿。其性能受两种颜料支配,如铁蓝耐碱性差,铅铬绿耐碱性也差。铬黄和酞菁蓝也能配成铅铬绿,色泽要比用铁蓝配制的鲜艳得多。铅铬绿是涂料工业的主要着色剂,也可用于油漆和塑料。

f.蓝色颜料。有铁蓝、群青等。铁蓝着色力强,颜色鲜艳,耐光。而群青主要成分为硅酸盐,具有极好的耐光、耐热、耐候、耐碱等特性,抗水性也较好。

铁蓝。铁蓝依产品外观分为铜光和无铜光二类。以亚铁氰化铁为主要成分。按照制造方法分为钾盐和铵盐,其化学式为 $FeK[Fe(CN)_6]$ 和 $Fe(NH_4)[Fe(CN)_6]$。

铁蓝相对密度 1.8~2.0,耐酸性虽强,但耐碱性弱。耐热性不好,约在 140℃ 以上分解。耐光性优异,着色力强,耐油性也很好。铁蓝本身是一种很强的氧化剂,很容易还原,如果被还原则失掉蓝色而成为白色化合物,再氧化又恢复到原样,因此必须注意与其配用的油类、催干剂及体质颜料的选择。铁蓝主要用在印刷油墨、涂料、树脂、绘画色、色笔、纸张以及漆布等方面。

群青。群青的成分由硅酸、氧化铝、钠和硫组成,其结构很复杂,由于合成条件的差异,可以得到许多不同的异构体,虽然没有一定的分子量,但一般是以含硫、钠的铝硅酸盐($Na_6Al_3Si_9O_{24}S_4$)的形式表示。市场上出售的群青有许多种类,除经过加工的颜料外,几乎所有的产品都有色调上的差别。产生色调差异的原因在于原料高岭土的质量、原料的配料比例、烧制方法和温度等方面的差异,而以粒度的影响为最大。如果粒子小则呈蔚蓝色,着色力变大。反之,粒子大,则为红光很强的蓝色,着色力下降。粒子小的群青粒径平均为 1μm 左右,粒子大的约为 7μm。

群青遇弱酸很容易分解,形成硫化氢的同时缓缓褪色。耐碱性强,在 15% 氢氧化钠中稳定。耐热性好,在 250℃ 左右是稳定的。对油类和各种溶剂也是稳定的,没有渗色或变色现象。耐光性、耐候性良好,但遮盖力低,为 80~90cm²/g。折射率 1.50~1.54,相对密度 2.30~2.40。

群青的着色力和遮盖力虽低,但由于其特有的美丽而鲜艳的色调,优异的耐碱性、耐溶剂性、耐光性、耐热性,加上价格低廉,故消费量较大。群青主要用于各种着色剂和蓝色油墨,大量地用于各种合成树脂、涂料、绘画色、色笔或建材方面,另外在橡胶、布匹、造纸、纺织、化妆品等方面都有使用。

②有机颜料。常用的有机颜料约100多种,主要有黄、蓝红、绿等颜色,其色彩鲜明,着色力强,密度小,无毒。某些高级品种能满足长期室外曝晒、高温加工、耐溶剂、耐迁移等多方面性能要求,可与无机颜料媲美。主要有偶氮颜料、酞菁颜料、多环颜料、甲烷系颜料和荧光颜料等。

a. 偶氮颜料。主要是指化学结构中含有偶氮基的有机颜料。其色泽鲜艳,着色力强,密度小,体质软,耐光性较好。

完全不含亲水性基团的不溶性偶氮颜料,如耐晒黄、联苯胺 G 等。

含有亲水性基团的水溶性偶氮染料用金属离子(Ca^{2+},Ba^{2+},Sr^{2+},Mn^{2+})使之成为不溶性的偶氮色淀颜料,如橡胶大红 LG 等。

将水相的重氮化—偶合反应与非水相缩合反应组合而制得的缩合偶氮颜料,如黄色单偶氮颜料、红色单偶氮颜料等。

b. 酞菁颜料。酞菁类颜料的色相范围从蓝色到绿色,具有强的着色力,优异的耐候性、耐热性、耐溶剂性、耐酸性、耐碱性,是色泽鲜艳的有机颜料。另外由于大量生产,价格也便宜,应用极为广泛。现在,已合成 40 种以上的金属酞菁和酞菁化合物。其中金属酞菁中稳定性最好的是铜酞菁,如最主要的蓝色颜料酞菁蓝,其主要组成是细结晶的铜酞菁,具有鲜明的蓝色,优良的耐光、耐热、耐碱性。而酞菁绿是多卤代铜酞菁,也是性能优良的一种重要颜料。

c. 多环颜料。多环颜料是一类重要的有机颜料,品种很多,如喹吖啶酮类颜料、二类嗪类颜料、异吲哚琳酮类颜料、蒽醌型还原颜料等,均有较为复杂的结构。

d. 甲烷系颜料以二苯、三苯甲烷系和氧杂蒽系的碱性染料,在颜料生产中使用不同的沉淀剂直接沉淀,生成色原和色淀。沉淀剂加入染料溶液生成的不溶性色素为色原,把染料溶液中的染料附在体质颜料上,用沉淀剂使沉淀固着后,在水中形成不溶性物质,一般称为色淀。这种颜料的突出优点是色调鲜艳,着色力高,为其他颜料所不及。主要用于油墨、文教用品等方面。

e. 荧光颜料。荧光颜料是不溶于介质而带有荧光的有色物质,包括荧光色素颜料和荧光树脂颜料两类。荧光物质吸收可见光及紫外光后,能把原来人眼不能感觉到的紫外荧光转变为一定颜色的可见光,其总的反射光强度比一般普通有色物质为高。广泛用于标志、广告、信号、美术工艺品、织布印花等方面。

8.2.2.3 颜料膏

颜料与被着色物体不具有亲和力,必须借助于适当的成膜剂或乳合剂涂于物体的表面,否则颜料不能固定在物体表面。颜料直接加到成膜剂中会引起凝聚结块现象,因此通常制成颜料、黏合剂和油料(一般为硫酸化油)等添加剂的糊状物—颜料膏。颜料膏中的粘合剂一般为酪素,也有用羧甲基纤维素或其他合成树脂作黏合剂。黏合剂的主要作用是能使颜料和其他组分保持悬浮状态,阻止其凝聚和沉淀。同揩光浆硫化油用作颜料研磨时的润湿剂,促使颜料在颜料膏中分布均匀,并作为酪素成膜剂的增塑剂。

颜料膏最大的特点是能较好地遮盖皮革的伤残缺陷。颜料膏中的颜料颗粒很细,一般只有几微米。颜料膏的颜色鲜艳,色谱齐全,颜色的耐久性好。颜料膏作为着色材料用于皮革涂饰后,涂层光亮,有一定的耐热、耐寒、透气和柔韧性。

8.2.3 涂饰助剂

助剂主要是用量少但作用显著的一类辅助材料,有交联剂、蜡乳液、手感剂、消光剂、补伤剂、增稠剂、流平剂等,其品种和功能的针对性和专用配套性非常强。

8.2.3.1 交联剂

在线形或支链大分子间以化学键连接成网状高分子的反应称为交联。凡在高分子链的末端或侧链带有可以发生反应的基团或官能团在 2 个以上的单体参与的聚合反应都能产生交联。交联剂使聚合物生成具有三维网络结构的研究始于 1834 年用硫黄对天然橡胶的硫化,因此对较早有关交联的过程称为"硫化",1910 年 Bakeland 实现酚醛树脂工业化,此期间,对橡胶交联除用硫黄、有机过氧化物之外,各种交联剂随不同种类合成橡胶的开发而被开发和应用。

近年来由于环境的压力及经济的原因,皮革涂饰已基本采用水性涂饰剂,如水性丙烯酸树脂和水性聚氨酯涂饰剂。然而这些含有一定量亲水基团的线性树脂膜在机械性能、耐水和耐有机溶剂方面存在不足,内交联由于自身的局限性使这些性能不能有很大的改善。因此在皮革涂饰中必须采用外加交联剂,通过延伸/交联来增强聚合物的分子结构,提高成品革的物理坚牢度;封闭树脂中的亲水基团,从而改善涂层的耐湿擦性能、涂层的抗张强度及顶层与底层的内粘力也可得到相应的提高。

皮革涂饰常使用酪素等蛋白质类成膜剂,涂膜抗水性差,不耐湿擦,多用甲醛进行交联来提高涂层的耐湿擦性,但也会使涂层变硬。后来,人们发现残留在涂层的甲醛虽然会在较短的时间内挥发掉,但是甲醛交联的涂层会慢慢释放甲醛。出于健康因素和环境生态的考虑,甲醛已经被列为禁限化学品。为此,开发无甲醛交联剂就非常重要。相比而言,乙二醛挥发性低,刺激性小,交联后的涂层也柔韧些。但因价格等原因,未规模应用。

皮革涂饰可选择的交联机制有热活化交联、紫外光交联及双组分交联。这些交联机制各有典型的优越性,但也有局限性。热活化交联是在涂饰剂聚合物分子中引入反应型多官能团,涂饰后,提高温度使其反应基团之间发生交联反应,这种交联的缺点是聚合物的稳定性差;其次是紫外光交联,在紫外光源下,聚合物分子链端的烯键发生自由基聚合反应形成交联结构。紫外光交联反应迅速,可常温下进行,能耗低,工作效率高,但需要紫外光源;双组分交联,也就是外加交联剂交联,是目前采用较多的交联方式,由于皮革材料不能在高温下长时间处理,这就限制了高温交联剂的使用,从节约能源的角度出发,开发水性涂饰剂的室温交联剂已成为一个重要的研究方向。常用的室温交联剂有甲醛、氮丙啶、环氧类、聚碳化二亚胺及聚异氰酸酯五大类。

(1)甲醛。甲醛不仅用于蛋白质类成膜剂的交联,也用于含有羟基或—NH$_2$ 和—NH—官能团的丙烯酸树脂乳液、水性聚氨酯的交联,以提高涂膜的性能。氨基、羟基中的活泼氢,很容易与甲醛上的羰基正碳原子发生反应产生交联。

由于甲醛原材料易得,价格低廉,效果也较好,并可在室温下发生交联,因此一度被国内外皮革厂家所使用。当时,绝大多数丙烯酸和蛋白涂饰剂以及大部分聚氨酯涂饰剂都是采用甲醛交联,但是甲醛对人体黏膜有强烈的刺激作用,毒性也较大,在涂饰操作中会对操作人员及环境造成损害和污染,而且甲醛与 R_1—NH—R_2 形成交联后又会以极慢的速度释放出甲醛,使得皮革长时间的留有甲醛气味。基于以上甲醛交联带来的诸多缺陷,一些发达国家已以法律形式明令禁止含有甲醛的产品进入市场,这样使用甲醛交联剂就受到了限制。

(2)氮丙啶类交联剂。氮丙啶类交联剂是目前研究得较为成熟和有效的室温交联剂,这类交联剂的交联反应速度快,效果明显。这类交联剂分子一般含有三个或三个以上的氮丙啶环,下式为一个典型的氮丙啶交联剂的结构式:

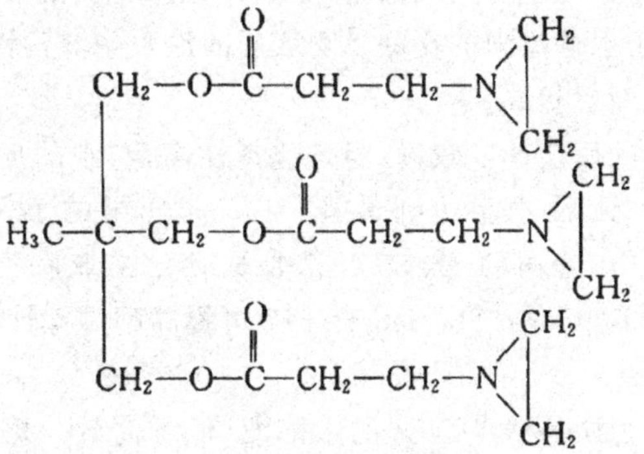

市场上通常以质量浓度为 $5\%\sim10\%$ 的水溶液出售,其在涂饰浆料配方中的加入量为树脂质量的 $4\%\sim20\%$。配料应该在 24h 之内用完,否则需要重新添加交联剂。对于多层涂饰,由于已交联的涂层对新的涂层粘接能力下降,故后一道涂饰应该在前一涂层未完全交联之前进行,一般的间隔不超过 24h。特别需要注意的是它毒性较大,具有强腐蚀性,皮肤接触后会引起炎症。不过因为其活性高,经过其交联的涂层不会有残留,具有安全无毒性。

国外皮化公司如 Stahl、Bayer 公司开发生产的 Wu-2519,XR-2519,EX-0319 及 Quinn 公司的 Aqualen AKU 都属此类交联剂,并已广泛用于皮革涂饰的操作中,有关这类产品合成方法的报道并不多见,只在国外专利以及国内有关刊物中有过一些不详细的报道。加入 0.5% $\sim2\%$ 的氮丙啶类交联剂即可明显提高涂层的耐水性能,耐曲挠性及干擦性能。

为降低其毒性,可将氮丙啶类交联剂活性基团进行高分子化,使它的挥发性降低,对皮肤的渗透力也降低。不过,高分子化又带来了在水中分散的问题。对此,借鉴了与水性自乳化聚氨酯合成方法类似的方法,即在分子中引入亲水基团(如聚乙二醇链段),提高其在水中分散的能力。

(3)环氧类交联剂。环氧类交联剂的交联机理与氮丙啶交联剂类似,只是反应活性稍低,交联速度较慢,温度要求略高。常温下交联反应一般需 $3\sim5$ 天才能完成,且交联效果不及氮丙啶类交联剂。其交联反应为:

因为环氧类交联剂完成交联的时间较长,这有利于多层涂饰时涂层与涂层之间的粘接,故环氧交联剂多用于低、中层涂饰的交联作用。配有交联剂的涂饰剂存放时间为 2 天。Bayer

公司的 Euderm FIX,PMA 即为环氧类交联剂。

(4)聚碳化二亚胺类。聚碳化二亚胺类是一类具有累积双键结构的化合物,这类交联剂具有低毒、高效等优点,在提高涂层耐湿擦性能的同时能保持涂层原有特点,是很有发展前途的

$$R-CH \begin{matrix} O-CH_2 \\ | \\ CH \\ | \\ CH_2 \\ | \\ CH \\ | \\ CH_2-O \end{matrix} + R_1-COOH + R_2OH + R_3NH \longrightarrow R-CHOHCH_2OR_2 \begin{matrix} CHOHCH_2OCOR_1 \\ | \\ | \\ CHOHCH_2NR_3 \end{matrix}$$

一类交联剂。它是由多异氰酸酯在特殊催化剂的作用下高温歧化反应而成的,反应示意式为:

$$nOCN-R-NCO \longrightarrow \left(R-N=C=N \right)_n + nCO_2$$

其化学性能活泼,能与含羟基、羧基、巯基、氨基、磷酸酯基、氰基的化合物发生反应。可以在水中自乳化,因此可用于水性涂料的交联。交联后的涂膜耐溶剂性、耐水性、防污性都很好,耐磨性、耐光性优,而且硬度也较高。

聚碳化二亚胺与羧基的反应速度较慢,但是选择性高,与水的反应极慢,故配有聚碳化二亚胺的交联效果在 4～5 天后才能达到最佳。Bayer 公司的 Bayderm Hardener 4317 及 Bayderm FLX PCL 和 Stahl 公司的 Ex-5558 都是聚碳化二亚胺类交联剂,在 Bayer Finish 80UD 中加入 3%～5%的 Bayderm Hardener 4317 可提高耐湿擦性能 10 倍,而对涂层的其他性能无影响。

此类交联剂商品一般为质量浓度 50%的水溶液,低毒高效。据介绍,交联后能很好地保持聚氨酯涂饰剂的耐挠曲性等优点。通常加入量为树脂质量的 5%～10%,密封保存有效期为 12h 左右。与氮丙啶类比较,聚碳化二亚胺不影响涂层的耐紫外光性能,因为氮丙啶类耐光性较差,有可能造成涂层泛黄。

(5)多(聚)异氰酸酯类交联剂。通过交联剂分子上所带反应活性很高的异氰酸根(—NCO)与涂饰剂分子中的氨基、羟基、羧基、脲基及氨基甲酸酯等含活性氢的基团反应来实现交联。聚异氰酸酯类交联剂的交联速度较碳化二亚胺慢,但比环氧化合物、氮丙啶、甲醛的交联速度快些,而且它可与更多的基团发生反应,毒性也略小。由于异氰酸根与水的反应活性略高,但对聚异氰酸酯类交联剂亲水改性处理后,使其在水性涂饰剂中混用,其交联有效期为 2～10h。

若要用此类物质作为水性聚氨酯乳液涂饰剂的交联剂,就必须保证其基本不与水发生反应。异氰酸酯与水的反应速率与多种因素有关。首先是异氰酸酯的活性,其活性高低的顺序为芳香族＞脂肪族＞脂环族;其次是异氰酸酯的疏水性,多异氰酸酯交联剂配合某种疏水溶剂分散于水中,其疏水性能阻止水进入胶乳粒子内部,而胶乳粒子表面与水接触反应生成一层致密的聚脲壳层,进一步阻止水向胶乳粒子内部扩散,保护胶乳粒子内部的游离异氰酸酯;再次是与反应条件(如 pH,温度等)有关,必须选择适宜的条件使异氰酸酯在这样的体系中能较长时间稳定。

多异氰酸酯类交联剂交联速度快,涂层的力学性能、耐水、耐溶剂性能均得到改善,但因与水的反应速率快,应用于水基涂饰时受到一定限制。添加有多异氰酸酯交联剂的涂饰配方浆

料要立即使用。为了克服这一不足,目前很多研究工作都集中在不降低—NCO 与羧基、羟基、氨基等基团反应活性的条件下,降低其与 H_2O 的反应活性。再者,异氰酸酯交联剂有一定毒性,如何通过结构改造,降低毒性也是大家关注的问题。

另外,涂层中和空气中的微量水分都有可能影响交联的效果。为此,涂层应该彻底干燥,如涂饰后的皮革最好存放在高于 35℃ 的烘房中 24h 以上以保证交联。

8.2.3.2　蜡乳液

蜡乳液又称蜡剂或乳化蜡。乳化蜡在使用时无需用溶剂溶解或加热熔融,性能稳定,成膜均匀,覆盖性好,易与其他物质的水乳液或水溶液混合复合使用,无毒、安全、高效、经济、方便。同时,以水代替了有机溶剂,成本降低,符合绿色化理念。

(1)皮革涂饰常用蜡。蜡是一种内聚力较强的疏水性有机物,不溶于水,易溶于乙醇、醚、松节油等有机溶剂,也易被肥皂等表面活性剂乳化。蜡类物质通常比油脂硬、脆、熔点高,油腻性小,性质稳定,难于皂化,在空气中不易变质。

皮革涂饰中常常加入蜡类物质,通常用以改进坯革堆放时的黏结性和熨烫时的离板性。在进行压平板或压花时,温度一般介于 60~100℃ 之间,而这些蜡剂在这样的温度就会变成流动的液体,从而防止了热可塑性树脂粘在花板上;蜡可用来改善皮革的手感和调节革面的光泽;蜡也可封闭粒面的伤残或改善粒面的粗糙程度。另外,制革生产中还常将蜡类与其他油脂配合用于重革的加脂,以增强皮革的防水性和坚实性。

(2)蜡乳液的制备。对于水性涂饰系统,由于蜡不溶于水,在加入涂饰剂之前必须首先将其乳化。根据蜡的硬度及熔点,可分为硬性、中硬、软性蜡乳液;根据所选用乳化剂的种类,又可将蜡乳液分为阴离子型、阳离子型、非离子型等。

早期,制革厂将蜡常配成 7.5% 或 10% 含蜡量的水乳液,乳化剂可用皂片、平平加等,通常 1 份乳化剂可乳化 3 份左右的蜡。配制方法是,将蜡类物质加入容器内加热使其熔化,当蜡冒烟时加入平平加乳化剂,待平平加溶解后停止加热,滴入沸水后再加热至沸,过滤备用。乳化不良的蜡液在冷水中不散开,沉入水底,反之,呈絮状分散,则乳化良好。

随着乳化理论及乳化技术的进一步发展,蜡乳液的制备工艺更加成熟,质量更加稳定,性能更加完善。有关乳状液的制备方法和技术,对于蜡乳液的制备都是适用的。对于皮革涂饰用蜡乳液,值得注意的是,要根据皮革涂层的性能要求选择合适的蜡类物质进行复配,选择合适的乳化体系,采用恰当的乳化技术。

与制备稳定乳状液的工艺参数一样,制备蜡乳液时,必须对蜡乳化过程中的工艺参数进行精心筛选,以便获得稳定的商品化蜡乳液。考察蜡乳液品质的一般性指标有稳定性、分散性、黏度、pH 等。最为关键的工艺参数,除了乳化设备外,还有乳化剂体系及用量、乳化温度、乳化分散时间、搅拌速度、乳化用水量等。制备粒径更小、乳化剂用量更少的蜡乳液是努力的方向。其中微细蜡乳液体系是可以自动形成的热力学稳定体系,颗粒小而均匀,成膜性更加致密,表面光泽度高,耐水性好。

现代蜡乳液产品常采用逆转化法(也称转相乳化法)生产,即先将各种蜡及表面活性剂一起加热熔化搅拌均匀,同时在另一个加热器中将所需的水加热,水温超过蜡熔化温度 5℃ 以上,然后在搅拌下将水慢慢加入熔化的蜡中,搅拌速度一般保持 150~500r/min,乳化时间一般在 20~30min,依乳液温度而定,乳液温度接近 30℃时可停止搅拌。蜡乳液颗粒大小及其分散程度与搅拌速度有直接关系,通常搅拌速度不应低于 100r/min。

蜡乳液的制备,就其工艺本身而言,并不复杂,但是蜡的选择和拼配、复合乳化体系的组合等对最终乳液的质量影响很大。即使是稳定的蜡乳液,其应用性能也不一定能符合皮革涂饰的要求。不同的皮革品种,所需的蜡乳液的应用性能不同,如用于鞋面革的蜡乳液要求蜡偏硬,用于服装沙发革的蜡乳液要求蜡适当软一些。选择适当改性的蜡、合成蜡与天然蜡复配,可以增加蜡的极性和亲水性,提高蜡乳液的乳化稳定性。例如,氧化聚乙烯蜡含有一定量的羧基,石蜡氧化改性产物中含有脂肪酸、醇类、二元羧酸等,都有助于蜡在水中的乳化与分散,稳定性提高。

8.2.3.3　手感剂

手感剂主要是为了满足消费者不断变化的手感风格要求。一般来讲,手感可分为滑感、蜡感、油感、润感、丝绒感等以及相关的复合性手感。在使用时,或者外加手感剂于涂饰顶层浆液中,或者最后喷涂在皮革顶层表面,但都会不同程度地影响耐湿擦性、耐持久性、粘结力等。

在合成成膜树脂反应中加入适当的手感调节材料,使其物理或化学改性,这样,成膜树脂使用后可以形成具有一定强度的手感改性层。另外一个难点是手感风格难于把握,因为没有精确的指标可以判断,仅凭观感的体验,而且实际上有些手感风格本身就是复合的体现。可研究出一系列反映基本手感风格的手感剂,然后需要怎样的风格就复配出怎样风格的产品来满足,这样可在一定程度上对市场做出快速反应。

近几十年来,国内外在皮革和毛革两用皮的涂饰上,更加重视它的手感舒适滑爽,相应的,能够用于手感调节的材料较多,如天然/合成蜡类、动/植物油类,最主要的是有机硅类。

从文献资料看,滑爽性的材料亦兼有防水性能。这些材料主要是有机硅大分子的水分散体系或溶剂型产品,有的还复合有硬脂蜡等材料。它们都可以使得皮革涂饰顶层或毛革两用皮的表面滑爽,赋予皮革以丝绸感,革身柔软,丰满而有弹性,防水性能得到改善。

有机硅手感剂最基本的是有机硅滑爽剂,而现在更多的是含有有机硅组分的复合型手感剂,如干滑型手感剂、油滑型手感剂、蜡滑型手感剂等。

8.2.3.4　消光剂

在现代皮革制品的消费中,崇尚自然风格,追求真皮感也是一种时尚。应运而生的消光剂可降低革面光泽,消除因涂层过于光亮而产生的塑料感。皮革消光剂是生产服装、软鞋面革等弱光亮皮革制品的新型化工材料。

(1)消光剂的消光原理。消光涂饰剂由多种以上高分子成膜物质组成,因各自的元素组成和分子结构方面有较大差异,因而相互间的互溶性及各自在水中的溶解度均有较大差异。

当消光涂膜在逐步失水干燥过程中,随含水量的降低,在水中溶解度较小的组分逐渐从液相中析出,形成具有一定相界面的体积极小的膜相,并各自独立分布于涂膜的整个三维空间之中,其体积取决于析出的该物质的量,其形状则决定于当时的环境,如干燥速度,其他组分析出的状况等。由于各组分的互溶性不同,及在配方中的含量不等,各独立膜相可能是单一组分,也可能是多组分的固溶体。上述过程为一渐进而复杂的过程,这一过程的最终结果,导致由各独立的、大小形状各异的、组成千差万别的膜相杂乱而又不失自然地形成具有复杂结构的消光涂膜。

以上的涂层消光涂层具有两种有利消光的特征：一是造成涂层的微观表面具有适度的粗糙度；二是降低涂层的透明度。而实际上大多是上述两种作用的共同结果。消光就是降低涂层的光泽。涂层消光性能的产生取决于形成适当的非均相膜，该膜具有微观不平整性，对入射光产生较强的漫反射效果；膜内大量存在的微粒和复杂的膜相，导致了膜的光学不均匀性，对进入膜内的光波产生强烈的散射。这样，漫反射和散射综合作用的结果就产生消光。

（2）消光剂的成分组成。具有消光作用的材料主要有无定形二氧化硅含量极高的超细硅藻土、合成二氧化硅（白炭黑）及消光性聚合物。

消光二氧化硅粉是消光剂制备使用的主要材料。其消光作用与粒度、分布及孔隙率等有关。一般来说，消光二氧化硅粉的平均粒径越大，消光效率就会越高，但如果粒子的颗粒太大了，会导致漆膜的表面太粗糙，影响手感和外观，因此需要根据实际情况进行选择。在一定粒度范围内，消光 SiO_2 粉的孔隙率越高，单位质量里的粉料含量就会越高，因此消光性能就会越好。但大量使用后发现，此类消光剂制造方法和使用方法不当，会造成涂层发灰。

消光性聚合物一般是聚合物复合微粒。如果采用无皂乳液聚合法制备的具有微孔隙形态的核层为 P（MMA/MAA）、壳层为聚苯乙烯的复合微粒，其壳层因含有苯环，折射率较高，为1.59，而核层含有大量甲基，折射率较低，为1.48～1.50，而微孔隙中空气中的折射率为1.00。虽然壳层聚合物与核层聚合物之间的折射率差值不大，但与空气的折射率差别较大，从而对复合微粒的消光特性起主要作用。

除专用消光剂外，通常用的皮革蜡乳液也有消光作用，可当作消光剂使用，例如瑞士山道士公司的 Melio 180，就是天然蜡和合成蜡为主要成分的乳状液。

8.2.3.5 增稠剂

涂饰时使用的增稠剂可使涂饰浆料增稠，防止浆液过度渗透，增进成膜性能，但不能影响涂层的基本物性。

增稠剂分为两大类：一类是碱溶性增稠剂；另一类是缔合性增稠剂。

碱溶性增稠剂主要是含有大量羧基的丙烯酸树脂乳液，增稠性能与聚合物分子链上的羧基基团关系很大。其制备方法就是丙烯酸树脂乳液的制备技术，关键是选择丙烯酸、甲基丙烯酸等含羧基单体与疏水性丙烯酸酯单体等的比例以及交联剂的使用。此类增稠剂通常是阴离子型的，使用时受体系 pH 的影响较大，一般 pH＝8～9 时体现出最大的增稠效率。碱溶性增稠剂多为聚丙烯酸乳液，当与碱作用时会产生增稠效果。

缔合性增稠剂则主要是相对分子质量较低的聚氨酯，其通常是非离子型的，使用方便，所得到的增稠体系的粘度稳定。

8.2.3.6 发泡剂

为了充分利用二层革和粒面多伤残革，Stahl、大日本油墨等国外公司发明了一种新的涂饰方法，即发泡涂饰。其原理是通过原料的发泡作用在革面形成一层假面，从而产生极好的遮盖作用。发泡方式有热发泡和机械发泡两种，前者是通过高温熨压作用，材料在高温下发泡。

形成一层假面,熨压的温度需达到高温,否则会产生二次发泡;后者是通过一定的机械搅拌作用,使树脂发泡到一定体积后,涂饰到革面上形成一层假面。Lcc Binder、FP-34G 是大日本油墨公司的热发泡黏合剂,主要成分是自交联丙烯酸树脂和热发泡剂。其热压温度在 100～120℃之间,热压时产生的小气泡存在于假面层中,既可遮盖革面伤残又可给予涂层弹性。热发泡材料应与水、树脂和其他助剂相容性好,用量少而发泡率高,常温下稳定,对成革物性影响小,无毒,分解温度不宜过高或过低等。

8.2.3.7 流平剂

流平剂多由表面活性剂组成,能有效地降低涂层本身的表面张力,使涂饰色浆在皮革表面更均匀和更快地分布,减少刷痕和泡沫,使粒面更平滑、细致、光亮。国内几乎没有制革专用流平剂,常采用在涂饰剂中加入少量的酪素液、虫胶液、蜡乳液等。国外公司的流平剂有 Rohm-Hass 公司的 Primal leveler 系列、大日本油墨公司的 Lcc-leveler R、UL leveler 4,Stahl 公司的 LA 系列等。

8.2.3.8 分散介质

制革涂饰剂的分散介质一类是水,主要用于水性涂饰;另一类是有机溶剂用于溶剂型涂饰。

(1)水。制革涂饰最好采用去离子水,或硬度不超过 8 的软水。硬度高的水会引起涂饰剂中的成膜物质或其他组分凝聚或沉淀,所以,一般硬度超过 8 的硬水在使用前必须将其软化后方可使用。硬水软化的方法有加热煮沸法、沉降分离法、离子交换法、磷酸盐及络合剂处理法等。对于微硬水(硬度为 8～12),可采用加入醋酸或甲酸的简便方法来降低硬度。例如 100L 水中加入 47%的醋酸 4.4mL 或 50%的甲酸 3.2mL 可降低硬度 1 度。

(2)有机溶剂。有机溶剂在制革涂饰中主要作为溶剂、助溶剂和稀释剂。制革涂饰常用的有机溶剂有醇类,如乙醇、丁醇;酮类,如丙酮、环己酮;酯类,如乙酸乙酯、丁酯或戊酯;烃类,如苯、氯苯、甲苯、混合二甲苯等。

以有机溶剂为分散介质的涂饰剂所成薄膜的抗水性优良,但有机溶剂具有价格昂贵、污染环境、有毒、易燃、易爆等不足。以水为分散介质的水性涂饰所成薄膜抗水性相对较差,但具有使用方便、价格便宜等优点,是制革涂饰剂的发展方向。

8.2.4 涂层要求与涂饰配方构思及涂饰方法设计

坯革粒面品质不同、成革品种不同,市场对产品要求不同,则涂饰方法不同。例如坯革品质尤其是粒面状况对涂饰效果影响很大,在涂饰以前首先要搞清革坯的种类、鞣制和前期湿整理方法、坯革颜色和手感等是否接近成品革的要求、坯革吸水性、粒面是否有伤残缺陷、松面现象等。涂饰的关键是要针对具体情况设计适宜的涂饰方法和涂层配方。

涂饰的基本流程是喷染调色—填充(解决松面)—封底层(防止浆液向皮内渗透)—底层涂饰(颜色层)—中层或效应层、保护层涂饰—顶层涂饰—手感层。一般来说,坯革质量越好,所需的涂饰方法就越简单、涂层越少,质量差的坯革,为了遮盖其缺陷使涂饰复杂化,二层革、修面革、毛革两用产品涂饰工艺最复杂。

构思涂饰配方时,首先有一个基础配方。其中颜料膏、染料水、填料和蜡剂等无黏结力,可调整颜色,增加遮盖力,手感、利板性和光雾度;酪素有黏结力,可调整光亮度,离板性和物性;水,根据皮坯状态和涂饰方法确定用量;树脂:主要成膜剂,用量需考虑固含量,物性,操作性;渗透剂的使用视皮坯吸收状态而定;交联剂的使用视涂饰的物性要求而定。

对于一些效应革如前所述的仿古效应、斑点效应、梦幻效应、珠光效应、龟裂纹效应、碾碎效应、油蜡变效应、金属效应、石洗效应、轧花双色效应等在中层涂饰时要考虑效应层涂饰。效应层是皮革涂饰中很有特色的一层,通过一层或多层效应涂饰后,革具有更引人注目的外观,赋予革艺术特质,体现潮流、个性和时尚,紧跟市场。效应涂饰方法及使用的材料变化无穷,但总的来说主要是采用对比技术,对比层的变化主要体现在色调、鲜明度、颜色和图案特点 4 个方面。通过与底层之间形成色彩、明亮度、颜色的饱满浓厚度、光的辉度、透明度、不透明度、闪光、烁光等不同,得到生动鲜明的立体效应。

8.2.5 涂饰操作方法

将涂饰剂向皮革表面施涂的方法主要有刷、揩、喷、辊、淋(帘幕涂饰)、贴膜、移膜涂饰等。随着科学技术发展,涂饰操作方法也在不断改进和提高。

(1)刷涂和揩涂。将革平铺在台板上,用马鬃刷蘸上涂饰液刷在革面上,或者先用滚浆机将涂饰液滚到革面上,再手工将其刷匀的涂饰方法叫刷涂;揩涂是用纱布或棉布包上棉球或泡沫塑料,做成简易的擦子。操作要领与手工刷涂相仿。

揩浆与刷浆操作主要用于底层或突出遮盖的涂层。揩涂多用于光面,刷涂用于重涂的修面。揩涂也用于填充、涂油等操作,如黑色黄牛正面革的底光涂饰、绵羊服装革的底层涂饰等。手工刷涂和揩涂的主要缺点是劳动强度大,生产效率低,涂层的均匀性不易保证。

(2)喷涂。对于制革行业绝大多数都是空气喷涂。这种方法涂饰效率高,每小时可喷涂 $150\sim200 m^2$,是刷涂的 $8\sim10$ 倍;涂膜厚度均匀、光滑平整,外观装饰性好;适应性强,对各种涂料和各种材质、形状的物体都适应,不受场地限制。缺点是涂料利用率低,浪费大,对环境有污染。

使用的喷枪一般安装在一种能够运动(摆动或旋转)的机架上(图 8-2),坯革用传送带经过喷枪口下方,被喷后的革被传送带直接送入烘道,将喷浆与烘干燥作连续完成,工作效率大大提高。手工喷浆投资少,场地灵活,操作简单,故障易排除,而且手工喷浆可变性强,对坯革状况差异可局部调整或及时改善。机器喷涂效率高,均匀度好,适合大批量生产。

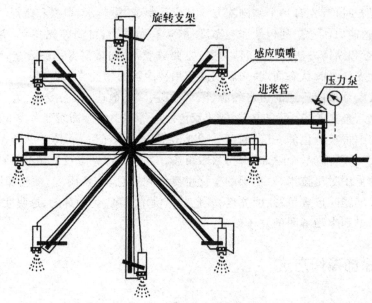

图 8-2 旋转喷涂机示意图

（3）辊涂。解决厚涂层及提高生产效率仅用喷涂是不够的,这时可用辊涂来补充。操作时革由供料传送带送往涂辊处,料浆槽直接贴在涂饰辊上,两者的接触部位配合很精确。当涂饰辊旋转时,槽中浆料被辊表面带起,再均匀地辊涂在革面上。涂饰后的革由出皮传送装置传给干燥线,最后由干燥线进行烘干。现在的辊涂机已从原来的单涂饰辊式发展成了双辊式和三辊式,多辊式辊涂机使用更方便,可根据花色品种的要求更换涂饰辊。

辊涂时,可根据涂饰要求采用顺向辊涂和逆向辊涂。逆向辊涂是指在操作中涂饰辊表面与革接触处的运动方向与革的传送方向相反;正向辊涂则指两者运动方向相同。修面革、二层革等的底层涂饰以及滚油、滚蜡等操作都采用逆向辊涂。正向辊涂主要用于套色、印花、家具革,但这种情况下辊涂设备需带有革的夹持装置,且涂饰辊的线速度应略高于皮革的传送速度,利用速度造成的革面与滚饰辊表面之间的摩擦作用,使革以平整的状态被辊涂。

（4）帘幕涂饰。帘幕涂饰主要用于涂层较厚的修面革或漆革,与辊涂类似,帘幕涂饰后应通过一长距离的烘箱。该法所用浆料的黏度及成膜性控制十分重要,以免流淌或起泡。目前这种涂饰方法使用已较少。

（5）皮革的淋浆涂饰操作。对于需要高度光泽的涂饰,如添革的涂饰等,常采用淋浆涂饰法,这种方法也可用于树脂填充等涂饰场合。淋浆所用的涂饰剂一般应具有高的内聚力,稳定的黏度（常控制为 16～22s）,泡沫少,对电解质稳定和不腐蚀金属等性能。淋浆涂饰法的优点是涂层均匀、平滑、操作卫生;缺点是要求革面平整,不适合涂层薄的革。

8.2.6 涂饰示例

机械发泡法泡沫涂饰［斯塔尔（原科莱恩）公司,修面装饰革］:

预打底:Melio Ground CL(含油和蜡及聚合物的打底剂,具有强的填充效果)800 份,Melio. Promul51(中软性聚氨酯成膜剂)50 份,Nesan CF 颜料膏 50 份。同步辊涂机涂一次(用 20 目网孔辊)。

底涂:Nesan CF 颜料膏 200 份,Melio Ground K 弱阳离子型封底剂 75 份,Melio Foam R-02 泡沫涂饰专用改性聚氨酯 700 份,Melio Resin A-827 填充性丙烯酸树脂 200 份,Melio Foam RD-21 消光性聚氨酯成膜剂 150 份,Melio Foam AX-03 泡沫涂饰专用改性聚氨酯 10 份。用 Quinn 混合器生成泡沫涂饰剂,喷涂一次,120~160g/m²。

顶涂:Aqualen Top D 2012 暗光(消光)的聚氨酯顶涂乳液 350 份,水 400 份,Aqualen Top 2002 中硬度的聚氨酯顶涂液 250 份,Melio WF-5227 蜡液手感剂 40 份,Aqualen DA 50 交联剂 60 份(与 60 份水混合后加入),Aqualen Paste VS 流平剂 10 份。喷两次,干滚,绷板。

参考文献

[1]廖隆理.制革化学与工艺学[M].北京:科学出版社,2005.

[2]但卫华.制革化学及工艺学[M].北京:中国轻工业出版社,2006.

[3]强西怀,董艳勇,张辉.氧化聚乙烯蜡乳液的制备及在皮革涂饰中的应用[J].皮革科学与工程,2010(02):50-54.

[4]魏世林.实用制革工艺[M].北京:中国轻工业出版社,1999.

[5]赵凤艳,王全杰,张双双.蓖麻油酯基水性聚氨酯皮革涂饰剂的研究[J].皮革科学与工程,2012(03):49-53.

[6]马建中.皮革化学品[M].北京:化学工业出版社,2002.

[7]卢行芳.皮革染整新技术[M].北京:化学工业出版社,2002.

[8]张丽平,李桂菊.皮革加工技术[M].北京:中国纺织出版社,2006.

[9]王鸿儒.皮革生产的理论与技术[M].北京:中国轻工业出版社,1999.

[10]童蓉,孙静,庞晓燕,等.皮革涂饰用常温交联剂的研究新进展[J].皮革与化工,2011(02):16-21.

[11]蔡福泉,周书光,田志胜,等.新型有机硅水性聚氨酯皮革涂饰剂的研究与开发[J].中国皮革,2011(15):7-9.

[12]王全杰,牟宗波,赵凤艳.水性聚氨酯皮革涂饰剂的发展现状及前景[J].皮革与化工,2011(04):16-20.

[13]尹力力,杨文堂,樊丽辉,等.有机硅改性聚氨酯树脂皮革涂饰剂 SPU-01[J].皮革与化工,2010(04):29-32.

[14]汤伟伟,鲍俊杰.水性聚氨酯皮革涂饰剂应用进展[J].化工文摘,2009(05):42-43.

[15]祝阳,吕满庚,孔中平,等.丙烯酸酯改性水性聚氨酯皮革涂饰剂研究进展[J].聚氨酯工业,2008(01):9-12.

[16]原玉锋,林云周.改性丙烯酸树脂皮革涂饰剂的合成及应用[J].西部皮革,2008(04):18-22.

[17]曹志峰,苗青,金勇.皮革涂饰剂研究的最新进展[J].西部皮革,2008(06):24-27.

[18]李书卿,罗建勋,韩茂清,等.水性聚氨酯在皮革涂饰中的应用[J].皮革化工,2007(02):35-39.

[19]杨奎,汪建根,张新强.有机硅丙烯酸酯双改性明胶皮革涂饰剂的研制[J].西部皮革,2007(06):18-21.

[20]管建军,强西怀,钱亦萍,等.改性丙烯酸树脂皮革涂饰剂的研究进展[J].中国皮革,2007(11):56-60.

[21]周建华,马建中,王立.核壳型有机硅改性丙烯酸酯乳液皮革涂饰剂的合成研究[J].中国皮革,2007(23):31-35.

[22]张剑波,张欣杰.制革工业水性涂饰树脂的改性[J].中小企业管理与科技,2006(06):36-37.

[23]高富堂,张晓镭,冯见艳,等.羟基硅油改性丙烯酸树脂皮革涂饰剂的合成与应用[J].皮革科学与工程,2006(01):63-66.

[24]樊丽辉,刘杰,周明,等.聚氨酯改性酪素皮革涂饰剂的制备与应用[J].皮革化工,2006(02):25-28.

[25]贾宏春.耐黄变溶剂型聚氨酯皮革涂饰剂的研究[J].皮革化工,2004(02):18-21.

[26]仇学峰.辊印涂饰机在制革厂的使用分析[J].苏盐科技,2002(01):10.

[27]魏德卿,谢飞,贾锂,等.皮革涂饰用交联剂的合成及其性能研究[J].中国皮革,2002(19):25-30.

[28]吕维忠,涂伟萍,陈焕钦.内乳化阴离子水性聚氨酯皮革涂饰剂的研究进展[J].皮革化工,2001(02):1-6.

[29]沈效峰.脂肪族水性聚氨酯皮革涂饰剂耐黄变性能研究[J].皮革化工,1998(01):25-27.

[30]范浩军,石碧,何有节,等.聚氨酯-丙烯酸树脂互穿网络皮革涂饰剂研究[J].中国皮革,1997(07):10-13.

[31]马建中.制革用涂饰助剂综述[J].皮革化工,1995(01):31-36.